高等职业教育机电类专业"互联网+"创新教材

# 机电设备安装技术

## 第 2 版

主　　编　吴先文　　黄　琼

副主编　郭友晋　　李　斌

参　　编　殷佳琳　　赵仕元　　徐化文　　苟建峰

　　　　　叶勇军　　伍晓亮　　肖铁忠　　袁　柳

主　　审　胡应华　　冯锦春

机械工业出版社

本书为高等职业教育机电类专业"互联网+"创新教材，是为适应高等职业教育"机电设备安装调试"课程的教学需要而编写的。本书共分7个项目、26个任务，全面、系统地阐述了机电设备安装的基本知识与技能，主要内容有机电设备安装基础、机械设备零部件的装配、空气压缩机的安装、普通机床的安装、数控机床的安装、桥式起重机及电梯的安装和电气设备的安装等。本书各项目设有学习目标（知识目标、能力目标、素质目标）、综合训练、评价反馈及思考题与习题，便于学生更好地掌握所学内容。

本书将传统实用机电设备安装技术与现代设备安装新技术、新工艺、新材料相结合，理论与实践结合紧密，突出了机电设备安装的工艺方法与过程，列举了大量的典型机电设备安装实例。本书内容新颖，文字简练，通俗易懂，实用性较强。

本书可作为高等职业院校、技师学院机械装备制造技术、机电设备技术、机电一体化技术、数控技术、机械制造及自动化等专业的教材，以及成人教育和职工培训的教材，也可供从事机电设备安装的工程技术人员学习参考。

为方便教学，本书备有免费电子课件和习题解答，凡选用本书作为授课教材的教师均可登录机械工业出版社教育服务网（www.cmpedu.com），注册后免费下载。

图书在版编目（CIP）数据

机电设备安装技术／吴先文，黄琼主编. -- 2版.
北京：机械工业出版社，2025. 4. --（高等职业教育机电类专业"互联网+"创新教材）. -- ISBN 978-7-111-78124-0

Ⅰ. TH17
中国国家版本馆 CIP 数据核字第 2025UD0173 号

机械工业出版社（北京市百万庄大街22号　邮政编码100037）
策划编辑：于　宁　　　　　　责任编辑：于　宁　王　宁
责任校对：梁　园　梁　静　　封面设计：陈　沛
责任印制：任维东
天津市光明印务有限公司印刷
2025 年 7 月第 2 版第 1 次印刷
184mm×260mm · 20.5 印张 · 548 千字
标准书号：ISBN 978-7-111-78124-0
定价：59.90 元

电话服务　　　　　　　　　网络服务
客服电话：010-88361066　　机　工　官　网：www.cmpbook.com
　　　　　010-88379833　　机　工　官　博：weibo.com/cmp1952
　　　　　010-68326294　　金　书　网：www.golden-book.com
**封底无防伪标均为盗版**　　机工教育服务网：www.cmpedu.com

# 前　言

随着科学技术的迅速发展，机电设备正朝着大型化、自动化、智能化方向发展，结构变得越来越复杂，在生产中的重要性也日益显现。因此，为了保持设备完好，充分发挥设备效能，对设备安装人员提出了更高的要求。为适应这种趋势，根据高等职业教育装备制造大类机械装备制造技术、机械制造及自动化、数控技术、机电设备技术、机电一体化技术等专业"机电设备安装调试"课程改革的基本要求，编写了本书。在编写过程中，以基于职业岗位分析和工作过程系统化的现代职业教育思想及课程开发模式为指导，充分考虑了高等职业教育的特点与特色，理论以必需、够用、实用为度，以机电设备安装工艺为主线，融知识传授与能力培养于一体，着重培养学生的职业素质和技能。

本书以通用机电设备为对象，以典型机电设备及零部件为代表，对典型机电设备安装工程的基本理论和基本知识，以及典型机电设备在安装位置上的精度检测、典型零部件安装工艺做了较详细的介绍，同时对机床、压缩机、起重机、电梯等的基本构造、技术要求、安装工艺、试车内容做了较详细的分析，从而达到举一反三、以点带面的目的，使之具有广泛的适应性。

本书结合编者长期教学工作的经验，基于机电设备安装程序，从零部件的安装到典型机电设备的安装，由简单到复杂，对机电设备安装技术做了全面系统的介绍。本书内容编排大胆取舍并注重创新，重组和优化了课程体系，强化了典型机电设备安装实例及综合训练，在吸收国内外成熟的实用机电设备安装技术的基础上，反映了现代机电设备安装技术的最新发展成果和应用情况。本书配套有动画、微课、视频等教学资源，以二维码形式嵌入教材，方便读者及时获取立体化资源，再现真实职业场景，实用性、针对性更强。

本书由四川工程职业技术大学吴先文、德阳市产品质量监督检验所黄琼任主编，郭友晋、李斌任副主编。具体编写分工为：徐化文、伍晓亮编写项目1，吴先文编写项目2，苟建峰、肖铁忠编写项目3，郭友晋、赵仕元编写项目4，郭友晋、国机重型装备集团股份有限公司叶勇军编写项目5，黄琼、李斌编写项目6，殷佳琳、袁柳编写项目7。本书由胡应华、冯锦春任主审。

在本书编写过程中，德阳安装技师学院张忠旭为本书提供了大量技术资料以及许多宝贵意见和建议，东方电气集团东方电机有限公司冉峻林为本书收集整理资料、插图等做了大量工作，同时编者还参考了其他很多相关资料和书籍，并得到了有关院校和单位的大力支持与帮助，在此一并致谢。由于编者水平有限、经验不足，书中不妥之处在所难免，恳请广大读者批评指正。

编　者

# 二维码索引

（续）

# 目 录

# 项目1 机电设备安装基础

>> 知识目标

1. 掌握典型机电设备安装工程的基本内容和施工管理程序。
2. 掌握常用机电设备安装的工艺方法与过程。
3. 掌握机电设备的安装技术要求和精度检测方法。

>> 能力目标

1. 能识读各类机电设备安装原理图。
2. 会操作常用机电设备安装工具和量具。
3. 能进行常用机电设备的选型、管理、维护和调试。

>> 素质目标

1. 树立安全、规范、严谨细致的安全生产职业精神。
2. 培养按规操作，减少设备故障率的岗位责任意识。
3. 培养严谨认真的学习态度和敢于创新的探究精神。
4. 培养质量意识、环保意识、安全意识、信息素养和工匠精神。

>> 重点和难点

重点：典型机电设备安装工程的基本内容和工艺方法。
难点：机电设备安装精密测量仪器的选择与使用方法。

>> 学思融合

崔兴国，男，1968年9月生，中共党员，东方电气集团东方电机有限公司水轮机装配特级技师。30余年来，崔兴国潜心专研水轮机装配技术，牵头多项国内外重大水电工程装配试验，成功攻克发电设备装配试验技术难关，为解决水电站"心脏"难题做出重要贡献，获得大国工匠年度人物、全国技术能手、全国机械工业质量模范、四川工匠等荣誉。崔兴国一直坚持对制造技术极限的探索，2019年，崔兴国带队奔赴全球单机容量最大的水电站——白鹤滩水电站，实现了转轮"零配重"和不平衡力矩"零残余"的"双零"指标，创造了转轮平衡的奇迹；2021年，崔兴国带领装配团队针对长期困扰高水头球阀制造质量瓶颈，开展5项质量攻关项目，最终做到了球阀水压试验一次性成功，其漏水试验、整体水压试验、转动灵活度等试验指标均超越行业标准和设计标准，做到了"四零泄漏"，创造了行业最好记录；2023年，崔兴国带领团队首次实现国产化的金窝冲击式转轮、坦桑尼亚朱力诺混流式转轮、重庆蟠龙抽蓄、新疆阜康抽蓄等20余台套转轮静平衡，7月11日，白鹤滩水电站 16 台百万千瓦机组首次全开并网运行，创历史新高。

请思考下以下问题：

1）在任务开始前，请上网搜索你身边有哪些典型的机电一体化设备，选择其中的一种，了解其安装调试过程。

2）崔兴国扎根一线，把汗水挥洒在三峡、溪洛渡、白鹤滩等重大水电工程之中，参与并见证了中国水电技术从"跟跑""并跑"到"领跑"的跨越式发展。你从崔兴国的经历中得到了哪些启示？

## ▶▶ 项目导入

机电设备的安装质量直接影响机电设备的正常运转，影响机电设备的振动、摩擦和磨损，影响机电设备的精度和使用寿命。因此，掌握机电设备安装的基础知识，在安装工作中，认真做好安装施工的组织和管理（包括编制施工计划、组织设计、施工准备、施工现场的计划管理和技术管理，机电设备的试运转、试压和工程验收等），以确保机电设备安装的质量和安全施工。

## ▶▶ 项目实施

本项目包含机电设备安装工程的认识、常用检测器具的应用、设备精度检测的认识、设备安装前的准备工作以及设备安装工程的工艺过程的了解。

# 任务 1 设备安装组织与管理

## ▶▶ 任务描述

机电设备安装工程是集机电设备的设计、制造、安装、调试等一系列工作的综合性工程。它涵盖了数学、物理、材料及检测等知识领域，大多数机电设备都需要经过严格的安装工程才能正常运行。下面，一起了解机电设备安装工程的基本内容和一般程序。

## ▶▶ 知识点讲解

### 1.1.1 机电设备安装工程的基本内容

随着科学技术迅速发展并日趋综合化，知识更新周期缩短，生产设备正朝着大型化、自动化、智能化方向发展。生产系统的规模变得越来越大，设备的结构也随之变得越来越复杂，设备在生产上的重要性日益增大。机电设备安装作为一项独立的工艺技术，已逐步形成并不断完善，而且愈来愈受到人们的高度重视。其主要原因不仅是由于设备投资占整个基本建设投资费用的比重大，还在于设备安装工程的质量和工期直接影响到投资效益的发挥。一些特殊安装工程项目，例如工业锅炉、电梯、起重吊装设备、易燃易爆物资的贮存输送系统及核能发电设备等关系到人民生命财产安全，对环境可能造成危害的机械设备安装工程，从事其安装的施工单位、机构和组织，必须具备国家技术监督部门核准的施工资格。

机电设备安装工程主要有以下工作内容：

### 1. 设备的起吊、搬运工作

机电设备整机或部件一般由制造厂家或运输部门运送到安装工地，再由安装人员根据施工进程，使用各种起吊工具和运输工具，将它们完好无损地运到具体的施工作业现场，进行就位组对安装。

### 2. 各种运转设备和静置设备的安装、检验和调试工作

所谓运转设备，是指各种带有驱动装置的并能完成特定生产任务的设备。例如金属切削机床、压缩机、汽轮机、锻压机、泵等，这类设备由于工作精度要求很高，因而是安装工程中最重要而又最艰巨的内容，它通常包括开箱检查、验收、基础放线、设备就位、校准调平、固定、清洗组装、调试试车、竣工验收等多道工序，对于某些机械设备，安装施工也就是这类产品的最后一道制造工序，如锅炉、电梯等。

所谓静置设备，是指不带驱动装置的设备。如塔、罐、柜、槽等容器类设备和电视塔、电线塔、排气筒以及钢质桥梁、房架、平台等金属构造类设备。静置设备的安装，可分为静置设备的整体安装、静置设备的组对安装和静置设备的现场制作安装三种情况。

与静置设备安装配套的施工项目还有各种不同直径、不同压力的管道设备及其他需要进行组合、弯形、密封等的附件的安装工作。

### 3. 钢结构设备的制作和安装工作

钢结构设备，如各类容器、管道、法兰、支架、平台、扶梯等，由于大多为单件、异形，因而，通常是在安装现场用各类钢板和型材，通过放样、下料、组合焊接制造而成，钢结构设备的制作安装有时是安装工程的主要内容之一。

### 4. 容器内、外附属部件的钳工安装工作

在安装各种容器之后，还要进行容器内部和外部各种部件的安装，以保证生产正常使用。如大型化工厂中各类反应塔、吸收塔、中和罐等设备安装完毕后，还须进行塔内隔板、管板、泡罩、磁环等安装工作。这些安装工作是保证容器正常生产的必要条件。另外，还包括与容器相连的管道的弯制、除锈、吹扫、保温、防锈及密封工作和管道的安装工作。在安装现场或预制加工厂，各种不同直径、不同压力的管道，需要按设计进行弯制、除锈清洁、防锈防腐处理及管子管件的密封处理。这部分内容在各种介质输送、供热、供气工程及化工企业安装工程中，占有非常重要的地位。

### 5. 仪器、仪表和控制系统的安装调试工作

在机电设备安装后，其工作系统中各种仪器、仪表和自动控制装置需要进行认真、细致的调试。随着科技的迅猛发展，以及各种机械式仪表、热工仪表、气动式仪表、液压式仪表及其他控制仪表和装置的不断推陈出新，对安装施工人员的技术要求越来越高，特别是在大批量生产企业中，自动生产线和成套设备的运行程序控制系统的安装与调试工作，是安装工程中的又一项重要内容。

### 6. 设备的各种电动机、电器和电气线路的安装调试工作

各种机电设备，一般都配有不同数量、不同规格的电动机、电器及电气线路，因此，正确合理地安装好电动机、电器及电气线路，也是安装工程的一项主要内容。

### 7. 压力设备、热力设备、空调设备、制冷设备和环保设备的安装调试工作

压力设备、热力设备、空调设备、制冷设备和环保设备等通用机电设备近年来广泛地应用在各个行业以及提高人民生活质量的市政建设中，因而，这些设备的安装正逐步成为机电设备安装工程的一项重要内容。

**8. 各种电梯、起重吊装设备的安装调试工作**

货运电梯、商场电梯、住宅电梯等各种电梯及起重吊装设备，其主要零部件都是制造厂家生产后，分组件装箱运抵安装现场，由安装队伍进行现场安装调试，因此，安装工程实际上也是这些设备生产组装的最后一道工序。

**9. 通信、信息设备设施的安装调试工作**

随着知识经济时代的到来，我国的信息产业得到了迅猛发展。通信、信息设备设施的建设和安装调试工作正在成为安装工程的一项新的重要内容。

**10. 特殊设备和器材的安装调试工作**

在国防和科研部门，大量应用具有高科技技术的机电设备，它们大多采用尖端技术，如激光技术、核磁技术、微波技术、微型计算机技术、纳米技术等，这类设备的安装精度要求非常高，对安装施工人员的技能素质要求也非常高。

## 1.1.2 设备安装工程的一般施工管理程序

根据我国一些主要安装企业多年来的经验，机电设备安装工程施工管理一般可分为施工前的准备工作、施工过程管理工作、竣工验收工作和用户服务等四个程序，具体内容见表 1-1。

表 1-1 机电设备安装工程施工管理一般程序

| 施工总程序 | 分项程序 | 子程序 |
|---|---|---|
| 施工前的准备工作 | 工程前期工作 | 1）工程投标<br>2）工程中标<br>3）企业考核、聘任工程项目经理<br>4）组建项目管理班子<br>5）建立职能机构，配备人员，建立责任制 |
| | 调查研究、收集资料 | 1）收集、了解国家及地方有关该专业项目的规定及环保要求<br>2）熟悉合同规定、了解业主的要求和期望<br>3）了解地域自然条件和资源<br>4）详细了解、熟悉工程性质、特点、工艺流程<br>5）熟悉项目设计意图和工艺流程<br>6）踏勘施工现场、熟悉施工环境 |
| | 规划与实施 | 1）工程任务划分、选择施工队伍、确定分承包单位<br>2）编制施工组织设计；制定施工进度计划；确定质量目标；制定施工技术方案；制定各项管理办法；制定各项资源使用计划<br>3）规划临时建设施工（生产与生活设施），组织实施<br>4）按各项资源的使用计划，做好前期准备，做好调运工作<br>5）按规定办理各项证件；办理施工许可证，完善各种手续<br>6）准备工作基本达到开工条件，提出开工报告，申请开工 |
| 施工过程管理工作 | 施工顺序 | 1）技术交底、质量安全交底<br>2）投料制作<br>3）设备开箱检查验收，组织吊装运输到现场<br>4）组织零部件清理清洗及安装调试 |

（续）

| 施工总程序 | 分项程序 | 子程序 |
|---|---|---|
| 施工过程管理工作 | 过程管理 | 1）施工计划管理及进度管理<br>2）施工技术管理<br>3）施工质量控制管理<br>4）劳动工资管理<br>5）成本及财务管理<br>6）施工材料物资管理<br>7）施工机具、检验仪器管理<br>8）施工安全管理 |
| 竣工验收工作 |  | 1）制订竣工验收计划<br>2）安排收尾检查工作及场地清理工作<br>3）整理竣工资料<br>4）召开分析会议，进行工程总结工作<br>5）组织工程自检<br>6）编制竣工图<br>7）试车：各单机试车准备→单机试车→停检→联动空载试车→停检→负荷试车→停检→调整、修改→试产考核→资料（交工资料、决算资料）审核<br>8）竣工验收：向建设单位主要有关部门发送竣工验收通知书→验收小组组织验收→质量评定，签发竣工验收证书→办理资料档案移交→办理工程移交，签署保修书→决算总结→保修回访<br>9）办理工程移交手续<br>10）施工总结 |
| 用户服务 |  | 1）工程保修：保修内容、保修期限，经济责任<br>2）回访、处理遗留问题，巩固、促进与业主关系<br>3）处理投诉 |

# 任务2　设备安装工程测量

## ▶▶ 任务描述

了解水平仪等测量工具的种类与构造，掌握水平仪等测量工具的使用与读数方法。了解常用测量工具的种类与特点，掌握常用测量工具的应用。

## ▶▶ 知识点讲解

在机电设备安装、调整、修理等工作中，需要使用各种工具、量具。这就要求对各种类型的工具、量具的结构、性能、使用方法等非常熟悉，能应用自如。这也是保证机电设备安装、调整、修理等工作的质量、提高其效率必须掌握好的技能。

在设备安装工程中使用的测量工具种类很多，下面简要地介绍几种常用的测量工具。

## 1.2.1　水平仪

水平仪用来检验平面对水平或垂直位置的偏差。由于它测量准确度高，使用方便，因此广泛应用于直线度、平面度和垂直度的检查测量工作中。设备安装常用的水平仪有条式水平仪、框式水平仪和合像水平仪等，如图1-1所示。

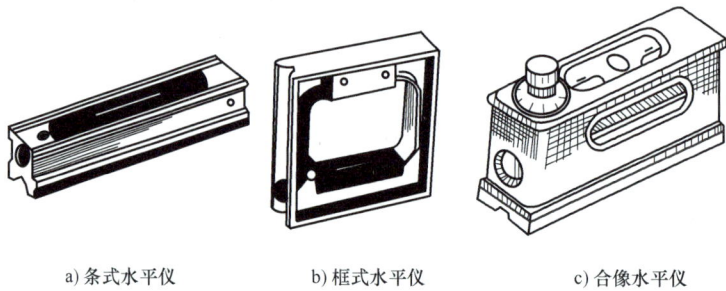

a) 条式水平仪　　　　　b) 框式水平仪　　　　　c) 合像水平仪

图1-1　常见水平仪

### 1. 水平仪的构造（框式水平仪）

（1）框架　水平仪的框架是由合金钢或铸铁经加工后制成的。底面和两侧面是经过精加工的测量面；框架上镶有水准管。

（2）水准管　水准管是由玻璃制成的，里面装满了一定容积的液体，管壁标出一定的刻度。

### 2. 水平仪测量原理

水平仪在水平或垂直位置时，气泡永远停在水准管的中央位置；如果水平仪倾斜一个角度，气泡就向左或向右移到最上方，即液面永远保持水平。根据气泡的移动距离，即可知道水平度或垂直度。如图1-2所示，将一分度值为0.02mm/m的水平仪，安放在1m长的平尺表面上，在右端垫起0.02mm高度，平尺便倾斜一个角度α。此时，水准管气泡的移动距离正好为一个刻度，那么，倾角α为

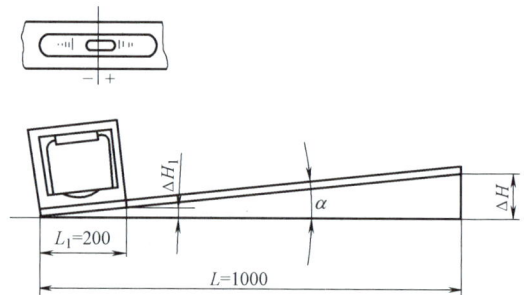

图1-2　水平仪的测量原理

$$\tan\alpha = \frac{\Delta H}{L} = \frac{0.02}{1000} = 0.00002$$

$$\alpha = 4''$$

按相似三角形比例关系可得，在离左端200mm处的平尺下面，高度变化量为

$$\Delta H_1 = L_1 \cdot \tan\alpha = 200 \times \frac{0.02}{1000} \text{mm} = 0.004 \text{mm}$$

### 3. 水平仪的使用和读数方法

水平仪由于加工制造上的误差或长期使用产生的误差，使气泡指示的数值不准确。在使用时，事先要了解或消除水平仪本身的误差。其检测方法是：把水平仪放在精密标准平台上，若水平仪的气泡向左偏一格，将水平仪在原地旋转180°，若水平仪的气泡向右偏一格，则说明水平仪本身的误差为一格。以此为标准，将水平仪放在被测平面上，水平仪也向同样的方向偏一格，这就表明被测平面是平的（间接测量）。

用水平仪进行测量，一般会遇到以下四种情况：

1）测量时，水平仪第一次读数为零，在原位置旋转180°进行测量，读数也为零，则说明被测表面呈水平状态，水平仪没有误差。

2）测量时，第一次读数为零，第二次读数气泡向一个方向移动，则说明被测表面和水平仪都有误差，并且两者误差值相等，都等于读数值的一半。

3）两次读数都不为零，而且气泡向一个方向移动，这时被测面较高一端高度为两次读数值的和除以2，而水平仪误差为两次读数值的差除以2。

4）如果两次测量的误差方向相反，气泡各向一个方向移动，那么被测面较高一端高度为两次读数值的差除以2，水平仪本身误差是两次读数的和除以2。

## 1.2.2　水准仪

水准仪是一种大地测量工作中不可缺少的光学仪器，在机电设备安装过程中，经常用来测量设备基础（或垫铁）的标高。

### 1. 水准仪的构造

（1）水准仪的主要部件　水准仪的结构如图1-3所示。主要部件有：

1）瞄准器：用来对目标进行粗略的瞄准。

2）物镜：使物体或目标进入望远系统成像。

3）望远镜微动螺旋：当制动螺旋拧紧后，可转动微动螺旋，使望远镜在水平面内进行微小的转动。

4）制动螺旋：当制动螺旋拧紧后，可固定望远镜，使其在水平方向不再转动。

5）目镜：用来观望物体或目标，通过调节目镜的位置，可使十字丝成像清晰。

6）长水准管：当长水准气泡在水准管的中间时，说明望远镜的视准轴已水平。

7）圆水准器：用于初步调平仪器的水平度。当圆水准气泡居中时，表示仪器大致水平。

8）脚螺旋：用来粗调仪器的水平。

9）对光螺旋：转动对光螺旋，可使目标的像调节清晰。

10）微倾螺旋：当转动微倾螺旋时，可使望远镜和长水准器一起在竖直方向做微小转动。

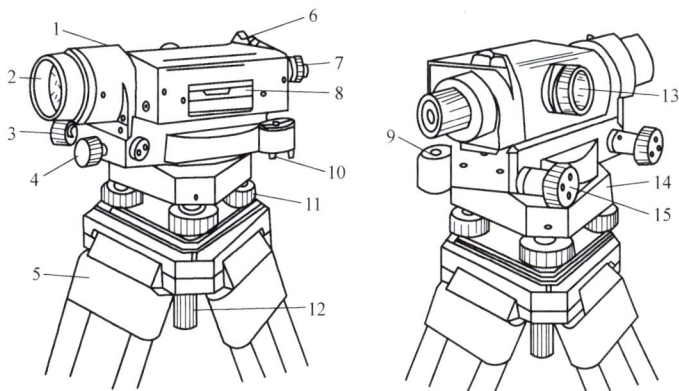

图1-3　水准仪的结构

1—瞄准器　2—物镜　3—望远镜微动螺旋　4—制动螺旋　5—三脚架　6—照门　7—目镜　8—长水准管
9—圆水准器　10—圆水准器校正螺钉　11—脚螺旋　12—连接螺旋　13—对光螺旋　14—基座　15—微倾螺旋

（2）水准仪的主要机构

1）瞄准机构：主要作用是提供一条直的光学视线。在望远镜上方还装有准星和缺口，用于粗瞄准用。

2）调平机构：主要作用是调平视线。调平机构一般由粗调机构和精调机构所组成。粗调机构是三脚螺旋调整机构。粗调时，如果圆水准气泡居中，则仪器基本水平。粗调完毕后，观察长水准气泡的情况，如果左右长水准气泡不符合，如图1-4a所示，应转动微倾螺旋进行精调，使长水准气泡相符合，如图1-4b所示。

3）转轴机构：主要用途是瞄出一个与重力线方向垂直的水平面。

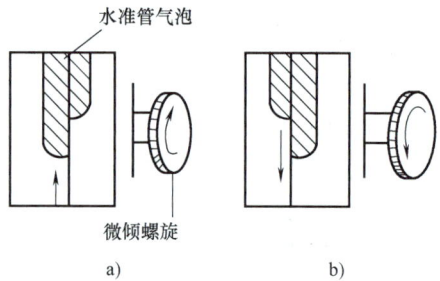

图 1-4　在观察孔中看到的气泡像

**2. 水准仪的测量原理**

利用水准仪提供一条水平视线，借助于带有刻度的标尺（水准尺）来测量地面两点之间的高差，从而由高差和已知点的高程推算未知点的高程，如图1-5所示。

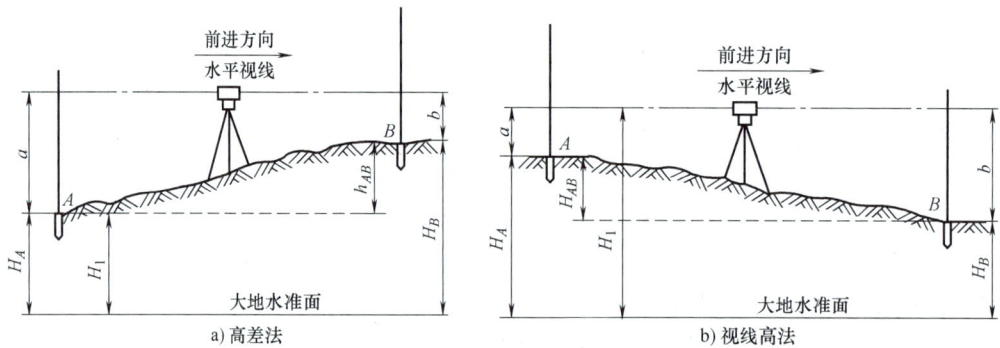

图 1-5　水准仪的测量原理

如图1-5a所示，若已知点$A$点的高程$H_A$，欲确定$B$点的高程$H_B$，则可在$A$、$B$两点各竖立标尺，将水准仪安置在$A$、$B$两点中间。当视准轴水平时得$A$点标尺上读数$a$，$B$点上标尺读数$b$，$A$、$B$两点高差为

$$h_{AB} = a - b \tag{1-1}$$

则$B$点的高程为

$$H_B = H_A + h_{AB} = H_A + (a - b) \tag{1-2}$$

如果按测量时的前进方向区分测点，则$A$点为后视点，读数$a$为后视读数；$B$点为前视点，读数$b$为前视读数。因此，上式可写为

$$h_{AB} = 后视读数 - 前视读数 \tag{1-3}$$

当$h_{AB}$为正值时，说明$B$点高于$A$点；当$h_{AB}$为负时，说明$B$点低于$A$点。

上述由高差计算高程的方法称为高差法。

$B$点的高程也可通过仪器的视线高程计算得到，即视线高（仪器高）法，如图1-5b所示。

视线高程为

$$H_1 = H_A + a \tag{1-4}$$

$B$ 点高程为

$$H_B = H_1 - b \qquad (1\text{-}5)$$

利用视线高程，可以很方便地在一个测站测出若干个前视点的高程。

**3. 水准仪的操作**

（1）安置仪器　首先松开架腿，按需要的高度调节架腿的长度后安稳三脚架。然后取出仪器置于架头上，一只手扶住仪器，另一只手将连接螺旋由三脚架头底部旋入仪器基座，将其连接牢固。架设时尽量使架头基本水平，为粗调创造条件。

（2）粗略整平　如图1-6所示，首先，松开制动螺旋，用两手按箭头方向同时相对地转动脚螺旋1、2，使气泡由 $a$ 移至 $b$（气泡移动的方向始终与左手大拇指移动方向一致）；然后再用手转动脚螺旋3，使气泡移到小圆圈的中心。

（3）瞄准目标　用望远镜准确地瞄准目标。首先是把望远镜对向远处明亮的背景，转动目镜调焦螺旋，使十字丝最清晰。再松开制动螺旋，旋转望远镜，使照门和瞄准器的连接对准水准尺，拧紧制动螺旋。最后转动物镜对光螺旋，使水准尺的像清晰地落在十字丝平面上，再转动微动螺旋，使水准尺的像靠于十字竖丝的一侧。

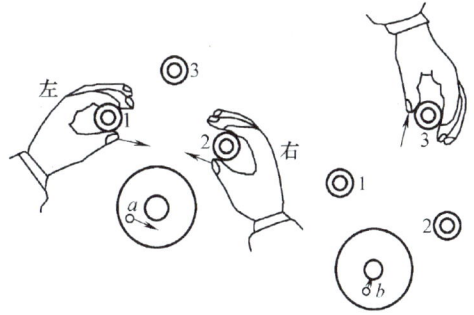

图1-6　水准仪粗略整平

（4）精确整平　精确整平是使望远镜的视线精确水平。微倾水准仪，在水准管上部装有一组棱镜，可将水准管气泡两端折射到镜管旁的符合水准观察窗内，若气泡居中，且气泡两端的像将符合成一抛物线形，说明视线水平。若气泡两端的像不相符，说明视线不水平。这时可用右手转动微倾螺旋使气泡两端的像完全符合，仪器便可提供一条水平视线，以满足水准测量基本原理的要求。

（5）读数　应利用十字丝的中央部分读取读数。读数时应从小数往大数读，如果从望远镜中看到的水准尺影像是倒像，在尺上应从上往下读取。直接读取米、分米和厘米，并估读出毫米，共四位数。

## 1.2.3　经纬仪

经纬仪是大地测量中常用的测角仪器，可测量水平角和竖直角。在机电设备安装中，常用来完成大型设备基础纵横向十字中心线、垂直线的位置测定和地面上两个方向之间的水平角测定等。

**1. 经纬仪的构造**

如图1-7所示，经纬仪的构造可分为照准部、水平度盘和基座三部分。现将主要部件分述如下：

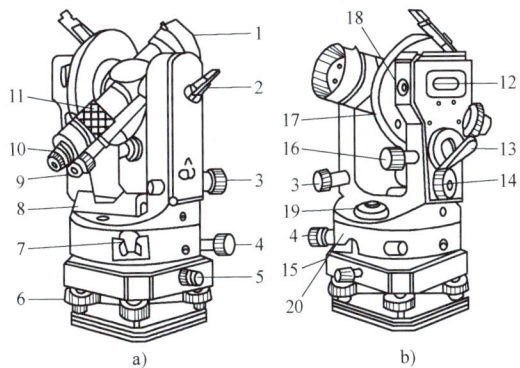

图1-7　经纬仪的构造

1—望远镜物镜　2—望远镜制动螺旋　3—望远镜微动螺旋　4—水平微动螺旋　5—轴座连接螺旋　6—脚螺旋　7—复测器扳手　8—照准部水准器　9—读数显微镜　10—望远镜目镜　11—物镜对光螺旋　12—竖直度盘水准器　13—反光镜　14—测微轮　15—水平制动螺旋　16—竖盘指标水准管微动螺旋　17—竖盘外壳　18—瞄准器　19—光学对中器　20—水平度盘

（1）脚螺旋　用来调平仪器。

（2）水平度盘　安装在仪器基座的垂直轴套上，在水平度盘上刻有0°～360°的刻度，可用来测定水平角。

（3）光学对中器　用来使仪器的中心与地面上的测点对准。

（4）水平制动螺旋　用来制动水平方向的转动。

（5）水平微动螺旋　在水平制动螺旋拧紧后，转动水平微动螺旋，使仪器在水平方向微动。

（6）反光镜　当打开反光镜之后，光线就从反光镜反射进仪器中，照亮度盘上的刻度。

（7）读数显微镜　当打开反光镜之后，就可以在读数显微镜中看到度盘上的刻度。如果读数显微镜中的亮度太暗，可以转动反光镜的位置，使读数显微镜中得到最佳亮度。同时，还可以转动读数显微镜的目镜，使读数显微镜中的刻度线显得非常清晰。

（8）物镜对光螺旋　转动物镜对光螺旋，使目标的像调节到最清晰。

（9）瞄准器　用在望远镜对目标做粗略的瞄准。

（10）望远镜目镜　调节望远镜目镜的位置，能使十字丝的像调节到最清晰。

（11）竖直度盘　竖直度盘固定在横轴一端，随着照准部一起转动，可用来测定竖直角。

（12）望远镜制动螺旋　当望远镜制动螺旋旋松后，望远镜可绕横轴转动。

（13）望远镜微动螺旋　当望远镜制动螺旋拧紧后，转动望远镜微动螺旋，可使望远镜绕横轴做微小转动。

**2. 角度测量原理**

（1）水平角测量原理　两相交直线在水平面上投影所夹的角称为水平角，如图1-8所示。

为了测量水平角 $\beta$ 的大小，应在角顶点 $B$ 的铅垂线上任一点安置一个水平刻度盘，$BA$ 和 $BC$ 在刻度盘上的铅垂投影所夹的角就是水平角 $\beta$。其数值由刻度上两个相应读数之差求得，即 $\beta = c - \alpha$，如图1-9所示。

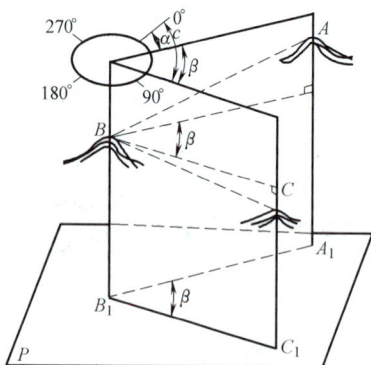

图1-8　水平角测量原理图

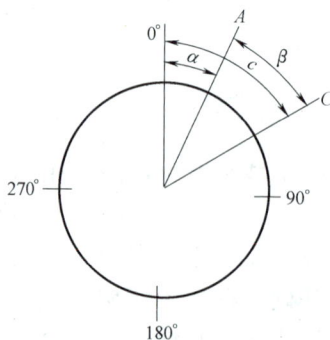

图1-9　水平角的计算

（2）竖直角测量原理　在某个竖直平面内，视线和水平线的夹角称为竖直角。视线在水平线以上时，所夹的竖直角称为仰角，符号为正；视线在水平线以下时，所夹的竖直角称为俯角，符号为负。如图1-10所示，为了测出竖直角的大小，在经纬仪水平轴一端安置一竖直度盘，分别读取照准目标的方向线和水平线在竖直度盘上读数，两读数之差即为竖直角。

### 3. 经纬仪的使用

（1）对中　对中的目的是使仪器中心与测站标志中心位于同一铅垂线上。对中时，可先用垂球大致对中，概略整平后取下垂球，再调节光学对中器的目镜，松开仪器与三脚架间的连接螺栓，两手扶住仪器基座，在架头上平移仪器；使分划板上小圆圈中心与测站点重合，固定中心连接螺旋，平移仪器，整平可能受到的影响，所以整平和对中需要反复交替进行，直至合格。

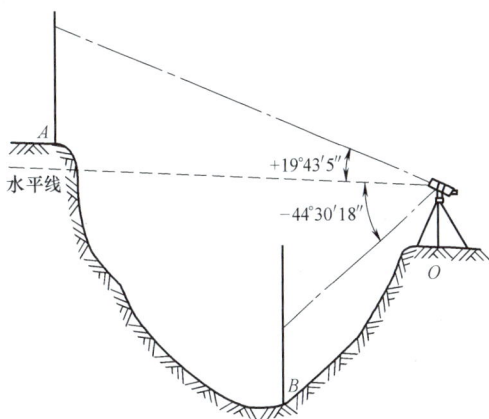

图 1-10　竖直角的测量原理

（2）整平　整平的目的是使仪器竖轴竖直和水平度盘处于水平位置。

如图 1-11a 所示，整平时，先转动仪器的照准部，使水准管平行于任意一对脚螺旋的连线，然后用两手同时以相反方向转动该两脚螺旋，使水准管气泡居中（**注意：气泡移动方向与左手大拇指移动方向一致**）；再将照准部转动 90°，如图 1-11b 所示，使水准管垂直于原两脚螺旋的连线，转动另一脚螺旋，使水准管气泡居中为止。

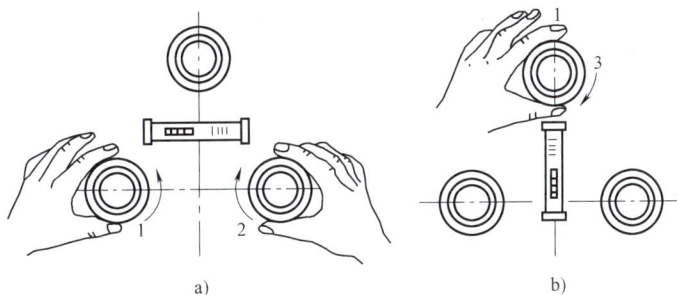

a)　　　　　　　　　　　　b)

图 1-11　经纬仪整平

（3）照准　照准就是使望远镜十字丝交点精确瞄准目标。照准前先松开望远镜制动螺旋与水平制动螺旋，将望远镜朝向天空或明亮背景，进行目镜对光，使十字丝清晰；然后用望远镜上的照门和瞄准器粗略瞄准目标，使在望远镜内能够看到物像，再拧紧水平制动螺旋及望远镜制动螺旋；转动物镜对光螺旋，使目标清晰，并消除视差；转动水平微动螺旋和望远镜微动螺旋，精确照准目标；测水平角，使十字丝照准目标的底部。

（4）读数　调节反光镜及读数显微镜目镜，使水平度盘与测微尺影像清晰，亮度适中，按前述的读数方法读数。

## 1.2.4　钢卷尺

钢卷尺是测量距离的常用工具。距离测量是测量的基本工作。

（1）平坦地区的距离测量　测量前，先将待测距离两个端点 A、B 用木桩（桩上钉一小钉）标志出来，然后在端点的外侧各立一标尺，如图 1-12 所示，清除直线上的障碍物后，即可开始测量。

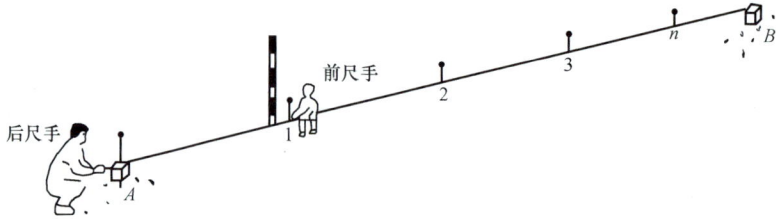

图 1-12　平坦地区的距离测量

测量工作一般由两人进行。后尺手持尺的零端位于 A 点，并在 A 点上插一测钎。前尺手持尺的末端并携带一组测杆的其余 5 根（或 10 根），沿 AB 方向前进，行至一尺段处停下。后尺手以手势指挥前尺手将钢尺拉在 AB 直线方向上；后尺手以尺的零点对准 A 点，当两人同时把钢尺拉紧、拉平和拉稳后，前尺手在尺的末端刻线处竖直地插下一测钎，得到点 1，这样便量完了一个尺段。随之后尺手拔起 A 点上测钎与前尺手共同举尺前进，同法量出第二尺段。如此继续测量下去，直至最后不足一个整尺段时，前尺手将尺上某一整数分划线对准 B 点，由后尺手对准 A 点在尺上读出读数，两数相减，即可求得不足一个尺段的余长，设为 q。则 AB 水平距离可按下式计算：

$$D = nL + q \qquad (1\text{-}6)$$

式中，n 为尺段数；L 为钢尺长度；q 为不足一整段尺的余长。

为了防止测量错误并提高量距准确度，距离要往返测量。上述为往测，返测时要重新进行定线，取往、返测量距离的平均值作为测量结果。量距准确度以相对误差 K 表示，通常化为分子为 1 的分数形式，即

$$K = \frac{\left| D_{往} - D_{返} \right|}{D_{平均}} \qquad (1\text{-}7)$$

（2）倾斜地面的距离测量

1）平量法。沿倾斜地面测量距离，当地势起伏不大时，可将钢尺拉平测量。如图 1-13a 所示，测量由 A 向 B 进行，甲立于 A 点，指挥乙将尺拉在 AB 方向线上，甲将尺的零端对准 A 点，乙将尺子抬高，并且目估使尺子水平，然后用垂球尖将尺段的末端投于地面上，再插以测钎。若地面倾斜较大，将钢尺整尺抬平有困难时，可将一尺段分成几段来平量，如图中的 MN 段。

2）斜量法。当倾斜地面的坡度比较均匀时，如图 1-13b 所示，可先沿着斜坡测量出 AB

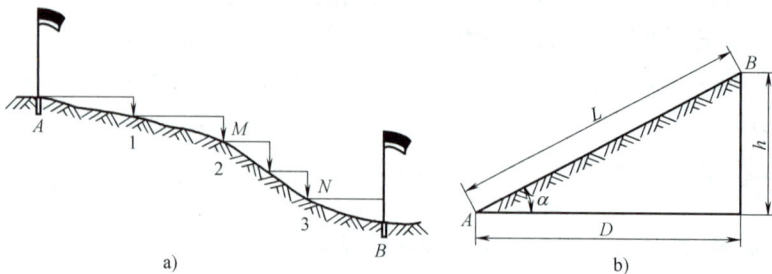

图 1-13　倾斜地面的距离测量

的斜距 $L$，再测量地面倾斜角 $\alpha$，然后计算 $AB$ 的水平距离 $D$。显然 $D = L\cos\alpha$。

## 1.2.5　塞尺

塞尺是用来检验两结合面之间间隙的一种精密量具。它由一些不同厚度的薄钢片组成，每一片上都标有厚度，如图 1-14 所示。单片塞尺有 A 型和 B 型两种，成组塞尺的组别标记、塞尺的长度、片数及组装顺序由《塞尺》（JB/T 8788—1998）规定。标准中塞尺的厚度为 0.02 ~ 1.00mm，长度为 75 ~ 300mm。塞尺的厚度系列有若干片。用长度 + 型别 + 片数来标记。例 300A13 的含义为：长度为 300mm、A 型、13 片。A 型：端头为半圆形；B 型：前端为梯形，端头为半圆形。

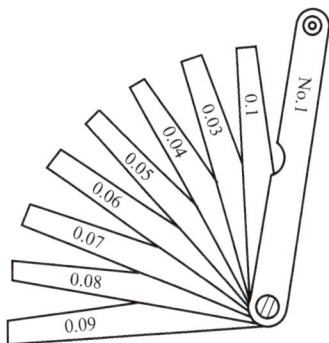

使用塞尺测量间隙时，塞尺表面和需测量的间隙内，要清理干净。选择合适厚度的单片塞尺插入间隙内进行测量，用力不能过大，需松紧适宜。若没有合适厚度的单片塞尺时，可组合几片进行测量，其片数不能超过三片。根据松紧适宜插入的塞尺厚度，即可读出间隙的数值。

图 1-14　塞尺

## 1.2.6　自准直仪

### 1. 自准直仪的结构

自准直仪由仪器本体和反光镜面两部分组成。如图 1-15 所示，当光源 2 射出的光线经过倾斜玻璃 3 射入刻有十字线的分划板 4 和物镜 5 后，射在反光镜 6 上，由于分划板 4 位于物镜 5 的焦距面上，因此，从分划板上一点射出的光线，经过物镜 5 后都变成平行光线。光从反光镜 6 反射回来，再经过物镜，将分划板 4 上一点的像投影在下一点上。如果反光镜 6 的平面与物镜 5 的主光轴垂直，则光线经过反光镜仍按原路返回物镜，再聚焦在焦距平面上，使从分划板 4 上一点射出去的光线与反射回来的光线重合。

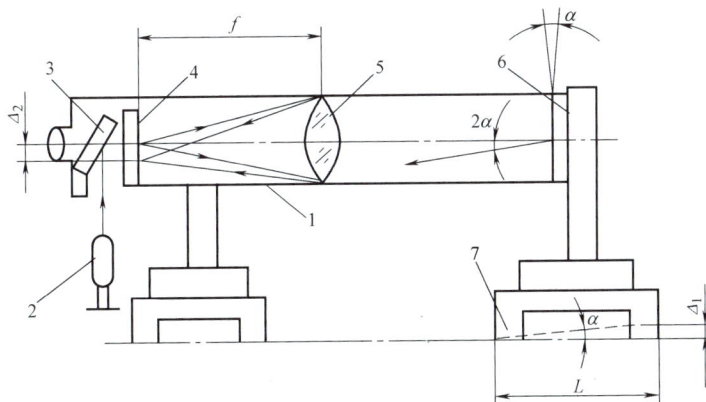

图 1-15　自准直仪的结构

1—望远镜　2—光源　3—倾斜玻璃　4—分划板　5—物镜　6—反光镜　7—支座

反射回来的像的位置取决于反光镜 6 的位置。例如，用自准直仪来测量机床导轨，如果由于导轨的不平直，而使反光镜倾斜了一个 α 角，反光镜 6 的平面与物镜 5 的主光轴不垂直，从分划板 4 上一点射出去的光线与反射回来的光线不重合，产生的位移用 $\Delta_2$ 来表示，这时，可以通过测量位移 $\Delta_2$ 来测量反光镜的倾斜角 α。由图 1-15 中的几何关系可知：

$$\Delta_2 \approx 2f\tan\alpha \approx 2f\Delta_1/L \tag{1-8}$$

式中，$L$ 为反光镜支座的长度（mm）；$f$ 为自准直仪的焦距（mm）；$\Delta_1$ 为自准直仪微动手轮的读数（mm）。

### 2. 自准直仪的使用

（1）配制支座　用自准直仪测量导轨水平面的直线度时，必须配制同一高度、同一长度（一般为 200mm）的两个支座。一个支座安放仪器本体，另一个支座安放反光镜。两个支座之间必须保持刚性连接。

（2）放置仪器　如图 1-16 所示，将仪器本体固定在导轨末端或者在导轨外边稳定的基础上，并将被测表面仔细地擦洗干净，接通电源，移动反光镜支座。首先，使反光镜接近仪器本体，调节反光镜的位置，使十字分划板的像出现在目镜视场的中心；然后将反光镜支座移动到导轨的另一端，先拿开反光镜，用眼睛观看自准直仪的物镜，找出十字分划板的像在物镜中心；然后安放反光镜在此位置。此时，物镜中心与反光镜中心的连线一定平行于导轨。如若不平行，则必须适当调整自准直仪本体或反光镜。

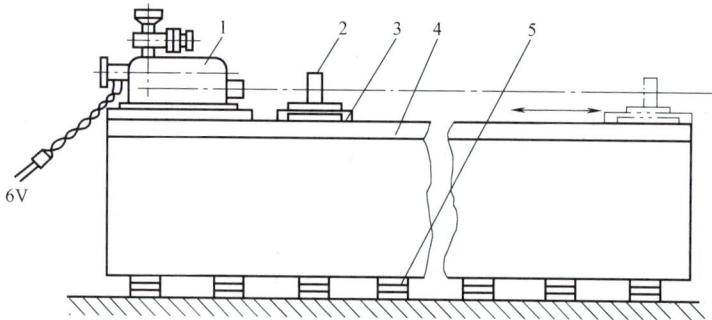

图 1-16　用自准直仪测量导轨的直线度

1—自准直仪　2—反光镜　3—支座　4—导轨　5—斜垫铁

（3）测量

1）先获得反光镜在最远处的读数，整数部分在目镜分划板上获得，小数部分在微分筒上获得。如图 1-17a 的读数为 10.29。

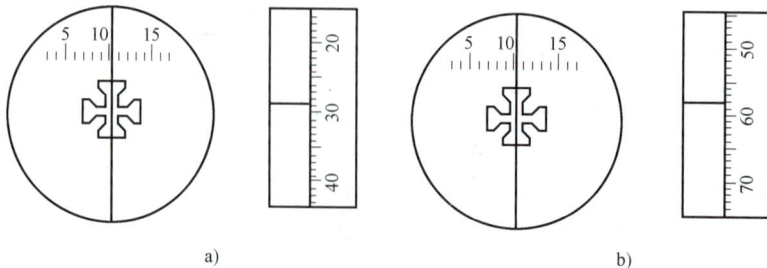

a)　　　　　　　　　　b)

图 1-17　自准直仪的读数方法

2）按支座长度来移动反光镜，在目镜视场中，调节微分筒，使黑线条放在十字分划板的中间，再次读取读数。如图 1-17b 的读数为 10.58。

3）逐段移动，逐段读取读数，直到反光镜到达仪器本体的最后一个位置，再在相反方向反复测量并获得读数。

测量过程中的最大读数与最小读数之差，即为导轨的直线度误差。

（4）注意事项　在测量机床导轨垂直方向的弯曲时，应使读数目镜平行于光轴；在测量机床导轨水平方向的扭曲时，应使读数目镜转动 90°，使其垂直于光轴。

### 1.2.7　读数显微镜

#### 1. 作用

读数显微镜与拉钢丝法一起配合使用，可以测量机床 V 形导轨在水平面内的直线度。其使用原理是从读数显微镜中读出拉钢丝上各点的刻度值。

#### 2. 测量

如图 1-18 所示，在机床导轨上放一块长度为 200mm 或 500mm 的 V 形垫铁，垫铁上放一个带有刻度的读数显微镜，读数显微镜的镜头应垂直放置。在 V 形导轨的两端各固定一个小滑轮，用一根直径 $D \leqslant 0.3$mm 的钢丝，一端固定在小滑轮上，另一端用重锤吊着（或两端都用重锤吊着），然后调整钢丝的两端，使读数显微镜在钢丝两端的刻度线重合。移动 V 形垫铁，每隔 200mm 或 500mm 记录一次读数，在导轨全长上检验。把读数显微镜的测量数值依次排列在坐标纸上，画出垫铁的运动曲线图。从曲线图上就可看出机床 V 形导轨在水平面内的直线度。

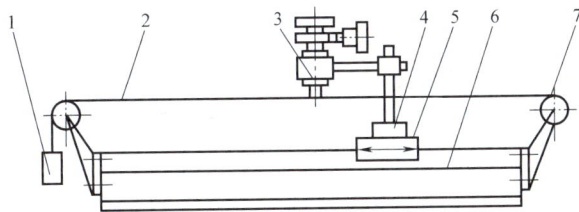

图 1-18　读数显微镜

1—重锤　2—钢丝　3—读数显微镜　4—支架　5—V 形垫铁　6—床身导轨　7—滑轮及支架

## 任务 3　设备在安装位置上的精度检测

>> **任务描述**

设备在安装位置上的检测是安装工程中最重要的内容之一，也是安装工程中技术性较强的环节。机电设备的几何精度不但影响设备质量、使用性能和运行可靠性，更对其所生产的产品质量影响巨大。

>> **知识点讲解**

机电设备在安装位置上的检测工作主要包括下列内容：主轴旋转精度、机器和设备及其零部件的直线度、平面度、垂直度；两个或两个以上的安装表面间的平行度、同轴度及垂直度；某一个或几个安装表面对基准面、基准线的跳动。

### 1.3.1 安装工程中的几何公差

#### 1. 形状公差

形状公差是指单一实际要素的形状所允许的变动全量。形状公差带是限制单一实际被测要素的形状变动的一个区域。形状公差有直线度、平面度、圆度和圆柱度。

#### 2. 方向公差

方向公差是关联实际要素相对基准在方向上所允许的变动全量。方向公差带是限制关联实际要素相对基准在方向上的变动区域，因而公差带相对于基准有确定的方向。方向公差包括平行度、垂直度和倾斜度。方向公差的被测要素可以是线要素或面要素，基准也可以是线要素或面要素。

#### 3. 位置公差

位置公差是关联实际要素相对基准在位置上所允许的变动全量。位置公差带是限制关联实际要素相对基准在位置上的变动区域，因而公差带相对于基准有确定的位置。位置公差包括同轴（心）度、对称度和位置度。

#### 4. 跳动公差

跳动公差是根据检测方法来定义的公差项目，即当被测实际要素绕基准轴线回转时，被测表面法线（或者与回转轴线成给定角度）方向的跳动量的允许值。根据测量时指示表测头与被测表面是否做相对移动，跳动分为圆跳动和全跳动。

#### 5. 轮廓度公差

轮廓度公差属于形状、方向或位置公差，分为线轮廓度和面轮廓度两类，又分为无基准要求和有基准要求两种情况。

（1）线轮廓度公差　线轮廓度的被测要素可以是组成要素或导出要素，其公称被测要素的属性由一个线要素或一组线要素明确给定；除直线外，公称被测要素的形状应通过图样上完整的标注或基于 CAD 模型的查询明确给定。

（2）面轮廓度公差　面轮廓度的被测要素可以是组成要素或导出要素，其公称被测要素属性由某个面要素明确给定。除平面外，公称被测要素的形状应通过图样上完整的标注或基于 CAD 模型的查询明确给定。

GB/T 1182—2018《产品几何技术规范（GPS） 几何公差 形状、方向、位置和跳动公差标注》中规定了几何公差的项目，几何特征符号见表1-2。

表1-2　几何特征符号

| 公差类型 | 几何特征 | 符号 | 有无基准 |
| --- | --- | --- | --- |
| 形状公差 | 直线度 | — | 无 |
| | 平面度 | ▱ | 无 |
| | 圆度 | ○ | 无 |
| | 圆柱度 | ⌭ | 无 |

（续）

| 公差类型 | 几何特征 | 符号 | 有无基准 |
|---|---|---|---|
| 形状公差 | 线轮廓度 | ⌒ | 无 |
| | 面轮廓度 | ⌓ | 无 |
| 方向公差 | 平行度 | // | 有 |
| | 垂直度 | ⊥ | 有 |
| | 倾斜度 | ∠ | 有 |
| | 线轮廓度 | ⌒ | 有 |
| | 面轮廓度 | ⌓ | 有 |
| 位置公差 | 位置度 | ⊕ | 有或无 |
| | 同心度<br>（用于中心点） | ◎ | 有 |
| | 同轴度<br>（用于轴线） | ◎ | 有 |
| | 对称度 | ═ | 有 |
| | 线轮廓度 | ⌒ | 有 |
| | 面轮廓度 | ⌓ | 有 |
| 跳动公差 | 圆跳动 | ↗ | 有 |
| | 全跳动 | ↗↗ | 有 |

## 1.3.2　常用仪器和测量方法在设备安装中的应用

### 1. 导轨直线度检测

导轨直线度是指组成 V 形（或矩形）导轨的平面与垂直平面（或水平面）交线的直线度，且常以交线在垂直平面和水平面内的直线度体现出来。在给定平面内，包容实际线的两平行直线的最小区域宽度即为直线度误差。有时也以实际线的两端点连线为基准，实际线上各点到基准直线坐标值中最大的一个正值与最大一个负值的绝对值之和，作为直线度误差。图 1-19 所示为导轨在垂直平面和水平面内的直线度误差。

（1）导轨在垂直平面内直线度的检验　用水平仪测量导轨在垂直平面内直线度误差，属于节距测量法。测量过程如同步行登山，一步一跨，因而每次测量移过的间距应与放置有水平仪的检验桥板（或仪表座）的长度相等。只有在这种情况下，测量所获得的读数，才能用误差曲线来评定直线度误差。

1）水平仪的放置方法。若被测导轨在纵向（沿测量方向）对自然水平有较大的倾斜，可允许在水平仪和桥板之间垫纸条，如图 1-20 所示。测量目的只是为了求出各档之间斜度

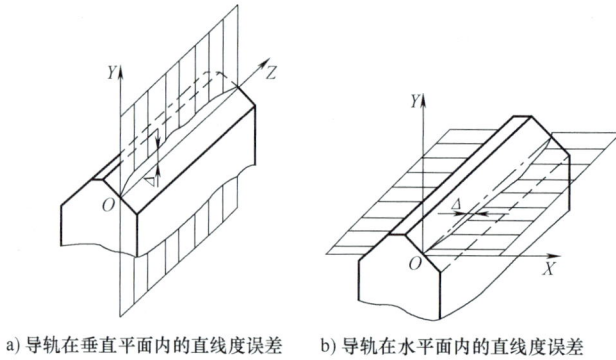

a) 导轨在垂直平面内的直线度误差    b) 导轨在水平面内的直线度误差

图 1-19  导轨直线度误差

的变化，因而垫纸条后对评定结果并无影响。若被测导轨在横向（垂直于测量方向）对自然水平有较大的倾斜时，则必须严格保证桥板是沿一条直线移动，否则，横向的安装水平误差将会反映到水平仪示值中去。

2）用水平仪测量导轨在垂直平面内直线度的方法。例如，有一车床导轨长为 1600mm，用分度值为 0.02mm/m 的框式水平仪，仪表座长度为 200mm，求此导轨在垂直平面上的直线度误差，具体操作如下：

① 将仪表座放置于导轨长度方向的中间，水平仪置于其上，调平导轨使水平仪的气泡居中。

② 导轨用粉笔画出分段标记，其长度与仪表座长度相同。从靠近主轴箱位置开始依次首尾相接逐段测量，取得各段高度差读数。可根据气泡移动方向来评定导轨倾斜方向，如假定气泡移动方向与水平仪移动方向一致时为"＋"，反之为"－"。

③ 把各段测量读数逐点累积，用绝对读数法。每段读数值依次为：＋1、＋1、＋2、0、－1、－1、0、－0.5，如图 1-21 所示。

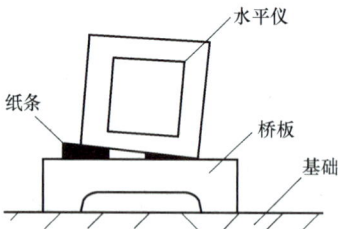

图 1-20  使水平仪适应被测表面的方法

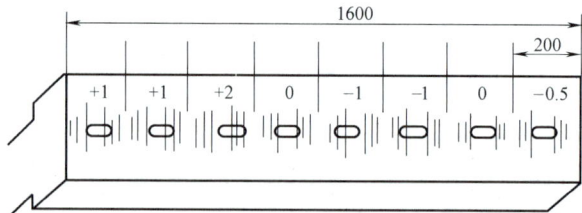

图 1-21  导轨分段测量气泡位置

④ 取坐标纸，画出导轨直线度曲线图。画图时，导轨的长度为横坐标，水平仪读数为纵坐标。根据水平仪读数依次画出各折线段，每一段的起点与前一段的终点重合。

⑤ 用两端点连线法或最小区域法确定最大误差格数及误差曲线形状。

两端点连线法：在导轨直线度误差呈单凸（或单凹）时，作首尾两端点连线Ⅰ-Ⅰ，并过曲线最高点（或最低点），作Ⅱ-Ⅱ直线与Ⅰ-Ⅰ平行，两包容线间最大纵坐标值即为最大误差格数，如图 1-22 所示。在图 1-22 中，最大误差在导轨长为 600mm 处。曲线右端点纵坐标值为 1.5 格，按相似三角形解法，导轨 600mm 处最大误差格数为：$4 \text{ 格} - \dfrac{600}{1600} \times 1.5 \text{ 格} = 3.44 \text{ 格}$。

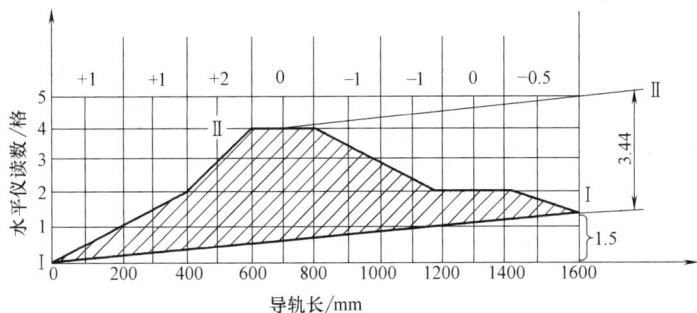

图 1-22 导轨直线度误差曲线图

最小区域法：在直线度误差曲线有凸有凹时，采用图 1-23 所示的方法。过曲线上两个最低点（或两个最高点），作一条包容线Ⅰ；过曲线上两个最高点（或最低点）作平行于Ⅰ线的另一条包容线Ⅱ，将误差曲线全部包容在两平行线之间，两平行线之间沿纵轴方向的最大坐标值即为最大误差。

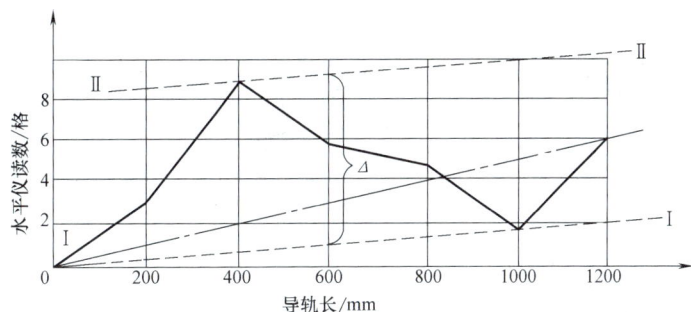

图 1-23 最小区域法确定导轨直线度误差

⑥ 按误差格数换算。导轨直线度数值一般按下式换算：

$$\Delta = nil \qquad\qquad (1-9)$$

式中，$\Delta$ 为导轨直线度误差数值（mm）；$n$ 为曲线图中最大误差格数；$i$ 为水平仪的分度值；$l$ 为每段测量长度（mm）。

在上例中计算如下：

$$\Delta = nil = 3.44 \times 0.02/1000 \times 200 \text{mm} = 0.014 \text{mm}$$

（2）导轨在水平面内直线度的检验

1）检验棒或平尺测量法：以检验棒或平尺为测量基准，用百分表进行测量。在被测导轨的侧面架起检验棒或平尺，百分表固定在仪表座上，百分表的测头顶在检验棒的侧母线（或平尺工作面）上。首先将检验棒或平尺调整到被测导轨平行，即百分表读数在检验棒（或平尺）两端点一致。然后移动仪表座进行测量，百分表读数的最大代数差就是被测导轨在水平面内相对于两端连线的直线度误差，如图 1-24 所示。若需要按最小条件评定，则应在导轨全长上等距测量若干点，然后再做基准转换（数据处理）。

2）自准直仪测量法。节距测量法同样可以测量导轨在水平面内的直线度，不过这时需要测量的是仪表座在水平面内相对于某一理想直线（测量基准）偏斜角的变化，所以

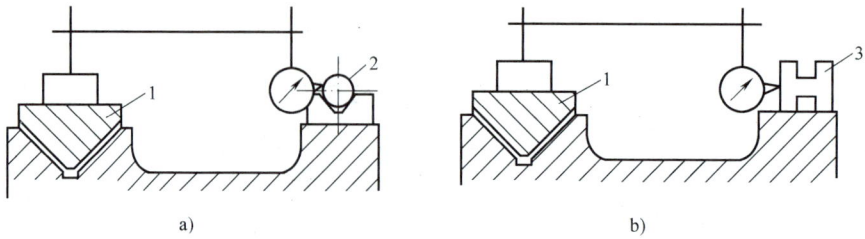

图1-24　用检验棒或平尺测量水平面内直线度误差
1—检验桥板　2—检验棒　3—平尺

不用水平仪，但仍可以用自准直仪测量。若所用仪器为光学平直仪，则只需将读数鼓筒转到仪器的侧面位置即可（仪器上有锁紧螺钉定位），如图1-25所示。此时测出的将是十字线影像垂直于光轴方向的偏移量，反映的是反射镜仪表座在水平面内的偏斜角 $\beta$。而测量方法、读数方法及数据处理方法，则与测量导轨在垂直平面内直线度误差时并无区别。

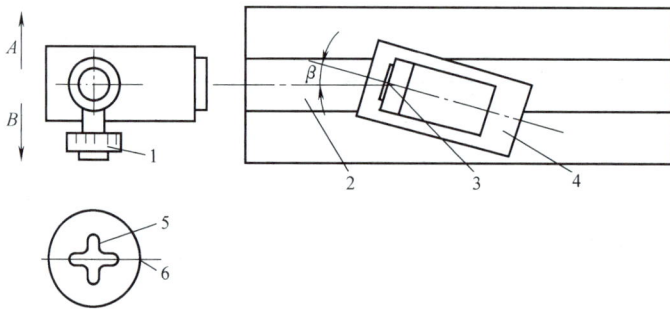

图1-25　用自准直仪测量水平面内直线度误差
1—读数鼓筒　2—被测导轨　3—反射镜　4—桥板　5—十字线像　6—活动分划板刻线

　　3）钢丝测量法。钢丝经充分拉紧后，其侧面可以认为是理想"直"的，因而可以作为测量基准，即从水平方向测量实际导轨相对于钢丝的误差，如图1-26所示。拉紧一根直径为0.1~0.3mm的钢丝，并使它平行于被检验导轨，在仪表座上垂直安放一个带有微量移动装置的显微镜，将仪表座全长移动进行检验。导轨在水平面内直线度误差，以显微镜读数最大代数差计。

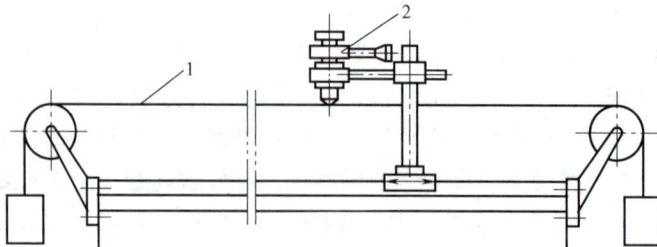

图1-26　钢丝测量法
1—细钢丝　2—显微镜

这种测量方法的主要优点是：测距可达 20 余米，目前一般工厂用的光学平直仪的设计测距只有 5m；并且所需要的物质条件简单，任何中、小工厂都可以制备，容易实现。特别是机床工作台移动的直线度，若允差为线值，则只能用钢丝测量法。因为在不具备节距测量法条件时，角值量仪的读数不可能换算出线值误差。

### 2. 平行度检测

（1）内径千分尺量距离　如图 1-27 所示，将千分尺在 1、2 两位置测得的读数差除以 1、2 两位置的距离 $L$，其结果即为平行度误差。

（2）拉钢丝卡尺法　如图 1-28 所示，先使钢丝 2 与轴 1 垂直，即使 $a_1 = a_2$，然后检查钢丝 2 与轴 3 的指针在 180° 两位置处的间隙，即检查 $b_1$ 是否等于 $b_2$，其平行度误差为 $\Delta b_{12}/2R$。

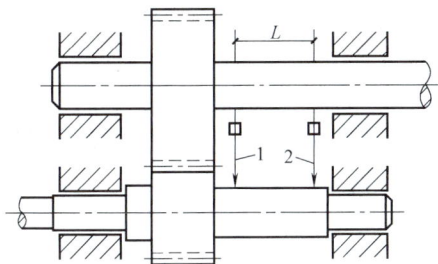

图 1-27　内径千分尺测平行度
1、2—千分尺读数位置

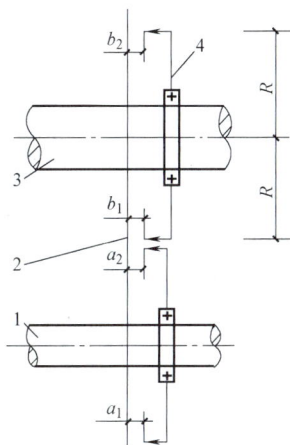

图 1-28　拉钢丝测平行度
1、3—轴　2—钢丝　4—卡尺

（3）用百分表检测平行度　如图 1-29 所示，检验龙门铣床水平铣头主轴中心线对工作台面的平行度时，先在主轴锥孔中插一根检验棒，后将百分表放在工作台面上，百分表的测杆与检验棒的上母线触及，移动百分表进行检验。偏差应以检验棒旋转 180° 两次测得结果的算术平均值计算。

（4）用水平仪检测平行度　如图 1-30 所示，用水平仪和检验平尺来检测机床导轨的平行度误差。以其中 V 形导轨作为基准，测量另一导轨对基准导轨的平行度误差。测量时，在 V 形导轨上放一根圆棒，在平导轨上放一平尺。在平尺和圆棒上面再垂直放一根平尺，整个测量系统构成了一个检验桥板，在与导轨垂直的平尺上面放上一个水平仪，然后逐次移动检验桥板，观察水平仪气泡移动的情况。

### 3. 同轴度检测

同轴度是指两个或两个以上轴线不相重合的变动量。

（1）检测轴对孔的同轴度　用塞尺或内径千分尺检测出各部间隙和两端间隙是否相等或其误差是否超过有关规定，则可判断轴对孔的同轴度满足与否。

（2）检测两孔的同轴度　一般通过轴孔拉钢丝的方法，用内径千分尺测孔壁与钢丝间的距离。测量时，应在孔壁的两端水平和铅垂方向测出四组数值，若除去钢丝挠度因素影响，四个数值相等，则表示两孔同轴。

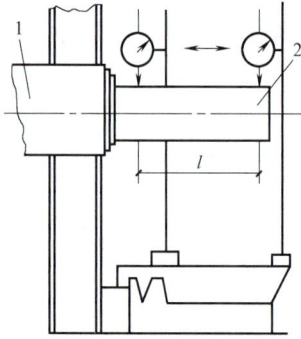

图 1-29　用百分表测平行度
1—主轴　2—检验棒

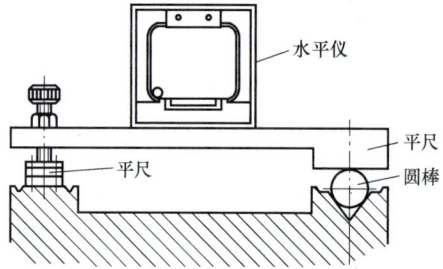

图 1-30　水平仪与检验
平尺测量法

（3）检测轴与轴的同轴度　同心轴的连接大多通过联轴器实现的，因此检测两轴的同轴度可用检测联轴器的同轴度替代。联轴器的同轴度应满足的两个内容：一个是联轴器间轴向距离 $x$ 在平面各点上均应相等，另一个是两半联轴器周边相对各点的径向间隙 $y$ 应相等，如图 1-31 所示。

测量联轴器同轴度误差时，还可按图 1-32 所示，将安装在一个半联轴器上的百分表测头与另一个半联轴器外圆周表面接触，将圆周分成 4 等分或 8 等分，转动联轴器，记录百分表指针读数，百分表每两个对称位置读数差的一半之和的平均值即为联轴器同轴度误差。

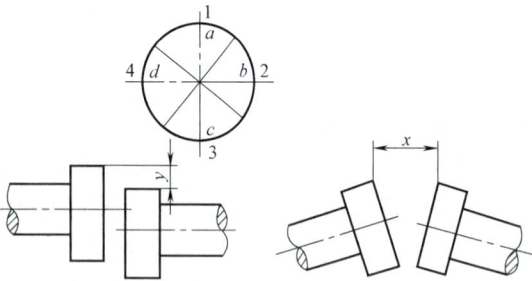

图 1-31　联轴器同轴度的检测

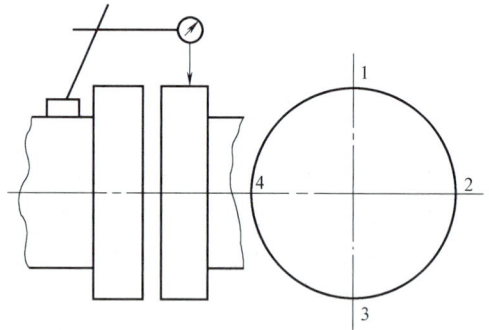

图 1-32　测量联轴器径向同轴度误差

### 4. 平面度检测

平面是由直线确定的。平面度检测主要是在平面上选定几条直线检测其直线度。安装中常用的平面度检测方法是涂色法。将被检平面上涂上颜色，放在校准平尺或平板上研磨，根据接触研点数判断是否符合要求。对要求不是很高的表面，还可用刀口尺的刃从多个方向紧贴被测表面，观察透光情况或用塞尺进行平面度检测判断。

用塞尺检查时，用一根相应长度的平尺，精度为 0~1 级。在台面上放两个等高垫块，平尺放在垫块上，用塞尺或量块检查工作台面至平尺工作面的间隙，或用平行平尺和百分表测量，如图 1-33 所示。

22

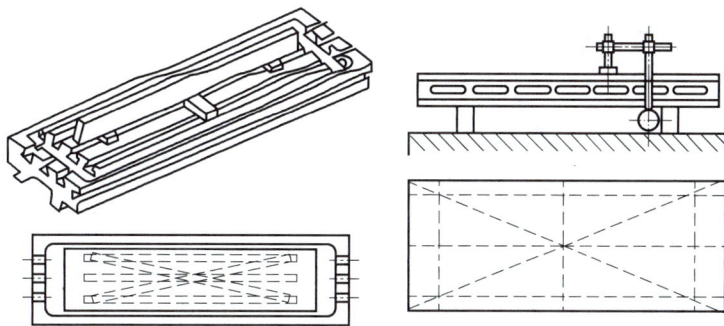

图 1-33　塞尺检测法

### 5. 水平度检测

1）在加工面的平面上放水平仪直接测量。

2）把水平仪放在平尺上，以及平尺两端放等高垫块（量块）或特殊垫铁对设备进行检测。

3）用光学仪器，如自准直仪、水准仪等对有一定距离、不在同一体的设备的等高水平面进行检测。适用于测距较远而平尺不够长的场合，若准确度要求不高，可用水准仪检测，钢直尺作观测目标；若准确度要求较高，可用自准直仪检测。

4）用液体连通器测量大间距的水平度。这种方法较为方便，液体宜用鲜艳颜色（如蓝色或红色）。当被测设备精度要求不高时，可用钢直尺测量读数；对精度要求高的设备，可用测微螺旋读数。

对于一般设备，由于其被测平面较小，测点测出的水平度数值即可代表设备的水平度；对于较长的设备，如长度大于 3m 的机床导轨等，水平度应采用作运动曲线方法测得；对于钢结构、行车轨道等，多用水准仪测量，以标高的形式表示。

### 6. 垂直度检测

机床部件基本是在相互垂直的三个方向上移动，即垂直方向、纵向和横向。设备安装时经常需要测量这三个方向的垂直度误差，检具一般采用方尺、直角尺、百分表、框式水平仪及光学仪器等。

（1）用直角尺与百分表检测垂直度　车床床鞍上、下导轨面的垂直度检测如图 1-34 所示。在车床床身主轴箱安装面上卧放直角尺，将百分表固定在燕尾导轨的下滑座上，百分表测头顶在直角尺与纵向导轨平工作面上，移动床鞍找正直角尺。也就是以长导轨轨迹（纵向导轨）为测量基准，将拖板装到床鞍燕尾导轨上，百分表固定在上平面上，百分表测头顶在直角尺与纵向导轨垂直的工作面上，在燕尾导轨全长上移动中拖板，则百分表的最大读数就是床鞍上、下导轨面的垂直度误差。若超过允许误差，应修刮床鞍与床身结合的下导轨面，直至合格。

（2）用框式水平仪检测垂直度　用水平仪检测摇臂钻工作台侧工作面对工作台面的垂直度如图 1-35 所示。工作台放在检验平板上（或用千斤顶支承）。用框式水平仪将工作台面按两个互相垂直的方向找正，记下读数；然后将水平仪的侧面紧靠工作台侧工作面上，再记下读数，水平仪最大读数的最大代数差值就是侧工作面对工作台面的垂直度误差。两次测量水平仪的方向不能变，若将水平仪回转 180°，则改变了工作台面的倾斜方向，当然读数就错了。

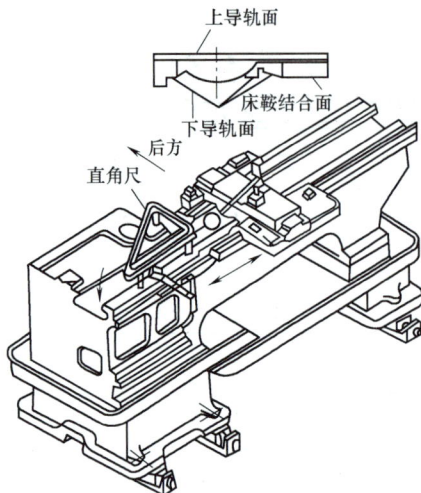

图 1-34　床鞍上、下导轨面
的垂直度检测

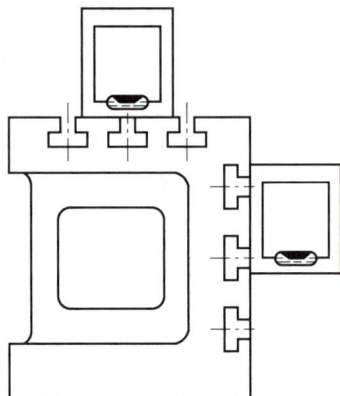

图 1-35　用水平仪检测摇臂钻工作台
侧工作面对工作台面的垂直度

（3）用方尺、百分表检测垂直度　铣床工作台纵向、横向移动的垂直度检测如图 1-36 所示。将方尺卧放在工作台面上，百分表固定在主轴上，其测头顶在方尺工作面上，移动工作台使方尺的工作面和工作台移动方向平行。然后变动百分表位置，使其测头顶在方尺的另一工作面上，横向移动工作台进行检验，百分表读数的最大差值就是垂直度误差。

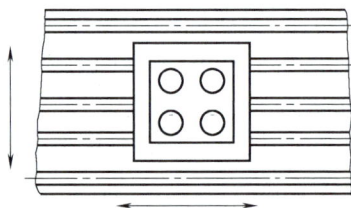

图 1-36　铣床工作台纵向、横向移动的
垂直度检测

# 任务 4　设备安装前的准备工作

## 任务描述

在进行机械设备安装工程前，充分的施工准备是确保整个工程顺利进行的关键步骤。

## 知识点讲解

### 1.4.1　设备基础

**1. 设备基础的技术要求**

机电设备的全部载荷由机电设备下面的基础来承担。基础将机电设备牢固地固定在规定的位置上，承受机电设备的全部重量，承受机电设备工作时由于作用力产生的载荷，并把它均匀地传递到地基中，吸收和隔离因动力作用所产生的振动，防止发生共振现象。因此基础应具有足够的强度、刚度和稳定性，并有一定的吸振或隔振的能力。

**2. 基础的施工和验收**

土建部门负责基础施工，基础的施工一般按以下程序进行：

1）按设计要求放线，挖地坑，进行地基处理。

2）装设模板，安放、绑扎钢筋，准确安放地脚螺栓或螺栓预留孔的模板。

3）测量检查标高、中心线及各部位尺寸。

4）浇灌混凝土。

5）维护养护。

6）拆除模板。

7）检查浇灌情况，对不合格处，进行补救处理。

混凝土浇灌完毕，至少需要 7~14 天的养护，才能安装机电设备。为避免基础因机器工作时振动而下沉，在安装机器前，应对基础进行预压试验。加压重量为机器重量的 1.5~2 倍，预压时间为 3~5 天。机器安装好后，一般应经过 15~30 天后才能开车运行，否则，混凝土强度没有完全达到设计要求，会因基础损坏而影响生产安全。

基础验收的具体工作是由安装部门根据技术文件和技术规范，对基础工程进行全面审查，具体检查内容如下：

1）基础表面应清扫干净。

2）基础的几何尺寸，必须符合图样的要求，基础偏差不能超过有关规定的允许误差范围。

3）根据设计图样要求，检查所有预埋件（包括预埋地脚螺栓）数量和位置的正确性。

4）基础混凝土的强度应符合设计的要求。

5）基础表面应无蜂窝、裂纹及露筋等缺陷。

混凝土基础强度检查方法常用的有试块法、钻芯法、回弹法、超声检测法等。对混凝土基础的质量有不符合要求的，应向有关部门提出处理意见。

### 3. 基础的处理方法

（1）基础偏差的处理　设备基础经过检验后，对于不合要求的地方，应立即进行处理，直到达到要求为止。

一般情况，基础的标高、中心线的位置以及地脚螺栓偏斜（或地脚螺栓孔中心线偏移）的现象较普遍，其处理方法如下：

1）当基础标高过高时，可用凿子将高出的部分凿去；当基础标高小于设计标高时，可待基础铲麻面后补浇注混凝土。

2）当基础中心线偏差过大时，可改变地脚螺栓的位置来补救。

3）对于地脚螺栓孔中心发生偏移过大的情况，可用扩大地脚螺栓孔的方法处理；当垂直偏差过大时，可用修理地脚螺栓孔壁的方法来修正。

（2）基础铲麻面　为了使二次灌浆层能与预浇的设备基础结合牢固，应在基础表面上铲出麻坑，这项处理基础表面的工作称为基础铲麻面。基础转角处应铲有缺口以使二次灌浆层更加牢固。

## 1.4.2　地脚螺栓

地脚螺栓的作用是固定设备，使设备与基础牢固地连接在一起，以免工作时发生位移、振动和倾覆。

地脚螺栓、螺母和垫圈通常随设备配套供应，并在设备说明书中有明确的规定。

通常情况下，每个地脚螺栓配置一个垫圈和一个螺母，但对振动剧烈的设备，应安装锁紧螺母或双螺母。

### 1. 地脚螺栓的分类

根据与基础的连接形式，地脚螺栓可分为以下三种：

（1）死地脚螺栓　不可拆，属于短地脚螺栓。常用的死地脚螺栓的头部多成开叉式和带钩的形状，带钩的死地脚螺栓还在钩孔中穿上一根横杆，以防止转动和增大抗拔能力。

（2）活地脚螺栓　可拆，属于长地脚螺栓。所谓活地脚螺栓，是指地脚螺栓与基础不浇混在一起，基础内预先留出地脚螺栓的预留孔，并在孔下端埋入锚板。

它的形状分为两种：一种是螺栓两端带有螺纹，都使用螺母；另一种是顶端有螺纹，下端呈 T 形。双头螺纹式活地脚螺栓安装时必须拧紧，以免松动；T 形头式活地脚螺栓安装时，必须在螺栓顶端上打上方向性记号，以确保在插入锚板后，将螺栓转动 90° 后能使矩形头正确放入锚板槽内。

（3）锚固式地脚螺栓　锚固式地脚螺栓又称膨胀螺栓。锚固式地脚螺栓可分为有胀管式和自膨胀式两种（见图 1-37），由带圆锥面的螺栓、胀管等组成，利用螺栓受力后的轴向移动，使胀管直径变大，形成对螺栓孔壁的侧向胀力，使螺杆在地脚螺栓孔中楔住。一般用于固定冲击、振动较小的小型设备。其特点是施工简单，定位准确，不需预埋，但埋深较浅，受冲击、振动时易失效。

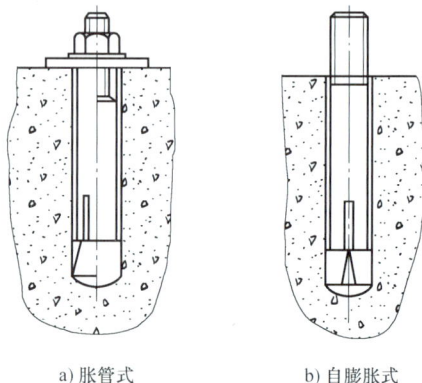

a）胀管式　　　　b）自膨胀式

图 1-37　锚固式地脚螺栓

### 2. 地脚螺栓的安装

地脚螺栓在安装前，应将地脚螺栓上的锈垢油污等清除干净（但螺栓部分仍应涂上油脂）以保证地脚螺栓灌浆后能与混凝土结合牢固。

（1）死地脚螺栓的一次灌浆法　在浇灌设备基础时也将地脚螺栓浇灌好的方法称为一次灌浆法。此方法的优点是地脚螺栓与混凝土的结合力强，增加了地脚螺栓的稳定性、坚固性和抗振性；缺点就是安装时需要使用地脚螺栓固定架，安装后不便于调整。

（2）死地脚螺栓的二次浇灌法　在浇灌基础时，预先在基础内留出地脚螺栓的预留孔，在安装设备时再把地脚螺栓安装在预留孔内，然后用混凝土或水泥砂浆把预留孔浇灌满，使地脚螺栓固定。二次浇灌法的优点是地脚螺栓容易调整，缺点是现浇灌的混凝土与原基础结合不够牢固。

死地脚螺栓的二次浇灌法是常用的一种方法，安装时应注意以下几点：

1）地脚螺栓的垂直度偏差不超过 10/1000。

2）地脚螺栓离孔的距离不小于 15mm（$a \geqslant 15$mm）。

3）地脚螺栓底端不应碰孔底。

（3）活地脚螺栓的安装　在设备安装前，首先要将锚板安装好。锚板应平整牢固，然后将地脚螺栓放入预留孔内。设备就位后，将地脚螺栓拧紧。地脚螺栓孔内多用干砂充满。

（4）锚固式地脚螺栓的安装　锚固式地脚螺栓一般安装在基础规定的点上，首先应在已施工完的基础上钻出螺栓孔，螺栓孔比螺栓最粗部分大，比膨胀后的直径小。然后装入螺栓并锚固，再灌入以环氧树脂为基料的黏结剂。黏结剂的配比，可查有关手册。

### 3. 地脚螺栓偏差的处理

地脚螺栓发生偏差的情况不同，处理的方法也不同。常见的地脚螺栓偏差处理方法如下：

（1）地脚螺栓中心距偏差的排除

1）当地脚螺栓中心距偏差在 10mm 以内时，可用氧乙炔焰将螺栓根部烤红，再用锤子敲打（敲打螺纹部位时，要套上螺母）或用千斤顶矫正。

2）当中心距偏差在 10～30mm 范围内时，可用凿子去除螺栓周围的混凝土，其深度为螺栓直径的 8～15 倍。然后用氧乙炔焰烤红，用锤子或千斤顶矫正，并在弯曲后的螺杆处加焊钢板加固，如图 1-38a 所示。

3）当两地脚螺栓中心距偏大或偏小且中心距又不大时，可用氧乙炔火焰烤红之后用大锤敲弯的方法处理，如图 1-38b 所示。

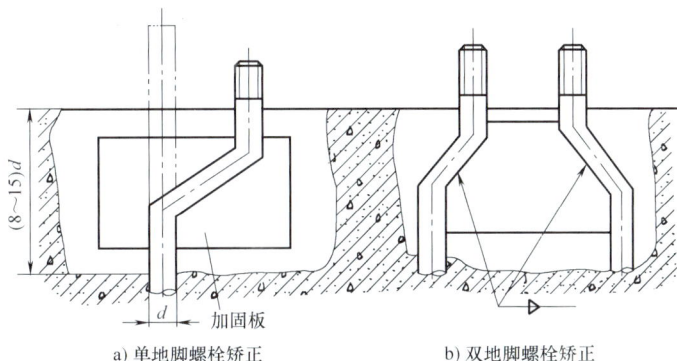

a) 单地脚螺栓矫正　　　　　　　　b) 双地脚螺栓矫正

图 1-38　中心距偏差的排除

4）对于直径大于 30mm 的地脚螺栓，当发生较大偏差时，若用烤红煨弯的方法有困难，可按图 1-39 所示方法进行处理。即将螺栓切断，用一块厚度等于偏差值的钢板焊在螺栓中间，两侧再焊上两块加固钢板。加固钢板长度不应小于螺栓直径的 3～4 倍。

（2）地脚螺栓标高偏差处理　若地脚螺栓过高，可割去一部分，再套上螺扣。不允许用增加垫圈数量和厚度的办法来处理。

若地脚螺栓高不够而偏差不大（≤15mm），可用氧乙炔焰将地脚螺栓烤红，在螺杆上套上一段钢管，垫上垫圈，套上螺母并拧紧，借拧紧螺母的力量将螺杆烤红部分拉长。

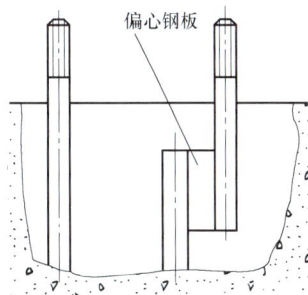

图 1-39　大直径地脚螺栓
中心距偏差处理方法

此时注意烤红的螺杆部分应尽量长些，拉长部分必须焊上 2～3 块钢板加固，如图 1-40 所示。

如果地脚螺栓标高低于设计要求 15mm 时，不能用加热的方法拉长，可在螺栓周围开一个深坑，在距底 100mm 处将螺杆割断，另再焊上一根精加工的螺杆，并用钢板或圆钢加固，加固长度应为螺栓直径的 4～5 倍，如图 1-41 所示。

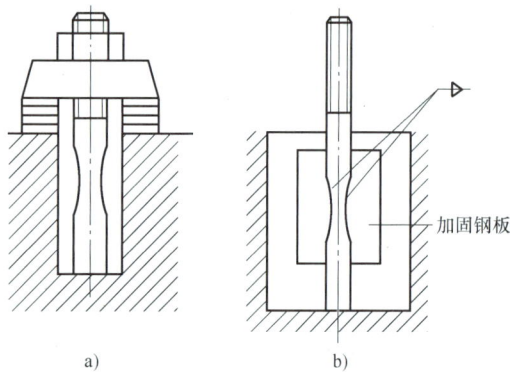

图 1-40　地脚螺栓拉长

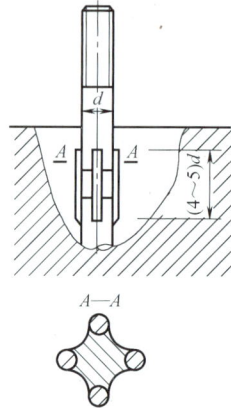

图 1-41　地脚螺栓的接长

（3）地脚螺栓"活拔"的排除　"活拔"是指拧紧地脚螺栓时用力过大，将地脚螺栓从基础中拔出来。要排除这种现象，须将螺栓腰部混凝土凿去，在螺杆上焊两条交叉的钢筋，如图 1-42 所示，然后补灌混凝土。待混凝土硬化后再拧紧地脚螺栓。

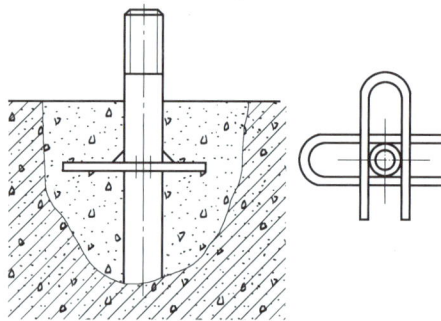

图 1-42　地脚螺栓"活拔"的处理方法

（4）紧固地脚螺栓时的注意事项

1）紧固地脚螺栓时，螺母下面应放垫圈，螺母与垫圈之间及垫圈与设备底座间应接触良好。

2）T 形头式活地脚螺栓在紧固前一定要查看其"标记"，保证使 T 形头与钢板的长形孔成正交。

3）拧紧地脚螺栓应在混凝土强度达到规定强度的 75% 以后进行。

4）拧紧螺母后，螺栓必须露出螺母 1.5 ～ 5 个螺距。

5）紧固地脚螺栓时，应使用标准长度扳手。只有 M30 以上的螺栓才允许加套管增加扳手长度。这样既要保证拧紧，又要防止施力过大而损坏螺纹或地脚螺栓"活拔"。

（5）紧固地脚螺栓的顺序　地脚螺栓的紧固是指通过地脚螺栓使机电设备与基础牢固地连接。安装时要使螺母、垫圈与机电设备的地脚螺栓孔上的平面紧密贴合。拧紧螺母前，应在螺纹处涂上油（一般为油脂，以防生锈，否则需调整机电设备时螺母无法松动）。紧固扳手使用标准扳手，不可随意使用加长手柄，以防力矩过大，拉坏螺纹。拧紧螺栓组时，从中间开始按照对称、对角、交错的顺序进行，施力均匀且多次循环拧紧，严禁一次拧到位和拧完一边再拧另一边，如图 1-43 所示。

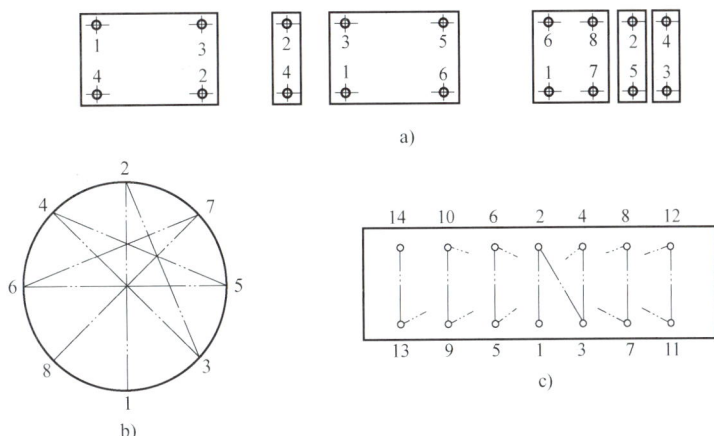

图 1-43  地脚螺栓的拧紧顺序

## 1.4.3  垫铁

设备安装在基础上，其标高和水平度很难满足设备安装精度的要求，因此常在设备与基础之间放一些垫铁（垫板），这种设备安装方法称为有垫铁安装法。

**1. 垫铁的作用**

1）通过对垫铁组厚度的调整，使设备达到所要求的标高和水平度。

2）增加设备在基础上的稳定性。

3）把设备的重量和运转过程中产生的负荷均匀地传给基础，减少振动。

4）便于进行二次灌浆。

**2. 垫铁的布置**

（1）垫铁的布置原则

1）每个地脚螺栓旁至少有一组垫铁。

2）垫铁应尽量靠近地脚螺栓。

3）相邻两组垫铁距离不宜超过 500 ~ 1000mm。

4）每一组垫铁的面积均应能承受设备传来的负荷。

5）垫铁的高度应在 30 ~ 100mm 内，过高将影响设备的稳定性，过低则二次灌浆不易牢固。

6）每组垫铁的块数以 3 块为宜，厚的放在下面，薄的放在上面，最薄的放在中间。在拧紧地脚螺栓后，每组垫铁的压紧程度必须一致，不允许有松动现象。

（2）垫铁布置方式

1）标准垫法。如图 1-44 所示，标准垫法是把垫铁放在地脚螺栓的两侧，这是布置垫铁的基本方法。

2）十字垫法。如图 1-45 所示，垫铁的十字垫法一般多用于小型设备，其设备底座较小，地脚螺栓间距较近。

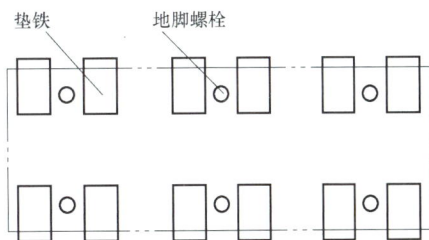

图 1-44  标准垫法

29

3）井字垫法。如图 1-46 所示，垫铁的井字垫法多用于设备底座近似于方形，而设备底座又较十字垫法为大。

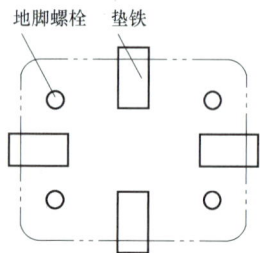

图 1-45　十字垫法

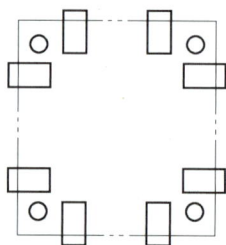

图 1-46　井字垫法

4）辅助垫法。如图 1-47 所示，当地脚螺栓间距较远时（即间距超过 500 ~ 1000mm），应在地脚螺栓之间中间位置加一组垫铁——称为辅助垫铁。这种布置垫铁的方式称为辅助垫法。另外，对拼接的大型机座，例如大型龙门刨床的床身，在接缝两边必须各垫一组垫铁。

5）混合垫法。如图 1-48 所示，当设备底座形状较为复杂且有的地脚螺栓间距较大而采用的一种垫铁布置方式。

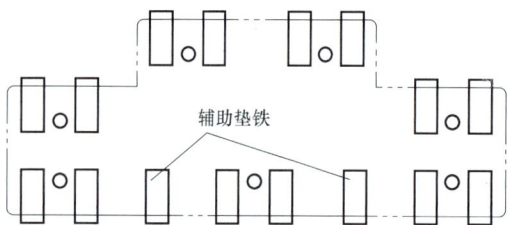

图 1-47　辅助垫法

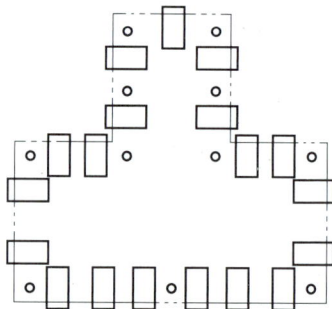

图 1-48　混合垫法

# 任务5　设备安装工程的工艺过程

## 任务描述

机电设备在生产过程中扮演着重要的角色，机电设备的安装过程更是至关重要，直接关系到整个生产系统的顺畅运转。在这个过程中，一系列的步骤必不可少，为确保安装的质量和效果，需要严格按照工艺过程进行操作。

## 知识点讲解

### 1.5.1　概述

#### 1. 机电设备安装的类型

（1）生产过程自动化的联动机电设备的安装　由于这类设备的生产过程是连续进行的，

设备和部件间的相互关系和方位要求非常高，安装时必须找正中心、标高、水平（**注意**：安装时机电设备内各部分间的移动为 mm 级，甚至 0.01mm 级）。

（2）单独机电设备的安装　这种设备的安装主要是找正水平，而对中心和标高的要求则不是非常严格（**注意**：各单独机电设备间的移动为 10mm 级）。

### 2. 机电设备的一般安装过程

各种机电设备，尽管其结构、性能不同，但安装工序基本上是一样的，即一般都必须经过：运输、吊装就位→安装（找正、找平、灌砂浆）→清洗、润滑→检验、调整、试运转→投入生产。所不同的是，在这些工序中，对各种不同的机电设备应采取不同的安装方法。对大型设备采取分体安装法，对小型设备则采取整体安装法。

## 1.5.2　设备的开箱检查

### 1. 设备的开箱

设备出厂时，大多是经过良好包装的。设备运抵现场后，将设备的包装箱打开，以备检查和安装，这道工序就称为设备开箱。根据设备的大小和运输条件，有的是整体装箱，有的是分散（解体）装箱，个别大型设备不装箱。

设备开箱时，应尽量做到不损伤设备和不丢失附件；尽可能减少箱板（或包装箱）的损失。为此，必须注意：

1）开箱前，应查明设备的名称、型号和规格，核对箱号和箱数以及包装情况；最好将设备搬至安装地点附近，以减少开箱后的搬运工作。

2）开箱时，应将箱顶板上的灰尘扫除干净，防止灰尘落入设备内。一般先拆顶板，查明情况后，再拆除其他箱板；应选择合适的开箱工具，不要用力过猛。

3）卸箱板时，应注意周围设备或人员的安全。

4）设备上的防护物和包装，应按施工工序适时拆除。防护包装如有损坏时，应及时采取措施修补，以免设备受损。

### 2. 清点检查

设备开箱后，安装单位应会同有关部门人员对设备进行清点检查。目的有三个：第一，设备的零件、部件、附件是否齐全；第二，设备是否损坏；第三，清点检查完毕后，应填写设备开箱检查记录单，设备由安装单位保管。清点时应注意以下几点：

1）按设备制造厂提供的设备装箱单进行。

2）核实设备的名称、型号和规格，必要时应对照设备图样进行检查。

3）核对设备的零件、部件及随机附件、备件、工具，出厂合格证和其他技术文件是否齐全。

4）检查设备外观质量，如有缺陷、损伤等情况，应做好记录，并及时进行处理。

5）在防锈油料未清除前，不得转动和滑动。因检查除去的油料，检查后应及时涂上。

设备开箱检查只能初步了解外观质量及缺损情况，要查出所有的缺陷和问题，需在此后的各施工工序中进行。

### 3. 设备及零部件的保管

安装单位在对设备和零部件保管中要注意以下几点：

1）对设备和零、部件应进行编号和分类，一般不得露天放置。

2）暂时不安装的设备和零部件，应把已检查过的精加工面重新涂油，以免锈蚀，并采取保护措施，防止损伤。

3）经过切削加工的零部件，应放置在木板架上。

4）零部件的码放应按安装先后顺序放置，以免安装时翻乱。

5）易碎、易丢失的小零件、贵重仪表和材料均应单独保管，但要注意编号，以免混淆和丢失。

### 4. 进口设备的验收与管理

由于进口设备一般都价格昂贵，对从事这些设备安装的人员提出了更高的要求，不仅对引进设备在技术和管理方面需要较高的素质，还需要了解进口设备的接运、商检、保管维护和安装调试等工作。

（1）签订合同　引进国外设备，通常是由外贸部门代替用户向国外订货。订货成交后，由外贸部门与外商签订贸易合同。该合同是同外商进行交涉的法律依据。

合同的内容主要包括外商应交付的内容与范围；交付方式（包括交货地点）；价格；验收的方法和依据；双方承担的权利和义务。在合同中，一般规定有两个保证期：

1）索赔期：也称品质降次保证期。通常情况下，如发现引进设备质量、规格、数量存在问题，应在规定期限内对外商提出索赔。索赔期的期限长短是根据设备的复杂程度、国际惯例、用户要求而确定的。一般是从设备到达我国卸货港后，从船上卸到码头上之日算起20～90天。

2）保证期：也称使用保证期。如果发现引进的设备质量不合格、零件存在缺陷等，按合同的规定，责任在售方，应在保证期内对外商提出索赔。保证期是从设备的卸毕日期起3～12个月，有时也可以从设备安装调试后（由外商委派安装人员）6～12个月提出索赔。

（2）接运　由于进口设备从国外经长途转运到中国港卸货，计算合同规定的两个保证工期是从设备到中国港口后的日期开始算起，因此进口设备的接运工作十分重要，最好派专人在港口负责联系接运。

（3）商检　所谓商检，就是进口商品检验的简称。国外设备到厂后应尽快进行商检工作。做好这项工作，对于维护国家利益、监督外商履行合同、防止外商投机诈骗，以确保进口设备高质量地及时安装投产，具有重要的政治、经济意义。

根据国家进出口商品检验部门"进口物质检验和索赔办法"规定，进口设备由订货部门负责组织检验，商品检验机构经过必要的核实或实验以后给出证明。

进口设备的商检工作是在当地商品检验机构指导下进行的。

（4）保管维护　对于进口设备开箱商检后，短期内无安装条件的，或安装后短期内不能投入生产的，要设专人做好保养维护工作。

对于外商提供的和随设备带来的技术资料（原），包括图样、样本、说明书、合格证、装箱单和有关函件等，要交到资料部门翻译、复制、保管，随设备带来的专用工具、量具及备品备件，应清点入账，分别交职能部门保管。

## 1.5.3　基础放线与设备就位

正确地找出并划定设备安装基准线，然后根据这些基准线将设备落位到正确的位置上，这项工作在设备安装中统称为放线就位。放线就位包括下列内容：基准线的确定及基础放线；设备上中心线的划定；设备的起重搬运；吊装就位；找正（设备中心线与基础中心线吻合）和找标高。

（1）基础放线

1）安装基准线。决定一个物体的空间位置，需要三个坐标数值。所以安装基准线一般有平面位置基准线（纵向和横向轴线）和标高基准线。

确定安装基准线的依据是施工图，一般是根据有关建筑物的轴线、边缘或标高线确定设备安装基准线。对于不同的设备，放线的要求不同。

2）平面位置安装基准线的放线方法：

① 确定基准中心点。安装基准线一般都是直线。因此，要划定一条安装基准线，只需要确定两个基准中心点就可以了。安装基准中心点，是依据建筑物来划定。基准中心点要选定两个，其间距要足够大，以减少误差。将两个基准中心点连接起来，就构成安装基准线。平面位置安装基准线至少有两条：纵向线和横向线。根据上述原则，就可以划定出任意条平面位置安装基准线。

② 基准线的形式。确定了基准中心点后，就可根据点放线。放出的线一般有以下几种形式：

a）划墨线，用墨斗绷线。这种方法误差较大，且距离长时难度大，时间久了也容易消失。

b）用点代替线。安装中有时不需要整条线，可划几个点代替。划点时可拉线，在需要的地方划上点后去掉线，也可用经纬仪投点。要求高时，可埋设中心标板。

c）用光线代替线。用光学仪器，如自准直仪、水准仪、经纬仪、激光准直仪等光学仪器的光线代替划墨线和拉线等方法。

d）拉线。拉线是安装中放平面位置基准线常用的方法。如对联动设备的轴线，由于轴线较长，放线较长，可架设钢丝替代设备中心基准线。

3）标高基准点。一般对标高要求不高的设备，不设置标高基准点。而对标高要求严格的设备，要在设备附近设置若干标高基准点，作为检测设备标高用。

标高基准点一般有两种形式：

① 简单标高基准点。在设备基础上，附近的墙或柱子上的适当部位处，分别用墨或红油漆划上标记，然后用水准仪测出各标记的具体标高数值，并注明在该标记附近。

② 钢制预埋基准点。中心标板和钢制标高基准点，最好在土建单位灌筑基础时，由安装单位协助埋设。埋设的位置距设备上的观测点愈近愈好，以便于观测。

4）中心标板。安装基准线标定后，如果不将纵向、横向安装基准线拆掉，将影响设备搬动到设备基础上，因此，安装基准线校验后，用一段型钢埋设在机电设备两端的基础面上，作为中心标板，并在其上根据基准线的投影打上投点，便于作为重新挂设安装基准线的基准点。然后再拆掉纵向、横向安装基准线，留下纵向、横向安装基准线的中心标板。

埋设中心标板的方法如图 1-49 所示，中心标板应埋设在中心线的两端，中心标板的中心应尽量与基准中心相符；中心标板应露出基础表面的高度为 4~6mm；在用混凝土浇灌中心标板之前，要先用水冲洗基础表面，以使新灌的混凝土能与基础结合；如有可能，中心标板应焊在基础的钢筋上；待水泥养护期满后，在中心标板上打上 1~2mm 的中心冲眼，并用红油漆画一圆，作为明显的标记。

（2）设备划线 设备的中心位置是由中心线决定的。在安装前必须在设备上找出有关中心，或找出有关的中心线上两点。设备就位找正中心位置时，就是使这些点与基础基准线重合。

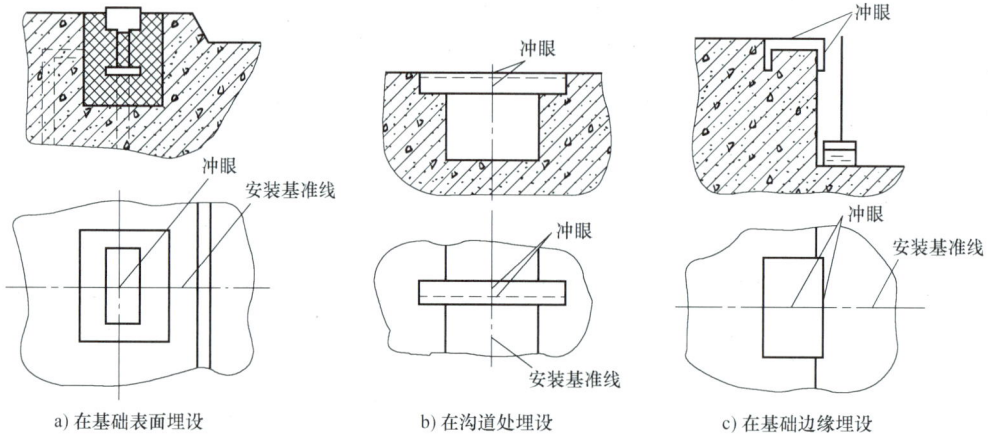

a) 在基础表面埋设     b) 在沟道处埋设     c) 在基础边缘埋设

图 1-49 埋设中心标板的方法

设备找中心，一般根据加工面进行，其方法有以下几种：

1）矩形面找中心。用找直线中点的办法，在矩形的边的两端，用圆规求边的垂直平分线，将矩形的纵向垂直平分线和横向垂直平分线连起来，即可得到矩形面的中点。

2）轴上或圆孔上找中心。如图 1-50 所示，圆轴在加工时端面都钻有中心孔。在孔的端面找中心时，可在孔内嵌入一块镶有金属片的木块，在圆周上任意找三点，以圆的半径画弧，三弧的交点即为中心，把中心标在金属片上。

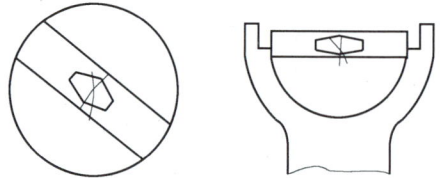

图 1-50 圆孔上找中心

3）利用精确螺栓孔找中心。如图 1-51 所示，当螺栓孔是精加工孔时，可以用孔的中心作为圆心，用适当的半径画弧，求出孔的中心连线的垂直平分线，找出孔所在平面的中心。

4）利用地脚螺栓孔找中心。对安装要求不高的机电设备，可根据机电设备上的地脚螺栓孔的位置，用地脚螺栓孔的中心作为圆心，用适当的半径画弧，求出地脚螺栓孔的中心连线的垂直平分线，找出机电设备的中心。

5）根据侧加工面找中心线。如图 1-52 所示，如果设备的两侧是精加工面，可以通过在侧面上找点作为圆心，用适当的半径画弧，求出两侧面的垂直平分线，即为中心线。

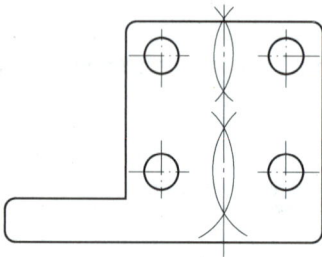

图 1-51 利用螺栓孔找中心

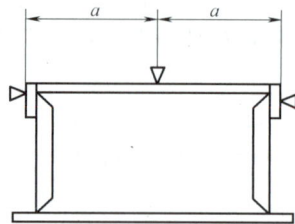

图 1-52 根据侧加工面找中心线

（3）设备就位 机电设备就位，就是将机电设备安全地安放在由安装基准线和设备中心线确定的位置上。也就是机电设备的中心线要与基础的纵、横向安装基准线重合，机电设备的标高能满足设计标高的要求。

1）检测设备平面位置的方法。包括以下几种：

① 线锤、钢直尺量中心线法。如图1-53所示，在所拉设的安装基准线上挂线锤，设备上搁钢直尺，看垂线是否在设备中点。

② 样板法。如图1-54所示，有些底座间隔较宽的设备，可用专门制作的样板代替钢直尺。

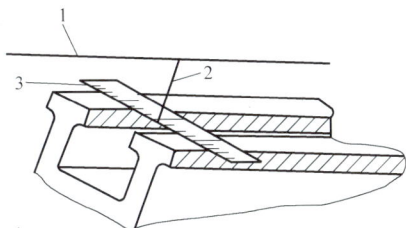

图1-53　线锤、钢直尺量中心线法
1—安装基准线　2—线锤　3—钢直尺

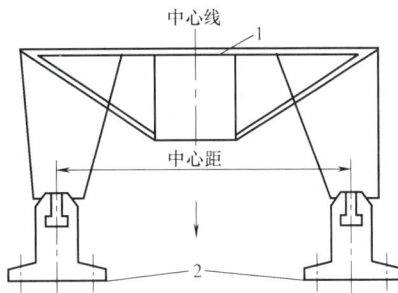

图1-54　样板法
1—样板　2—机座

③ 线锤对冲眼法。如图1-55所示，当设备上有冲眼作为定位基准，可在拉设的安装基准线挂上两个线锤，看两垂线是否与冲眼对准。

④ 挂边线法。如图1-56所示，对一些圆形机件，对中心不大容易对准，可用挂边线法。使吊线沿圆形表面下垂，测量垂线间距离。图1-56所示圆形机件中心距安装基准线的水平距离为 $L + D/2$。

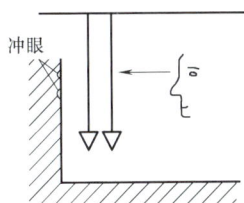

图1-55　线锤对冲眼法

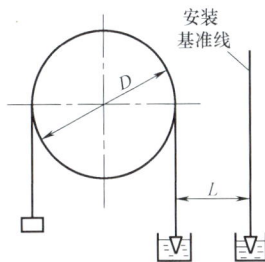

图1-56　挂边线法

⑤ 内径量具测量法。如图1-57所示，对圆筒形零件，可以将安装基准线穿过机件中心，然后用测量内径的量具在其两端各测上下左右互成90°的四个位置。若 $a_1 = a_2 = a_3 = a_4$，$b_1 = b_2 = b_3 = b_4$，则表示中心已对准。

2）测设备标高的方法。检测设备的标高，主要是检测设备上的定位基准与标高基准点间的相对高差。一般有以下几种方法：

① 加工面的标高。设备上有明显的加工表

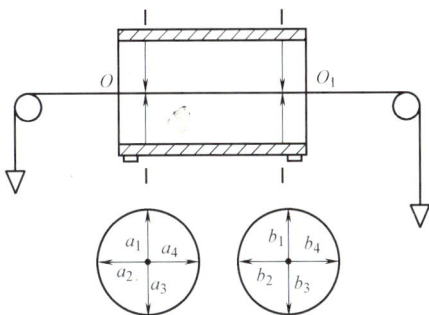

图1-57　内径量具测量法

面，可直接用来作为测量标高用的平面，如图 1-58 所示。

② 弧面的标高。从设备图上找出与弧面底相切的水平面标高。检测时用工字形平尺引出。由于工字形平尺不能与弧面贴合，可用塞尺测量弧面底部与平尺间的间隙，从而求出弧面的标高，如图 1-59 所示。

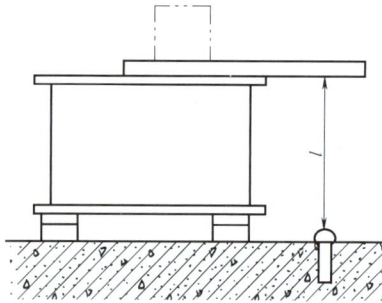

图 1-58　加工面的标高

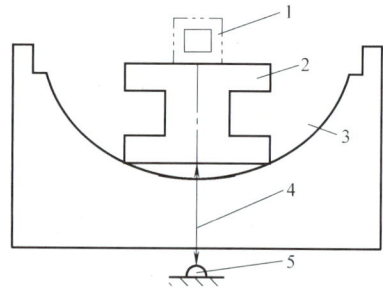

图 1-59　弧面的标高

1—水平仪　2—工字形平尺　3—弧面机件
4—直尺　5—标高基准点

③ 轴的标高如图 1-60 所示。

④ 用水准仪测标高。用水准仪测标高最简单，但要考虑在设备上能否放标尺（一般安装时，多用钢直尺代替标尺），且有放水准仪的地方。

调整标高时，可以用斜垫铁、调整垫铁和千斤顶。

（4）设备的初平　设备的初平就是在设备就位后（不再水平移动），初步将设备的水平度大体上调整到接近要求的程度。一般情况下，这时设备还没有彻底清洗；地脚螺栓还没有二次灌浆，设备找平后不能紧固，因此只能对设备初平。如果地脚螺栓是预埋的，那么设备就位后即可进行清洗，一次找平（精平），可省去初平这道工序。

找平工作是设备安装中最重要而且要求严格的工作。任何设备都必须进行找平。找平的主要工具是水平仪。设备找平的关键问题不仅在于操作，水平仪的位置也很重要。同找标高一样，放置水平仪也需要有基准面，但找平的基准面应选择精确的、主要的加工面。

1）初平的基本方法。包括以下几种：

① 在精加工平面上找平。这是最普通的找平方法。纵横两方位找平都在这个面上（找标高也在这个面上）。设备底座的找平如图 1-61 所示。

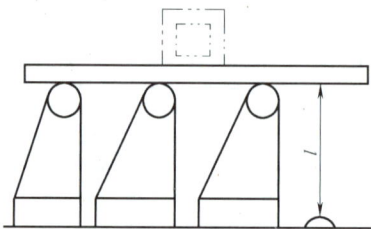

图 1-60　轴的标高

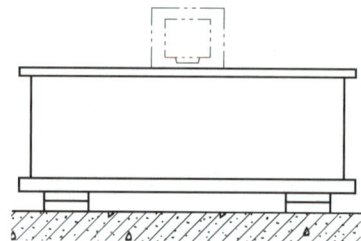

图 1-61　设备底座的找平

36

② 在精加工的立面找平。有些设备除找水平外，还应找立面的垂直度。

③ 在床面导轨上找平。这是机床设备的一般找平方法。

④ 轴承座找平。当轴未装入轴承座时，可在轴承中找平。

⑤ 利用样板找平。有些设备没有放水平仪的位置，但是有精加工的斜面。在这种情况下，可以制作样板，使样板贴在加工面上，再用水平仪找平，如图 1-62 所示。

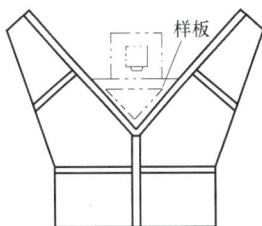

图 1-62　利用样板找平

有些设备如重型机床导轨横断面呈 V 形或 U 形，必须制作精密特制垫块或圆棒，然后在其上搁置平尺和水平仪找正，如图 1-63 所示。

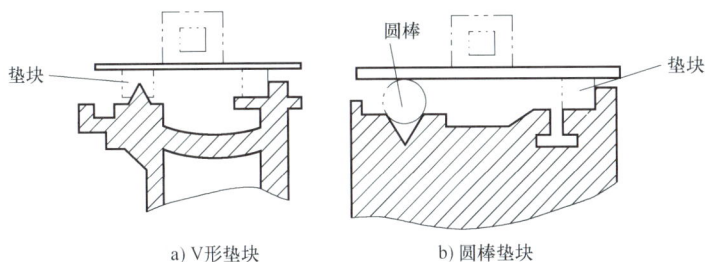

a) V 形垫块　　　　　　　　b) 圆棒垫块

图 1-63　特制垫块找平

2）设备水平的三点调整法。设备水平的三点调整法是一种快速找标高和水平的方法，因为它与设备接触只有三点，恰好组成一个平面，调整起来既方便又精确，如图 1-64 所示。

调整时，首先在设备底座下选择适当的位置，放入三组斜垫铁（调整垫铁更好）用以调整设备的标高、水平度。调整后可使设备标高略高于设计标高 1 ~ 2mm；然后将永久垫铁放入预先安排的位置，其松紧程度以锤子轻轻敲入为准；各组永久垫铁松紧程度应一致。最后撤出调整垫铁，使设备落在永久垫铁上。

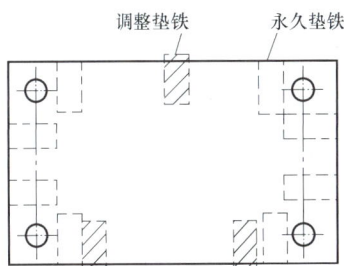

图 1-64　三点调整法

采用三点调整法调整设备时，要注意以下两点：

① 选择三点位置时，要特别注意设备的稳定。设备的重心水平投影应在所选三点组成的三角形内。

② 要根据设备的重量和基础的耐压强度，慎重选择三个支点下面的面积。底板总面积要有足够的大小，以保证支点处的基础不被破坏。当三支点不够稳妥时，可以适当增加辅助支点。但这些辅助支点不起主要的调整作用。

3）设备初平时的注意事项：

① 在较小的测定面上可直接用水平仪检查；大的测定面上应先放上等高垫块和平尺，然后用水平仪检查。平尺与测定面间应擦干净，并用塞尺检查，互相接触要良好。

② 使用水平仪时，应正反（旋转180°）各测一次，以修正其本身的误差。

③ 测定面如有接头时，在接头处一定要检查等高度和平面度。

4）初平复查。初平复查时，可采用设备中心、标高和水平联合找法。

设备的中心、标高和水平是决定设备安装位置的三个基本条件，三者必须同时达到要求。但是三者是互相影响、互相关联的。例如：找水平时，可能使中心与标高变动；同样，找标高时，另外两项也可能产生偏差。因而在实际调整中，不可能把这三项操作同时或单独完成，只能采取分别进行、互相照顾、渐近达到的方法。在实际操作中，常用下列两种方法之一：一种是先找中心，再找标高，最后找水平。如此周而复始，循环渐进，直到中心、标高、水平三者都达到要求。另一种是先找标高，再找水平，最后找中心。同样要周而复始，循环渐进。现将上述两种方法的具体做法介绍如下：

① 将设备吊装就位以后，首先将设备上的中点对准基础中心线（找中心）；然后在基准线的一端调整斜垫铁，将此端标高找好（找标高）；最后找水平，借调整斜垫铁来调整设备的水平度（找水平）。找好水平后，复查中心和标高，再复查水平度。三者基本找好后，在底座下安装永久垫铁，撤去调整垫铁。斜垫铁去掉后再复查，若不合格则再调整。

② 与第一种方法大致相同，只是顺序不一样。它是先将设备一端标高找好，再找水平，将水平和标高复查好，塞好垫铁后，再对准中心线找中心。这种方法多用在地脚螺栓预埋及中心线要求不太严的场合。

在联合找平时，要求对前面讲过的找中心、找标高和找水平的各种方法合理选择使用。

## 1.5.4 机电设备的拆卸和清洗

设备就位固定后，就可着手设备的拆卸和清洗工作。拆卸和清洗是设备安装中不可缺少的重要工作。这些工作的好坏，直接影响着设备的使用寿命和生产质量。

### 1. 拆卸

（1）拆卸的准备工作 设备或部件拆卸前要做好相应的准备工作，做到有条不紊地进行，禁止盲目地拆卸。

1）拆卸前要很好地熟悉拆卸设备或部件的图样，了解它们的构造、零件与零件间的相互关系，牢记需拆卸零件或部件的位置和作用。

2）拆卸前，要根据结构情况，研究并确定拆卸的方法和步骤，保证设备和零部件的完好和拆卸工作顺利进行。

3）拆卸前，应根据确定的拆卸方法，准备好需要用的机械、工具和材料，以保证拆卸工作顺利进行。

（2）拆卸方法

1）击卸法。如图1-65所示，击卸法是一种最简单、最常见的拆卸方法。击卸常用的工具是钢锤（一般为0.5～1kg）。有时也用木锤或铜锤。另外，击卸还常用冲子和垫块。安装工地上常用紫铜棒（$\phi20 \sim \phi35$mm）代替冲子，用铜板、铝板或木块作垫块。

2）压卸法和拉卸法。压卸和拉卸时使用的工具有各种拉卸工具和各类压力机等。压卸是用压力机的力量，使配合零件移动，如图1-66a所示。拉卸是用螺旋拉卸器的力量，使配合零件移动，如图1-66b所示。

压卸法和拉卸法与击卸法相比有很多优点。它施力均匀，力的大小和方向容易控制，能够拆卸较大的零部件，能够拆卸过盈量较大的零部件，拆卸过程中损坏零部件的可能性较小。也适用于轴上零件的拆卸、孔中轴承套的拆卸、轴瓦盖的拆卸。在压卸和拉卸时，一定注意在轴的端部使用辅助垫片，以便保护轴的中心孔。

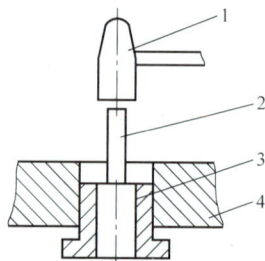

图 1-65 击卸法
1—锤子　2—垫板
3—轴套　4—机体

3）温差拆卸法。如图 1-67 所示，该拆卸法是用加热包容件或冷却被包容件的方法，使装配件间的过盈量减小或者形成间隙，达到拆卸的目的。这种方法适用于过盈配合和尺寸较大的零件。在实际操作中，采用轴向拉力和对包容件加热的综合方法进行拆卸（特别适合于尺寸较大的过盈配合包容件的拆卸）。

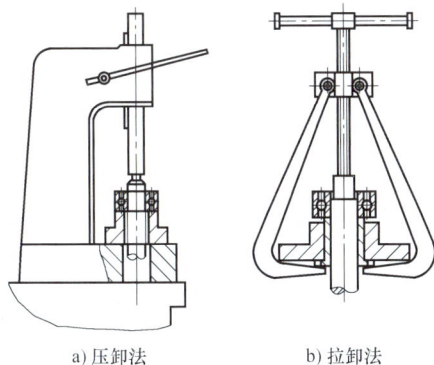

a) 压卸法　　　　　b) 拉卸法

图 1-66　压卸法和拉卸法

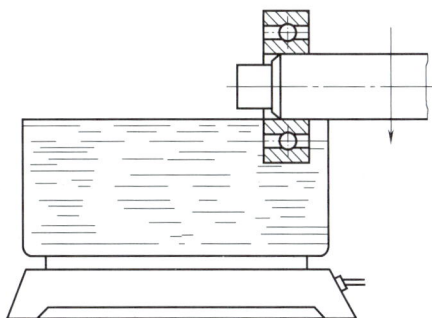

图 1-67　温差拆卸法

## 2. 设备的清洗

（1）设备清洗的一般知识

1）清洗的目的和要求。设备安装过程中的清洗，是指清除和洗净零件表面的油脂、污垢和黏附的机械杂质。

设备的清洗是伴随设备就位、装配和找正找平过程进行的，对需要的或规定的测量基准面应立即清洗。装配时，与有关零件相连的零件，清洗后应立即装配。在试运转及调试过程中，凡涉及的零部件均要清洗，不准拆卸的部位可不打开清洗。对清洗的要求是：

① 清洗工作必须认真仔细地进行，选择好清洗方案。机件间的配合不当，制造上的缺陷，运输、存放期间造成的变形和损坏，都必须在清洗工作中发现并予以处理。

② 清洗的场地要清洁。

③ 清洗以前，要熟悉和弄清设备的性能、结构、润滑系统，做好准备工作，准备所需的工具、材料和放置机件的木箱、木架及装配需要的压缩空气、水、电、照明及安全防火设备等。准备好各种清洗设备所需的清洗剂、清洗油等。

2）清洗的步骤：

① 初洗。主要去除设备上的旧油脂、污垢、漆迹和锈斑。旧油脂和污垢一般用软金属片（铝或铜）、竹片等刮掉，粗加工面上的漆迹可铲刮，精加工面上的漆迹可用溶剂洗掉。

② 细洗。初洗后的机件，用清洗油将渣子、脏物等冲洗干净。必要时，还可用热油烫洗。但油温不宜超过 120℃。

③ 精洗。是用洁净的清洗油最后洗净，也可用压缩空气吹净一次后再用油洗。

（2）清洗的方法　常用的清洗方法有：

1）擦洗。擦洗是用棉布、棉纱等浸上清洗液对机件清洗的方法。这种方法多用于初洗和细洗，是一种安装现场常用的方法，但效率低，劳动强度大。

2）浸洗。浸洗是将机件放入盛有清洗液的容器中浸泡一段时间并进行清洗的一种方法。

3）喷洗。喷洗是利用清洗机清洗的一种方法，适用于污垢较重和半固体油污的清洗。

4）油孔的清洗。油孔在机械设备上起着润滑油通道的作用。油孔在清洗前，首先应根据图样核对油孔的直径、位置是否正确，油孔应畅通无阻，如不合乎要求，应即时处理。

对于通道不长的油孔，清洗时可用铁丝带着沾有汽油的布条，在油孔中通几次，把孔里面的铁屑、油污等清除掉，然后注入洁净的油冲洗一遍，最后用压缩空气吹净。对于通道较长的油孔，可先用带布的铁丝尽量通，然后用压缩空气吹除，待出口端吹出的空气干净后，再以洁净的清洗油冲洗。

清洗时应用棉布、丝绸布，禁止使用棉纱，用铁丝、布料通孔时，要防止铁丝断在油孔中或布条遗留在孔中。

清洗后的油孔，应用沾有干油的木塞堵住，以免杂物、灰尘等侵入。清洗时不能损伤油孔的加工质量，带螺纹的孔，螺纹应完好无损。

5）滚动轴承的清洗。滚动轴承是精密配合件，多用于转速高、负荷大的支承位置上，故其内部必须十分清洁，润滑良好，否则会引起轴承运转不良，发热、磨损加快，甚至发生烧毁咬死等事故，因此在使用前必须彻底清洗。清洗时可先用软质刮具将原有润滑脂刮掉，然后根据方便程度浸洗或用热油冲洗，有条件的可用压缩空气吹除一次，最后用煤油或汽油进行冲洗直至清洁为止。若采用擦洗法清洗滚动轴承时，应使用棉布、丝绸布或泡沫塑料，不能使用棉丝。清洗后的滚动轴承经检查合格，应涂上新的润滑油或润滑脂并妥善保管。

（3）常用的清洗液

1）汽油。汽油是一种良好的清洗剂，对油脂、漆类的去除能力很强，是最常用的清洗剂之一。汽油的沸点较低，易燃、易挥发，使用时要注意安全。在汽油中加入2%～5%的油溶性缓释剂或防锈油，可使清洗的零件具有短期防锈能力。

2）煤油。煤油是一种良好的清洁剂，它的清洗能力不如汽油，挥发性、易燃性比汽油低，适用于一般机械零件的清洗，精密的零件一般不宜用煤油作最终清洗。

3）轻柴油。比重较轻的一种柴油，是高速柴油机用的燃料，黏度比煤油大，也常用作一般的清洗剂。

4）机械油、汽轮机油和变压器油。使用这类油剂时，一般将其加热后使用效果比较好，但温度不得超过120℃。

5）化学清洗液。化学清洗液是一种人工配制的清洗液，含有表面活性剂，具有良好的清洗油脂和水溶性污垢的作用。这种清洗液配制方便，稳定耐用，无毒性，不易燃，成本便宜，使用安全。

化学清洗液清洗金属零件能得到洁净表面是因为这种清洗液中，表面活性剂分子对油脂、污垢的润滑作用、乳化作用、分散作用和增溶作用。清洗往往是某一种作用比较显著，所以联合使用会取得显著的清洗效果。

6）碱性清洗液。这是一种成本较低的除油脱脂清洗剂，使用时一般加热60～90℃进行清洗，效果良好。浸洗或喷洗5～10min，再用清水冲洗。

（4）脱脂处理与除锈

1）脱脂。将设备或零件上的油脂彻底去除的方法称为脱脂处理。设备上需要在忌油条件下工作的部分，必须经过脱脂。所谓忌油就是遇到油会有危险，如纯氧、浓硝酸等，遇到油就要爆炸。故脱脂工作在安装某些设备时，就显得十分重要。

脱脂应注意的事项：

① 制造厂已脱脂并封闭良好的设备、管路和附件，安装时可不脱脂。但已被油脂污染的件，则应根据具体情况再脱脂。

② 有明显油迹或污垢的脱脂件，可先用汽油或其他方法清洗，然后再用脱脂剂脱脂。

③ 脱脂和装配用的工具、量具等，必须按脱脂件的要求先进行脱脂。工作服、鞋、手套等劳保用品应均干净无油。

④ 部件应拆成零件后再进行脱脂。小零件脱脂时，可浸没在脱脂剂中 5～15min（此时脱脂容器应加盖，以减少蒸发）。紫铜垫片可退火脱脂。

⑤ 大容器内面脱脂，用喷头喷淋脱脂剂冲洗，喷淋时需采取安全措施。大件的金属表面可用洁净棉纱蘸脱脂剂擦洗。

⑥ 一般容器或管子脱脂时，可用灌浇法。灌入的脱脂剂的数量不得少于其容积的15%，并加以旋转或反复倾斜，使所有表面能均匀地与脱脂剂接触，每处接触时间不得少于15min。

⑦ 非金属衬垫脱脂时，应在密封无腐蚀性的溶剂中浸泡20min以上。石棉衬垫脱脂可在300℃左右温度下灼烧2～3min（不得用有烟的火焰）。

⑧ 脱脂时，应保持脱脂场所的干净，并应注意不使脱脂剂流洒在地面上。使用有毒脱脂剂时，应在露天或有通风装置的室内进行，并穿戴必要的劳动保护用具。使用易燃脱脂剂时，应有防火措施并不得吸烟，不得有火花及灼热物等。使用浓硝酸应遵守有关的专门规范要求。

⑨ 脱脂剂应装在密封容器里，放置在阴凉、干燥的室内，不同的脱脂剂不要随便混合。

⑩ 四氯化碳和二氧乙烷遇水和空气时，能腐蚀有色和黑色金属，故脱脂件应预先干燥。

⑪ 脱脂后应将脱脂件干燥，并不得再与油脂接触。

⑫ 经过脱脂并检验合格的设备、管路及其附件，应封包良好，以保持洁净，不得再染上油污，否则应重新脱脂。

2）除锈。设备在运输或保管过程中，往往会出现生锈现象。所以在清洗或装配时，对加工面和结合面必须进行仔细检查，对较精密的机件要使用放大镜观察。发现有锈蚀时，应将锈清除干净。另外，在安装现场非标设备装置制作安装完毕后，也要先除锈后再防腐。

当金属在大气中受到氧、水分及其他有害杂质的侵蚀，引起金属的腐蚀或变色，称为金属的腐蚀或生锈。

（5）锈蚀分类和除锈要求

1）锈蚀按其程度分以下四类：

① 初锈（微锈）：金属光泽消失，仅呈灰暗迹象。

② 浮锈（轻锈）：金属已经变色并出现锈迹。

③ 迹锈（中锈）：金属表面已存在粉末状锈蚀物。

④ 层锈（重锈）：金属已经被严重腐蚀。

2）除锈要求：

① 对微锈和轻锈机件，应将锈迹除尽，使金属呈现原有光泽。

② 对中锈机件，应将已腐蚀的金属物除掉，将零件表面打磨光滑，允许有斑状或云雾状的痕迹存在。

③ 对严重锈蚀的机件，应根据情况决定是否需要更换。允许继续使用的零件，应将锈层除掉，锈迹打磨干净，保留锈坑或锈斑存在，但要做好记录。

④ 经除锈处理过的机件，应尽量保持结合面的表面粗糙度和配合精度。

⑤ 除锈后的机件，应用煤油或汽油清洗干净，并涂以润滑油或防锈油脂，以防再锈。

（6）除锈方法　除锈的方法可分为机械除锈法和化学除锈法两大类。

1）机械除锈法。机械除锈法是利用某种机械或工具，靠力的作用，将锈层从金属表面除掉的方法。

① 手工除锈。手工除锈使用的工具简单，操作容易，适用范围较广。其缺点是效率较低，劳动强度大，除锈时产生的尘埃对人体有害；对锈蚀严重的锈层，锈痕不能彻底去除。在机械设备安装中常采用此法。

手工除锈的工具有钢丝刷、金属或非金属刮刀、砂布、锉刀和研磨膏等。

对于铜及其合金，可使用擦铜油（由油酸、氨水、硅藻土、瓷土粉、氧化铬、煤油等组成）去除铜锈。使用时，将擦铜油摇匀后，用棉布蘸取少许，稍用力擦拭即能去锈除油，恢复原来的金属光泽。擦拭后应用清洁干燥的棉布将金属表面擦干净。

② 机器除锈。机器除锈效率高，劳动强度低，适用于批量工件的除锈工作。设备安装工种中常使用的除锈机器有电动钢丝刷和喷砂除锈机。喷砂除锈机由空气压缩机、砂斗、橡胶管和喷枪等组成。

2）化学除锈法。金属的锈一般为金属氧化物。化学除锈就是利用化学药品（酸类）将锈层溶解掉。除锈前应将表面的油脂和污物去除。

安装工程中常用的化学除锈有酸洗除锈和化学除锈剂（或除锈膏）除锈。此处只介绍酸洗除锈。

酸洗常用来去除金属材料（如管子）未加工表面的较重锈蚀。钢铁的酸洗常使用硫酸或盐酸，有色金属多用硝酸。酸洗的速度决定于锈的性质以及酸的种类、浓度和温度。

酸洗的步骤是：去油（一般用碱性清洗液）、去碱（一般用清水冲，若用石油溶剂去油可省去此工序）、酸洗除锈、用清水冲洗、中和（含4%氢氧化钠和2%亚硝酸钠的水溶液）、再用清水冲洗、干燥（擦干水迹后吹干或烘干）、涂油（防止再锈）。

酸洗时金属与酸反应后有氢气析出，氢气对促使锈层脱落有很大作用。但由于氢原子体积非常小，可向钢铁内部扩散，使钢铁产生内应力，使机械性能改变，韧性、塑性降低，脆性和硬度提高，这种现象称为氢脆。为消除这种不利影响，可在除锈酸液中加入酸洗缓蚀剂。

缓蚀剂在酸液中，能在基体金属表面（不是锈层表面）形成一层薄膜，使基体金属与酸的作用减慢，从而得到保护，同时也不影响锈层的溶解。

### 3. 设备的装配

设备拆卸和清洗后，就可着手装配。装配是设备安装工作中一道重要的工序。装配质量的好坏将直接影响设备的性能和使用寿命。装配是按规定的技术要求，将众多的零件或部件进行组合、连接或固定，保证相连接的零件有正确的配合，同时保证零件间保持正确的相对位置，使之成为半成品或成品的工艺过程。

由于相互配合的零件工作情况不同，要求也不同。在某些情况下，要求间隙配合，如轴与滑动轴承；在另一些情况下，则要求过盈配合，如气缸与气缸套；还有一些情况下要求过渡配合。如果零部件间的配合不符合规定的技术要求，便不能使机械设备正常工作。

零件间、部件间和机构间的正确相对位置，也是保证机械设备正常工作的重要条件之一。如果零部件之间的相对位置不正确，也会使设备不正常工作或不能工作。

## 1.5.5 设备的找正与找平

### 1. 找正与找平的基本概念

（1）找正与找平的定义 找正与找平是一切设备从开始安装至试运转过程中的主要工序。其任务是使设备通过调整达到规范规定的质量标准。找正与找平的质量如何，将直接影响到整个设备安装工程的质量。因此，找正与找平也是设备安装工程中一项最重要的工序。

找正就是将设备不偏不倚地正好放在规定的位置，使设备的纵横中心线与基础的纵横中心线对正。除此之外，设备上相关零部件之间的位置和形状的要求，如要求成直线、平行、同轴等也属设备找正的工作范围。

找平就是把设备调整成水平状态或铅垂状态的工艺过程。所谓水平状态，即使设备上的主要工作面与水平面平行。有些设备则要求成铅垂状态，即主要工作面垂直于水平面，如锻锤、水压机等立柱。这种铅垂状态可以看成是水平状态的另一种表现形式。

在安装施工中，要使设备调整到绝对平正，实际上是做不到的。因而在设备安装过程中，将设备调整到有关规范允许的偏差范围以内，即可认为设备安装的质量合格。

（2）找正与找平的目的

1）为了保持设备的稳定和平衡，从而避免设备变形，减少设备运转中的振动。

2）减少设备的磨损和动力消耗，从而延长设备的使用寿命。

3）保证设备的润滑和正常运转。

4）保证产品质量和加工精度。

5）保证设备达到设计规定状态下的精度检验标准。

（3）找正与找平的工作范围 设备的找正与找平工作，概括起来，主要是进行三找，即找中心、找标高和找水平。

一般情况下，设备安装的找正与找平工作，可分为两个阶段进行。第一阶段称为初平，主要是初步找正与找平设备的中心、水平、标高和相对位置。通常这一过程与设备吊装就位同时进行。许多安装精度要求较低的整体设备和绝大多数静置设备安装，只需进行初平即可。第二阶段称为精平。精平是在初平的基础上（对预留孔的地脚螺栓，初平后要浇灌混凝土使其固定），对设备的水平度、铅垂度、平面度等做进一步的调整和检测，使其达到完全合格的程度。对安装精度要求很高的设备，如大型精密机床、空气压缩机等，均应在初平的基础上，对设备及各主要机件和相关机件进行精确调整和检测，以保证设备安装精度达到允许偏差的要求。精平的工作范围主要包括以下几方面的内容：①水平度检测；②铅垂度检测；③垂直度检测；④直线度检测；⑤平面度检测；⑥平行度检测；⑦同轴度检测；⑧设备跳动检测等。

找正与找平的过程，实际上主要是测量形状公差和位置公差的过程。根据测量结果，进一步调整校正，直至达到要求为止。

### 2. 找正与找平的测量

（1）测量基准面和测点的选择 设备的找正与找平，必须选择适当的测量基准面和一定数量的测点。基准面和测点选择得正确与否，是影响找正与找平工作质量和工作效率的重要因素。

1）测量基准面的选择。

① 选择原则。满足设备安装基准重合的原则（即设计基准、加工基准和测量基准重合）。根据这个原则，一般都选择最能保证设备工作精度的主要工作面为基准，以减少误差及测量工作量。同时应使调整校正工作量减至最少。

② 常见的基准面。设备的主要工作面，如铣床的工作台、辊道辊子的圆锥柱表面等；支持滑动件的导向面，如车床床身导轨、水压机立柱等；支持转动部件的导向面或轴线，如压缩机曲轴主轴颈表面或轴泵轴线等；部件上加工精度较高的表面，如锻锤砧座上平面等；设备上应为水平或铅垂的主要轮廓面，如容器的外壁等。

2）测点的选择。测点的选择，应遵循少而精的原则，即选择的测点应有足够的代表性（能代表所在的测量面或线）。测点数量不宜太多，以保证调整的效率；一般都选在可能产生误差较大的地方，以保证调整精度。通常情况下，对于刚性较大的物体，测点数量可较少，而对易变形的物体，测点则应适当增加；一般情况下，两测点间距不宜大于6m。

测点应在测量和检查前选定，选定后用标记标明其具体位置，以后测量或检查时，均在这些位置上进行。

（2）找正与找平常用的检测工具和检查方法　设备安装找正与找平常用的测量量具和量仪有百分表、游标卡尺、内径千分尺、外径千分尺、水平仪、准直仪、读数显微镜、水准仪、经纬仪等。常用的工具有钢丝（弹簧钢丝）、直尺、角尺、塞尺、平尺和平板等。

选择适当的测量工具和测量方法，不仅能保证找正与找平的精度，而且还能提高调整效率。

1）选择量具和量仪的原则。

① 采用的量具和量仪的分度值，必须满足设备安装允许误差的要求。

② 符合标准的有刻度测量器具，可用于被测对象允许偏差等于或小于器具分度值的测量，必要时可目测估计分度值的1/10、1/5或1/2。

③ 符合标准的无刻度工具，可用于被测对象允许偏差大于或等于工具本身误差的检测。

④ 计算测量数据时，应考虑测量引起的误差（由测量器具、测量方法或其他因素引起的），如这类误差小于允许偏差的1/10～1/3时（高精度用1/10，低精度用1/3，一般用1/5），可忽略不计。进行比较性检测时，每次测量条件应相同，误差可以相互抵消的可忽略不计。

2）设备安装中常用的检测方法。

① 用水平仪检测水平度和直线度。

② 拉钢丝测直线度、平行度和同轴度。

③ 用水准仪检测标高、水平度。

④ 用液体连通器测水平度及标高。

⑤ 用吊线锤、测微光管等测铅垂度。

⑥ 用光学量仪检测。

⑦ 电测法（导电接触耳机听音法等）。

（3）设备安装精度允许的偏差方向　设备安装允许有偏差，若安装偏差在允许范围内，则认为合格。但是，偏差是有方向性的（正和负、上和下、前和后、左和右等）。若设备技术文件中规定了偏差方向时，必须按规定执行；若无规定时，其安装精度的允许偏差方向可按下述原则处理：

1）能补偿受力或温度变化所引起的偏差。

2）能补偿使用过程中磨损所引起的偏差。

3）不增加功率消耗。

4）使运转平稳。

5）使机件在负荷作用下受力较小。

6）使有关机件更好地连接、配合。

7）有利于加工件的精度。

## 1.5.6  二次灌浆

每台设备安装完毕，通过严格检查符合安装技术标准，并经有关单位审查合格后，即可进行二次灌浆。

所谓二次灌浆，就是用碎石混凝土或砂浆，将设备底座与基础表面的空隙填满，并将垫铁埋在混凝土里。二次灌浆的作用：一方面可以固定垫铁，另一方面可以承受设备的负荷。

### 1. 二次灌浆前的准备工作

设备二次灌浆后，便不能再移动和调整。因此，二次灌浆前应对设备的安装质量进行一次全面的、严格的复查，一般复查内容如下：

1）垫铁和地脚螺栓的复查。

① 垫铁的复查。主要检查和记录垫铁的规格、组数和布置情况，每组垫铁是否符合规定、排列整齐。然后用锤子敲打垫铁，用听音法检查垫铁是否接触紧密或有无松动。

② 地脚螺栓的复查。再一次用扳手检查，各地脚螺栓的紧固程度应一致，每一根地脚螺栓都不得有松动现象，振动大的设备的地脚螺栓应有螺母防松保险装置。

2）基础的复查。基础上表面应有麻面，被油污染的混凝土应铲除干净，并用水洗干净，凹处不得留有积水。

3）设备安装质量的全面复查。

① 复查中心线。设备上所取中点是否恰当和正确；基础上中心线两端线坠是否对准了中心标板上的中心冲眼；复查中心线上挂的线坠是否对准了设备上的中心点。

② 复查标高。用平尺、水准仪、钢直尺及测杆等联合检查标高。

③ 复查水平度。按照施工图所示基准面位置，放置水平仪和辅助工具测量其水平度。

④ 复查有关的连接和间隙。有些设备在灌浆前，要检查轴承外套与轴瓦口的间隙；轧钢机在灌浆前应检查与机座的间隙等。

### 2. 二次灌浆工艺

（1）完全灌浆法  如图1-68所示，将需要灌浆的地方全部灌上水泥砂浆。这种施工方法虽然简单，但会带来一些问题。如砂浆凝固后有相当的收缩量，于是砂浆和机电设备的底座脱离，使负荷仅由垫铁支承，而垫铁与基础表面的接触不可能良好，于是在力的作用下，机电设备的精度就会发生变化。再就是垫铁要躲开地脚螺栓预留孔，而孔的周围总是特别凹凸不平，砂浆也可能没有将垫铁和地脚螺栓牢固地连接起来。

（2）分层灌浆法  如图1-69a所示，首先对地脚螺栓预留孔灌浆到2/3的高度，24h后，灌浆到高出基础表面，再过2~3h，放置平垫铁，轻压一下，并保持水平。待灌浆层凝固后，进行最后的找正，地脚螺栓全部拧紧后，再对余下的空间全部灌浆。

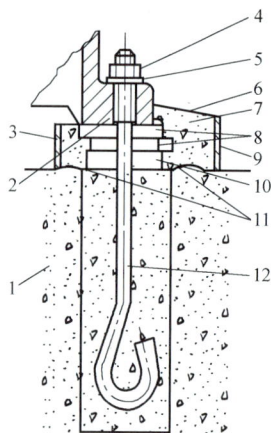

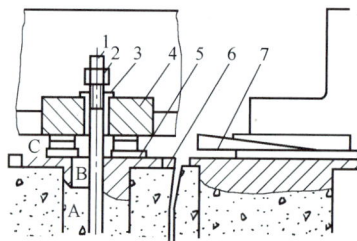

a) 分层灌浆

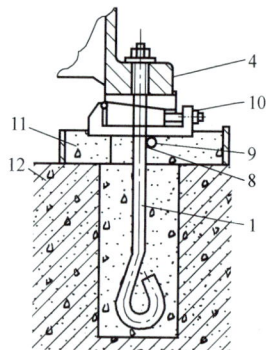

b) 压浆法

图 1-68　完全灌浆法

1—基础　2—设备底座底面　3—内模板

4—螺母　5—垫圈　6—灌浆层斜面

7—灌浆层　8—钩头成对斜垫铁　9—外模板

10—平垫铁　11—麻面　12—地脚螺栓

图 1-69　二次灌浆的方法

1—地脚螺栓　2—螺母　3—定心衬套　4—设备底座

5—平垫铁　6—模板　7—成对斜垫铁　8—点焊处

9—小圆钢　10—可调垫铁　11—压浆层　12—基础

分层灌浆法已将灌浆层的收缩量减小到可以不考虑的程度。

（3）压浆法　如图 1-69b 所示，采用可调垫铁时，为保证垫铁和基础表面之间接触良好，可采用压浆法，其操作方法如下：

1）先在地脚螺栓上点焊一根小圆钢，作为支承可调垫铁的托架。小圆钢点焊的位置，一般距基础表面 30～50mm，点焊位置在小圆钢的下方。点焊的强度应以压浆时能被挤脱为宜。

2）将焊有小圆钢的地脚螺栓穿入设备底座的螺栓孔。

3）机电设备用临时垫铁组初步找正。

4）将可调垫铁的升降块调至最低位置，并将可调垫铁放到地脚螺栓的小圆钢上，将螺母稍稍拧紧，使可调垫铁与设备底面紧密接触，暂时固定在正确位置。

5）灌浆时，先灌满地脚螺栓孔 2/3～3/4 的高度，凝固到 75% 后，再灌压浆层，压浆层的厚度为 30～50mm。

6）压浆层初凝后期，调整可调垫铁的升降块，挤脱小圆钢，将压浆层压紧。

7）压浆层达到规定强度的 75% 后，拆除临时垫铁，进行机电设备的最后找平。

8）不能利用地脚螺栓支承可调垫铁。

### 3. 二次灌浆的注意事项

1）灌浆时，基础表面的杂物要全部清除干净，特别是油污，必须铲干净，直到露出新的基础表面。

2）放置模板时，不要碰动设备。

3）地脚螺栓孔内一定要干净，并用压缩空气吹净。用水冲洗基础，并且凹处不得有积水。

4）灌浆工作不能间断，一定要一次灌完。

5）灌浆后应常洒水养护，以免裂纹。

6）灌浆工作应在气温5℃以上进行，否则应采取防冻措施。

7）二次灌浆层不得有裂缝、蜂窝和麻面等缺陷。

8）采用活动地脚螺栓固定设备，在二次灌浆后，应将地脚螺栓孔内全部灌满干砂，并用纱头、油毡等物堵塞地脚螺栓孔口，以防混凝土浆水流入孔内。

## 1.5.7 设备的试压

### 1. 机电设备的试压

像承受气压、液压的机电系统，设备中的压力容器，各种换热器，各类型压力管路系统，现场组装、焊接的各种储罐、储槽，现场施工安装的各种高压、中压、低压管路系统安装后要求进行压力试验的机电设备，都必须进行压力试验。试压的目的是检验机电设备、管路的强度（按技术要求所能承受的压力），检验连接部位、焊缝等是否有泄漏，便于及时消除事故隐患。

### 2. 强度试验

（1）水压试验　利用水的不可压缩性，将水作为试验介质，借助水的压强，检查容器等所能承受的压强。

水压试验装置示意图如图1-70所示。在受压的设备上，设有进水阀7、排气阀8及压力表9。开始试验时，将阀门5、6，进水阀7和排气阀8打开，由进水管11通过阀门5、6灌满水槽和设备。当设备内部的空气全部被水排除后，水就从排气阀8溢出。这时，关闭阀门5、6和排气阀8，打开阀门4，开动水泵1，对设备进行加压，设备内部压力可由压力表9读出。

在加压过程中，压力表9上的读数平稳地上升，说明设备试压正常；如果压力表指针不转甚至反转，说明

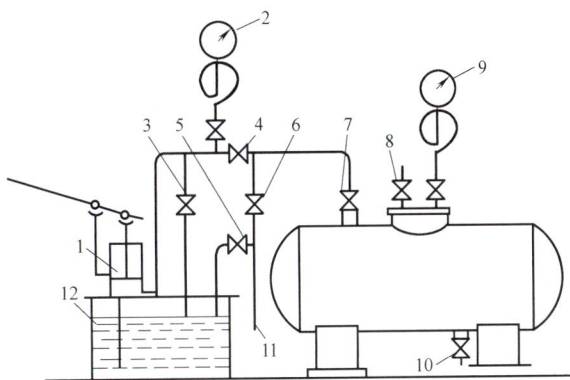

图1-70　水压试验装置示意图

1—水泵　2、9—压力表　3、4、5、6—阀门　7—进水阀

8—排气阀　10—排水阀　11—进水管　12—水槽

试压系统有泄漏现象，必须停止加压，待修好后重新加压；如果压力表指针出现跳动，说明设备内仍有空气，必须继续排净。

强度试验是一种超压试验，试验压力要为工作压力的1.5倍左右。一般规定，设备不得长时间经受超压，以5min为度，然后应稍开阀门4和3，使压力降至工作压力再检查。

检查时，一般用0.5～1.5kg的圆头锤子，沿设备上各种焊缝两侧（离接缝处约150mm的地方）轻轻敲打。如无泄漏，无变形，同时压力表9上的压力值也维持不降，则表示水压试验合格。

当水压试验用水温度低于环境气温露点温度时，设备外壁上可能出现水珠，是空气中的水汽凝结，不是泄漏。区别水汽凝结和渗漏的方法：一是把水珠擦掉，看它是否又很快冒出来；二是观察压力表是否下降；三是测量设备壁温是否高于露点（"是"即为泄漏）。

试压完毕，应打开排水阀10（必须放在设备最低处），把水放净。放水时，同时打开排气阀8，以免造成负压。

（2）气压试验　气压试验是用压缩空气作为试压介质充入承压机电设备内，进行强度试验。

气压试验比水压试验灵敏、迅速，但危险性较大，适用于生产工艺中不允许设备内部有水分时的压力试验。

气压试验时，除必须具有可靠的安全措施外，试压前必须认真检查设备质量，例如焊缝必须经过100%的无损探伤检查等。

气压试验时，压力应缓慢上升，当达到规定试验压力的50%以后，压力应以每级10%左右的规定试验压力逐级增加；当达到规定试验压力后，静置一定时间，再进行各部位的泄漏检查。检查有无泄漏时，**严禁用小锤敲击焊缝，只能用肥皂水涂在焊缝检查。**

### 3. 气密性试验

气密性试验是对机电设备的部件、管系的密封性能进行检验的试验。在可能的情况下，气密性试验与强度试验一起进行。根据受测试体的工作介质，选择合适的试验介质。工作介质为液体的设备，试验介质为水；工作介质为气体的设备，试验介质为空气或惰性气体。

（1）煤油渗漏试验　试验时，将焊缝较易检查一面清理干净，并涂上白粉浆（粉笔水溶液），晾干后，在焊缝另一面涂以或喷以煤油。根据煤油渗透后使白粉变湿变色的数量、位置和面积，判断焊缝的缺陷。

（2）氨渗透试验　氨渗透试验也是密封性试验一种。对于无法涂煤油或白粉浆的设备某一面，如气柜底板、大型储槽的底板等，即用氨渗透试验进行检查。

试验的方法是在焊缝上粘贴用酚酞酒精水溶液（酚酞:酒精:水 = 1:10:100）或5%硝酸亚汞水溶液浸渍过的纸条（比焊缝宽20mm），在底板上钻一小孔，且在四周用湿泥堵严，将氨气或含氨的压缩空气（氨占1%左右）经钻孔通入底板下并保持试验压力5min，如有渗漏，纸条上会出现红色（用酚酞时）或黑色（用硝酸亚汞时）斑点。用酚酞酒精水溶液时，应将焊缝上熔渣除净，因酚酞遇到碱性物就会变红，以免造成假象。

氨渗透试验，除检验现场制作安装的大型设备底板外，还可检验设备衬里（衬铅、衬不锈钢等）和工作介质为氨气的设备及管道系统。

（3）充压缩空气涂肥皂水检漏试验　用一定压力的空气通过压力表调节阀通入容器中，然后用肥皂水涂抹在检验焊缝上或其他部分，如发现肥皂泡时，说明该处有泄漏。对小型容器，可将其放入水池中，根据水泡的出现确定其渗漏处的缺陷。

用气体做密封性试验时，常用每小时内气体的泄漏量或泄漏率评定是否合格。设备容积可视为不变，所以气体的泄漏量或泄漏率可用压力表量度。

### 4. 试验温度和试验压力

（1）试验温度　试验温度是指做试验时的温度。强度试验一般在常温下进行。即使是在高温下运行的设备强度试验也是在常温下进行，但试验时，必须注意金属低温脆性问题。

当温度降低到某一临界值时，金属材料的塑性显著降低，这个温度称为金属脆性转变温度。脆性转变温度与材料的成分，制造、热处理方法和应力状态有关。因此，在转变温度以上运行的设备，做试验时的温度应在转变温度以上，一般做水压试验较转变温度高5℃，气压试验较之高15℃。在现场制作安装的低合金钢容器应注意这一情况，焊后又未经热处理，更应考虑遵守。当用高压储气瓶供应试验气体时，气体从高压降至低压，膨胀时要吸收热量，造成温度降低，应保证试验温度不降到15℃以下。

（2）试验压力

1）强度试验压力。

① 一般设备强度试验压力。一般设备强度试验压力比设备工作压力高，参见表 1-3。

表 1-3　一般设备强度试验压力　　　　　　　　　　　　　（单位：MPa）

| 工作压力（$p_1$） | 试验压力（$p_S$） |
|---|---|
| $\leq 0.07$ | $p_S = p_1 + 0.1$ |
| $0.07 < p_1 < 0.6$ | $p_S = 1.5 p_1$，$p_S \geq 0.2$ |
| $0.6 \leq p_1 \leq 1.2$ | $p_S = p_1 + 0.3$ |
| $p_1 > 1.2$ | $p_S = 1.25 p_1$ |

② 高压化工容器。对于高压化工容器（$p_1 = 10 \sim 100\text{MPa}$），其水压强度试验压力规定为

$$p_S = 1.3 \left( p \times \frac{[\sigma]_s}{[\sigma]} \times \frac{t}{t-c} \right) \tag{1-10}$$

式中，$p_S$ 为容器试验压力（MPa）；$p$ 为设计压力（MPa），即设计计算时所用的压力，一般为设备全部工作过程中可能出现的最大工作压力，又称为最大许可工作压力，工作压力是指满负荷情况下正常工作的压力，二者关系是：当使用安全阀时，$p = (1.05 \sim 1.10) p_1$，当工作压力由于化学反应原因可能会突然上升时，$p = (1.15 \sim 1.30) p_1$；$[\sigma]_s$ 为在试验温度下材料的许用应力；$[\sigma]$ 为在设计温度下材料的许用应力（MPa）；$t$ 为容器实际厚度（cm）；$c$ 为腐蚀裕度（cm）。

当设备容器壁上工作温度超过 200℃ 时，设备的试验压力为

$$p_S = 0.125 \frac{\sigma_{20}}{\sigma_t} \times p_1 \tag{1-11}$$

式中，$p_1$ 为工作压力（MPa）；$\sigma_{20}$ 为温度为 20℃ 时的设备材料许用应力（MPa）；$\sigma_t$ 为在工作温度下的设备材料许用应力（MPa）。

③ 真空设备容器试验压力为

$$p_S = 0.2\text{MPa}$$

2）密封性试验压力。密封性试验压力一般都采用设备的工作压力。对密封性要求较高的设备（如工作介质为有害气体），规定取 1.05 倍工作压力为试验压力。

## 1.5.8　设备的试运转

机电设备的试运转是机电设备安装中最后的也是最重要的阶段。试运转的目的是对机电设备在设计、制造、安装等各方面的质量做一次全面的检查和考核，检验机电设备能否达到正常生产的要求；同时能更好地了解设备的使用性能和操作顺序，确保设备运行安全投入生产。试运转是安装工程中细致而又复杂的一项重要工作。

**1. 试运转前的准备工作**

1）试运转前的各项安装工作全部完成，并检验合格。

2）熟悉有关的技术资料，了解构造和性能，掌握操作程序、方法和安全守则。

3）编制试运转方案。方案的内容包括：试运转机构和人员组成、现场管理制度；编制试运转的程序、进度和技术要求；编写试运转中检查项目、记录要求、有关试车记录表以及编制试运转操作规程、安全措施和注意事项。

4）试运转所必需的物料、辅料全部到位。

5）各种计量仪器、仪表经检验合格安装就位，各种安全装置安装、设置妥当。

6）在机电设备起动前做好紧急停车的准备，确保试运转时的安全。

**2. 试运转步骤**

试运转步骤应符合先低速后高速、先单机后联机、先无负荷后带负荷、先附属系统后主机、能手动的部件先手动再自动等原则，前一步骤未合格前，不能进行下一步骤。如动力机械的试车步骤是：

1）机组电动机单独起动判断电力拖动部分是否良好，旋转方向是否符合电动机的转动方向。

2）机组的润滑系统的试车。

3）机组的冷却系统的试车。

4）机组的无负荷试车。

5）机组负荷试车。

**3. 试运转中的具体操作**

（1）润滑系统调试　试运转时，在主机起动前，必须先进行润滑系统的调试。

（2）液压系统调试　试运转时，在主机起动前，要进行液压系统的调试。所用液压油的规格均应符合设备技术文件的规定。

（3）设备的起动

1）设备上的运动部分应先用人力缓慢盘动数周，确信没有阻碍和运动方向错误等反常现象后，方可正常起动。某些大型设备，人力无法盘动时，可使用适当机械盘动。

2）起动时，应先用随开随停的办法（点动）做数次试验，观察各部分动作，认为正确良好后，方可正式起动，由低速逐级增加至高速。

3）运转中，传动带不得打滑发热，平带不得跑边；齿轮副、链条和链轮啮合应平稳，无卡阻现象和不正常的噪声、磨损。

4）设置有高压顶轴油泵的设备，当高压油泵起动后，高压油将轴颈浮起。油压的调整以一个盘车较轻松为宜，当机组起动达到额定负荷，应立即停止高压油泵运转。

5）在机组运转中，每隔30min～1h应检查各部分压力、温度、振动、转速、膨胀间隙、保护装置、电压等，并做好记录。

**4. 试运转结束后的工作**

1）停止运转后，辅助油泵应继续供油。

2）切断电源和其他动力源。

3）消除机电设备的压力和负荷（包括放水和放气）。

4）对几何精度进行复查，复查各紧固连接部分。

5）装好试运转前预留未装的以及试运转中拆下的部件和附属装置。

6）清理现场。

7）整理试运转的各项记录。

8）办理工程交工验收手续。

## 1.5.9　工程竣工验收

设备安装竣工后，应就工程项目进行验收。设备安装工程验收，一般由设备使用单位向施工单位验收。工程验收完毕，即施工单位向使用单位交工后，设备即可投入生产和使用。工程验收时，应具备下列资料（一般由施工单位提交给使用单位）。

### 1. 竣工图

施工图是设计单位提出，施工单位施工的技术文件，它在施工前已绘好。在施工中根据实际情况，施工单位或使用单位若提出需加以修改，经双方单位认可后，对修改内容较大的部分，需要按修改方案重新绘制图样，即"竣工图"。竣工图是今后维修管理的重要的技术资料，如修改量不大，可在原有的施工图上注明修改部分作为竣工图。

### 2. 修改设计的有关文件

修改设计的有关文件（包括设计修改通知单、施工技术核定单、会议记录等）通称"设计变更"，平时应妥为保存，交工时提交给使用单位。

### 3. 有关材料记录

主要材料和用于重要部位材料的出厂合格证和检验记录或试验记录。

### 4. 焊接记录

重要焊接工作的焊接试验记录。

### 5. 隐蔽工程记录

所谓隐蔽工程记录，是指工程结束后，已埋入地下或建筑结构内，外面看不到的工程，对隐蔽工程，应在工程隐蔽前，由有关部门会同检查，确认合格，记录其方位、方向、规格和数量后，方可予以隐蔽。隐蔽工程记录表应及时填写，检查人员检查合格后，应在记录表上签字，工程验收时一并交给使用单位。

### 6. 各工序的检验记录

整个安装工程分为若干个施工过程，每个施工过程又分若干道工序。对每道工序所应达到的要求，凡属必要的，分别由设计和设备技术文件、规范或规程予以规定。施工中均应按每道工序的要求作出详细检测记录（包括自检、互检和专业检查），作为工程验收时的依据。

设备安装中记录表格有设备开箱检查记录、设备受损（或锈蚀）及修复记录，各施工工序的自检记录、互检记录和专业检查记录等。

设备安装结束后，应根据检验情况和"质量检验评定标准"，对所安装的设备进行质量评定。质量标准分为"合格"和"优良"两个等级。

### 7. 灌浆记录

重要灌浆所用混凝土配合比的强度试验记录。

### 8. 试运转记录

提供试运转记录。

### 9. 其他有关资料（如吹扫试压等）

1）仪表校验记录。

2）重大返工工作记录。

3）重大问题及处理文件。

4）施工单位向使用单位提供的建议和意见。

>> **工程案例**

### 激光跟踪仪：工业测量皇冠上的明珠

新质生产力是推动经济发展和社会进步的重要引擎之一。在精密测量领域，随着我国制造业产业升级和科技领域的迅猛发展，高端制造、精密制造、智能化制造成为我国未来工业和科技领域的主流方向，激光跟踪仪等精密测量仪器成为各个行业实现智能制造的关键工具，具有巨大的应用前景。

激光跟踪仪作为一种大尺寸空间几何量的精密测量仪器，被誉为工业测量皇冠上的明珠。为"水立方"变"冰立方"的"北京方案"提供了有力的技术保障。

在为期20天的"水立方"到"冰立方"属性切换过程中，首先是抽干水池里的水，在"坑"里搭起钢结构骨架；之后是一层一层加码，铺设混凝土板、防水层、保温层、防潮层、防滑层；最后是铺设34km长的制冰管。这期间，需要激光跟踪仪进行高差测量，以保证全场1568块板中，相邻的四块板16个点中，高差不能超过3mm。在最重要的制冰过程，需要40～50次的细致洒水，每次洒水形成2mm厚的冰层。10天后，8～10cm厚的冰层，就出现在了"冰立方"中。

以上是激光跟踪仪在"冰立方"中的应用，感兴趣的同学可以查阅相关资料进行深入了解。

激光跟踪仪的基本工作原理是在目标点上安置一个反射器，跟踪头发出的激光射到反射器上，又返回到跟踪头，当目标移动时，跟踪头调整光束方向来对准目标。同时，返回光束为检测系统所接收，用来测算目标的空间位置。激光跟踪仪可对空间内目标的三维坐标进行精密跟踪测量，是大型高端装备制造的核心检测仪器，具有测量功能多（三维坐标、尺寸、形状、位置、姿态、动态运动参数等）、测量精度高、测量速度快、量程大、可现场测量等特点，不仅可以对静止的空间目标进行高精度三维测量，还可以对运动的目标进行跟踪测量，是大尺寸精密测量的主要手段。检测的装备体积越大，越能显示出激光跟踪仪的优越性。

激光跟踪仪就是精密测量领域中的"新质生产力"，正逐步取代大型固定式三坐标测量机、经纬仪、全站仪等传统测量设备，在设备校准、部件检测、工装制造与调试、集成装配和逆向工程等应用领域显示出极高的测量精度和效率。激光跟踪仪被广泛应用在各种精密测量领域，如在航空航天领域对飞机零部件及装配精度的测量；在机床行业中对机床平面度、直线度、圆柱度等的测量；在汽车制造中对新车型的在线测量；在高端制造中对运动机器人位置的精确标定。此外，激光跟踪仪的应用还扩展到了造船、轨道交通、核电等领域。

在智能制造的时代，精密测量仪器扮演着不可或缺的角色，精度承载着人类对精准、完美的无限追求，是测量技术领域的灵魂与核心。除激光跟踪仪外，你还知道哪些精密测量仪器呢？

# 综合训练

**实训任务 普通水准测量**

| 学校 | | 班级 | |
|---|---|---|---|
| 姓名 | | 学号 | |
| 小组成员 | | 组长 | |

接受任务

掌握普通水准测量的观测、记录、计算与校核；熟悉水准路线的布设形式

任务内容

1. 做闭合水准路线测量或符合水准路线测量（至少要观测四个测站）
2. 观测精度满足要求后，根据观测结果进行水准路线高差闭合差的调整和高程的计算

工具清单

DS3 水准仪一台，水准脚架一个，塔尺一根

任务实施、记录

| 1）现场环境检查 | 检查内容 | |
|---|---|---|
| | 检查结果 | |
| | 处理措施 | |
| 2）防护用具检查 | 检查内容 | |
| | 检查结果 | |
| | 处理措施 | |
| 3）仪器、仪表检查 | 检查内容 | |
| | 检查结果 | |
| | 处理措施 | |
| 4）站点及立尺点选择 | 站点选择点 | |
| | 立尺点 | |
| | 检测结果 | |
| 5）安置 | 检测部位 | |
| | 检测结果 | |
| | 处理措施 | |
| 6）粗平 | 检测部位 | |
| | 检测结果 | |
| | 处理措施 | |
| 7）瞄准 | 检测部位 | |
| | 检测结果 | |
| | 处理措施 | |
| 8）精平 | 检测部位 | |
| | 检测结果 | |
| | 处理措施 | |
| 9）读数 | 检测部位 | |
| | 检测结果 | |
| | 处理措施 | |

## 实训任务 普通水准测量记录表

测点自　　　　　点至　　　　　点　天气：　　　　　　日期：

仪器号：　　　　　班级：　　　　　组别：

| 测站 | 测点 | 后视读数/m | 前视读数/m | 高差/m | | 高程/m | 备注 |
|---|---|---|---|---|---|---|---|
| | | | | + | − | | |
| | | | | | | | |
| | | | | | | | |
| | | | | | | | |
| | | | | | | | |
| | | | | | | | |
| | | | | | | | |
| | | | | | | | |
| | | | | | | | |
| | | | | | | | |
| | | | | | | | |
| | | | | | | | |
| | | | | | | | |
| | | | | | | | |
| | | | | | | | |
| | | | | | | | |
| | | | | | | | |
| | | | | | | | |
| 计算校核 | $\Sigma$ | | | | | $H_{BM起} - H_{BM终} =$ | |
| | | $\Sigma a - \Sigma b =$ | | | $\Sigma h =$ | | |

立尺：　　　　　观测：　　　　　记录：　　　　　复核：

# 评价反馈

## 项目1 综合评价表

任务评价

1. 自我评价（40分）

首先由学生根据学习任务完成情况进行自我评价。

**自我评价表**

| 项目内容 | 配分 | 评分标准 | 扣分 | 得分 |
|---|---|---|---|---|
| 1）工作纪律 | 10分 | ① 不遵守课堂纪律要求（扣2分/次）<br>② 有其他违反课堂纪律的行为（扣2分/次） | | |
| 2）信息收集 | 20分 | ① 未利用网络资源、工艺手册等查找有效信息（扣5分）<br>② 未按要求填写信息收集记录（扣2分/空，扣完为止） | | |
| 3）制订计划 | 20分 | ① 人员分工没有实效（扣5分）<br>② 未按作业项目进行人员分工（扣2分/项，扣完为止） | | |
| 4）计划实施 | 40分 | ① 未按步骤实施作业项目（扣5分/项）<br>② 未按要求填写安装工艺流程表（扣10分）<br>③ 未按要求填写施工进度表（扣10分）<br>④ 未按要求填写安装前检验记录表（扣10分）<br>⑤ 表格错填、漏填（扣2分/空，扣完为止） | | |
| 5）职业规范和环境保护 | 10分 | ① 在工作过程中工具和器材摆放凌乱（扣3分/次）<br>② 不爱护设备、工具，不节省材料（扣3分/次）<br>③ 在工作完成后不清理现场，在工作中产生的废弃物不按规定处置（扣2分/次，将废弃物遗弃在工作现场的扣3分/次） | | |
| 总评分=（1~5项总分）×40% | | | | |

签名：

年　月　日

2. 小组评价（30分）

再由同一实训小组的同学结合自评的情况进行互评，将评分值记录于表中。

**小组评价表**

| 项目内容 | 配分 | 得分 |
|---|---|---|
| 1）工序记录与自我评价情况 | 10分 | |
| 2）小组讨论中积极发言情况 | 10分 | |
| 3）口述设备检测流程情况 | 10分 | |
| 4）小组成员填写完成作业记录表情况 | 10分 | |
| 5）与小组成员沟通情况 | 10分 | |
| 6）完成操作任务情况 | 10分 | |
| 7）遵守课堂纪律情况 | 10分 | |
| 8）安全意识与规范意识情况 | 10分 | |
| 9）相互帮助与协作能力情况 | 10分 | |
| 10）安全、质量意识与责任心情况 | 10分 | |
| 总评分=（1~10项总分）×30% | | |

参加评价人员签名：

年　月　日

（续）

3. 教师评价（30分）

最后，由指导教师检查本组作业结果，结合自评与互评的结果进行综合评价，对实训过程中出现的问题提出改进措施及建议，并将评价意见与评分值记录于表中。

**教师评价表**

| 序号 | 评价标准 | 评价结果 |
|---|---|---|
| 1 | 相关物品及资料交接齐全无误（5分） | |
| 2 | 安全、规范完成维护保养工作（5分） | |
| 3 | 根据所提供材料进行检查（5分） | |
| 4 | 团队分工明确、协作力强（5分） | |
| 5 | 施工方案准备细致，无遗漏（5分） | |
| 6 | 完成并在记录单上签字（5分） | |
| 综合评价 | 教师评分 | |
| 综合评语（作业问题及改进建议） | 教师签名：<br>年　月　日 | |
| 总评分： | （总评分＝自我评分＋小组评分＋教师评分） | |

4. 自我反思与自我评价

请根据自己在课堂中的实际表现进行自我反思和自我评价。

自我反思：

自我评价：

**项目1　学习反馈表**

项目1　机电设备安装基础

| 知识与技能点 | 机电设备安装工程基础 | □了解 □理解 □熟悉 □掌握 | | | | |
|---|---|---|---|---|---|---|
| | 常用检测器具及设备精度检测 | □了解 □理解 □熟悉 □掌握 | | | | |
| | 设备在安装位置上的精度检测 | □了解 □理解 □熟悉 □掌握 | | | | |
| | 设备安装前的准备工作 | □了解 □理解 □熟悉 □掌握 | | | | |
| | 设备安装工程的工艺过程 | □了解 □理解 □熟悉 □掌握 | | | | |
| | 思考题与习题 | □了解 □理解 □熟悉 □掌握 | | | | |
| 学习情况 | 基本概念 | □难懂 □理解 □易忘 □抽象 □简单 □太多 | | | | |
| | 学习方法 | □听讲 □自学 □实验 □工厂 □讨论 □笔记 | | | | |
| | 学习兴趣 | □浓厚 □一般 □淡薄 □厌倦 □无 | | | | |
| | 学习态度 | □端正 □一般 □被迫 □主动 | | | | |
| | 学习氛围 | □愉快 □轻松 □互动 □压抑 □无 | | | | |
| | 课堂纪律 | □良好 □一般 □差 □早退 □迟到 □旷课 | | | | |
| | 课前课后 | □预习 □复习 □无 □没时间 | | | | |
| | 实践环节 | □太少 □太多 □无 □不会 □简单 | | | | |
| | 学习效果自我评价 | □很满意 □满意 □一般 □不满意 | | | | |
| 建议与意见 | | | | | | |

注：学生根据实际情况在相应的方框中画"√"或"×"，在空白处填上相应的建议或意见。

56

# 思考题与习题

## 一、填空题

1. 拆卸机械零件的常用方法主要有_____、_____、_____、_____。

2. 在拆卸零件时，将加热包容件或冷却被包容件，利用零件的胀、缩减小过盈量，使零件易于拆下的方法称为_____。

3. 一般的机械零件清洗内容主要包括_____、_____及_____。

4. 导轨在水平面内直线度的测量方法有_____、_____、_____、_____。

5. 安装工程中的几何公差包括两个内容：_____、_____。

## 二、选择题（将正确答案的序号填入题中空格）

1. 水平仪是机床修理和制造中进行（　　）测量的精密测量仪器之一。

A. 直线度　　　　　　　B. 位置度　　　　　　　C. 尺寸

2. 框式水平仪除具备条式水平仪的功能外，还可以测量零部件间的（　　）。

A. 平行度　　　　　　　B. 倾斜度　　　　　　　C. 垂直度

3. 读数精度为 0.02mm/1000m 的水平仪的气泡每移动一格，其倾斜角度等于（　　）。

A. 1″　　　　　　　　　B. 2″　　　　　　　　　C. 4″

4. 水平仪的绝对读数法是按气泡的位置读数，唯有气泡在水平仪（　　）位置时才读作"0"；相对读数法是将水平仪在（　　）位置上的气泡位置读作"0"。

A. 两条长刻度线中间　　B. 起始测量

5. 对于每个职工来说，质量管理的主要内容有岗位的质量要求、质量目标、质量保证措施和（　　）等。

A. 信息反馈　　　　B. 质量水平　　　　C. 质量记录　　　　D. 质量责任

## 三、简答题

1. 地脚螺栓常出现哪些安装偏差？如何处理？

2. 什么是三点调整法？如何进行操作？

3. 设备或零部件的拆卸有哪几种方法？各有什么缺点？拆卸时应注意哪些事项？

4. 水压试验的目的是什么？试画出水压试验装置示意图。

5. 激光跟踪仪的原理是什么？可以用于检测哪些项目？

## 四、计算题

1. 有一台卧式车床，其床身导轨为1600mm，需检测导轨全长上的垂直平面内的直线度误差。现选用分度值为 0.02mm/1000m 的框式水平仪进行测量。设定气泡偏向机床进给的方向为正值，回程方向为负值，沿机床导轨全长每200mm测量一次，测量得到的水平仪水泡偏差格数依次为：+1、+1、+2、0、-1、-1、0、-0.5。试计算导轨全长上的垂直平面内的直线度误差。

2. 已知一点距山顶的水平距离为200m，用经纬仪测得山顶的仰角为47°36′，山顶上有一微波塔，塔顶的仰角为50°07′，求该塔的高度。

3. 设 A 点为后视点，B 点为前视点，A 点高程为 78.567m，当后视读数为 1.035m，前视读数为 1.867m 时，试求出 B 点高程为多少？并绘图说明。

# 项目2 机械设备零部件的装配

>> **学思融合**

　　全国劳动模范、中国第二重型机械集团公司首席技能大师胡应华牵头承担并圆满完成了"世界之最"——8万t大型模锻压机、"亚洲第一锤"——100t/m无砧座对击锤、"轧机之王"——宝钢5m轧机等国家重大装备的装配工作，练就了一身重型成套设备装配的绝技绝活，探索了一套精湛的装配技艺技法。39年的职业生涯，胡应华始终坚守一线，攻坚克难，无怨无悔，默默奉献，在平凡岗位创造了非凡业绩，用自己的忠诚和汗水谱写出了"重装大师"的华美乐章。

　　请结合大国重器的制造工艺过程，思考以下问题：

　　1）我国自主设计、制造、安装和调试的8万t大型模锻压机在国民经济建设中发挥了怎样的作用？

　　2）胡应华技能大师是如何锻炼出重型成套设备装配的绝技绝活的？

机械设备通常由若干零部件组成，经拆卸、清洗并检验合格后，哪个零部件先装、哪个零部件后装、用什么方式安装、调试的顺序和参数等因素，都会直接影响设备最终的工作情况。若装配不当，即使是全部合格的零件，也不能够装配出质量合格的机械设备，严重时甚至会造成机械设备故障或人身伤害事故；反之，当零件制造质量不十分完好时，如果装配中采用合适的工艺方法，也能使机械设备达到规定的要求。因此，在生产过程中需进行装配质量控制，创新装配组织模式，优化装配工艺流程，以达到提高工作效率、降低成本的目的。本项目着重介绍典型零部件的装配工艺方法，掌握好修理过程中的这一重要环节，为后续机械设备整机维修奠定坚实基础。

**项目实施**

本项目对机械设备零部件装配的基本知识进行了概述，详细介绍了装配尺寸链、装配工艺规程及装配方法，对典型零部件的装配进行了重点阐述，并对装配质量的检验进行了介绍。

# 任务1　机械设备零部件装配概述

**任务描述**

装配是机械设备检修过程中的最重要环节之一，装配质量对于确保机械设备的整体性能、精度及使用寿命等具有至关重要的作用。本任务着重学习领会装配的基本概念，熟悉装配工作过程及主要内容，了解制订装配工艺规程的方法与步骤。

**知识点讲解**

## 2.1.1　装配的概念

根据规定的技术要求，把不同的零件或部件进行配合和组装，并经过调试、检验使之成为合格产品的工艺过程，称为装配。简单的产品可由零件直接装配而成，复杂的产品则需要进行组件装配、部件装配和总装配。

### 1. 机械的组成

一台机械往往由若干个零件组成，为了便于组织装配工作，必须将机械分解为若干个可以独立进行装配的装配单元，按照装配单元进行装配有利于缩短装配周期。装配单元通常可划分为5个等级。

（1）零件　组成机械和参加装配的最基本单元。大部分零件都是预先装成合件、组件和部件再进入总装。

（2）合件　比零件大一级的装配单元，下列情况均属合件。

1）两个以上零件，由不可拆卸的连接方法（如铆、焊、热压装配等）连接在一起。

2）少数零件组合后还需要合并加工。如齿轮减速器箱体与箱盖、柴油机连杆与连杆盖都是组合后镗孔的，零件之间对号入座，不能互换。

3）以一个基准零件和少数零件组合在一起。

（3）组件　一个或几个合件与若干个零件的组合。

（4）部件　由一个基准件和若干个组件、合件和零件组成。

（5）机械　由上述全部装配单元组成的整体。

**2. 组件装配、部件装配、总装配**

（1）组件装配　将若干个零件装配在一个基础零件上而构成组件的过程称为组件装配，简称组装。组件可作为基本单元进行装配，如齿轮减速器中的大轴组件就是由大轴及其轴上的各个零件构成的一个组件。

（2）部件装配　将若干个零件、组件装配在另一个基础零件上而构成部件的过程称为部件装配，简称部装。部件是装配中比较独立的部分。

（3）总装配　将若干个零件、组件、部件装配在产品的基础零件上而构成产品的过程称为总装配，简称总装。

## 工程案例

**例2-1**　圆柱齿轮减速器装配。

图2-1所示为一台中等复杂程度的圆柱齿轮减速器。可以把轴、齿轮、键、左右轴承、垫套、透盖、毡圈的组合视为大轴组装（见图2-2），即组件装配。而整台减速器则可视为若干其他零件、组件装配在箱体这个基础零件上的部件装配。减速器经过调试合格后，再和其他部件、组件和零件组合后装配在一起，就组成了一台完整机器，这就是总装配。

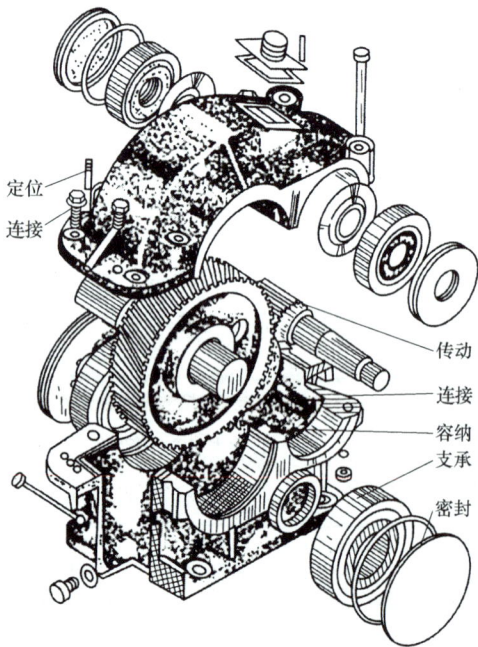

图2-1　圆柱齿轮减速器

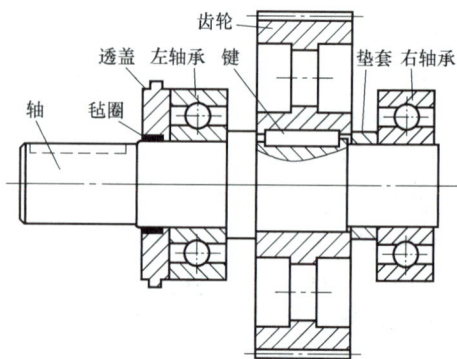

图2-2　大轴组件装配图

## 2.1.2　装配工作过程及主要内容

### 1. 装配的工作过程

装配工作的一般工艺过程：研究和熟悉产品装配图及技术要求，了解产品结构、工作原理、零件的作用及相互连接关系→准备所用工具→确定装配方法、顺序→对装配的零件进行清洗，去掉油污、毛刺→组件装配→部件装配→总装配→调整、检验、试车→油漆、涂油、装箱。

### 2. 装配的主要内容

装配过程不是将合格零件简单地连接起来，而是要通过一系列工艺措施，最终达到产品质量要求。常见的装配工作内容主要有以下几个方面。

（1）清洗　目的是去除零件表面或部件中的油污及机械杂质。

（2）连接　一般分为可拆连接和不可拆连接两种方式。可拆连接在装配后可以很容易拆卸而不致损坏任何零件，且拆卸后仍能重新装配在一起，如螺纹、键等。不可拆连接在装配后一般不再拆卸，如果拆卸就会损坏其中的某些零件，如焊接、铆接等。

（3）校正、调整与配作

1）校正是指产品中相关零部件间相互位置找正，并通过各种调整方法，保证达到装配精度要求等。

2）调整是指调节相关零件的相互位置。

3）配作是指两个零件装配后确定其相互位置的加工，如配钻、配铰，或为改善两个零件表面结合精度的加工，如配刮及配磨等。配作是与校正、调整工作结合进行的。

（4）平衡　为防止使用中出现振动，装配时，应对其旋转零部件进行平衡，包括静平衡和动平衡两种方法。

（5）检验和试验　机械装配完后，应根据有关技术标准和规定，对机械进行全面的检验和试验工作，合格后才允许出厂。

除上述装配工作外，油漆、包装等也属于装配工作。

## 2.1.3　装配精度

### 1. 装配精度的概念

装配精度是指产品装配后几何参数实际达到的精度，包括以下几部分。

（1）尺寸精度　零部件的距离精度和配合精度。如卧式车床前、后顶尖对床身导轨的等高度。

（2）位置精度　相关零件平行度、垂直度和同轴度等方面的要求。如台式钻床主轴对工作台台面的垂直度。

（3）相对运动精度　产品中有相对运动的零部件在运动方向上和相对速度上的精度。如滚齿机滚刀与工作台的传动精度。

（4）接触精度　两配合表面、接触表面和连接表面间达到规定的接触面积大小和接触点分布情况。如齿轮啮合、锥体配合以及导轨之间的接触精度。

### 2. 装配精度与零件精度及装配方法的关系

机械及其部件都是由零件组成的，装配精度与相关零部件制造误差的累积有关，特别是关键零件的加工精度。例如，卧式车床尾座移动对床鞍移动的平行度，主要取决于床身导轨面 A 与 B 的平行度。又如，车床主轴锥孔中心线和尾座套筒锥孔中心线的等高度，主要取决于主轴箱、尾座及座板的尺寸精度。

装配精度也取决于装配方法，单件小批生产及装配精度要求较高时的装配方法尤为重要。例如，车床主轴锥孔中心线和尾座套筒锥孔中心线的等高度要求是很高的，如果靠提高尺寸精度来保证是不经济的，甚至在技术上也是很困难的。比较合理的办法是在装配中通过检测，对某个零部件进行适当的修配来保证装配精度。

总之，机械的装配精度不但取决于零件的精度，而且取决于装配方法。在分析和解决装配精度问题时会应用装配尺寸链。装配尺寸链是由相关零件的有关尺寸（表面或轴线间距离）或相互位置关系（平行度、垂直度或同轴度等）所组成的尺寸链，即由一个封闭环和若干个组成环所构成的封闭图形。建立尺寸链时，首先确定封闭环，并以封闭环为依据查找各组成环，然后确定保证装配精度的工艺方法和进行必要的计算。

## 2.1.4　装配工艺规程

### 1. 装配工艺规程的内容

装配工艺规程是指导装配施工的主要技术文件，包括以下内容：

1）确定所有零件和部件的装配顺序和方法。

2）确定装配的组织形式。

3）划分工序并决定工序内容。

4）确定装配所需的工具和设备。

5）确定所需的工人技术等级和时间定额。

6）确定验收方法和检验工具。

### 2. 制订装配工艺规程的原则

1）保证产品装配质量。

2）合理安排装配工序，减少装配工作量，减轻劳动强度，提高装配效率，缩短装配周期。

3）尽可能减少生产占地面积。

### 3. 制订装配工艺规程所需的原始资料

制订装配工艺规程所需的原始资料如下：

1）产品的总装图、部件装配图和零件明细表等。

2）产品验收技术条件，包括试验工作的内容及方法。

3）产品生产规模。

4）现有的工艺装备、车间面积、工人技术水平以及时间定额标准等。

### 4. 制订装配工艺规程的方法和步骤

1）研究分析产品总装配图及装配技术要求，进行结构尺寸和尺寸链的分析计算，以确定达到装配精度的方法。进行结构工艺性分析，将产品分解成独立装配的组件和分组件。

2）确定装配组织形式。主要根据产品结构特点和生产批量，选择适当的装配组织形式。

3）根据装配单元确定装配顺序。

4）划分装配工序，确定工序内容、所需设备、工具、夹具及时间定额等。

**5. 制订装配工艺卡片**

大批量生产按每道工序制订装配工艺卡片；成批生产按总装或部装的要求制订装配工艺卡片；单件小批生产按装配图和装配单元系统图进行装配。

> **小贴士**：制订装配工艺规程时要注意：①保证产品质量，延长产品的使用寿命。②合理安排装配顺序和工序，尽量减少手工劳动量，满足装配周期的要求，提高装配效率。③尽量减少装配占地面积，提高单位面积的生产率。④尽量降低装配成本。

# 任务2　装配方法

## 任务描述

深入理解和掌握装配方法，对于提升机械制造与检修的专业水平、保障机械设备的质量与安全运行具有十分重要的意义。本任务将围绕这一主题展开，系统性学习和掌握各种装配方法的特点、适用场景及操作要点，建立对装配工艺的全面认知，提升机械制造与检修相关领域的理论知识和实践技能。

## 知识点讲解

装配方法是指产品达到零件或部件最终装配精度的方法。在长期的装配实践中，人们根据不同的机械、不同的生产类型条件，创造了许多巧妙的装配工艺方法，归纳起来有调整装配法、修配装配法、选配装配法和互换装配法四种。

## 2.2.1　调整装配法

调整装配法就是在装配时，用改变产品中可调整零件的相对位置或选用合适的调整件，以达到装配精度的方法。

在成批大量生产中，对于装配精度要求较高而组成环数目较多的尺寸链，可以采用调整装配法进行装配。调整装配法与修配法在补偿原则上相似，只是它们的具体做法不同。调整装配法也是按经济加工精度确定零件公差的。由于每一个组成环公差扩大，使一部分装配件超差。故在装配时，通过改变产品中调整零件的位置或选用合适的调整件以达到装配精度。

调整装配法与修配装配法的区别是：调整装配法不是靠去除金属，而是靠改变调整件的位置或更换调整件的方法来保证装配精度。

根据调整件的调整特征，调整装配法可分为可动调整装配法、固定调整装配法和误差抵消调整装配法三种装配方法。

### 1. 可动调整装配法

用改变调整件的位置来达到装配精度的方法，称为可动调整装配法。调整过程中不需要拆卸零件，比较方便。采用可动调整装配法可以调整由于磨损、热变形、弹性变形等所引起的误差，所以它适用于高精度和组成环在工作中易于变化的尺寸链。

机械制造中采用可动调整装配法的例子较多。例如，图2-3a所示为依靠转动螺钉调整轴承外环的位置，以得到合适的间隙；图2-3b所示为用调整螺钉通过垫板来保证车床溜板和床身导轨之间的间隙；图 2-3c 所示为通过转动调整螺钉，使斜楔块上、下移动来保证螺母和丝杠之间的合理间隙。

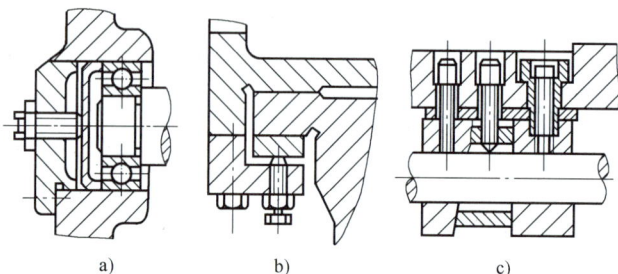

图 2-3　可动调整装配法

### 2. 固定调整装配法

固定调整装配法是尺寸链中选择一个零件（或加入一个零件）的尺寸作为调整环，根据装配精度来确定调整件的尺寸，以达到装配精度的方法。常用的调整件有轴套、垫片、垫圈和圆环等。

在固定调整装配法中，调整件的分级及各级尺寸的计算是很重要的问题，可应用极值法进行计算。

>> **工程案例**

**例 2-2**　固定调整装配法实例。

如图 2-4 所示，当齿轮的轴向窜动量有严格要求时，在结构上专门加入一个固定调整件，即尺寸等于 $A_3$ 的垫圈。装配时根据间隙的要求，选择不同厚度的垫圈。调整件预先按一定间隙尺寸制作好，比如分成 5.1mm、5.2mm、5.3mm、…、8.0mm 等，以供选用。

### 3. 误差抵消调整装配法

误差抵消调整装配法是通过调整某些相关零件误差的方向，使其互相抵消。这样各相关零件的公差可以扩大，同时又保证了装配精度。

**例 2-3**　用误差抵消调整装配法装配镗模。

如图 2-5 所示，要求装配后二镗套孔的中心距为（100 ± 0.015）mm，如用完全互换装配法制造，则要求模板的孔距误差和二镗套内、外圆同轴度误差之和不得大于 ±0.015mm，设模板孔距为（100 ± 0.009）mm，镗套内、外圆的同轴度公差按 0.003mm 制造，则无论怎样装配均能满足装配精度要求。但其加工是相当困难的，因而需要采用误差抵消装配法进行装配。

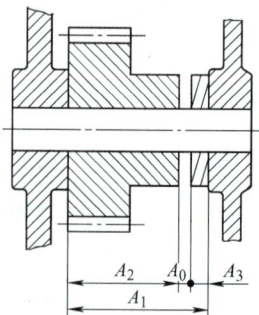

图 2-4　固定调整装配法

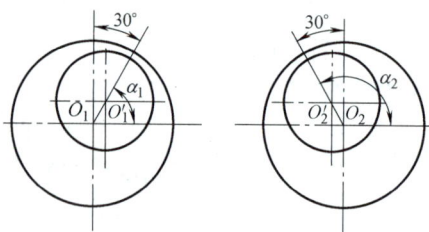

图 2-5　误差抵消调整装配法

图 2-5 中 $O_1$、$O_2$ 为镗模板孔中心，$O_1'$、$O_2'$ 为镗套内孔中心。装配前先测量零件的尺寸误差及位置误差，并记上误差的方向，在装配时有意识地将镗套按误差方向转过 $\alpha_1$、$\alpha_2$ 角，则装配后二镗套孔的孔距为

$$O_1'O_2' = O_1O_2 - O_1O_1'\cos\alpha_1 + O_2O_2'\cos\alpha_2$$

设 $O_1O_2 = 100.015\mathrm{mm}$，二镗套孔内、外圆同轴度为 $0.015\mathrm{mm}$，装配时令 $\alpha_1 = 60°$、$\alpha_2 = 120°$，则

$$O_1'O_2' = (100.015 - 0.015\cos60° + 0.015\cos120°)\mathrm{mm} = 100\mathrm{mm}$$

本例实质上是利用镗套同轴度误差来抵消模板的孔距误差，其优点是零件制造精度可以放宽，经济性好，采用误差抵消装配法装配还能得到很高的装配精度。

但每台机械装配时均需测出整体优势误差的大小和方向，并计算出数值，增加了辅助时间，影响生产效率，对工人技术水平要求高。因此，除单件小批生产的工艺装备和精密机床采用此种方法外，一般很少采用。

## 2.2.2　修配装配法

修配装配法是在单件生产和成批生产中，对那些要求很高的多环尺寸链，各组成环先按经济精度加工，在装配时修去指定零件上预留修配量，以达到装配精度的方法。修配装配法的特点是各组成环零部件的公差可以扩大，按经济精度加工，从而制造容易、成本低，装配时可利用修配件的有限修配量达到较高的装配精度要求；但装配中零件不能互换，装配劳动量大（有时需拆装几次），生产率低，难以组织流水生产，装配精度依赖于工人的技术水平。修配装配法适用于单件和成批生产中精度要求较高的装配。

由于修配装配法的尺寸链中各组成环的尺寸均按经济精度加工，装配时封闭环的误差会超过规定的允许范围。为补偿超差部分的误差，必须修配加工尺寸链中某一组成环。被修配的零件尺寸称为修配环或补偿环。一般应选形状比较简单、修配面小、便于修配加工、便于装卸，并对其他尺寸链没有影响的零件尺寸作为修配环。修配环在零件加工时应留有一定的修配量。

生产中通过修配达到装配精度的方法很多，常见的有以下三种。

### 1. 单件修配装配法

该方法是将零件按经济精度加工后，装配时将预定的修配环通过修配加工来改变其尺寸，以保证装配精度。

### 2. 合并修配装配法

该方法是将两个或多个零件合并在一起进行加工修配。合并加工所得的尺寸可看作一个组成环，这样减少了组成环的环数，就相应减少了修配的劳动量。

### 3. 自身加工修配装配法

在机床制造中，有一些装配精度要求是在总装时利用机床本身的加工能力，"自己加工自己"，便可以很简捷地达到，这即是自身加工修配装配法。

### ▶▶ 工程案例

**例 2-4**　自身加工修配装配法实例。

如图 2-6 所示，在转塔车床上 6 个装配刀架的大孔中心线必须保证和机床主轴回转中心线重合，而 6 个平面又必须和主轴中心线垂直。若将转塔作为单独零件加工出这些表面，在

装配中达到上述两项要求是非常困难的。当采用自身加工修配装配法时，这些表面在装配前不进行加工，而是在转塔装配到机床上后，在主轴上装镗杆，使镗刀旋转，转塔做纵向进给运动，依次精镗出转塔上的6个孔；再在主轴上装个能径向进给的小刀架，刀具边旋转边径向进给，依次精加工出转塔的6个平面。这样可方便地保证上述两项精度要求。

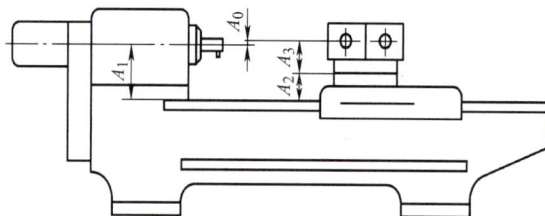

图 2-6　自身加工修配装配法

## 2.2.3　选配装配法

在成批或大量生产的条件下，对于组成环不多而装配精度要求却很高的尺寸链，若采用完全互换法，则零件的公差将过严，甚至超过了加工工艺的现实可能性。在这种情况下可采用选配装配法。该方法是将组成环的公差放大到经济可行的程度，然后选择合适的零件进行装配，以保证规定的精度要求。

选配装配法有三种：直接选配装配法、分组选配装配法和复合选配装配法。

### 1. 直接选配装配法

直接选配装配法是由装配工人从许多待装的零件中，凭经验挑选合适的零件，通过试凑进行装配的方法。这种方法的优点是简单，零件不必先分组，但装配中挑选零件的时间长，装配质量取决于工人的技术水平，不宜用于节拍要求较严的大批量生产。

### 2. 分组选配装配法

分组选配装配法是在成批大量生产中，将产品各配合副的零件按实测尺寸分组，装配时按组进行互换装配，以达到装配精度的方法。

分组选配装配法在机床装配中用得很少，但在内燃机、轴承等大批大量生产中有一定应用。图 2-7 所示为活塞与活塞销的连接。根据装配技术要求，活塞销孔与活塞销外径在冷态

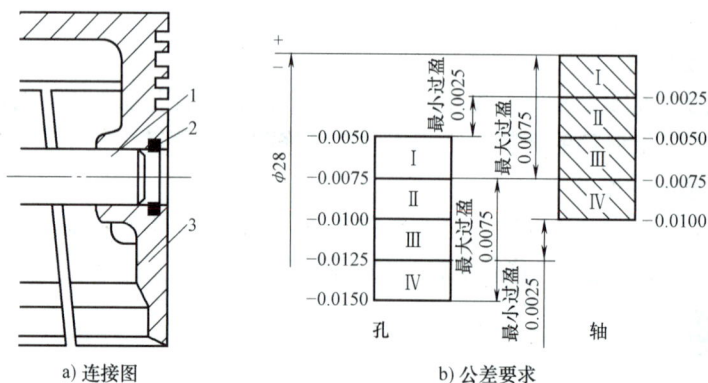

图 2-7　活塞与活塞销的连接

1—活塞销　2—挡圈　3—活塞

装配时应有 0.0025 ~ 0.0075mm 的过盈量。与此相应的配合公差仅 0.005mm。若活塞与活塞销采用完全互换法装配，且销孔与活塞直径公差按"等公差"分配时，则它们的公差只有 0.0025mm。生产中采用的办法是先将上述公差值都增大至 4 倍（$d = \phi28_{-0.010}^{0}$ mm，$D = \phi28_{-0.010}^{0}$ mm），这样即可采用高效率的无心磨和金刚镗去分别加工活塞外圆和活塞销孔，然后用精度量仪进行测量，并按尺寸大小分成四组，涂上不同的颜色，以便进行分组装配，具体分组情况见表 2-1。从该表可以看出，各组的公差和配合性质与原来要求相同。

**表 2-1　活塞销与活塞销孔直径分组情况**　　　　　　　　　（单位：mm）

| 组别 | 标志颜色 | 活塞销直径 $d$ $\phi28_{-0.010}^{0}$ | 活塞销孔直径 $D$ $\phi28_{-0.015}^{-0.005}$ | 配合情况 最小过盈 | 配合情况 最大过盈 |
|---|---|---|---|---|---|
| Ⅰ | 红 | $\phi28_{-0.0025}^{0}$ | $\phi28_{-0.0075}^{-0.0050}$ | | |
| Ⅱ | 白 | $\phi28_{-0.0050}^{-0.0025}$ | $\phi28_{-0.0100}^{-0.0075}$ | 0.0025 | 0.0075 |
| Ⅲ | 黄 | $\phi28_{-0.0075}^{-0.0050}$ | $\phi28_{-0.0125}^{-0.0100}$ | | |
| Ⅳ | 绿 | $\phi28_{-0.0100}^{-0.0075}$ | $\phi28_{-0.0150}^{-0.0125}$ | | |

### 3. 复合选配装配法

复合选配装配法是直接选配与分组选配的综合装配法，即预先测量分组，装配时再在各对应组内凭工人经验直接选配。这一方法的特点是配合件公差可以不等，装配质量高，且速度较快，能满足一定的节拍要求。发动机装配中，汽缸与活塞的装配多采用这种方法。

采用复合选配装配法装配时应注意以下几点。

1）为了保证分组后各组的配合精度和配合性质符合原设计要求，配合件的公差应当相等，公差增大的方向要相同，增大的倍数要等于以后的分组数。

2）分组数不宜多，多了会增加零件的测量和分组工作量，并使零件的储存、运输及装配等工作复杂化。

3）分组后各组内相配合零件的数量要相符，形成配套，否则会出现某些尺寸零件的积压浪费现象。

复合选配装配法适合配合精度要求很高和相关零件一般只有两、三个的大批量生产中，如滚动轴承的装配等。

## 2.2.4　互换装配法

互换装配法就是在成批或大量生产中，装配时各配合零件不经修配、选择或调整即可达到装配精度的方法。

### 1. 不完全互换装配法

当装配精度要求较高，尤其是组成环的数目较多时，若应用极大极小法确定组成环的公差，则组成环的公差将会很小，这样就很难满足零件的经济精度要求。因此，在大批量生产的条件下，就可以考虑不完全互换装配法，即用概率法解算装配尺寸链。

### 2. 完全互换装配法

这种方法的实质是在满足各环经济精度的前提下，依靠控制零件的制造精度来保证装配精度。

在一般情况下，完全互换装配法的装配尺寸链按极大极小法计算，即各组成环的公差之和等于或小于封闭环的公差。通常，只要组成环分得的公差满足经济精度要求，无论何种生产类型都应尽量采用完全互换装配法进行装配。

# 任务3　典型零部件的装配

## ▶▶ 任务描述

机械零部件装配前需做好充分准备，正确选择和运用合适的装配工艺，根据零部件的结构特点采用合适的工具和设备，严格按照装配工艺规程和安全操作规程进行操作。本任务重点学习典型机械零部件的装配技术要求、工艺方法与步骤，要求掌握典型零部件装配的操作技能和注意事项。

## ▶▶ 知识点讲解

### 2.3.1　装配前的准备工作

1）研究和熟悉机械设备及各部件总成装配图和有关技术文件与技术资料。了解机械设备及零部件的结构特点、各零部件的作用、各零部件的相互连接关系及其连接方式。对于那些有配合要求、运动精度较高或其他特殊技术条件的零部件，应引起特别的重视。

2）根据零部件的结构特点和技术要求，确定合适的装配工艺、方法和程序。准备好必备的工具、量具、夹具及材料。

3）按清单清理、检测各待装零部件的尺寸精度与制造或修复质量，核查技术要求，凡有不合格者一律不得装配。对于螺柱、键及销等标准件，若有损伤，应予以更换，不得勉强留用。

4）零部件装配前必须进行清洗。对于经过钻孔、铰削、镗削等机械加工的零件，要将金属屑末清除干净；润滑油道要用高压空气或高压油吹洗干净；有相对运动的配合表面要保持洁净，以免因脏物或尘粒等杂质侵入其间而加速配合件表面的磨损。

> **小贴士**：装配前，应检查零部件与装配有关的形状和尺寸精度是否合格；检查有无变形、损坏等，确保零部件的质量和完整性，并注意零部件上的各种标记，防止错装。

### 2.3.2　螺纹连接的装配

螺纹连接是一种可拆卸的固定连接，具有结构简单、连接可靠、装拆方便等优点，在机械设备中应用非常广泛。

#### 1. 螺纹连接的类型

螺纹连接有四种基本类型，即螺栓连接、双头螺柱连接、螺钉连接和紧定螺钉连接。前两种需拧紧螺母才能实现连接，后两种不需要螺母。

（1）螺栓连接　被连接件的孔中不切制螺纹，装拆方便。螺栓连接分为普通螺栓连接和铰制孔用螺栓连接两种。图2-8a所示为普通螺栓连接，螺栓与孔之间有间隙，由于加工简便、成本低，所以应用最广。图2-8b所示为铰制孔用螺栓连接，被连接件上的孔用高精度铰刀加工而成，螺栓杆与孔之间一般采用过渡配合（H7/m6、H7/n6），主要用于需要螺栓承受横向载荷或需靠螺杆精确固定被连接件相对位置的场合。

（2）双头螺柱连接　使用两端均有螺纹的螺柱，一端旋入并紧定在较厚被连接件的螺纹孔中，另一端穿过较薄被连接件的通孔，如图2-8c所示。拆卸时，只要拧下螺母，就可以使连接件分开。这种连接适用于被连接件较厚，要求结构紧凑和经常拆装的场合，如剖分式滑动轴承座与轴承盖的连接、汽缸盖的紧固等。

（3）螺钉连接　螺钉直接旋入被连接件的螺纹孔中，如图2-8d所示，其结构较简单，适用于被连接件之一较厚，或另一端不能装螺母的场合。但这种连接不宜经常拆卸，以免破坏被连接件的螺纹孔而导致滑扣。

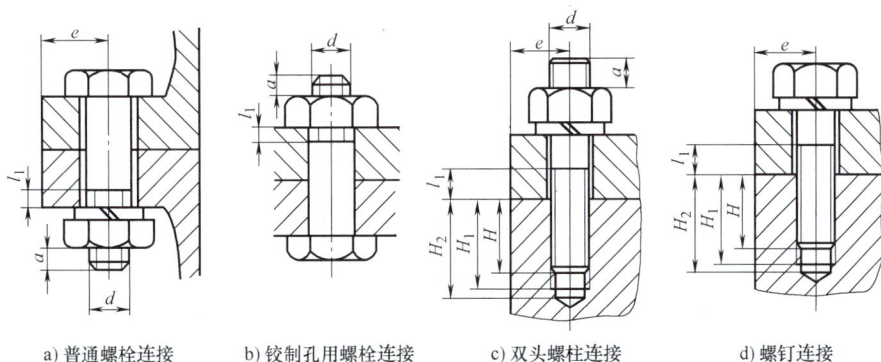

a) 普通螺栓连接　　　b) 铰制孔用螺栓连接　　　c) 双头螺柱连接　　　d) 螺钉连接

图2-8　螺纹连接的类型

（4）紧定螺钉连接　将紧定螺钉拧入一个零件的螺纹孔中，其末端顶住另一零件的表面（见图2-9），或顶入相应的凹坑中。常用于固定两个零件的相对位置，并可传递不大的力或转矩。

**2. 装配要求**

（1）螺纹连接的预紧　螺纹连接预紧的目的在于增强连接的可靠性和紧密性，以防止受载后被连接件间出现缝隙或发生相对滑移。为了得到可靠、紧固的螺纹连接，装配时必须保证螺纹副具有一定的摩擦力矩，此摩擦力矩是由施加拧紧力矩后使螺纹副产生一定的预紧力而获得的。对设备装配技术文件规定有预紧力的螺纹连接，必须用专门方法来保证准确的拧紧力矩。表2-2所示为拧紧碳素钢螺纹件的标准力矩。

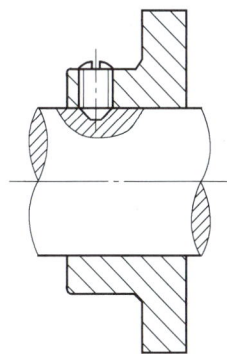

图2-9　紧定螺钉连接

表2-2　拧紧碳素钢螺纹件的标准力矩（40钢）

| 螺纹尺寸/mm | M8 | M10 | M12 | M14 | M16 | M18 | M20 | M22 | M24 |
|---|---|---|---|---|---|---|---|---|---|
| 标准拧紧力矩/（N·m） | 10 | 30 | 35 | 53 | 85 | 120 | 190 | 230 | 270 |

**注意**：对于有规定预紧力的连接，按要求连接并测量。对于重要的连接，应尽可能不采用直径过小（<M12）的螺栓。

（2）螺纹连接的防松　螺纹连接由于其具有的自锁性，在通常的静载荷作用下，没有自动松脱现象，但在振动或冲击载荷作用下，会因螺纹工作面间的正压力突然减小，造成因摩擦力矩降低而松动。因此，用于有冲击、振动或交变载荷情况下的螺纹连接，必须有可靠的防松装置。

（3）螺纹连接的配合精度 螺纹连接的配合精度由螺纹公差带和旋合长度两个因素确定。

### 3. 装配工艺

（1）常用工具 螺纹连接的常用装拆工具有活扳手、呆扳手、内六角扳手、套筒扳手、棘轮扳手、旋具等。装拆双头螺柱时，应采用专用工具，如图2-10所示。

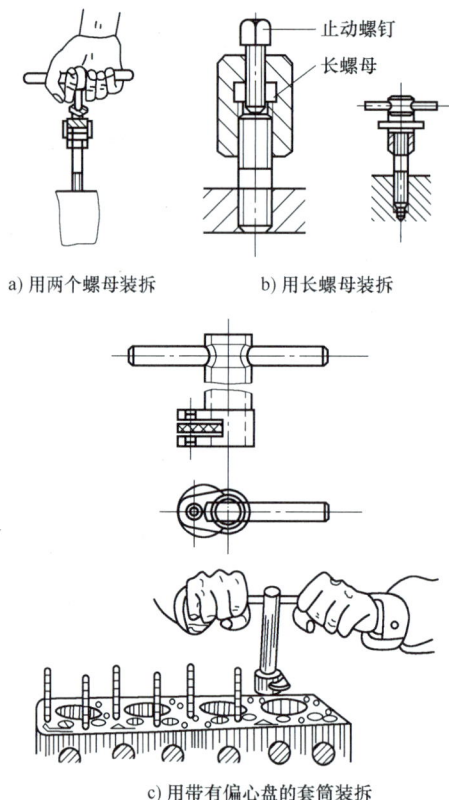

a) 用两个螺母装拆　　b) 用长螺母装拆

止动螺钉

长螺母

c) 用带有偏心盘的套筒装拆

图2-10 装拆双头螺柱的专用工具

（2）控制预紧力的方法 通常采用控制螺栓沿轴线的弹性变形量来控制螺纹连接的预紧力，主要有以下三种方法。

1）控制力矩法。利用专门的装配工具控制拧紧力矩的大小，如测力矩扳手、定力矩扳手、电动扳手、风动扳手等。这类工具在拧紧螺栓时，可在读出所需拧紧力矩的数值时终止拧紧，或达到预先设定的拧紧力矩时便自行终止拧紧。如图2-11所示，用测力矩扳手使预紧力矩达到规定值。其原理是柱体2的方头1插入梅花套筒并套在螺母或螺钉头部，拧紧时，与手柄5相连的弹性扳手柄3产生变形，而与柱体2装在一起的指针4不随弹性扳手柄3绕柱体2的轴线转动，这样指针尖6与固定在弹性扳手柄3上的刻度盘7形成相对角度偏移，即刻度盘上显示出拧紧力矩大小。

2）控制螺栓伸长量法。通过测量螺栓的伸长量来控制预紧力的大小，如图2-12所示。螺母拧紧前螺栓长度为$L_1$，按预紧力要求拧紧后，长度为$L_2$，测量$L_1$和$L_2$，则可知道拧紧力矩是否正确。大型设备装配时的螺柱连接常采用这种方法，如在大型水压机和柴油发动机装配中，其立柱或机体连接螺栓的拧紧通常先确定出螺柱的伸长量，然后采用液压拉力装置或加热的方法使螺柱伸长，将螺母旋入至计算位置，螺柱冷却至常温（或弹性收缩）后，形成一定的预紧力。常见的加热方法有低压感应电加热及蒸汽管缠绕加热等。加热前根据材料的热胀系数计算出所需温度，加热时应注意安全，防止发生触电或烫伤事故。

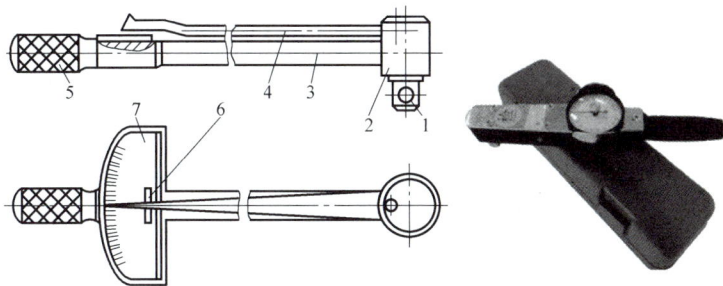

图 2-11　测力矩扳手
1—方头　2—柱体　3—弹性扳手柄　4—指针　5—手柄　6—指针尖　7—刻度盘

3）控制扭角法。对不便于测量螺栓伸长量的螺纹连接，还可通过控制螺母拧紧时应转过的角度来控制预紧力。其原理与控制螺栓伸长量法相同，只是将螺栓伸长量转换成螺母与各被连接件贴紧后再拧转的角度。

（3）螺纹连接的防松装置　螺纹连接一旦出现松脱，轻者会影响机械设备的正常运转，重者会造成严重的事故。因此，装配后采取有效的防松措施，才能防止螺纹连接松脱，保证螺纹连接安全可靠。常用的防松装置有摩擦防松装置和机械防松装置两大类。另外，还可以采用破坏螺纹副的不可拆防松，如铆冲防松和粘接防松等方法。

1）摩擦防松装置。主要包括对顶螺母防松、弹簧垫圈防松和自锁螺母防松。

① 对顶螺母防松。这种装置使用两个螺母，如图 2-13 所示。先将靠近被连接件的下螺母拧紧至规定位置，用扳手固定其位置，再拧紧其紧邻的上螺母。当拧紧上螺母时，上、下两螺母之间的螺杆会受拉力而伸长，使两个螺母分别与螺杆牙面的两侧产生接触压力和摩擦力，当螺杆上加载荷时，螺杆与螺母之间会始终保持一定的摩擦力，起到防松的作用。这种防松装置由于增加了一只螺母，因而使结构尺寸和成本略有增加，适用于平稳、低速和重载的场合。

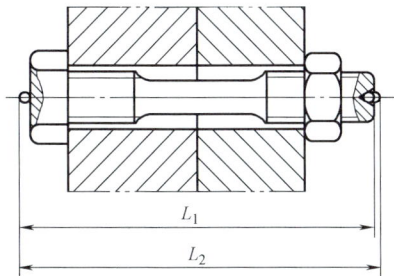

图 2-12　螺栓伸长量的测量

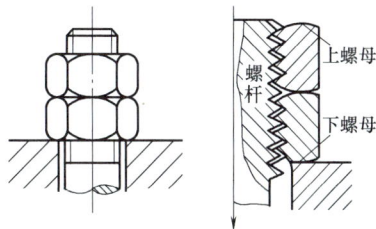

图 2-13　对顶螺母防松

② 弹簧垫圈防松。如图 2-14 所示，这种防松装置使用的弹簧垫圈，是用弹性较好的 65Mn 钢材经热处理制成，开有 70°~80° 的斜口，并上下错开。当拧紧螺母时，垫在工件与螺母之间的弹簧垫圈受压，产生弹性反力，使螺纹副的接触面间产生附加摩擦力，以此防止螺母松动。而且垫圈的楔角分别抵住螺母和工件表面，也有助于防止螺母回松，但容易刮伤螺母和被连接件表面。其结构简单、使用方便、防松可靠，常用在不经常装拆的部位。

③ 自锁螺母防松。如图 2-15 所示，螺母一端制成非圆形收口或开缝后径向收口。当螺母拧紧后，收口胀开，利用收口的弹力使旋合螺纹间压紧。这种装置防松可靠，可多次拆装而不降低防松性能，适用于较重要的连接。

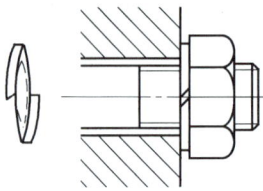

图 2-14　弹簧垫圈防松

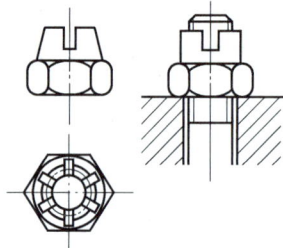

图 2-15　自锁螺母防松

2）机械防松装置。机械防松装置是利用机械方法强制地使螺母与螺杆、螺母与被连接件互相锁定，以达到防松的目的。常用的有以下三种。

① 开口销与带槽螺母防松。如图 2-16 所示，这种防松装置是用开口销把螺母锁在螺栓上，并将开口销尾部扳开与螺母侧面贴紧。它防松可靠，但螺杆上销孔位置不易与螺母最佳锁紧位置的槽口吻合。一般用于受冲击或载荷变化较大的场合。

② 止动垫圈防松。图 2-17a 所示为圆螺母止动垫圈防松。装配时，先把垫圈的内翅插进螺杆槽中，然后拧紧螺母，再把外翅弯入螺母的外缺口内；图 2-17b 所示为六角螺母止动垫圈防松。这种方法结构简单、使用方便、防松可靠。

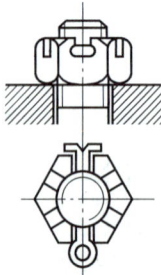

a) 圆螺母止动垫圈防松

b) 六角螺母止动垫圈防松

图 2-16　开口销与带槽螺母防松

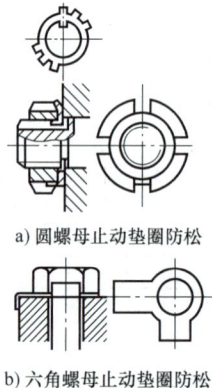

图 2-17　止动垫圈防松

③ 串联钢丝防松。如图 2-18 所示，这种防松装置是用低碳钢丝连续穿过一组螺钉头部

的径向小孔，将各螺钉串联起来，使其互相制动来防止回松。它适用于位置较紧凑的成组螺钉连接，防松可靠，但拆装不便。装配时应注意钢丝穿绕的方向，图2-18a所示的钢丝穿绕方向是错误的。

3）不可拆防松。如图2-19所示，在螺母拧紧后，采用端铆、冲点、焊接、粘接等方法，破坏螺纹副，使螺纹连接不可拆卸。端铆是在螺母拧紧后，把螺柱末端伸出部分铆死。冲点是在螺母拧紧后，利用冲头在螺柱末端与螺母的旋合缝处打冲，利用冲点防松。

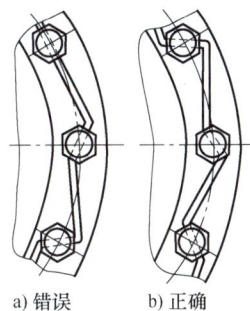

a) 错误 b) 正确

图 2-18 串联钢丝防松

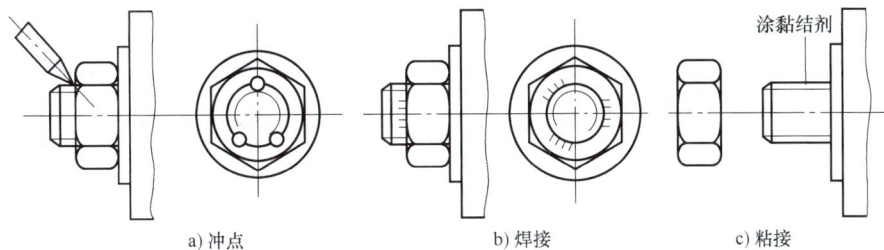

a) 冲点　　　　　　b) 焊接　　　　　　c) 粘接

图 2-19 不可拆防松

不可拆防松方法简单可靠，为永久性连接，但拆卸后连接件不能重复使用，适用于不需拆卸的特殊零件。

（4）螺纹连接装配时的注意事项

1）为便于拆装和防止螺纹锈死，在螺纹的连接部分应加润滑油（脂），不锈钢螺纹的连接部分应加润滑剂。

2）螺纹连接中，螺母必须全部拧入螺杆的螺纹中，且螺栓通常应高出螺母外端面2～3个螺距。

3）被连接件应均匀受压，互相紧密贴合，连接牢固。拧紧成组螺栓或螺母时，应根据被连接件形状和螺栓的分布情况，按一定的顺序进行操作，以防止受力不均或工件变形，如图2-20所示。

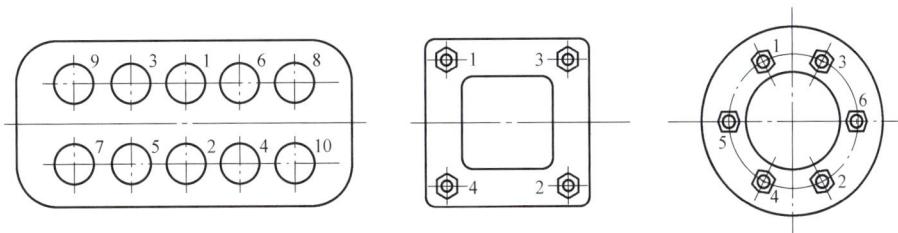

图 2-20 拧紧成组螺母的顺序

4）双头螺柱与机体螺纹连接，应有足够的紧固性，连接后的螺杆轴线必须和机体表面垂直。

5）拧紧力矩要适当。太大时，螺栓或螺钉易被拉长，甚至断裂或使机件变形；太小时，不能保证工作时的可靠性。

6）螺纹连接件在工作中受振动或冲击载荷时，要装好防松装置。

## 2.3.3 键连接的装配

如图 2-21 所示，键是用来连接轴和轴上的零件（如带轮、联轴器、齿轮等），使它们周向固定以便传递转矩的一种机械零件。它具有结构简单、工作可靠、拆装方便等优点，应用广泛。按键的结构特点和用途，键连接的装配可分为松键连接的装配、紧键连接的装配和花键连接的装配三大类。

图 2-21 各种类型的键

### 1. 松键连接的装配

松键连接是指靠键的两侧面传递转矩而不承受轴向力的键连接。松键连接的键主要有普通平键、半圆键及导向平键等，如图 2-22a ~ c 所示，松键连接能保证轴上零件与轴有较高的同轴度，对中性良好，主要用于高速精密设备传动变速系统中。

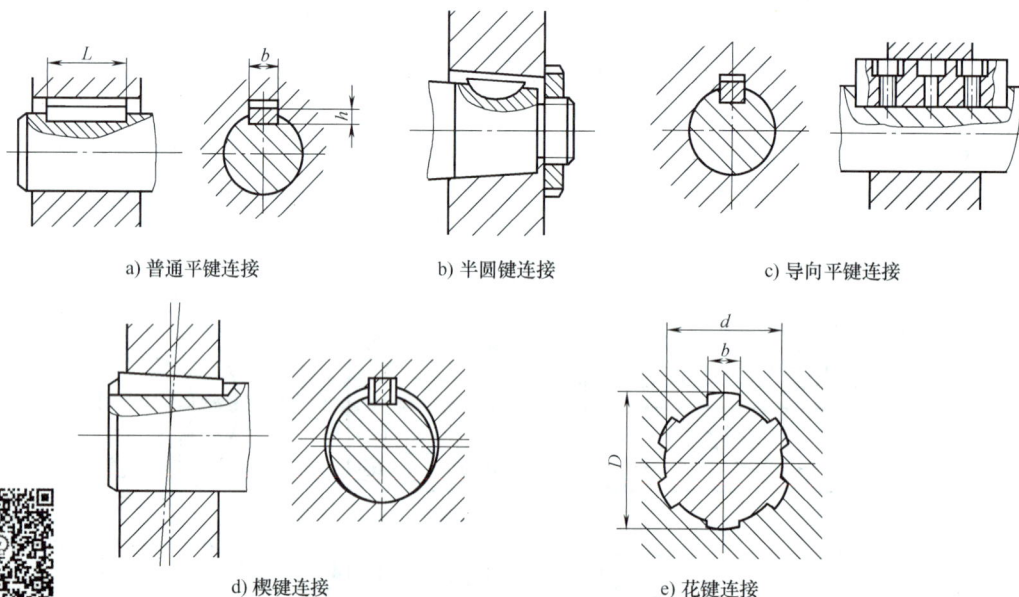

a) 普通平键连接      b) 半圆键连接      c) 导向平键连接

d) 楔键连接      e) 花键连接

平键连接

图 2-22 键连接形式

装配工艺及要求如下：

1）清理键及键槽上的毛刺、锐边，以防装配时形成较大的过盈量而影响配合的可靠性。

平键装配

2）对重要的键连接，装配前应检查键和槽的加工精度，以及键槽对轴线的对称度和平行度。

3）用键的头部与轴槽试配，保证其配合。然后锉配键长，在键的长度方向上，普通平键与轴槽留有约 0.1mm 的间隙，但导向平键不应有间隙。

4）配合面上加机油后将键压入轴槽，应使键与槽底贴平。装入轮毂件后，半圆键、普通平键、导向平键的上表面和毂槽的底面应留有间隙。

**2. 紧键连接的装配**

紧键连接除能传递转矩外，还可传递一定的轴向力。紧键连接常用的键有楔键、钩头楔键和切向键，图 2-22d 所示为楔键连接。紧键连接的对中性较差，常用于对中性要求不高、转速较低的场合。

装配工艺及要求如下：

1）楔键和轮毂槽的斜度一定要吻合，装配时楔键上、下两个工作面和轴槽、轮毂槽的底部应紧密贴合，而两侧面应留有间隙。切向键两个斜面的斜度应相同，其两侧面与键槽紧密贴合，顶面留有间隙。

2）钩头楔键装配后，其钩头与轮端面间应留有一定距离，以便于拆卸。

3）装配时，用涂色法检查接触情况，若接触不好，可用锉刀或刮刀修整键槽底面。

**3. 花键连接的装配**

花键连接

花键连接由于齿数多，具有承载能力大、对中性好、导向性好等优点，但成本较高。花键连接对轴的强度削弱小，因此广泛地应用于大载荷和同轴度要求高的机械设备中，如图 2-22e 所示。按工作方式，花键有静连接和动连接两种形式。

装配工艺及要求如下：

1）在装配前，首先应彻底清理花键及花键轴的毛刺和锐边，并清洗干净。装配时，在花键轴表面涂上润滑油，转动花键轴检查啮合情况。

花键装配

2）静连接的内花键与花键轴有小的过盈量，装配时可用铜棒轻轻敲入，但不得过紧，否则会拉伤配合表面。对于过盈量较大的花键连接，可将套件加热（80 ~ 120℃）后进行装配。

3）动连接花键应保证精确的间隙配合，其套件在花键轴上应滑动自如，灵活无阻滞，转动套件时不应有明显的间隙。

## 2.3.4　销连接的装配

销有圆柱销、圆锥销、开口销等种类，如图 2-23 所示。圆柱销一般依靠过盈配合固定在孔中，因此对销孔尺寸、形状和表面粗糙度要求较高。被连接件的两孔应同时钻、铰，$Ra$ 值不大于 1.6μm。装配时，销钉表面可涂机油，用铜棒轻轻敲入。圆柱销不宜多次装拆，否则会降低定位精度和连接的可靠性。

圆锥销装配时，两连接件的销孔也应一起钻、铰。在钻、铰时，按圆锥销小头直径选用钻头（圆锥销的规格用销小头直径和长度表示）或相应锥度的铰刀。铰孔时用试装法控制孔径，以圆锥销能自由插入 80% ~ 85% 为宜。最后用手锤敲入。

销连接

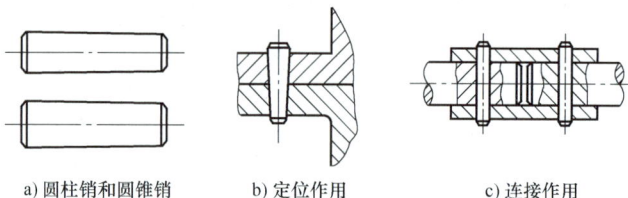

a) 圆柱销和圆锥销　　　b) 定位作用　　　c) 连接作用

定位销

图 2-23　销及其作用

装配工艺及要求如下：

1）圆柱销按配合性质有间隙配合、过渡配合和过盈配合，使用时应按规定选用。

2）销孔加工一般在相关零件调整好位置后，一起钻削和铰削，其表面粗糙度值为 $Ra3.2 \sim 1.6\mu m$。装配定位销时，销子涂上机油后用铜棒垫在销子头部，把销子打入孔中，或用 C 形夹将销子压入。对于盲孔，销子装入前应磨出通气平面，让孔底空气能够排出。

3）圆锥销装配时，应保证销与销孔的锥度正确，其接触斑点应大于 70%。锥孔铰削深度宜用圆锥销试配，以手推入圆锥销长度的 80% ~ 85% 为宜。圆锥销装紧后大端倒角部分应露出锥孔端面。

4）开尾圆锥销打入孔中后，将小端开口扳开，防止振动时脱出。

5）销顶端的内、外螺纹应便于拆卸，装配时不得损坏。

6）过盈配合的圆柱销，一经拆卸就应更换，不宜继续使用。

## 2.3.5　过盈连接的装配

过盈连接是依靠包容件（孔）和被包容件（轴）的过盈配合，使装配后的两零件表面产生弹性变形，在配合面之间形成横向压力，依靠此压力产生的摩擦力传递转矩和轴向力。其结构简单、对中性好、承载能力强，能承受变动载荷和冲击载荷，但配合面的加工要求较高。

过盈连接按结构形式可分为圆柱面过盈连接、圆锥面过盈连接和其他形式过盈连接。

过盈连接的装配按其过盈量、公称尺寸的大小主要有压入法、热装法、冷装法等。

### 1. 装配要求

1）检查配合尺寸是否符合规定要求。应有足够、准确的过盈值，实际最小过盈值应等于或稍大于所需的最小过盈值。

2）配合表面应具有较小的表面粗糙度，一般为 $Ra0.8\mu m$，圆锥面过盈连接还要求配合接触面积达到 75% 以上，以保证配合稳固性。

3）配合面必须清洁，不应有毛刺、凹坑、凸起等缺陷，配合前应加油润滑，以免拉伤表面。

4）锤击时，不可直击零件表面，应采用软垫加以保护。

5）压入时必须保证孔和轴的轴线一致，不允许有倾斜现象。压入过程必须连续，速度不宜太快，一般为2~4mm/s（不应超过10mm/s），并准确控制压入行程。

6）细长件、薄壁件及结构复杂的大型件过盈连接，要进行装配前检查，并按装配工艺规程进行，避免装配质量事故。

**2. 装配方法**

（1）压入法　压入法可分为锤击法和压力机压入法两种，适用于过盈量不大的配合。

锤击法可根据零件的大小、过盈量、配合长度和生产批量等因素，用锤子或大锤将零件打入装配，一般适用于过渡配合。压力机压入法需具备螺旋压力机、气动杠杆压力机、液压机等设备，直径较大的就需用大吨位的压力机。压入法和设备如图2-24所示。

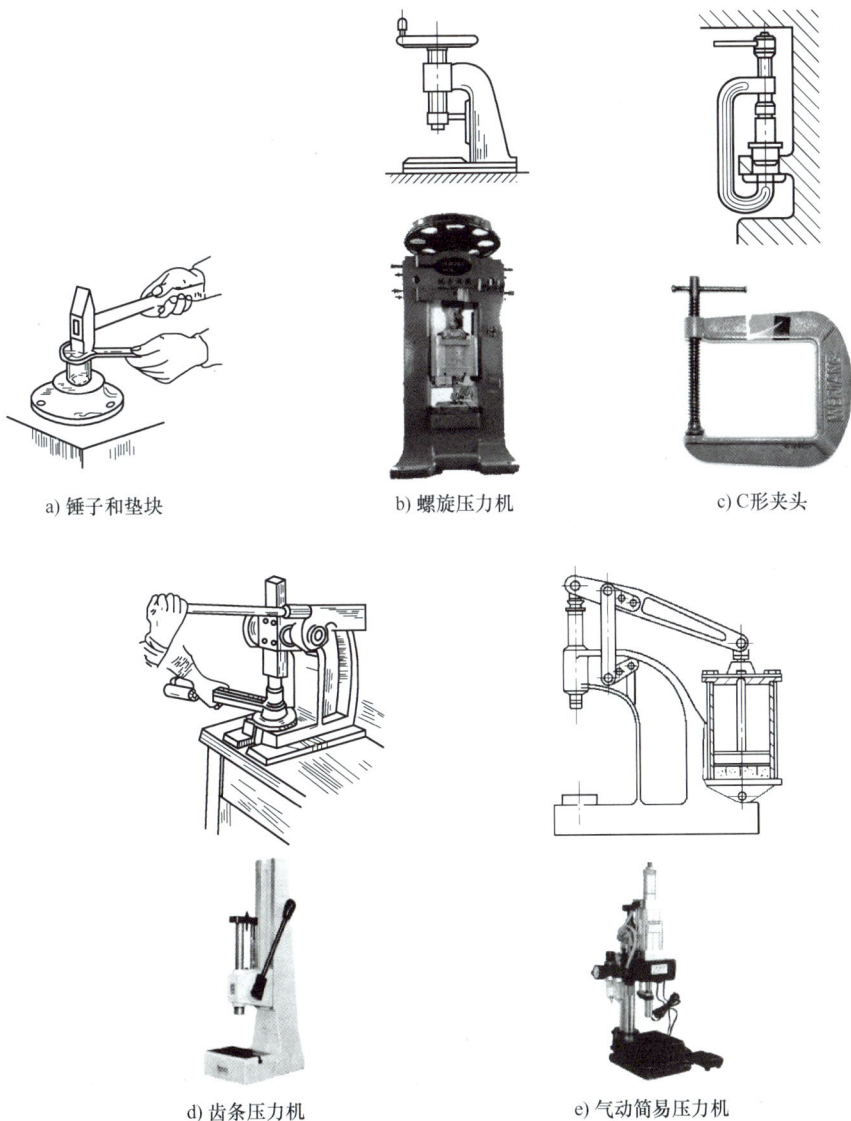

a) 锤子和垫块　　　　b) 螺旋压力机　　　　c) C形夹头

d) 齿条压力机　　　　e) 气动简易压力机

图2-24　压入法和设备

（2）热装法 对于过盈量较大的配合一般采用热装的方法（也称热胀法），利用物体受热后膨胀的原理，将包容件加热到一定温度，使孔径增大，然后与常温下的相配件装配，待冷却收缩后，配合件便形成过盈连接紧紧地连接在一起。热装法适用于配合零件，尤其是过盈配合的零件。

应根据零件的大小、配合尺寸公差、零件的材料、零件的批量、工厂现有设备状况等条件确定配合件是否采用热装法。对于大直径的齿轮件中的齿毂与齿圈的装配、一般蜗轮减速机中轮毂与蜗轮圈的装配等，因其属于无键连接传递转矩，一般都采用热装法。对于一般轴与孔的装配，根据其过盈量大小及轴与孔件的材质来确定装配方法。一般过盈量大的应采用热装法；过盈量不太大的，如果轴与孔都是钢件，也应优先考虑热装法，也可选择压入法，但压装的质量不及热装。因压装受设备压力、人员操作水平及零件加工质量等因素影响，对于一些较小的配合件，如最常见的滚动轴承等，一般采用热装法为宜。

1）加热温度。加热温度的计算公式为

$$T = \frac{\Delta_1 + \Delta_2}{da} + t \qquad (2-1)$$

式中，$T$ 为加热温度；$a$ 为加热件的线膨胀系数；$\Delta_1$ 为配合的最大过盈量（mm）；$\Delta_2$ 为热装时的间隙量（mm），一般取 $(1\sim2)\Delta_1$；$d$ 为配合直径（mm）；$t$ 为室温，一般取 20℃。

常用金属材料的线膨胀系数如下：钢、铸钢—0.000011；铸铁—0.000010；黄铜—0.000018；青铜—0.000017；紫铜—0.0000017。

对于碳钢件，加热温度可查阅表2-3。

表2-3 碳钢件的加热温度 $T$

| 配合直径/mm | $\Delta_2$/mm | H7/u5 | | H8/t7 | | H7/s6 | | H7/r6 | |
|---|---|---|---|---|---|---|---|---|---|
| | | $\Delta_1$/mm | $T$/℃ | $\Delta_1$/mm | $T$/℃ | $\Delta_1$/mm | $T$/℃ | $\Delta_1$/mm | $T$/℃ |
| 80~100 | 0.1 | 0.146 | 295 | 0.178 | 315 | 0.073 | 230 | 0.073 | 215 |
| 100~120 | 0.12 | 0.159 | 275 | 0.158 | 295 | 0.101 | 215 | 0.076 | 195 |
| 120~150 | 0.2 | 0.188 | 315 | 0.192 | 310 | 0.117 | 255 | 0.088 | 235 |
| 150~180 | 0.25 | 0.228 | 305 | 0.212 | 290 | 0.125 | 245 | 0.09 | 220 |
| 180~220 | 0.3 | 0.265 | 305 | 0.226 | 290 | 0.151 | 245 | 0.106 | 220 |
| 220~260 | 0.38 | 0.304 | 300 | 0.242 | 280 | 0.159 | 270 | 0.109 | 220 |
| 260~310 | 0.46 | 0.373 | 300 | 0.27 | 280 | 0.19 | 250 | 0.13 | 230 |
| 310~360 | 0.54 | 0.415 | 295 | 0.292 | 270 | 0.226 | 240 | 0.144 | 220 |
| 360~440 | 0.66 | 0.46 | 310 | 0.351 | 280 | 0.272 | 250 | 0.166 | 230 |
| 440~500 | 0.75 | 0.517 | 290 | 0.393 | 260 | 0.292 | 240 | 0.172 | 210 |

2）常用加热方法。

① 热浸加热法。该方法加热均匀、方便，常用于尺寸及过盈量较小的连接件。

② 电感应加热。该方法适用于大型齿圈加热。

③ 电炉加热。在专业厂家大批量生产的情况下，通常使用低温加热炉。

④ 煤气炉或油炉加热。大型件可考虑借用铸造烘热型的加热炉。

⑤ 火焰加热。该方法简单，但易于过烧，要求具有熟练的操作技术，多用于较小零件的加热。

（3）冷装法 冷装法（也称冷缩法）是利用物体温度下降时体积缩小的原理，将轴件低温冷却，使其尺寸缩小，然后将轴件装入常温的孔中，温度回升后，轴与孔便紧固连接，从而实现过盈连接。

对于过盈量较小的小件可采用干冰冷却，可冷却至 -78℃；对于过盈量较大的大件可采用液氮冷却，可冷却至 -195℃。

当孔件较大而轴件较小，加热孔件不方便，或有些孔件不允许加热时，可以采用冷装法。冷装法与热装法相比变形量小，适用于一些材料特殊或装配精度要求高的零件，但所用工装设备比较复杂，操作也较烦琐，所以应用较少。

**3. 圆锥面过盈连接的装配**

利用锥轴和锥孔在轴向相对位移互相压紧而获得过盈连接。

（1）常用装配方法

1）螺母拉紧圆锥面过盈连接。如图 2-25a 所示，拧紧螺母，使轴孔接触后获得规定的轴向相对位移而相互压紧。此方法适用于配合锥度为 1:30 ~ 1:8 的圆锥面过盈连接。

2）液压装拆圆锥面过盈连接。对于配合锥度为 1:50 ~ 1:30 的圆锥面过盈连接，将高压油从油孔经油沟压入配合面，使孔的小径胀大，轴的大径缩小，同时施加一定的轴向力，使之互相压紧，如图 2-25b 所示。

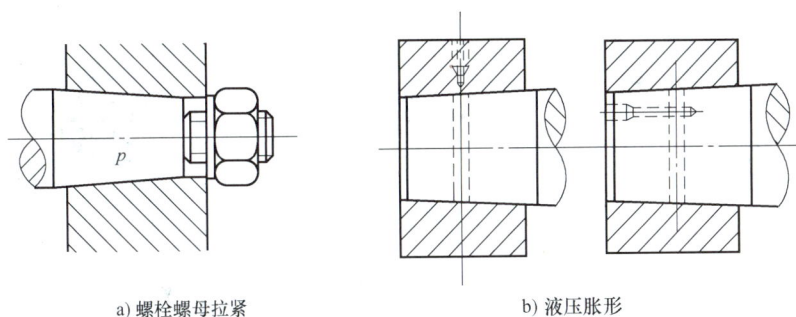

a) 螺栓螺母拉紧　　b) 液压胀形

图 2-25 圆锥面过盈连接装配

利用液压装拆过盈连接时，配合面不易擦伤。但配合面接触精度要求较高，需要高压油泵等专用设备。这种连接多用于承载较大且需多次装拆的场合，尤其适用于大型零件。

（2）注意事项 利用液压装拆圆锥面过盈连接时，要注意以下五点。

1）严格控制压入行程，以保证规定的过盈量。

2）开始压入时，压入速度要小。此时配合面间有少量油渗出，是正常现象，可继续升压。如油压已达到规定值而行程尚未达到时，应稍停压入，待包容件逐渐扩大后，再压入至规定行程。

3）达到规定行程后，应先消除径向油压，再消除轴向油压，否则包容件常会弹出而造成事故。拆卸时，也应注意。

4）拆卸时的油压应比套合时低。每拆卸一次，再套合时，压入行程一般稍有增加，增加量与配合面锥度的加工精度有关。

5）套装时，配合面要保持洁净，并涂以经过滤的轻质润滑油。

## 2.3.6 管道连接的装配

### 1. 管道连接的类型

管道由管、管接头、法兰、密封件等组成。管道连接的形式如图 2-26 所示。图 2-26a 所示为焊接式管接头,将管子与管接头对中后焊接,其连接强度高,密封好,可用于各压力、温度下的管路;图 2-25b 所示为薄壁扩口式管接头,将管口扩张,压在接头体的锥面上,并用螺母拧紧;图 2-26c 所示为卡套式管接头,拧紧螺母时,由于接头体尾部锥面作用,使卡套端部变形,其尖刃口嵌入管子外壁表面,紧紧卡住管子;图 2-26d 所示为高压软管接头,装配时先将管套套在软管上,然后将接头体缓缓拧入管内,将软管紧压在管套的内壁上。图 2-26e 所示为高压锥面螺纹法兰接头,管端密封面为锥面,通过透镜式垫圈与管锥面形成环形接触面而密封。

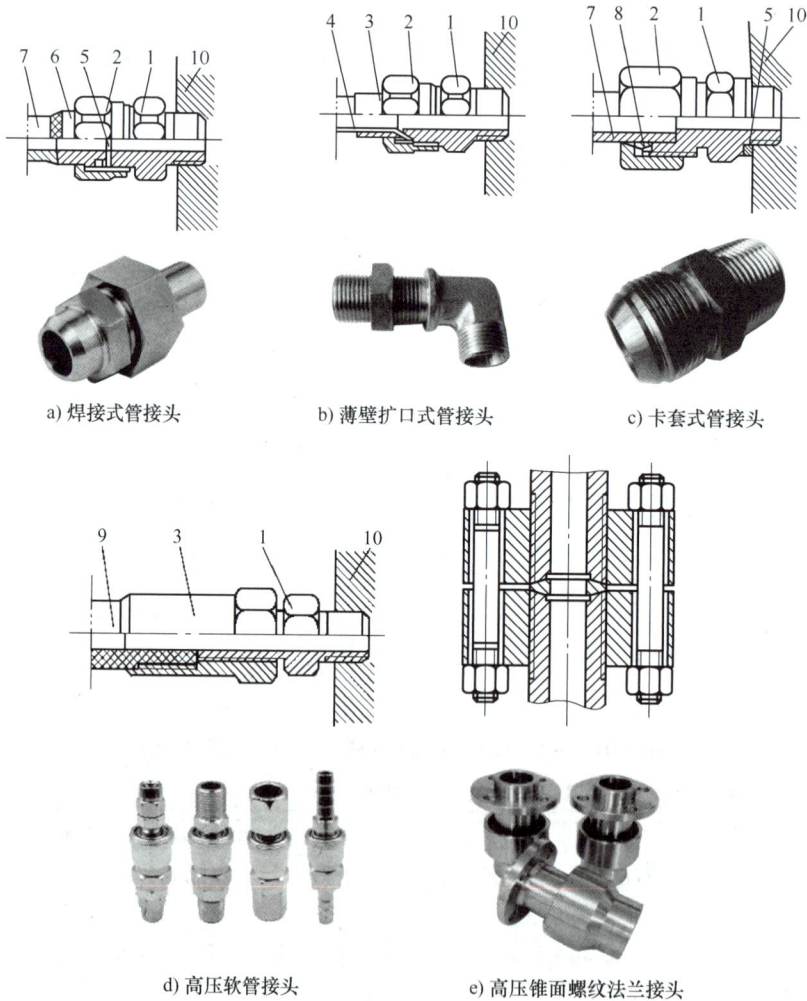

a) 焊接式管接头　　　　b) 薄壁扩口式管接头　　　　c) 卡套式管接头

d) 高压软管接头　　　　e) 高压锥面螺纹法兰接头

图 2-26　管道连接的形式

1—接头体　2—螺母　3—管套　4—薄壁扩口管　5—密封垫圈　6—管接头　7—钢管
8—卡套　9—橡胶软管　10—液压元件

**2. 装配工艺**

（1）管道的吹扫与清洗　管道装配前应分段进行吹扫与清洗（简称吹洗）。吹洗方法应根据管道的使用要求、工作介质及管道内表面的脏污程度确定。吹洗的顺序一般应按主管、支管、疏排管依次进行。吹洗前应对系统内的仪表加以保护，并将孔板、喷嘴、滤网、节流阀及止回阀阀芯等拆除，妥善保管，待吹洗后复位。不允许吹洗的设备及管道应与吹洗系统隔离。对未能吹洗或吹洗后可能留存脏污、杂质的管道，应用其他方法补充清理。

吹洗时，管道的脏物不得进入设备，设备吹出的脏物一般也不得进入管道。管道吹扫应有足够的流量，吹扫压力不得超过设计压力，流速不低于工作流速，一般不小于20m/s。吹洗时除有色金属管道外，应用锤子（不锈钢管道用木锤）敲打管子，对焊缝、死角和管底部等部位应重点敲击，但不得损伤管子。吹洗前应考虑管道支架、吊架的牢固程度，必要时应予以加固。

（2）管道的防锈处理

1）手工或动力工具处理。手工处理可采用锤子、刮刀、铲刀、钢丝刷及砂布（纸）等。动力工具可采用风（电）动工具或各式除锈机械。应用时注意不得使用能使金属表面受损或使之变形的工具和手段。

2）干喷射处理。采用该方法时，应采取妥善措施防止粉尘扩散。所用压缩空气应干燥洁净，不得含有水分和油污，并经以下方法检查合格后方可使用：将白布或白漆靶板置于压缩空气流中1min，其表面用肉眼观察应无油、水等污迹。空气过滤器的填料应定期更换，空气缓冲罐内积液应及时排放。

3）化学处理。金属表面化学处理可采用循环法、浸泡法或喷射法等。酸洗液必须按规定的配方和顺序进行配制，称量应准确，搅拌应均匀。为防止工件出现过蚀和氢脆现象，酸洗操作的温度和时间应根据工件表面除锈情况在规定范围内进行调节。酸洗液应定期分析、及时补充。经酸洗后的金属表面，必须进行中和钝化处理。

（3）管道的保温　管道保温的目的是维持一定的高温，减少散热；维持一定的低温，减少吸热；以及维持一定的室温，改善劳动环境。

保温材料应导热系数小、容重轻，具有一定的机械强度、耐热、耐湿、对金属无腐蚀作用、不易燃烧、来源广泛、价格低廉等特点。常用保温材料有玻璃棉、矿渣棉、石棉、蛭石、膨胀珍珠岩、泡沫混凝土、软木砖和木屑、聚氨酯泡沫塑料、聚苯乙烯泡沫塑料等。

（4）管道的预制　为了方便现场装配，部分管道要在工厂提前预制。管道预制应考虑运输和装配的方便，并留有调整活口。预制管道组合件应具有足够的刚性，不得产生永久变形。预制完毕的管段，应将内部清理干净，封闭管口，严防杂物进入；并应及时编号，妥善保管。

（5）管道工程的验收　施工完毕后，应对现场管道进行复查验收，复查内容如下：

1）管道施工与设计文件是否相符。

2）管道工程质量是否符合本规范要求。

3）管件及支架、吊架是否正确齐全，螺栓是否紧固。

4）管道对传动设备是否有附加外力。

5）合金钢管道是否有材质标记。

6）管道系统的安全阀、爆破板等安全设施是否符合要求。

施工单位和建设单位应对高压管道进行资料审查，审查内容如下：

1）高压钢管检查验收记录。

2）高压弯管加工记录。

3）高压钢管螺纹加工记录。

4）高压管子、管件、阀门的合格证明书及紧固件的校验报告单。

5）施工单位的高压阀门试验记录。

施工单位和建设单位应共同检查下列工作，并进行签证。

1）管道的预拉伸（压缩）。

2）管道系统强度、严密性试验及其他试验。

3）管道系统吹洗。

4）隐蔽工程及系统封闭。

工程交工验收时，施工单位应提交相关技术文件。

**3. 装配技术要求**

1）管子的规格必须根据工作压力和使用场合进行选择。应有足够的强度，内壁光滑、清洁，无砂眼、锈蚀等缺陷。

2）管道装配后必须具有高度的密封性。管子在连接前需经过水压试验或气压试验，保证没有泄漏现象。为加强密封作用，螺纹连接处通常用麻丝或聚四氟乙烯等作填料，并在外部涂以红丹粉或白漆，法兰连接处则在结合面垫上衬垫。

3）切断管子时，断面应与轴线垂直。弯曲管子时，不应把管子弯扁。

4）管道通过流体时应保证最小的压力损失。整个管道要尽量短，转弯次数尽量少。较长的管道应有支承和管夹固定，以免振动。同时，要考虑有伸缩的余地。系统中任何一段管道或元件应能单独拆装。

5）全部管道装配定位后，应进行耐压强度试验和密封性试验。对于液压系统的管路系统还应进行二次装配，即拆下管道清洗，再装配，以防止污物进入管道。

## 2.3.7　轴的结构及其装配

### 1. 轴的结构

轴是组成机器的重要零件，它的功用是支承传动件（如齿轮、带轮、凸轮、叶轮、离合器等）和传递转矩及旋转运动。因此，轴的结构具有以下特点。

1）轴上加工有对传动件进行径向固定或轴向固定的结构，如键槽、轴肩、轴环、环形槽、螺纹、销孔等。

2）轴上加工有便于装配轴上零件和轴加工制造的结构，如轴端倒角、砂轮越程槽、退刀槽、中心孔等。

3）为保证轴及其他相关零件能正常工作，轴应具有足够的强度、刚度和精度。

### 2. 轴的精度

轴的精度主要包括尺寸精度、几何精度、相互位置精度和表面粗糙度。

1）轴的尺寸精度指轴段、轴径的尺寸精度。轴径尺寸精度差，则与其配合的传动件定心精度就差；轴段尺寸精度差，则轴向定位精度就差。

2）轴颈的几何精度指轴的支承轴颈的圆度、圆柱度。轴颈圆度误差过大，滑动轴承在运转时会引起振动。轴颈圆柱度误差过大，会使轴颈和轴承之间油膜厚度不均，轴瓦表面局部负荷过重而加剧磨损。以上各种误差反映在滚动轴承支承时，将引起滚动轴承的变形而降低装配精度。

3）轴颈轴线和轴的圆柱面、端面的相互位置精度指对轴颈轴线的径向圆跳动和轴向圆跳动。若误差过大，会使旋转零件装配后产生偏心和歪斜，以致运转时造成轴的振动。

4）表面粗糙度。机械运转的速度和配合的标准公差等级决定轴类零件的表面粗糙度值。一般情况下，支承轴颈的表面粗糙度值为 $Ra0.8 \sim 0.2\mu m$，配合轴颈的表面粗糙度值为 $Ra3.2 \sim 0.8\mu m$。

轴的精度一般采用以下方法进行检测。

轴径的尺寸误差、轴颈的圆度误差和圆柱度误差用千分尺对轴径测量后直接得出。轴上各圆柱面对轴颈的径向圆跳动误差以及端面对轴颈的垂直度误差按图 2-27 所示方法确定。

### 3. 轴、键、传动轮的装配

传动轮（如齿轮、带轮、蜗轮等）与轴一般采用键连接传递运动及转矩，其中又以普通平键连接最为常见，如图 2-28 所示。装配时，键长与轴上键槽相配，键底面与键槽底面接触，键两侧采用过渡配合。装配轮毂时，轮毂和键顶面间留有一定间隙，但与键两侧配合不允许松动。

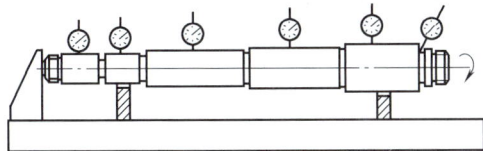

图 2-27　轴的精度检测

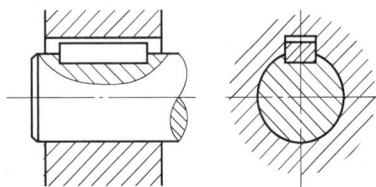

图 2-28　键连接

## 2.3.8　轴承的装配

轴承是支承轴的零件，是机械设备中的重要组成部分。轴承按工作时的摩擦性质不同分为滑动轴承和滚动轴承；按承受载荷的方向可分为向心轴承和推力轴承。

### 1. 滑动轴承的装配

（1）滑动轴承的种类　滑动轴承具有润滑油膜吸振能力强，能承受较大冲击载荷，工作平稳、可靠，无噪声，拆装修理方便等特点，因此在旋转轴的支承方面获得了广泛的应用。滑动轴承按其相对滑动的摩擦状态不同可分为液体摩擦轴承和非液体摩擦轴承两大类。

1）液体摩擦轴承。运转时轴颈与轴承工作面间被油膜完全隔开，摩擦系数小，轴承承载能力大，抗冲击，旋转精度高，使用寿命长。液体摩擦轴承又分为动压液体摩擦轴承和静压液体摩擦轴承。

2）非液体摩擦轴承。它包括干摩擦轴承、润滑脂轴承、含油轴承、尼龙轴承等。轴和轴承的相对滑动工作面直接接触或部分被油膜隔开，摩擦系数大，旋转精度低，较易磨损，但结构简单，装拆方便，广泛应用于低速、轻载和精度要求不高的场合。

滑动轴承按结构形式不同又可分为整体式滑动轴承、剖分式滑动轴承等多种形式，如图2-29所示。

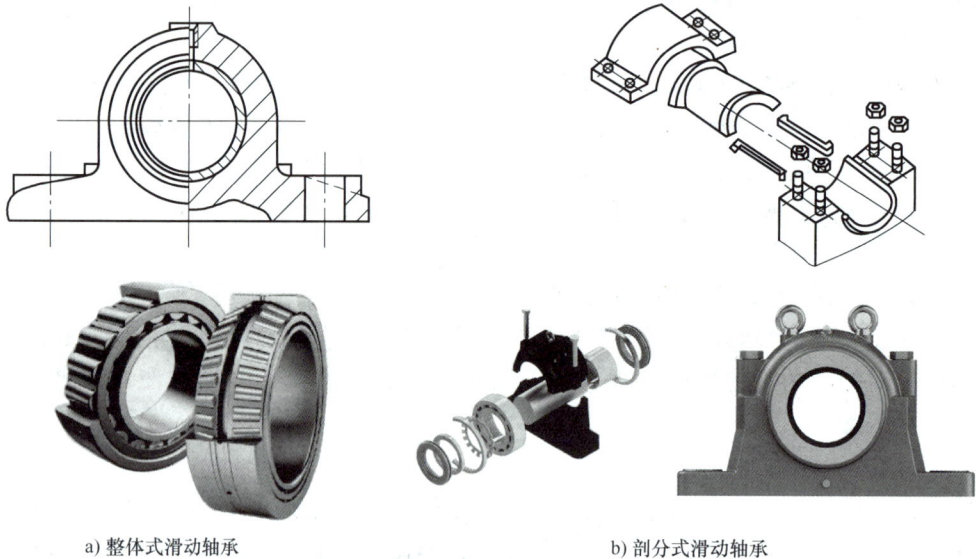

a) 整体式滑动轴承      b) 剖分式滑动轴承

图2-29 滑动轴承结构形式

（2）装配要求 滑动轴承的装配工作应保证轴和轴承工作面之间获得均匀而适当的间隙、良好的位置精度和应有的表面粗糙度值，在起动和停止运转时有良好的接触精度，保证运转过程中结构稳定可靠。

1）装配滑动轴承前，应去掉零件的毛刺、锐边，接触表面必须光滑清洁。

2）装配轴承座时，应将轴承或轴瓦装在轴承座上并按轴瓦或轴套中心位置校正。同一传动轴上的各轴承中心线应在一条轴线上，其同轴度误差应在规定的范围内。轴承座底面与机体的接触面应均匀紧密地接触，固定连接应可靠，设备运转时，不得有任何松动移位现象。

3）轴转动时，不允许轴瓦或轴套有任何转动。

4）在调整轴瓦间隙时，应保证轴承工作表面有良好的接触精度和合理的间隙。轴承与轴的配合表面接触情况可用涂色法进行检查，研点数应符合要求。

5）装配时，必须保证润滑油能畅通无阻地流入轴承中，并保证轴承中有充足的润滑油存留，以形成油膜。要确保密封装置的质量，不得让润滑油漏到轴承外，并避免灰尘进入轴承。

（3）装配工艺

1）整体式滑动轴承的装配。如图2-29a所示，轴套和轴承座为过盈配合，可根据轴套尺寸的大小和过盈量的大小，采取相应的装配方法。

① 压入轴套。轴套尺寸和过盈量较小时，可用锤子加垫板敲入。轴套尺寸和过盈量较大时，宜用压力机或螺旋拉具进行装配。在压入时，轴套应涂上润滑油，油孔和油槽应与机体对准，不得错位。为防止倾斜，可用导向环或导向心轴导向。

② 轴套定位。压入轴套后，应按图样要求用紧定螺钉或定位销固定轴套位置，以防轴

套随轴转动，图 2-30 所示为轴套的定位形式。

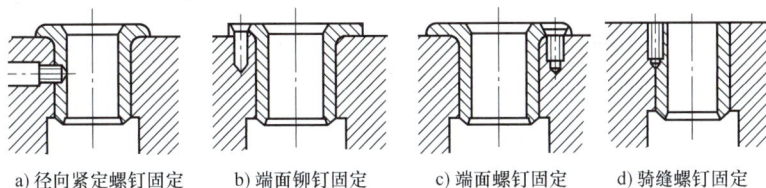

a) 径向紧定螺钉固定　　b) 端面铆钉固定　　c) 端面螺钉固定　　d) 骑缝螺钉固定

图 2-30　轴套的定位形式

③ 轴套孔的修整。轴套压入后，检查轴套和轴的直径，如果因变形不能达到配合间隙要求，可用铰削或刮研的方法修整，使轴套与轴颈之间的接触达到规定的标准。

2）剖分式滑动轴承的装配。如图 2-29b 所示，其装配工艺及要求如下。

① 轴瓦与轴承体的装配。应使瓦背与座孔接触良好，以便于摩擦热量的传导散发和均匀承载。上、下轴瓦与轴承盖和轴承座的接触面积不得小于 40%，用涂色法检查，涂色要均匀。如不符合要求，应以轴承座孔为基准，刮研厚壁轴瓦背部。同时应保证轴瓦台肩能紧靠轴承座孔的两端面，达到 H7/f7 配合要求，如果太紧，应刮研轴瓦。薄壁轴瓦的背面不能修刮，只能进行选配。为达到配合的紧固性，厚壁轴瓦或薄壁轴瓦的剖分面都要比轴承座的剖分面高出一些，一般为 $\Delta h = 0.05 \sim 0.1 \text{mm}$，如图 2-31a 所示。轴瓦装入时，为了避免敲毛剖分面，可在剖分面上垫木板，用锤子轻轻敲入，如图 2-31b 所示。

② 轴瓦的定位。用定位销和轴瓦上的凸肩来防止轴瓦在轴承座内做圆周方向转动和轴向移动，如图 2-31c 所示。

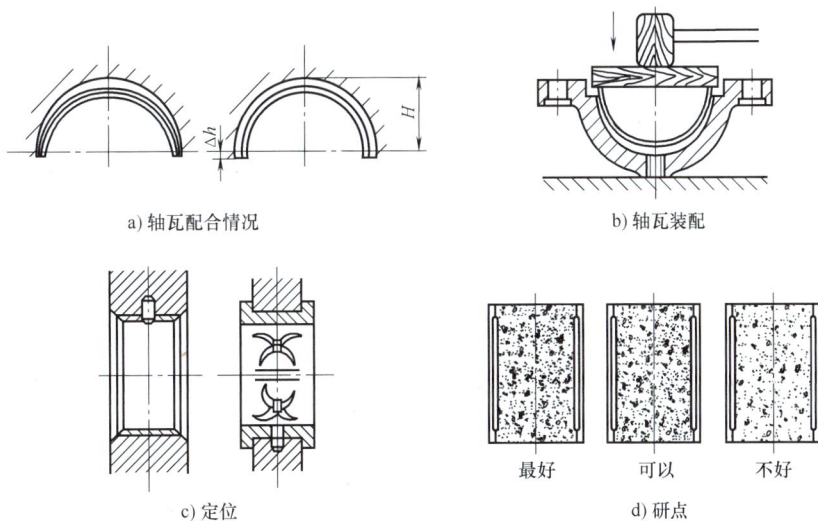

a) 轴瓦配合情况　　　　　　　　　　　　b) 轴瓦装配

c) 定位　　　　　　　　　　　　d) 研点

最好　　可以　　不好

图 2-31　剖分式滑动轴承装配

③ 轴瓦的粗刮。上、下轴瓦粗刮时，可用工艺轴进行研点。其直径要比主轴直径小$\phi 0.03 \sim \phi 0.05 \text{mm}$。上、下轴瓦分别刮研。当轴瓦表面出现均匀研点时，粗刮结束。

④ 轴瓦的精刮。粗刮后，在上、下轴瓦剖分面间配以适当的调整垫片，装上主轴合研，进行精刮。精刮时，在每次装好轴承盖后，稍微紧一紧螺母，再用锤子在轴承盖的顶部均匀

地敲击几下，使轴瓦盖更好地定位，然后再紧固所有螺母。紧固螺母时，要转动主轴，检查其松紧程度。主轴的松紧，可以随着刮研的次数，用改变垫片尺寸的方法来调节。螺母紧固后，主轴能够轻松地转动且无间隙，研点达到要求，精刮即结束。合格轴瓦的研点分布情况如图 2-31d 所示。刮研合格的轴瓦，配合表面接触要均匀，轴瓦的两端接触点要实，中部 1/3 长度上接触稍虚，且一般应满足如下要求。

高精度机床　直径≤120mm　　20 点/(25mm×25mm)
　　　　　　直径>120mm　　16 点/(25mm×25mm)
精密机床　　直径≤120mm　　16 点/(25mm×25mm)
　　　　　　直径>120mm　　12 点/(25mm×25mm)
普通机床　　直径≤120mm　　12 点/(25mm×25mm)
　　　　　　直径>120mm　　10 点/(25mm×25mm)

⑤ 清洗轴瓦。将轴瓦清洗后重新装入。

⑥ 轴承间隙。动压液体摩擦轴承与主轴的配合间隙，可参考国家标准数据。

3）轴承座的装配。轴承座与机体不是同一整体时，需要对轴承座进行装配和找正。轴承座装配时，必须把轴瓦装配在轴承座内，并以轴瓦的中心线来找正轴承座的中心线。一般可用平尺或拉钢丝法来找正其中心线位置，如图 2-32、图 2-33 所示。

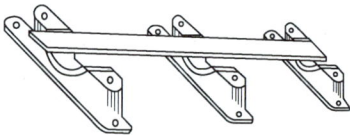

图 2-32　用平尺找正轴承座　　　　图 2-33　用拉钢丝法找正轴承座

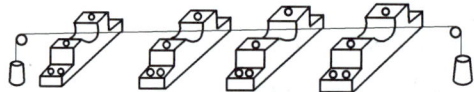

① 用平尺找正时，可将平尺放在轴承座上，平尺的一边与轴瓦口对齐，然后用塞尺检查平尺与各轴承座之间的间隙情况，从而判断各轴承座中心的同轴度。

② 当轴承座间距较大时，可采用拉钢丝法对轴承座的中心线找正。即在轴承座上装配一根直径为 $\phi0.2 \sim \phi0.5$mm 的细钢丝，使钢丝张紧并与两端的两个轴承座中心线重合，再以钢丝为基准，找正其他轴承座。实测中，应考虑钢丝的下挠度对中间各轴承座的影响。

③ 用激光准直仪找正轴承座。当传动精度要求较高时，还可采用激光准直仪对轴承座进行找正。这种方法可以使轴承座中心线与激光束的同轴度误差小于 $\phi0.02$mm，角度误差小于 ±1″，如图 2-34 所示。

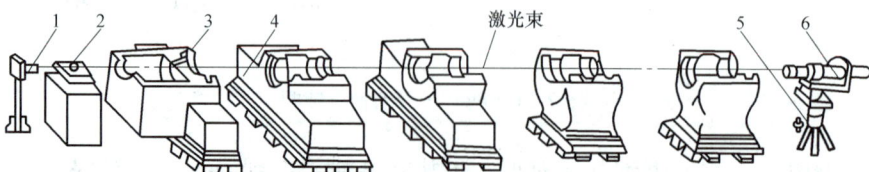

图 2-34　用激光准直仪找正轴承座
1—监视靶　2—三角棱镜　3—光靶　4—轴承座　5—支架　6—激光发射器

小贴士：①对于厚壁轴瓦，未拧紧时用0.05mm塞尺从外侧检查上下轴瓦结合面，任何部位塞入深度不大于结合面宽的1/3。②对于薄壁轴瓦，装配后在中分面处用0.02mm塞尺检查，不应塞入，薄壁轴瓦接触面不宜刮研。③轴颈与轴瓦的侧间隙用塞尺检查（应为顶间隙的1/3~1/2），顶间隙用压铅法检查（铅丝直径不宜大于顶间隙的3倍）。

### 2. 滚动轴承的装配

滚动轴承是一种滚动摩擦轴承，一般由内圈、外圈、滚动体和保持架组成。内、外圈之间有光滑的凹槽滚道，滚动体可沿着滚道滚动。保持架的作用是将相邻的滚动体隔开，并使滚动体沿滚道均匀分布，如图2-35所示。

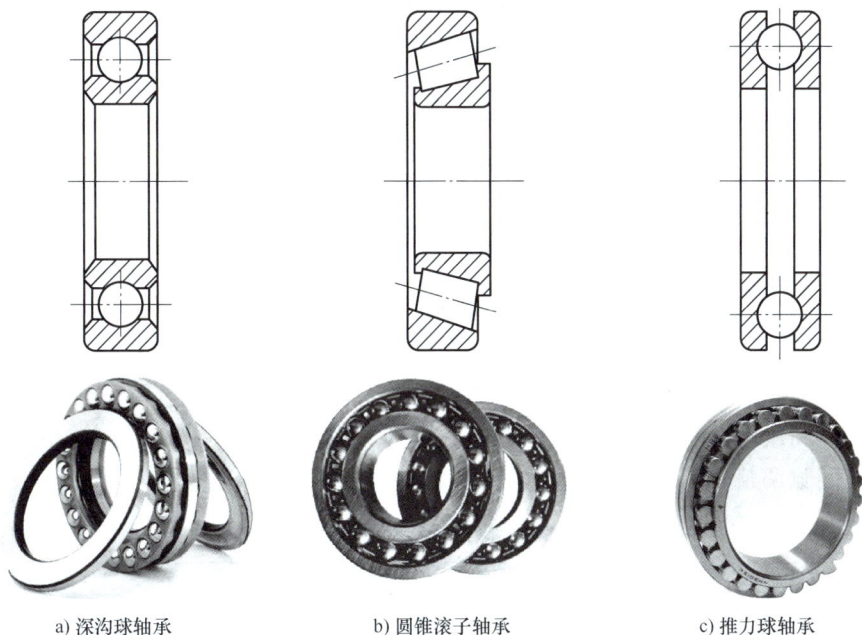

a) 深沟球轴承　　　　b) 圆锥滚子轴承　　　　c) 推力球轴承

图2-35　滚动轴承

滚动轴承具有摩擦系数小、精度高、轴向尺寸小、维护简单、装拆方便等优点，在各类机器设备上应用极其广泛。滚动轴承是由专业厂大量生产的标准部件，其内径、外径和轴向宽度在出厂时均已确定，因此，滚动轴承的内圈与轴的配合应为基孔制，外圈与轴承孔的配合为基轴制。配合的松紧程度由轴和轴承座孔的尺寸公差来保证。

（1）准备工作　滚动轴承是一种精密部件，认真做好装配前的准备工作，是保证装配质量的重要环节。

1）装配前应准备好所需工具和量具。

2）对与轴承相配合的轴、轴承座孔等零件表面，应认真检查是否符合图样要求，并用汽油或煤油清洗后擦净，涂上机油。

3）检查轴承型号与图样要求是否一致。

4）滚动轴承的装配方法应根据轴承的结构、尺寸大小和轴承部件的配合性质确定。装配时的压力应直接加在待配合的套圈端面上，不能通过滚动体传递压力。

（2）装配方法　常用的装配方法有敲入法、压入法和温差法等。

由于轴承类型的不同，轴承内、外圈装配顺序也不同。滚动轴承在装配过程中，应根据轴承的类型和配合松紧程度来确定装配方法和装配顺序。

在一般情况下，滚动轴承内圈随轴转动，外圈固定不动，因此内圈与轴的配合比外圈与轴承座支承孔的配合要紧一些。滚动轴承的装配大多为较小的过盈配合，常用锤子或压力机压装。为了使轴承圈受到均匀加压，需用垫套加压。轴承压到轴上时，通过垫套施力于内圈端面，如图 2-36a 所示；轴承压到支承孔中时，施力于外圈端面，如图 2-36b 所示；若同时压到轴上和支承孔中时，则应同时施力于内、外圈端面，如图 2-36c 所示。

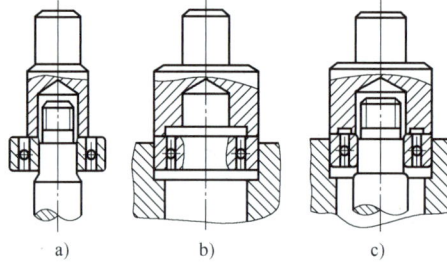

图 2-36　压入法装配深沟球轴承装配顺序

（3）间隙调整　滚动轴承的间隙分为轴向间隙和径向间隙。滚动轴承的间隙具有保证滚动体正常运转、润滑及热膨胀补偿的作用。但是滚动轴承的间隙不能太大，也不能太小。间隙太大，会使同时承受负荷的滚动体减少，单个滚动体负荷增大，降低轴承寿命和旋转精度，引起噪声和振动；间隙太小，容易发热，磨损加剧，同样影响轴承寿命。因此，滚动轴承装配时的间隙调整非常重要，滚动轴承的轴向间隙可由表 2-4 查得。

表 2-4　滚动轴承的轴向间隙　（单位：mm）

| 轴承内径 | 宽度系列 | | |
|---|---|---|---|
| | 轻系列 | 轻和中宽系列 | 中和重系列 |
| <30 | 0.03 ~ 0.10 | 0.04 ~ 0.11 | 0.04 ~ 0.11 |
| 30 ~ 50 | 0.04 ~ 0.11 | 0.05 ~ 0.13 | 0.05 ~ 0.13 |
| 50 ~ 80 | 0.05 ~ 0.13 | 0.06 ~ 0.15 | 0.06 ~ 0.15 |
| 80 ~ 120 | 0.06 ~ 0.15 | 0.07 ~ 0.18 | 0.07 ~ 0.18 |

圆锥滚子轴承和推力轴承内外圈是分开安装的。圆锥滚子轴承的径向间隙 $e$ 与轴向间隙 $c$ 有一定的关系，即 $e = c\tan\beta$。其中 $\beta$ 为轴承外圈滚道母线对轴线的夹角，一般为 11°~16°。因此，调整轴向间隙也调整了径向间隙。推力轴承有松圈和紧圈之分，松圈内孔比轴大，与轴能相对转动，应紧靠静止的机件；紧圈内孔与轴应取较紧的配合，并装在轴上，如图 2-37所示。推力轴承不存在径向间隙的问题，只需要调整轴向间隙。

这两种轴承的轴向间隙通常采用垫片或防松螺母来调整，图 2-38 所示为采用垫片调整轴向间隙。调整时，先将端盖在不用垫片的条件下用螺钉紧固于壳体上。对于图 2-38a 所示的结构，左端盖垫片将推动轴承外圈右移，直至完全将轴承的径向间隙消除为止。这时测量端盖与壳体端面之间的缝隙 $a_1$（最好在互成 120°三点处测量，取其平均值）。轴向间隙 $c$ 则由 $e = c\tan\beta$ 求得。根据所需径向间隙 $e$，即可求得垫片厚度 $a = a_1 + c$。对于图 2-38b 结构，端盖 1 紧贴壳体 2。可来回推拉轴，测得轴承与端盖之间的轴向间隙。根据允许的轴向间隙大小可得到调整垫片的厚度 $a$。

图 2-37 推力轴承松圈与紧圈的装配位置

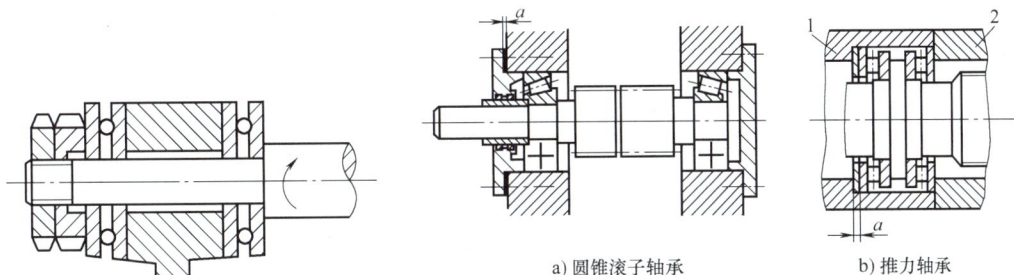

a) 圆锥滚子轴承　　　　b) 推力轴承

图 2-38 采用垫片调整轴向间隙

1—端盖　2—壳体

**小贴士：** ①压入法装配时，应用专用工具或在固定圈上垫以软金属棒、金属套传递压力，不得通过滚动体和保持架传递；温差法装配时，应均匀改变轴承温度，加热不高于 120℃，冷却不低于 −80℃。②轴承外圈与座孔在对称于中心线 120°、与盖孔在对称于中心线 90°范围内均匀接触，用 0.03mm 塞尺检查时，不得塞入轴承外圈宽度的 1/3。③轴承装配后应转动灵活。④采用润滑脂的轴承，应在轴承 1/2 空腔内加注规定的润滑脂；采用稀油润滑的轴承，不应加注润滑脂。

**▶▶ 工程案例**

**例 2-5** 用防松螺母调整轴向间隙。

图 2-39 所示为采用防松螺母调整轴向间隙，先拧紧螺母至将间隙完全消除为止，再拧松螺母。退回 $2c$ 的距离，然后将螺母锁住。

深沟球轴承属于不可分离型轴承，采用压入法装入机件，不允许通过滚动体传递压力。若轴承内圈与轴颈配合较紧，外圈与壳体孔配合较松，则先将轴承压入轴颈，如图 2-36a 所示；然后，连同轴一起装入壳体中。外圈与壳体配合较紧，则先将轴承压入壳体孔中，如图 2-36b 所示。轴装入壳体后，两端要装两个深沟球轴承。

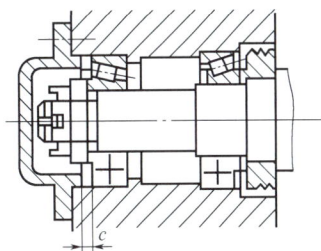

图 2-39 采用防松螺母调整轴向间隙 $c$

当一个轴承装好后装第二个轴承时，由于轴已装入壳体内部，可以采用图 2-36c 所示的方法装入。还可以采用轴承内圈热胀法、外圈冷缩法或壳体加热法以及轴颈冷缩法装配，其加热温度一般在 60～100℃，其冷却温度不得低于 −80℃。

## 2.3.9 传动机构的装配

传动机构的作用是在两轴之间传递运动和动力，有两轴同轴、平行、垂直和交叉等几种形式。传动机构的类型较多，这里主要介绍带传动、链传动、齿轮传动和蜗杆传动的装配工艺。

**1. 带传动机构的装配**

（1）带传动的形式与特点 带传动是利用带与带轮之间的摩擦力来传递运动和动力的，也有依靠带和带轮上齿的啮合传递运动和动力的。带传动按带的截面形状不同可分为V带传动、平带传动和同步带传动，如图2-40所示。

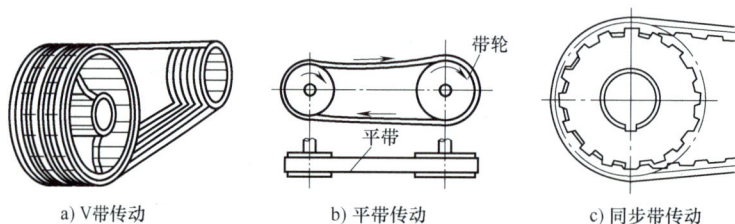

图 2-40　带传动的类型

带传动结构简单、工作平稳，由于传动带的弹性和挠性，具有吸振、缓冲作用，过载时的打滑能起安全保护作用，能适应两轴中心距较大的传动；但带传动的传动比不准确，传动效率较低，带的寿命较短，结构不够紧凑。

V带传动比平带传动应用更为广泛，尤其在两带轮中心距较小或传动力较大时应用较多。根据国家标准（GB/T 11544—2012），普通V带共分为Y、Z、A、B、C、D、E七种，Y型V带截面尺寸最小，E型V带截面尺寸最大，使用最多的是Z、A、B三种型号。

（2）装配技术要求

1）带轮装配在轴上应没有歪斜和跳动。通常要求带轮对带轮轴的径向圆跳动应为$(0.0025 \sim 0.0005)D$，轴向圆跳动应为$(0.0005 \sim 0.001)D$，$D$为带轮直径。

2）两轮的中间平面应重合，其倾斜角和轴向偏移量不超过1°，倾角过大会导致带磨损不均匀。

3）带轮工作表面粗糙度要适当，一般为$Ra3.2\mu m$。表面粗糙度值过小，带容易打滑；表面粗糙度值太大，带磨损加快。

4）带在带轮上的包角不能太小，对于V带传动，带轮包角不能小于120°。

5）带的张紧力要适当。张紧力太小，不能传递一定的功率；张紧力太大，则传动带、轴和轴承都容易磨损，影响使用寿命，同时轴易发生变形，降低效率。张紧力通过调整张紧装置获得。对于V带传动，合适的张紧力也可根据经验来判断，用大拇指在V带切边中间处，能按下15mm左右为宜。

6）当带的速度$v>5m/s$时，应对带轮进行静平衡试验；当$v>25m/s$，还需要进行动平衡试验。

V带传动、平带传动等带传动形式都是依靠带和带轮之间的摩擦力来传递动力的。为保证其工作时具有适当的张紧力，防止打滑，减小磨损及传动平稳，装配时必须按带传动机构的装配技术要求进行。

（3）带轮的装配要点 带轮与轴的配合一般选用H7/k6过渡配合，并用键或螺钉固定以传递动力，如图2-41所示。

1）带装配前应检查规格、型号及长度，做好带轮孔、轴的清洁工作，轴上涂上机油，用铜棒、锤子轻轻锤入，最好采用专用的螺旋工具压装。

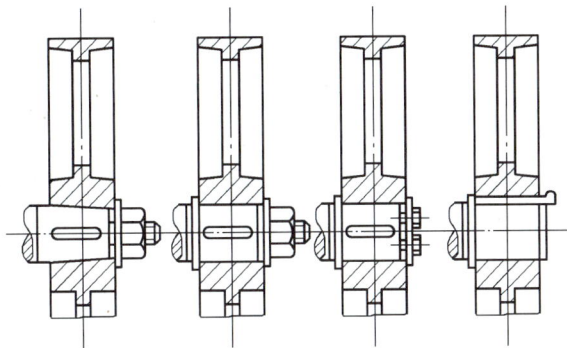

图 2-41　带轮的装配方式

2）装配后，应检查带轮在轴上的装配精度。检查跳动的方法，较大的带轮可用划线盘来检查，较小的带轮可用百分表来检查。

3）两带轮装配后，应使两轮轴线的平行度符合要求，两带轮的中心平面的轴向偏移量，平带一般不应超过 1.5mm，V 带不应超过 1mm；两轴的平行度不应大于 0.5/1000。中心距大的可用拉线法，中心距小的可用钢直尺测量。带轮的中心距要正确，一般可通过检查并调整带的松紧程度，补偿中心距误差。

4）V 带装入带轮时，应先将 V 带套入小带轮中，再将 V 带用旋具拨入大带轮槽中，装配时，不宜用力过猛，以防损坏带轮。装好的 V 带平面不应与带轮槽底接触或凸在轮槽外。

5）带轮的拆卸。修理带传动装置前，必须把带轮从轴上拆下来。一般情况下，不能直接用大锤敲打，而应采用拉卸器。

（4）调整张紧力　由于传动带的材料不是完全的弹性体，带在工作一段时间后会因伸长而松弛，使得张紧力降低。为了保证带传动的承载能力，应定期检查张紧力，如发现张紧力不符合要求，必须重新调整，使其正常工作。

常用的张紧装置有以下三种。

1）定期张紧装置。通过调节中心距使带重新张紧。如图 2-42a、b 所示，使用时松开固定螺钉，旋转调节螺钉改变中心距，直到所需位置，然后固定。图 2-42a 适用于接近水平的传动，图 2-42b 适用于垂直或接近垂直的传动。

2）自动张紧装置。常用于中小功率的传动，如图 2-42c 所示，将装有带轮的电动机装配在可以自由转动的摆架上，利用电动机和机架的重量自动保持张紧力。

3）张紧轮张紧。当中心距不能调节时，可采用张紧轮张紧，张紧轮一般装配在松边内侧，使带只受单向弯曲，延长使用寿命。同时张紧轮还应尽量靠近大带轮，以减少对包角的影响，如图 2-42d 所示；有时为了增加小带轮的包角，张紧轮可放在松边外侧靠近小带轮处，如图 2-42e 所示，但是带绕行一周受弯曲次数增加，带易于疲劳破坏。

（5）平带接头的连接　平带的宽度有一定规格，长度按需要截取，并留有一定的余量。平带在装配时对接，其方法主要有粘接（或硫化粘接）、皮带扣、皮带螺栓和金属夹板等。

### 2. 链传动机构的装配

链传动是由两个（或两个以上）具有特殊齿形的链轮和连接链轮的链条组成的，由于链传动是啮合传动，可保证一定的平均传动比，同时适用于两轴距离较远的传动，传动较平稳，传动功率较大，特别适合在温度变化大和灰尘较多的场合使用。常用的传动链有套筒滚子链和齿形链。

机电设备安装技术　第2版

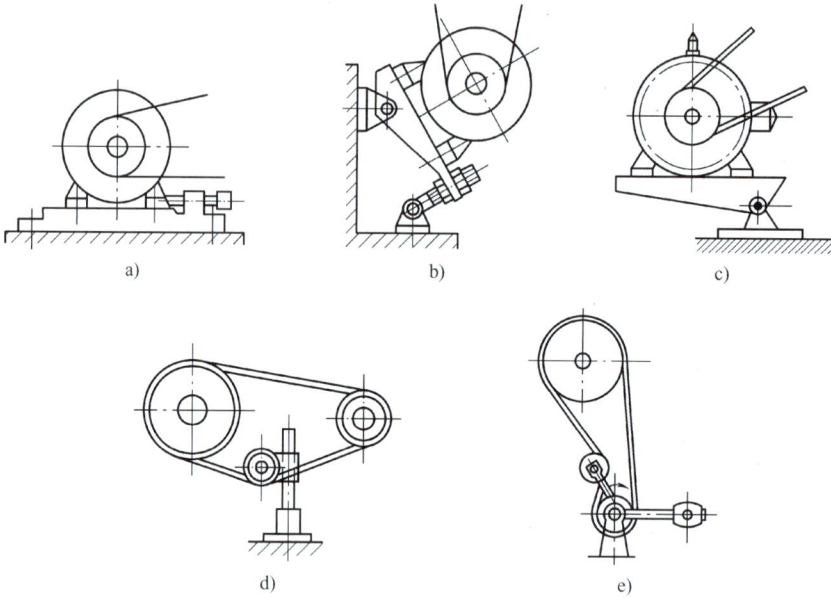

图 2-42　带传动的张紧

（1）链传动机构装配要点

1）两链轮轴线必须平行，否则会加剧链轮和链的磨损，降低传动平稳性，增加噪声。可通过调整链轮轴两端支承件的位置实现。

2）两链轮的中心平面应重合，轴向偏移量应控制在允许范围内。如无具体规定，一般当两链轮中心距小于 500mm 时，轴向偏移量应控制在 1mm 以内；两链轮中心距大于 500mm 时，轴向偏移量应控制在 2mm 以内，可用长钢直尺或钢丝检查。

3）链轮在轴上固定后，其径向和轴向圆跳动量应符合规定要求。

4）链轮在轴上的固定方式一般有键连接加紧定螺钉、锥销固定以及轴侧端盖固定。

5）链条的下垂度应符合要求。

6）应定期检查润滑情况，良好的润滑有利于减少磨损，降低摩擦功率损耗，缓和冲击及延长使用寿命，常采用的润滑剂为 HJ20～HJ40 号机械油，温度低时取前者。

（2）链条两端的连接　当两轴的中心距可调节，且两链轮在轴端时，链条可以预先接好，再装到链轮上。如果结构不允许，则必须先将链条套在链轮上，然后再进行连接。

**3. 齿轮传动机构的装配**

齿轮传动是最常用的传动方式之一，它依靠轮齿间的啮合传递运动和动力，其特点是：能保证准确的传动比，传递功率和速度范围大，传动效率高，结构紧凑，使用寿命长，但齿轮传动对制造和装配要求较高。

齿轮传动的类型较多，有直齿、斜齿、人字齿轮传动；有圆柱齿轮、锥齿轮以及齿轮齿条传动等。

直齿圆柱
齿轮传动

斜齿圆柱
齿轮传动

（1）装配技术要求

1）齿轮孔与轴的配合符合要求，不得有偏心和歪斜现象。

2）保证齿轮副有正确的安装中心距和适当的齿侧间隙。

3）齿面接触部位正确，接触面积符合规定要求。

92

4）滑移齿轮在轴上滑动自如，不应有卡住或阻滞现象，且轴向定位准确。齿轮的错位量不得超过规定值。

5）封闭箱体式齿轮传动机构，应密封严密，不得有漏油现象，箱体结合面的间隙不得大于0.1mm，或涂以液态密封胶密封。

直齿锥齿轮
传动　　　斜齿锥齿轮
传动

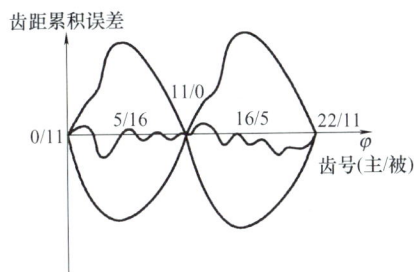

6）对于转速高的大齿轮，应进行平衡测试。

齿轮传动的装配工作包括：将齿轮装在传动轴上，将传动轴装进齿轮箱体，保证齿轮副正常啮合。装配后的基本要求包括：保证准确的传动比，达到规定的运动精度；齿轮齿面达到规定的接触精度；齿轮副齿轮之间的啮合侧隙应符合规定要求。

渐开线圆柱齿轮多用于传动精度要求高的场合。如果装配后出现不允许的齿圈径向圆跳动，就会产生较大的运动误差。因此，首先要将齿轮正确地安装到轴颈上，不允许出现偏心和歪斜。对于运动精度要求较高的齿轮传动，在装配一对传动比为1或其他整数的齿轮时，可采用圆周定向装配，使误差得到一定程度的补偿，以提高传动精度。例如，用一对齿数均为22的齿轮，齿面是在同一台机床上加工的，齿距累积误差的分布几乎相同，如图2-43所示。如果装入轴向的齿圈径向圆跳动与加工后的相同，则可将一齿轮的0号齿与另一齿轮的11号齿对合装配。这样，齿轮传动的运动误差将大为降低。装配后齿轮传动的长周期误差曲线如图2-44所示。如果齿轮与花键轴连接，则尽量靠近两齿轮齿距累积误差曲线中的峰谷来安装齿轮；如果用单键连接，就需要进行选配。在单件小批生产中，只能在定向装配好之后，再加工出键槽。定向装配后，必须在轴与齿轮上打上径向标记，以便正确地装卸。

图 2-43　单个齿轮的齿距累积误差曲线

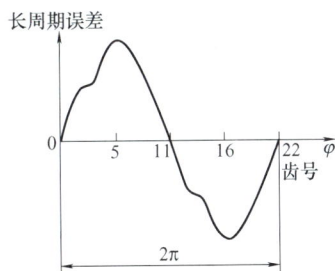

图 2-44　齿轮传动的长周期误差曲线

齿轮传动的接触精度是通过齿面接触斑痕的位置和大小来判断的，它与运动精度有一定的关系，即运动精度低的齿轮传动，其接触精度也不高。因此，在装配齿轮副时，常需检查齿面的接触斑痕，以考核其装配是否正确。图2-45a所示为渐开线圆柱齿轮副装配后正确的接触斑痕；图2-45b和图2-45c分别为同向偏接触和异向偏接触，说明两齿轮的轴线不平行，中心距超过规定值，一般装配无法纠正。图2-45e所示为沿齿向游离接触，齿圈上各齿面的接触斑痕由一端逐渐移至另一端，说明齿轮端面（基面）与回转轴线不垂直，可卸下齿轮，修整端面予以纠正。另外，还可能沿齿高游离接触，如图2-45d所示，说明齿圈径向圆跳动过大，可卸下齿轮重新正确安装。

装配圆柱齿轮时，齿轮副的啮合侧隙是由各种有关零件的加工误差决定的，一般装配无法调整。

（2）装配工艺要点　齿轮与轴装配时，要根据齿轮与轴的配合性质，采用相应的装配

图 2-45　渐开线圆柱齿轮接触斑痕

方法，对齿轮、轴进行精度检查，符合技术要求才能装配。装配后，常见的安装误差是偏心、歪斜、端面未靠贴轴肩等，如图 2-46 所示。精度要求高的齿轮副，如图 2-47 所示，应进行径向圆跳动检查（见图 2-47a）和轴向圆跳动检查（见图 2-47b）。

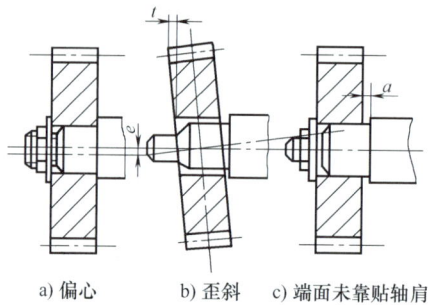

a) 偏心　　b) 歪斜　　c) 端面未靠贴轴肩

图 2-46　齿轮安装误差

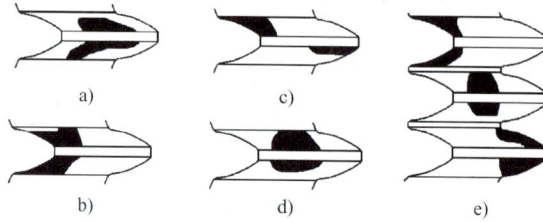

a) 径向圆跳动检查

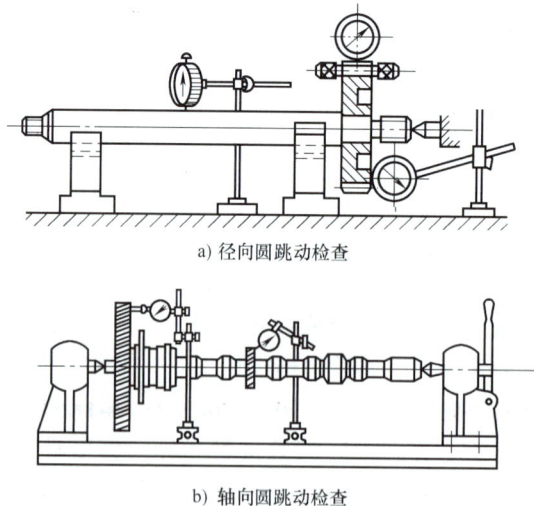

b) 轴向圆跳动检查

图 2-47　齿轮径向圆跳动和轴向圆跳动检查

1）装配前的检查。应对箱体各部位的尺寸精度、几何精度、相互位置精度、表面粗糙度及外观质量进行检查。

① 箱体上孔系轴线的同轴度检查。图 2-48a 所示为用检验棒检验孔系同轴；图 2-48b 所示为检验棒插入孔系配合百分表检查同轴度。

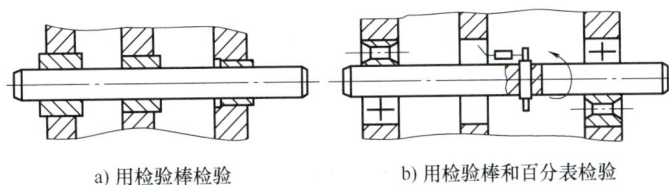

a) 用检验棒检验　　　　　b) 用检验棒和百分表检验

图 2-48　同轴度检查

② 孔距测量。

③ 两孔轴线垂直度、相交度的检查如下。

a）同一平面内相垂直的两孔垂直度、相交度的检查。同一平面内垂直度检查如图 2-49a 所示，将百分表装在检验棒 1 上，为防止检验棒 1 轴向窜动，在检验棒 1 上装有定位套筒。旋转检验棒 1，百分表在检验棒 2 上 L 长度的两点读数差，即为两孔在 L 长度内的垂直度误差。

b）图 2-49b 所示为两孔轴线相交度检查，检验棒 1 的测量端做成叉形槽，检验棒 2 的测量端为台阶形，即为过端和止端。检查时，若过端能通过叉形槽，而止端不能通过，则相交度合格，否则即为不合格。

c）不在同一平面内两孔轴线的垂直度检查如图 2-49c 所示，箱体用千斤顶 3 支承在平板上，用 90°角尺 4 找正，将检验棒 2 调整在垂直位置。此时，测量检验棒 1 对平板的平行度误差，即为两孔轴线垂直度误差。

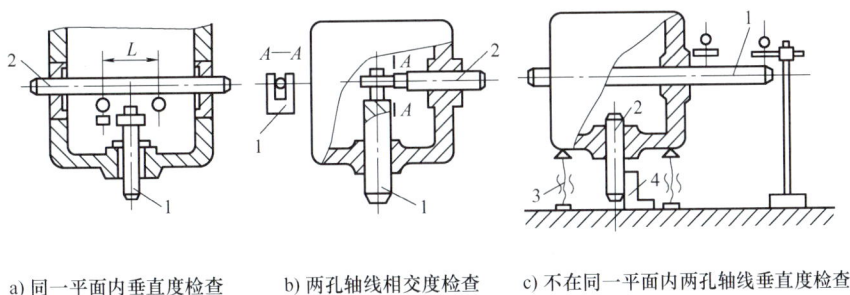

a) 同一平面内垂直度检查　　b) 两孔轴线相交度检查　　c) 不在同一平面内两孔轴线垂直度检查

图 2-49　两孔轴线垂直度和相交度检查

1、2—检验棒　3—千斤顶　4—90°角尺

④ 轴线至基面尺寸及平行度检查如图 2-50 所示。

⑤ 轴线与孔端面垂直度检查。图 2-51a 所示为用带检验圆盘的检验棒插入孔中，用涂色法或塞尺检查。图 2-51b 所示为用检验棒和百分表检查。

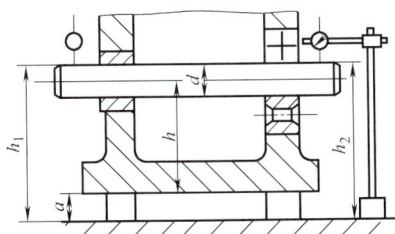

图 2-50　轴线至基面尺寸及平行度检查

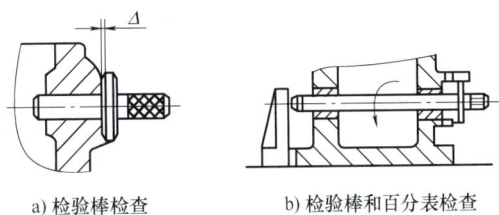

a) 检验棒检查　　　b) 检验棒和百分表检查

图 2-51　轴线与孔端面垂直度检查

小贴士：①齿轮基准面与轴肩或定位套端面应靠紧贴合，用0.05mm塞尺检查时不应塞入，与轴线垂直度应符合传动要求。②相互啮合的圆柱齿轮副的轴向错位，应符合：齿宽小于或等于100mm时，轴向错位小于或等于5%齿宽；齿宽大于100mm时，轴向错位小于或等于5mm（最大5mm）。

2）啮合质量检查。齿轮装配后，应进行啮合质量检查。齿轮的啮合质量包括适当的齿侧间隙、一定的接触面积、正确的接触部位。

用压铅丝法测量侧隙，如图2-52所示。在齿面接近两端处平行放置两条铅丝，宽齿放置3~4条铅丝，铅丝直径不超过齿轮侧隙最小间隙的4倍，铅丝的长度不应小于5个齿距，转动齿轮，测量铅丝被挤压后最薄处的尺寸，即为侧隙。对于传动精度要求较高的齿轮副，其侧隙用百分表检查，如图2-53所示。将百分表测头与轮齿的齿面接触，另一齿轮固定。将接触百分表测头的轮齿从一侧啮合转到另一侧啮合，百分表的读数差值，即为直齿轮侧隙。

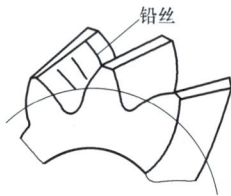

铅丝

图2-52 压铅丝检查侧隙

图2-53 用百分表检查侧隙

如果被测齿轮为斜齿轮或人字齿轮，法向侧隙 $C_n$ 按下式计算：

$$C_n = C_k \cos\beta\cos\alpha_n \qquad (2\text{-}2)$$

式中，$C_k$ 为端向侧隙（mm）；$\beta$ 为螺旋角（°）；$\alpha_n$ 为法向齿形角（°）。

接触面积和接触部位的正确性用涂色法检查。检查时，转动主动轮，从动轮应轻微制动。对双向工作的齿轮副，正向、反向都应检查。

轮齿上接触印痕的面积，应该为轮齿高度上的30%~60%、轮齿宽度的40%~90%（随齿轮的精度而定）。通过涂色法检查还可以判断产生误差的原因，如图2-54所示。

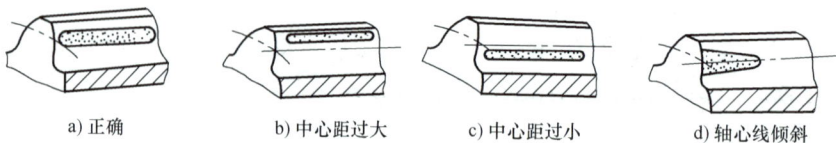

a) 正确　　　b) 中心距过大　　　c) 中心距过小　　　d) 轴心线倾斜

图2-54 圆柱齿轮接触痕迹

3）齿轮的磨合。对于传递动力为主的齿轮副，要求有较高的接触精度和较小的噪声。装配后进行磨合可提高齿轮副的接触精度并减小噪声。通常采用加载磨合，即在齿轮副输出轴上加一负载力矩，在运转一定时间后，使轮齿接触表面相互磨合，以增加接触面积，改善啮合质量。磨合后的齿轮必须清洗，重新装配。

（3）锥齿轮传动机构的装配与调整　装配锥齿轮传动机构的步骤和方法同装配圆柱齿

轮传动机构的步骤和方法相似，但两齿轮在轴上的定位和啮合精度的调整方法不同。

1）两锥齿轮在轴上的轴向定位。如图 2-55 所示，锥齿轮 1 的轴向位置，通过改变垫片厚度来调整；锥齿轮 2 的轴向位置，则可通过调整固定圈位置确定。调好后根据固定圈的位置，配钻定位孔并用螺钉或销固定。

2）啮合精度的调整。在确定两锥齿轮正确啮合的位置时，用涂色法检查其啮合精度。根据齿面涂色显示的部位不同，进行调整。

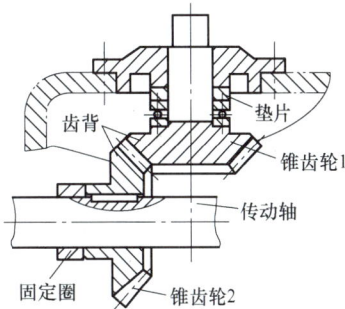

图 2-55　锥齿轮机构装配调整

**小贴士**：涂色法检查传动齿轮啮合的接触斑点，应符合：①颜色涂在小齿轮上，在轻微制动下，用小齿轮驱动大齿轮，使其转动 3～4 转。②圆柱齿轮的接触斑点，应趋于齿侧面中部；锥齿轮则趋于齿侧面的中部并接近小端，齿顶和齿端棱边不应有接触。③可逆转的齿轮副，齿的两面均应检查。

### 4. 蜗杆传动机构的装配与调整

（1）装配技术要求

1）保证蜗杆轴线与蜗轮轴线相互垂直，距离正确，且蜗杆轴线应在蜗轮轮齿的中平面内。

2）蜗杆和蜗轮有适当的啮合侧隙和正确的接触斑点。

（2）装配顺序

1）将蜗轮装在轴上，装配和检查方法与圆柱齿轮装配相同。

2）把蜗轮组件装入箱体。

3）装入蜗杆，蜗杆轴线位置由箱体安装孔保证，蜗轮的轴向位置可通过改变垫圈厚度调整。

（3）装配后的检查与调整　蜗杆副装配后，用涂色法来检查其啮合质量，如图 2-56 所示。图 2-56a、b 所示为蜗杆副两轴线不在同一平面内的情况。一般蜗杆位置已固定，则可按图示箭头方向调整蜗轮的轴向位置，使其达到图 2-56c 所示的要求。蜗轮齿面接触面积见表 2-5。

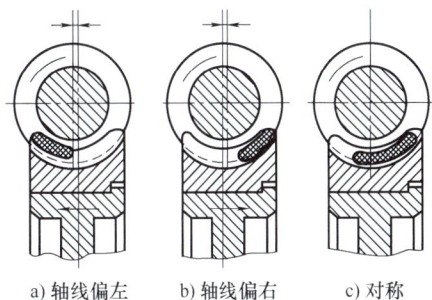

a) 轴线偏左　　b) 轴线偏右　　c) 对称

图 2-56　蜗轮齿面涂色检查

表 2-5　蜗轮齿面接触面积

| 等级 | 接触长度 | | 等级 | 接触长度 | |
| --- | --- | --- | --- | --- | --- |
| | 占齿长 | 占齿宽 | | 占齿长 | 占齿宽 |
| 6 | 75% | 60% | 8 | 50% | 60% |
| 7 | 65% | 60% | 9 | 35% | 50% |

如图 2-57 所示，通过测量蜗杆空程角计算出齿侧间隙。空程角与侧隙有如下近似关系（蜗杆升角影响忽略不计）：

$$\alpha = C_n \frac{360 \times 60}{\pi Z_1 m \times 1000} \approx 6.9 \frac{C_n}{Z_1 m} \qquad (2\text{-}3)$$

式中，$\alpha$ 为空程角（°）；$Z_1$ 为蜗杆头数；$m$ 为模数（mm）；$C_n$ 为侧隙（mm）。

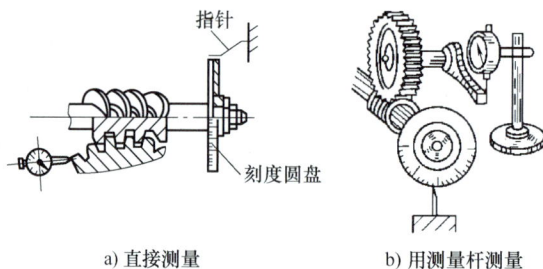

a) 直接测量　　　　　b) 用测量杆测量

图 2-57　蜗杆副侧隙检查

## 2.3.10　联轴器的装配

联轴器按结构形式不同可分为锥销套筒联轴器、凸缘联轴器、十字滑块联轴器、弹性柱销联轴器、万向联轴器等。

### 1. 弹性柱销联轴器的装配

如图 2-58 所示，联轴器装配要点如下：

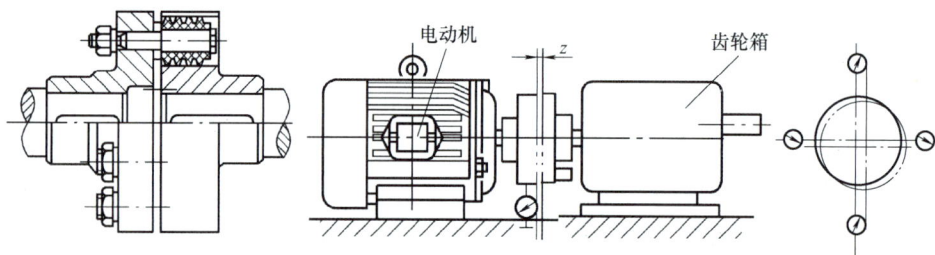

图 2-58　弹性柱销联轴器装配

1）先在两轴上装入平键和半联轴器，并固定齿轮箱。按要求检查其径向圆跳动和轴向圆跳动。

2）将百分表固定在半联轴器上，使其测头触及另外半联轴器的外圆表面，找正两个半联轴节之间的同轴度。

3）移动电动机，使半联轴器上的圆柱销少许进入另外半联轴器的销孔内。

4）转动轴及半联轴器，并调整两半联轴器间隙使之沿圆周方向均匀分布，然后移动电动机，使两个半联轴器靠紧，固定电动机，再复检同轴度达到要求。

### 2. 十字滑块联轴器的装配

十字滑块联轴器装配要点如下：

1）将两个半联轴器和键分别装在两根被连接的轴上。

2）用直角尺检查联轴器外圆，在水平方向和垂直方向应均匀接触。

3）两个半联轴器找正后，再安装十字滑块，并移动轴，使两半联轴器和十字滑块间留有较小间隙，保证十字滑块在两半联轴器的槽内能自由滑动。

## 2.3.11　离合器的装配

### 1. 摩擦离合器

常见的摩擦离合器如图2-59所示。对于片式摩擦离合器要解决摩擦离合器发热和磨损补偿问题，装配时应注意调整好摩擦面间的间隙。对于圆锥式摩擦离合器，要求用涂色法检查圆锥面接触情况，色斑应均匀分布在整个圆锥表面上。

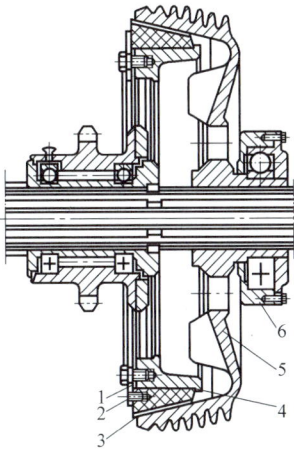

图2-59　常见的摩擦离合器

1—连接圆盘　2—圆柱销　3—摩擦衬块　4—外锥盘　5—内锥盘　6—加压环

### 2. 牙嵌离合器

如图2-60所示，牙嵌离合器由两个带端齿的半离合器组成。端齿有三角形、锯齿形、梯形和矩形等多种。

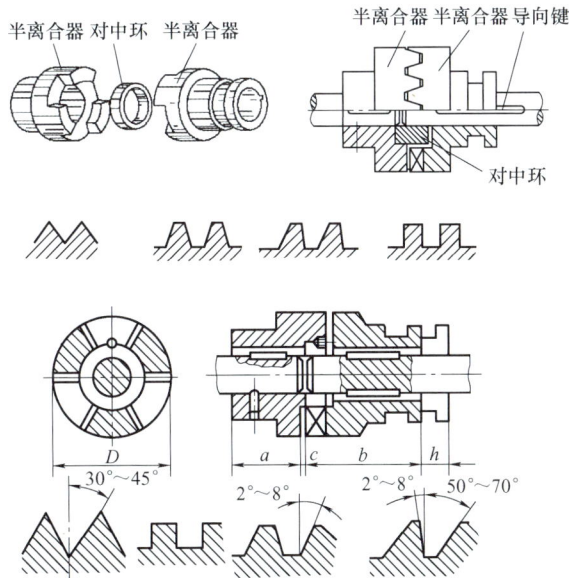

图2-60　牙嵌离合器

**3. 离合器的装配要求**

1）接合、分离动作灵敏，能传递足够的转矩，工作平稳。

2）装配时，把固定的半离合器装在主动轴上，滑动的半离合器装在从动轴上。保证两半离合器的同轴度，滑动的半离合器在轴上应滑动自如，无阻滞现象，各个啮合齿的间隙相等。

3）当发生接触斑点不正确的情况时，可通过调整轴承座的位置解决，或采用修刮的方法达到接触精度要求。

## 2.3.12　零部件装配的注意事项

1）对于过渡配合和过盈配合零件的装配，如滚动轴承的内、外圈等，必须采用相应的铜棒、铜套等专门工具和工艺措施进行手工装配，或按技术条件借助设备进行加温、加压装配。如果遇有装配困难的情况，应先分析原因，排除故障，提出有效的改进方法，再继续装配，千万不可乱敲乱打、鲁莽行事。

2）对油封件必须使用芯轴压入，对配合表面要经过仔细检查和擦净，如果有毛刺，应经修整后方可装配；螺纹连接按规定的力矩值分次序、均匀紧固；螺母紧固后，螺柱的露出螺牙不少于两个且应等高。

3）凡是摩擦表面，装配前均应涂上适量的润滑油，如轴颈、轴承、轴套、活塞、活塞销和缸壁等。各部件的密封垫（纸板、石棉、钢皮、软木垫等）应统一按规格制作。自行制作时，应细心加工，切勿让密封垫覆盖润滑油、水和空气的通道。机械设备中的各种密封管道和部件，装配后不得有渗漏现象。

4）过盈配合件装配时，应先涂润滑油脂，以利于装配和减少配合表面的初磨损。另外，装配时应根据零件拆卸下来时所做的各种装配记号进行装配，以防装配出错而影响装配进度。

5）对某些有装配技术要求的零部件，如装配间隙、过盈量、灵活度、啮合印痕等，应边装配边检查，并随时进行调整，以避免装配后返工。

6）在装配前，要对有平衡要求的旋转零件按要求进行静平衡或动平衡试验，合格后才能装配。这是因为某些旋转零件，如带轮、飞轮、风扇叶轮、磨床主轴等新配件或修理件，可能会由于金属组织密度不匀、加工误差、本身形状不对称等原因，使零部件的重心与旋转轴线不重合，在高速旋转时，会因此而产生很大的离心力，引起机械设备的振动，加速零件磨损。

7）每一个部件装配完毕，必须严格仔细地检查和清理，防止有遗漏或错装的零件，特别是对工作环境要求固定装配的零部件。严防将工具、多余零件及杂物留存在箱体之中，检查无误后，再进行手动或低速试运行，以防机械设备运转时引起意外事故。

# 任务4　装配质量的检验和机床试验

## 》》 任务描述

机械设备一般由许多零件和部件装配而成。装配质量的检验主要从零部件装配位置的正确性、连接的可靠性、滑动配合的平稳性、外观质量以及几何精度等方面进行检查。对于重要的零部件应单独进行检查，以确保修理质量与要求。下面以机床为例介绍装配质量的检验。

>> **知识点讲解**

## 2.4.1　装配质量的检验内容及要求

### 1. 部件、组件的装配质量

1）主传动和进给传动检验项目。

① 变速机构的灵活性和可靠性。

② 运转应平稳，不应有不正常的尖叫声和不规则的冲击声。

③ 在主轴轴承达到稳定温度下，其温度和温升应符合机床技术要求的规定。

④ 润滑系统的油路应畅通、无阻塞，各结合部位不应有漏油现象。

⑤ 主轴的径向圆跳动和轴向窜动应符合各类型机床精度标准的规定。

2）机床的操纵连锁机构装配后，应保证其灵活性和可靠性；离合器及其控制机构装配后应达到可靠的结合与脱开。

### 2. 机床的总装配质量

机床的总装配过程也是调整与检验的过程。

（1）机床水平的调整　在总装前，应首先调整好机床的装配水平。

（2）结合面的检验　配合件的结合面应检查刮研面的接触点数，刮研面不应有机械加工的痕迹和明显的扎刀痕。两配合件的结合面均是刮研面，用配合的结合面（研具）进行涂色法检验时，刮研点应均匀。按规定的计算面积平均计算，在每 25mm × 25mm 的面积内，接触点数不得少于技术要求规定的点数。

外圆研磨

（3）机床导轨的装配　滑动、移置导轨除用涂色法检验外，还应用 0.04mm 塞尺检验，塞尺在导轨、镶条、压板端的滑动面间插入深度不大于 15mm。

（4）带传动的装配　带传动的张紧机构装配后，应具有足够的调整量，两带轮的中心平面应重合，其倾斜角和轴向偏移量不应过大。一般倾斜角不超过1°。传动时带应无明显的脉动现象，对于两个以上的 V 带传动，装配后 V 带的松紧应基本一致。

内曲面刮削

## 2.4.2　机床运转试验

### 1. 机床的空运转试验

空运转是在无负荷状态下运转机床，检验各机构的运转状态、温度变化、功率消耗，操纵机构的灵活性、平稳性、可靠性及安全性。

试验前，应使机床处于水平位置，一般不应用地脚螺栓固定。按润滑图表将机床所有应润滑的部位注入规定的润滑剂。

（1）主运动试验　试验时，机床的主运动机构应从最低速依次运转，每级转速的运转时间不得少于 2min。用交换齿轮、带传动变速和无级变速的机床，可做低、中、高速运转。在最高速时的运转时间不得少于 1h。使主轴轴承达到稳定温度。

（2）进给运动试验　进给机构依次变换进给量（或进给速度）进行空运转试验。检查自动机构（包括自动循环机构）的调整和动作是否灵活、可靠。有快速移动的机构，应做快速移动试验。

（3）其他运动试验 检查转位、定位、分度机构是否灵活可靠；夹紧机构、读数装置和其他附属装置是否灵活可靠。与机床连接的随机附件应在机床上试运转，检查其相互关系是否符合设计要求；检查其他操纵机构是否灵活可靠。

（4）电气系统试验 检查电气设备的各项工作情况，包括电动机的起动、停止、反向、制动和调速的平稳性，电磁起动器、热继电器和终点开关工作的可靠性。

（5）整机连续空运转试验 对于自动和数控机床，应进行连续空运转试验，整个运动过程中不应发生故障。连续运转时间应符合表2-6中的规定。试验时自动循环应包括机床所有功能和全部工作范围，每次自动循环之间的休止时间不得超过1min。

表2-6 机床连续运转时间表

| 机床自动控制形式 | 机械控制 | 电液控制 | 数字控制 | |
|---|---|---|---|---|
| | | | 一般数控机床 | 加工中心 |
| 时间/h | 4 | 8 | 16 | 32 |

**2. 机床的负荷试验**

负荷试验是检验机床在负荷状态下运转时的工作性能及可靠性，即加工能力、承载能力及其运转状态，包括速度的变化、机床振动、噪声、润滑和密封等。

（1）机床主传动系统的转矩试验 试验时，在小于或等于机床计算转速的范围内选一适当转速，逐级改变进给量或切削深度，使机床达到规定转矩，检验机床主传动系统各元件和变速机构是否可靠以及机床是否平稳、运动是否准确。

（2）机床切削抗力试验 试验时，选用适当几何参数的刀具，在小于或等于机床计算转速范围内选一适当转速，逐渐改变进给量或切削深度，使机床达到规定的切削抗力。检验各运动机构、传动机构是否灵活、可靠，过载保护装置是否可靠。

（3）机床传动系统达到最大功率的试验 选择适当的加工方式、试件（材料和尺寸）、刀具（材料和几何参数）、切削速度、进给量，逐步改变切削深度，使机床达到最大功率（一般为电动机的额定功率）。检验机床结构的稳定性、金属切除率以及电气等系统是否可靠。

（4）抗振性试验 一些机床除进行最大功率试验外，还进行有限功率试验（由于工艺条件限制而不能使用机床全部功率）和极限切削宽度试验。根据机床的类型，选择适当的加工方式、试件、刀具、切削速度、进给量进行试验，检验机床的稳定性。

**3. 机床工作精度的检验**

机床的工作精度是在动态条件下对工件进行加工时所反映出来的。工作精度检验应在标准试件或由用户提供的试件上进行。与实际在机床上加工零件不同，工作精度检验不需要多种工序。工作精度检验应采用该机床具有的精加工工序。

（1）试件要求 工件或试件的数目或在一个规定试件上的切削次数须视情况而定，应使其得出加工的平均精度。必要时，应考虑刀具的磨损。除有关标准已有规定外，由于工作精度检验试件的原始状态应予确定，试件材料、试件尺寸和应达到的标准公差等级以及切削条件应在制造厂与用户达成一致。

（2）工作精度检验中试件的检查 工作精度检验中试件的检查应按测量类别选择所需准确度等级的测量工具。在机床试件的加工图样上，应反映使用于机床各独立部件几何精度的相应标准所规定的公差。

在某些情况下，工作精度检验可以用相应标准中所规定的特殊检查来代替或补充。如在负荷下的挠度检验、动态检验等。

# 综合训练

## 实训任务　圆柱齿轮减速器的装配

| 学校 | | 班级 | |
|---|---|---|---|
| 姓名 | | 学号 | |
| 小组成员 | | 组长 | |

接受任务

某企业车间正在安装一台单级直齿圆柱齿轮减速器，请结合安装要求制订装配计划

任务内容

　　熟悉减速器轴上零件的定位和固定方式，齿轮和轴承的润滑、密封以及各附属零件的作用、构造和安装位置，熟悉减速器的装配和调整的方法及工艺过程

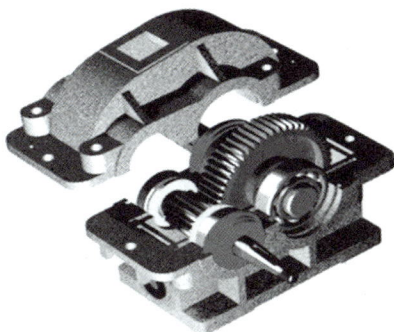

工具清单

单级直齿圆柱齿轮减速器、活扳手、呆扳手、锤子、铜棒、内外卡钳、游标卡尺、钢卷尺

任务实施、记录

| | 检查内容 | |
|---|---|---|
| 1）现场环境检查 | 检查内容 | |
| | 检查结果 | |
| | 处理措施 | |
| 2）防护用具检查 | 检查内容 | |
| | 检查结果 | |
| | 处理措施 | |
| 3）工具检查 | 检查内容 | |
| | 检查结果 | |
| | 处理措施 | |
| 4）装配实施 | 将各零件装在输入轴、输出轴上 | |
| | 将输入轴、输出轴装入箱体 | |
| | 上、下箱体合拢，装上端盖 | |
| | 检测齿侧间隙和齿轮接触情况 | |
| | 装上其余各零件 | |
| | 检查 | |

　　**注意**：装配时按先内部后外部的合理顺序进行；装配轴套和滚动轴承时，应注意方向；应注意滚动轴承的合理安装方法，检查无误后才能合上箱盖；装配上、下体之间的连接螺栓前应先安装好定位销。

# 评价反馈

任务评价

1. 自我评价（40 分）

首先由学生根据学习任务完成情况进行自我评价。

**自我评价表**

| 项目内容 | 配分 | 评分标准 | 扣分 | 得分 |
|---|---|---|---|---|
| 1）工作纪律 | 10 分 | ① 不遵守课堂纪律要求（扣 2 分/次）<br>② 有其他违反课堂纪律的行为（扣 2 分/次） | | |
| 2）信息收集 | 20 分 | ① 未利用网络资源、工艺手册等查找有效信息（扣 5 分）<br>② 未按要求填写信息收集记录（扣 2 分/空，扣完为止） | | |
| 3）制订计划 | 20 分 | ① 人员分工没有实效（扣 5 分）<br>② 未按作业项目进行人员分工（扣 2 分/项，扣完为止） | | |
| 4）计划实施 | 40 分 | ① 未按步骤实施作业项目（扣 5 分/项）<br>② 未按要求填写安装工艺流程表（扣 10 分）<br>③ 未按要求填写施工进度表（扣 10 分）<br>④ 未按要求填写安装前检验记录表（扣 10 分）<br>⑤ 表格错填、漏填（扣 2 分/空，扣完为止） | | |
| 5）职业规范和环境保护 | 10 分 | ① 在工作过程中工具和器材摆放凌乱（扣 3 分/次）<br>② 不爱护设备、工具，不节省材料（扣 3 分/次）<br>③ 在工作完成后不清理现场，在工作中产生的废弃物不按规定处置（扣 2 分/次，将废弃物遗弃在工作现场的扣 3 分/次） | | |
| 总评分 =（1~5 项总分）×40% | | | | |

签名：

年　月　日

2. 小组评价（30 分）

再由同一实训小组的同学结合自评的情况进行互评，将评分值记录于表中。

**小组评价表**

| 项目内容 | 配分 | 得分 |
|---|---|---|
| 1）工序记录与自我评价情况 | 10 分 | |
| 2）小组讨论中积极发言情况 | 10 分 | |
| 3）口述设备检测流程情况 | 10 分 | |
| 4）小组成员填写完成作业记录表情况 | 10 分 | |
| 5）与小组成员沟通情况 | 10 分 | |
| 6）完成操作任务情况 | 10 分 | |
| 7）遵守课堂纪律情况 | 10 分 | |
| 8）安全意识与规范意识情况 | 10 分 | |
| 9）相互帮助与协作能力情况 | 10 分 | |
| 10）安全、质量意识与责任心情况 | 10 分 | |
| 总评分 =（1~10 项总分）×30% | | |

参加评价人员签名：

年　月　日

（续）

3. 教师评价（30 分）

最后，由指导教师检查本组作业结果，结合自评与互评的结果进行综合评价，对实训过程中出现的问题提出改进措施及建议，并将评价意见与评分值记录于表中。

**教师评价表**

| 序号 | 评价标准 | 评价结果 |
|------|----------|----------|
| 1 | 相关物品及资料交接齐全无误（5 分） | |
| 2 | 安全、规范完成维护保养工作（5 分） | |
| 3 | 根据所提供材料进行检查（5 分） | |
| 4 | 团队分工明确、协作力强（5 分） | |
| 5 | 施工方案准备细致，无遗漏（5 分） | |
| 6 | 完成并在记录单上签字（5 分） | |
| 综合评价 | 教师评分 | |
| 综合评语（作业问题及改进建议） | 教师签名：　　　　　　年　　月　　日 | |
| 总评分： | （总评分 = 自我评分 + 小组评分 + 教师评分） | |

4. 自我反思与自我评价

请根据自己在课堂中的实际表现进行自我反思和自我评价。

自我反思：

自我评价：

**项目 2　学习反馈表**

项目 2　机械设备零部件的装配

| 知识与技能点 | 装配尺寸链的组成及计算方法 | □了解 □理解 □熟悉 □掌握 |
|------|------|------|
| | 机械装配的一般工艺原则和要求 | □了解 □理解 □熟悉 □掌握 |
| | 常用装配方法 | □了解 □理解 □熟悉 □掌握 |
| | 螺纹连接的装配工艺及要求 | □了解 □理解 □熟悉 □掌握 |
| | 键连接的装配工艺及要求 | □了解 □理解 □熟悉 □掌握 |
| | 销连接的装配工艺及要求 | □了解 □理解 □熟悉 □掌握 |
| | 过盈连接的装配工艺及要求 | □了解 □理解 □熟悉 □掌握 |
| | 管道连接的装配工艺及要求 | □了解 □理解 □熟悉 □掌握 |
| | 轴的装配工艺及要求 | □了解 □理解 □熟悉 □掌握 |
| | 轴承的装配工艺及要求 | □了解 □理解 □熟悉 □掌握 |
| | 传动机构的装配工艺及要求 | □了解 □理解 □熟悉 □掌握 |

（续）

项目2　机械设备零部件的装配

| 学习情况 | 基本概念 | □难懂 □理解 □易忘 □抽象 □简单 □太多 |
| | 学习方法 | □听讲 □自学 □实验 □工厂 □讨论 □笔记 |
| | 学习兴趣 | □浓厚 □一般 □淡薄 □厌倦 □无 |
| | 学习态度 | □端正 □一般 □被迫 □主动 |
| | 学习氛围 | □愉快 □轻松 □互动 □压抑 □无 |
| | 课堂纪律 | □良好 □一般 □差 □早退 □迟到 □旷课 |
| | 课前课后 | □预习 □复习 □无 □没时间 |
| | 实践环节 | □太少 □太多 □无 □不会 □简单 |
| | 学习效果自我评价 | □很满意 □满意 □一般 □不满意 |
| 建议与意见 | | |

注：学生根据实际情况在相应的方框中画"√"或"×"，在空白处填上相应的建议或意见。

# 思考题与习题

## 一、名词解释

1. 装配

2. 部装

3. 总装

4. 装配精度

## 二、填空题

1. 常用的机械装配方法主要有_____装配法、_____装配法和_____装配法等。

2. 螺纹连接的常用防松方法主要有_____、_____、_____等。

## 三、简答题

1. 什么是装配尺寸链？装配尺寸链的计算类型有哪些？

2. 装配工艺方法有哪几种？

3. 装拆螺纹连接的常用工具有哪些？

4. 螺纹连接产生松动的原因是什么？常用的防松方法有哪些？

5. 螺纹连接装配时，应注意些什么？

6. 简述圆柱面过盈连接装配方法。

7. 齿轮传动机构的装配技术要求有哪些？

8. 举例说明齿轮传动的接触精度是如何判断的。

9. 齿轮传动副侧隙如何检查？

10. 滚动轴承的装配方法有哪几种？

11. 试述整体式滑动轴承的装配步骤。

12. 试述剖分式滑动轴承的装配步骤。

13. 常用联轴器有哪些类型？怎样调整联轴器的同轴度？

14. 分析图2-61中滚动轴承间隙如何调整。

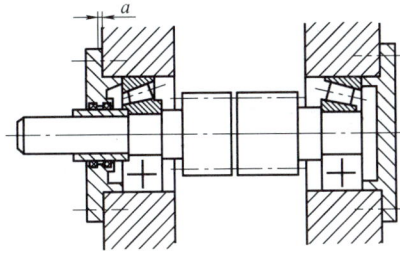

图 2-61

15. 说明使用图 2-62 方法测量蜗杆传动副侧隙的过程。

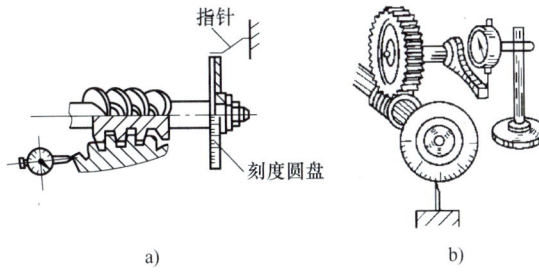

a)                                    b)

图 2-62

# 项目3 空气压缩机的安装

## 知识目标

1. 熟悉并掌握活塞式及离心式压缩机的结构和工作原理。
2. 熟悉并掌握活塞式及离心式压缩机的安装技术要求及安装调试工艺。

## 能力目标

1. 能够对典型活塞式及离心式压缩机进行安装调试。
2. 能够正确选择和使用空气压缩机安装工具及量具。

## 素质目标

1. 树立安全文明生产和环境保护意识。
2. 养成严谨、细致的工作态度和高度的责任心。

## 重点和难点

重点：典型活塞式及离心式压缩机的安装技术要求。

难点：典型活塞式及离心式压缩机的安装调试工艺。

## 学思融合

空气压缩机是将原动机（通常是电动机）的机械能转换成气体压力能的机械设备，是压缩空气的气压发生装置。1934 年，瑞典的 A. Lysholm 设计并制成了世界上第一台工业螺杆压缩机。20 世纪 50 年代，出现了射流逻辑元件，开始把数字技术和逻辑代数等控制技术引进气动系统。空压机按工作原理可分为容积型、动力型（速度型或透平型）、热力型压缩机，还可以按润滑方式、性能、用途、形式等方式进行分类。空压机属于通用设备类，在机械制造、交通运输、航空航天、电子仪器、纺织轻工等现代生产生活中的应用领域非常广泛。

请收集跟空气压缩机技术发展相关的名人故事，思考如下问题：

1）空气压缩机的问世经历了哪些有趣的故事？有哪些关键科学家或者工程师起了决定性作用？

2）空气压缩机最先应用于什么行业？现在有哪些场合在应用？

3）你了解哪些与空气压缩机安装相关的知识？

## 项目导入

安装空气压缩机的步骤大致可以总结如下：

（1）选址　选择一个通风良好、干燥、清洁且光线充足的场地作为安装地点，确保场地无阻碍，便于散热和维修。

（2）准备基础　准备一个平整、稳固的基础，通常使用混凝土基础，并将空气压缩机固定在其上，确保设备稳定。

（3）安装底座　在选定的位置上铺设适当大小的混凝土基础，然后将空气压缩机的底座固定在基础上。

（4）电气安装　检查电气元件的规格和参数，确保符合设备要求，并进行正确的接线，避免电气故障。

（5）管道安装　根据设备设计要求，安装进气管、出气管、安全阀等各种管道和阀门，注意管道的密封性和紧固度。

（6）调试　安装完成后，检查电气连接，开机测试，观察设备是否正常运转，并进行必要的调试和故障排除。

（7）附加设备安装　如需安装其他设备，如储气罐、过滤器、排水分离器、冷干机等，按照要求进行安装和连接。

（8）安全阀和压力表　安装安全阀和压力表，确保设备安全运行。

（9）维护和检查　定期检查空气压缩机的机油油位，确保使用正确的机油，并按照制造商的指导进行维护。

应用新技术、新工艺提升空气压缩机的安装质量，缩短安装周期，降低安装成本，延长空气压缩机的使用寿命，对学生安装理论与技能知识的提升，以及规范学生职业意识有着重要意义。

## ▶▶ 项目实施

本项目首先对活塞式压缩机的构造和工作原理进行了概述，详细介绍了活塞式压缩机的安装方法与步骤以及注意事项；然后对离心式压缩机的构造和工作原理进行了阐述，并介绍了离心式压缩机的安装工艺和注意事项；最后对离心式压缩机的故障分析及处理措施等进行了介绍。

# 任务1　活塞式压缩机的安装

## ▶▶ 任务描述

空气压缩机（以下简称为"压缩机"）是一种用来提高气体压力和输送气体的机械，它是将原动机的动力能转变为气体的压力能的机械，因其用途广泛而被称为"通用机械"。活塞式压缩机是一种容积式压缩机，主要用来提高气体压力和输送气体，目前广泛应用于工业生产中，如石油裂解气的分离、石油加氢精制、空气分离和制冷等领域。本任务主要了解活塞式压缩机的主要类型，了解活塞式压缩机的型号编制，掌握活塞式压缩机的构造，掌握活塞式压缩机的安装工艺。

## ▶▶ 知识点讲解

### 3.1.1　活塞式压缩机概述

#### 1. 活塞式压缩机的主要类型

（1）按活塞的压缩动作分类

1）单作用压缩机：气体只在活塞的一侧进行压缩，又称单动压缩机。

2）双作用压缩机：气体在活塞的两侧均能进行压缩，又称复动或多动压缩机。

3）多缸单作用压缩机：利用活塞的一面进行压缩，而有多个气缸的压缩机。

4）多缸双作用压缩机：利用活塞的两面进行压缩，而有多个气缸的压缩机。

（2）按压缩机的排气终了压力分类

1）低压压缩机：排气终了压力在 3～10 表压。

2）中压压缩机：排气终了压力在 10～100 表压。

3）高压压缩机：排气终了压力在 100～1000 表压。

4）超高压压缩机：排气终了压力在 1000 表压以上。

（3）按排气量（进口状态）分类　见表 3-1。

表 3-1　按排气量分类

| 类型 | 排气量/（$m^3$/min） |
| --- | --- |
| 微型压缩机 | <1 |
| 小型压缩机 | 1～10 |
| 中型压缩机 | 10～60 |
| 大型压缩机 | >60 |

（4）按结构形式分类　按结构形式可分为立式、卧式、角度式、星形、对称平衡型和对制式等。一般立式用于中小型；卧式用于小型高压；角度式用于中小型；对称平衡型使用普遍，特别适用于大中型往复式压缩机；对制式主要用于超高压压缩机。国内活塞式压缩机通用结构代号的含义见表 3-2。

表 3-2　国内活塞式压缩机通用结构代号的含义

| 结构形式 | 代号 |
| --- | --- |
| 立式 | Z |
| 卧式 | P |
| 角度式 | L、S |
| 星形 | T、V、W、X |
| 对称平衡型 | H、M、D |
| 对制式 | DZ |

**2. 活塞式压缩机的型号编制**

活塞式压缩机的型号由大写汉语拼音字母和阿拉伯数字组成，表示方法如下：

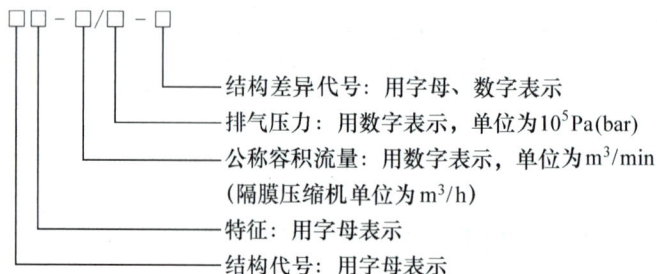

□□ - □/□ - □

- 结构差异代号：用字母、数字表示
- 排气压力：用数字表示，单位为 $10^5$Pa(bar)
- 公称容积流量：用数字表示，单位为 $m^3$/min（隔膜压缩机单位为 $m^3$/h）
- 特征：用字母表示
- 结构代号：用字母表示

（1）结构代号　表示气缸的排列方式。

（2）特征　表示具有附加特点。

（3）公称容积流量 是指压缩机排出的气体在标准排气位置的实际容积流量，该流量应换算到标准吸气位置的全温度、全压力及组分（如湿度）的状态，常称为排气量，单位为 $m^3/min$。

（4）排气压力 单位为 MPa。

（5）结构差异代号 区别改型，必要时才标注，用阿拉伯数字、小写拼音字母或二者并用。例如：

1）L2-10/8：表示气缸排列呈 L 形立卧结合的结构，活塞力为 19.6kN，排气量为 $10m^3/min$，排气压力为 0.8MPa，往复活塞式压缩机。

2）H22-165/320：表示气缸排列呈 H 形对称平衡型结构，活塞力为 215.75kN，排气量为 $165m^3/min$，排气压力为 32MPa，往复活塞式压缩机。

3）VY-6/7：表示气缸排列呈 V 形立卧结合的结构，移动式，排气量为 $6m^3/min$，排气压力为 0.7MPa，往复活塞式压缩机。

### 3. 活塞式压缩机的构造

（1）基本结构

1）机体：是压缩机的定位基础构件，由机身和曲轴箱等部分构成。

2）传动机构：由离合器、带轮或联轴器等传动装置以及曲轴、连杆、十字头等运动部件组成。

3）压缩机构：由气缸，活塞组件，进、排气阀等组成。

4）润滑机构：由泵、注油器、油过滤器和冷却器等组成。

5）冷却系统：风冷式的主要由散热风扇（用曲轴经带轮驱动）和中间冷却器等组成。

6）操纵控制系统：包括减压阀、减荷阀、负荷（压力）调节器等调节装置；安全阀、仪表；润滑油、冷却水与排气压力和温度等声光报警与自动停机的保护装置；自动排油、水装置等。

（2）L 形压缩机 图 3-1 所示为 L 形压缩机剖面图。

（3）压缩机主要零、部件结构

1）机体。活塞式压缩机机体是压缩机定位的基础构件，一般由机身、中体和曲轴箱（机座）三部分组成。机体内部安装各运动部件，并为传动部件定位和导向。曲轴箱内存装润滑油，外部连接气缸、电动机和其他装置。运转时，活塞式压缩机机体要承受活塞与气体的作用力和运动部件的惯性力，并将本身重量和压缩机的全部和部分的重量传到基础上。图 3-2 所示为 L 形压缩机机体。

2）气缸。活塞式压缩机气缸是压缩机产生压缩气体的重要部件，由于承受气体压力大、热交换方向多变、结构较复杂，故对其技术要求也较高。L 形压缩机一级气缸结构图如图 3-3 所示。

3）活塞组件。活塞式压缩机活塞组件由活塞、活塞环、活塞杆（或活塞销）等部分组成，活塞与气缸组成压缩容积，通过活塞组件的往复运动来完成活塞式压缩机中气体的压缩循环过程。

① 活塞。按气缸的形式，可分为筒形活塞（见图 3-4）、盘形活塞（见图 3-5a）、锥形活塞（见图 3-5b）和级差式活塞等。

② 活塞环。它是气缸工作表面与活塞之间的密封零件，同时起布油和散热的作用。

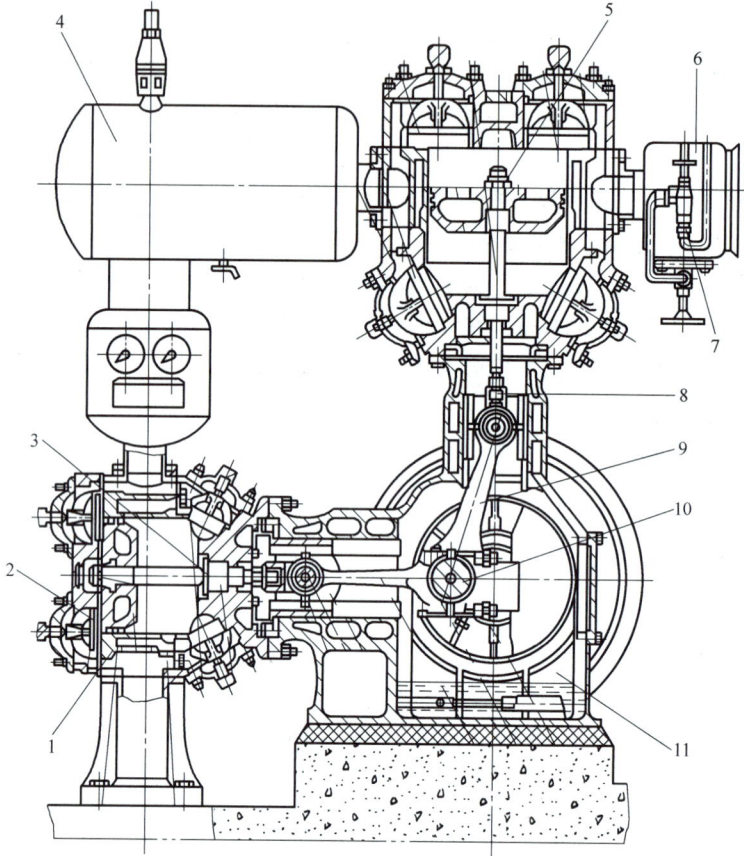

图 3-1　L形压缩机剖面图

1—气缸　2—气阀　3—填料箱　4—中间冷却器　5—活塞　6—减荷阀
7—负荷调节器　8—十字头　9—连杆　10—曲轴　11—机身

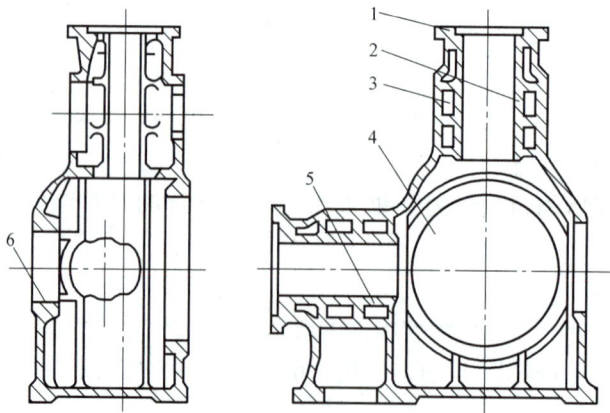

图 3-2　L形压缩机机体

1—立列结合面　2、5—十字头滑道　3—冷却水套　4—曲轴箱　6—滚动轴承孔

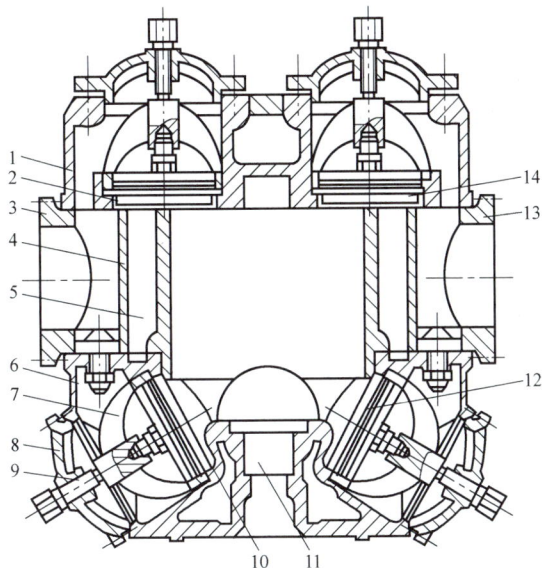

图 3-3　L形压缩机一级气缸结构图

1—缸盖　2、10—排气阀　3—排气口法兰　4—缸体
5—冷却水套　6—缸座　7—制动器　8—气阀盖
9—气阀压紧螺钉　11—填料室　12、14—进气阀
13—进气口法兰

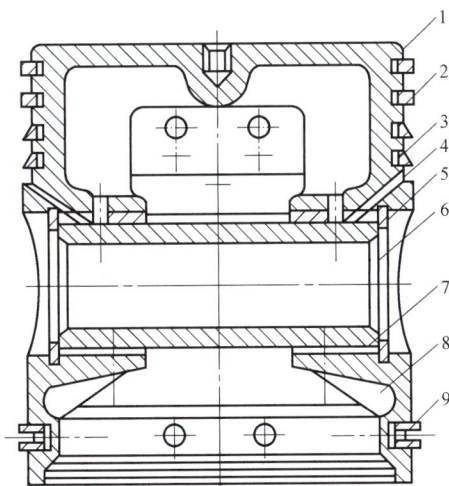

图 3-4　筒形活塞

1—活塞体　2—活塞环　3—刮油环　4—回
油孔　5—活塞销　6—弹簧圈　7—衬套
8—加强筋　9—布油环

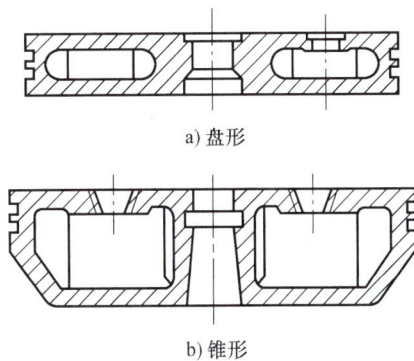

a) 盘形

b) 锥形

图 3-5　盘形和锥形活塞

③ 活塞杆。活塞杆一般采用优质碳素钢或合金钢制成，其一端与十字头连接，另一端与活塞连接。活塞杆的连接方式如下：

a) 圆柱凸肩连接。运转时，活塞杆的圆柱凸肩和锁紧螺母同时传递活塞力，因此，活塞螺母的连接要紧密牢固并有防松装置，活塞轴线与活塞杆轴线的同轴度靠圆柱面的加工精度来保证，故活塞与凸肩的支承表面在加工时要配磨，以保证接触良好。

b）锥面连接。如图3-6所示，这种连接形式的特点是拆装方便，连接处的接触面积大、摩擦力增大而使连接更可靠；但锥度的配合要求高，加工难度也较大。

4）十字头。十字头是连接活塞杆与连杆的部件。它在导轨里做往复运动，并将连杆的动力传给活塞部件，如图3-7所示。十字头又分为开式和闭式。

a）开式。连杆小头的叉形位于十字头体的两侧。

b）闭式。连杆小头位于十字头体内。

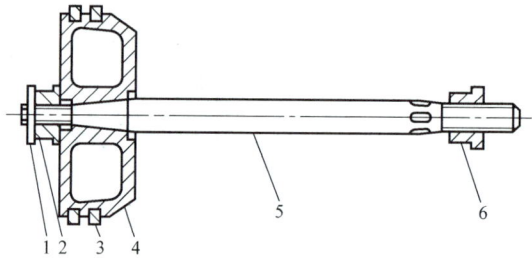

图3-6 活塞组件结构图
1—开口销 2、6—螺母 3—活塞环
4—活塞 5—活塞杆

5）气阀。气阀是压缩机的一个重要部件，属于易损件。它的质量及好坏直接影响压缩机的输气量、功率损耗及运转的可靠性，目前压缩机正向高速方向发展，而限制转速提高的关键问题之一就是气阀。气阀包括进气阀和排气阀，活塞每上、下往复运动一次，进、排气阀各开启与关闭一次，从而控制压缩机并使其完成吸气、压缩、排气等工作过程。气阀包括环状阀、组合阀和直流阀。

① 环状阀。环状阀因其阀片为薄圆环而得名。如图3-8和图3-9所示，压缩机的环状阀由下面几部分组成：

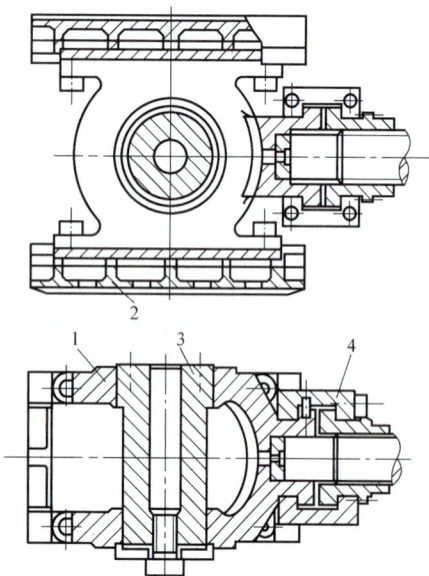

图3-7 剖分式十字头结构
1—十字头体 2—滑履
3—十字头销 4—连接器

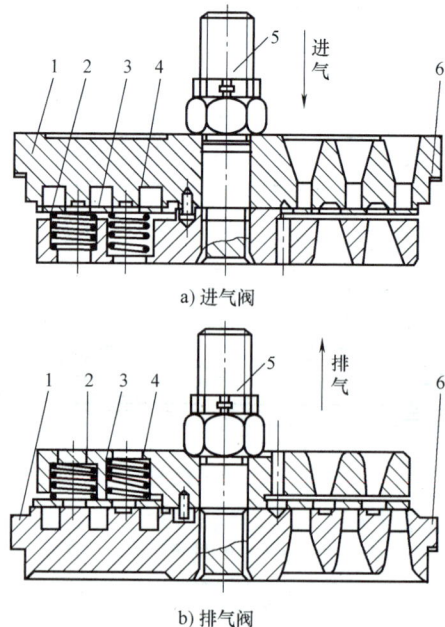

图3-8 环状阀
1—阀座 2—阀盖 3—阀片
4—弹簧 5—螺栓 6—密封圈

a）阀座。它的座面上有几个同心的环形通道组成的圆盘形及对应于阀片数目的圆环形密封面。气阀关闭时，阀片在弹簧的作用力和气体的压力差作用下紧贴在阀座密封面上，截断气流通道。

b）阀盖。它的结构与阀座相似，其通道和阀座是错开的。

c）阀片。为简单的圆环形薄片结构，加工容易，便于标准化。

d）弹簧。通过弹簧作用于阀片上的预紧力，使阀片与阀座密封，并减缓阀片在启闭时的冲击力。

e）螺栓和螺母。气阀的各零件是用螺栓来连接的，拧紧螺母后应采取防松措施，进气阀的螺母在阀座一侧、排气阀的螺母在阀盖一侧，这是识别和安装进、排气阀时的标志之一；另一标志是进气阀只能向气缸内开启，排气阀只能向气缸外开启。

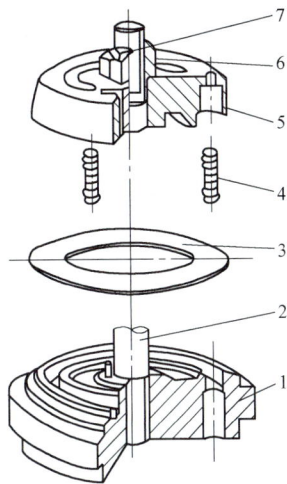

图3-9　环状阀分解立体图
1—阀座　2—螺栓　3—阀片　4—弹簧
5—阀盖　6—螺母　7—开口销

② 组合阀。其结构是将进、排气阀制成一个整体，这样就能增大气体的流通面积和扩大气阀的通用性。

③ 直流阀。图3-10所示为直流阀示意图，它由阀片和兼有阀座与升程限制作用的阀体组成。

6）安全阀。安全阀在系统中起安全保护作用。当系统压力超过规定值时，安全阀打开，将系统中的一部分气体排入大气，使系统压力不超过允许值，从而保证系统不因压力过高而发生事故。安全阀主要有弹簧式和杆式两大类。图3-11所示为弹簧式安全阀，它依靠弹簧的弹性压力而将阀瓣等密封件闭锁，一旦压力异常后产生的高压将克服安全阀的弹簧压力，闭锁装置被顶开形成一个泄压通道，将高压泄放掉。

安装时应注意：安全阀出口处应无阻力，避免产生受压现象；安全阀在安装前应专门测试，并检查其密封性；对使用中的安全阀应做定期检查。

（4）压缩机的附属装置　压缩机的附属装置有润滑系统、冷却系统、空气过滤器和储气罐等。

1）润滑系统。润滑系统是压缩机的重要部件，它不仅影响压缩机的性能指标，而且与压缩机的寿命、安全性、可靠性也有直接关系。L形压缩机润滑系统如图3-12所示。

① 气缸和填料箱的润滑。气缸和填料箱是用注油器进行润滑的，柱塞22由注油器凸轮20带动上下运动，将润滑油从注油器油池17中吸入，经过吸入口和排出口两个单向阀19后，送入气缸和填料箱。

② 运动机构的润滑。齿轮泵由曲轴1通过传动轴2驱动，将润滑油从油池中吸入，并按齿轮油泵压油口→滤油器11→传动轴中心孔→曲轴中心孔→曲轴轴颈→连杆大头→连杆小头→十字头销→十字头滑道的油路压送至各运动部分进行润滑。

③ 润滑油。压缩机对润滑油性能要求比较高，可选用GB/T 3141—1994规定的几种牌号的油，轻载用L-TSA和L-DAA；中载用L-DAB；重载用L-DAC。

2）冷却系统。图3-13所示为压缩机的冷却系统，图3-14所示为压缩机的中间冷却器。

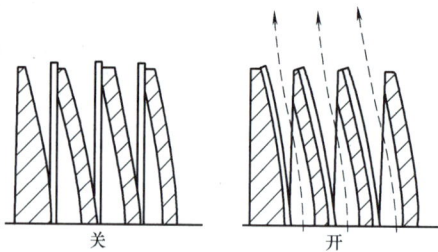

图 3-10　直流阀示意图

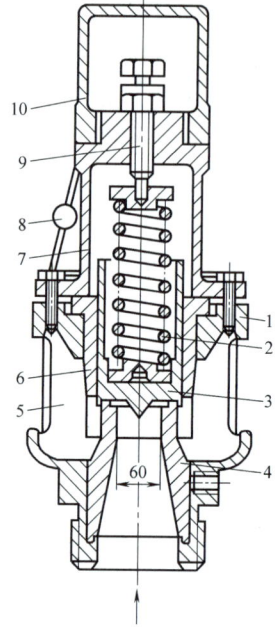

图 3-11　弹簧式安全阀

1—阀体　2—弹簧　3—阀瓣　4—阀座
5—排气口　6—阀套　7—上体　8—铅封
9—压力调节螺钉　10—上盖

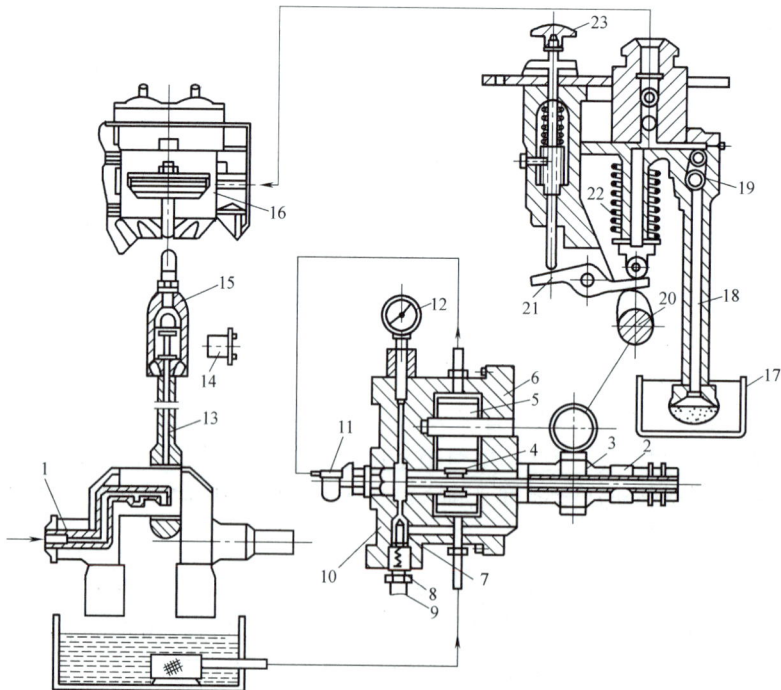

图 3-12　L形压缩机润滑系统

1—曲轴　2—传动轴　3—蜗杆副　4—齿轮泵外壳　5—从动齿轮　6—主动齿轮　7—压力调节阀　8—螺母
9—调节螺钉　10—回油管　11—滤油器　12—压力表　13—连杆　14—十字头销　15—十字头　16—活塞
17—注油器油池　18—注油器吸油管　19—单向阀　20—注油器凸轮　21—杠杆　22—柱塞　23—顶杆

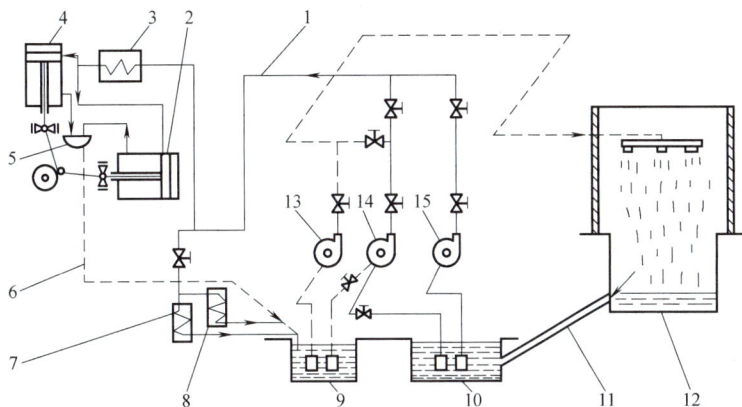

图 3-13　压缩机的冷却系统

1—总进水管　2、4—一、二级气缸　3—中间冷却器　5—回水漏斗　6—回水管　7—后冷却器
8—润滑冷却器　9—热水池　10—冷水池　11—水管　12—冷却塔　13—热水泵
14—备用泵　15—冷水泵

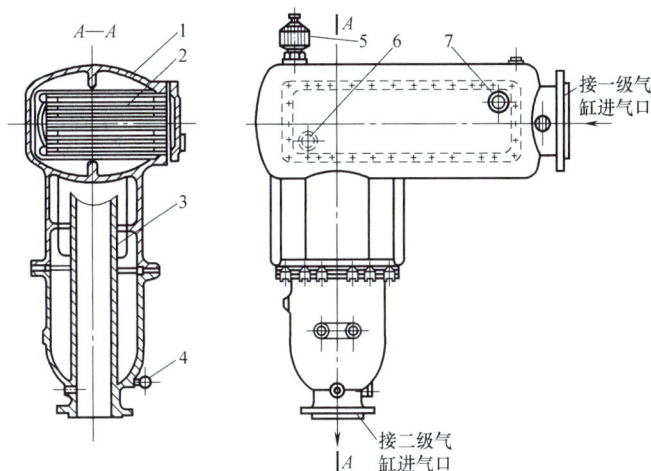

图 3-14　压缩机的中间冷却器

1—外壳　2—冷却水管芯　3—油水分离器　4—排水阀　5—安全阀
6—冷却水进口　7—冷却水出口

3）空气过滤器。空气过滤器主要用于过滤进入空气中的粉尘、颗粒等杂质。

4）储气罐。储气罐主要是用来存储压缩机所产生的压缩气体，如图 3-15 所示。所以压缩机的储气罐有如下几个方面作用：

① 稳定压力，消除压缩机周期性排气造成的压力脉动。

② 分离油水，提高压缩空气的质量。

③ 储备压缩空气，维持供需平衡。

（5）活塞式压缩机的工作原理　当活塞式压缩机的曲轴旋转时，通过连杆的传动，活塞便做往复运动，由气缸内壁、气缸盖和活塞顶面所构成的工作容积则会发生周期性变化。活塞式压缩机的活塞从气缸盖处开始运动时，气缸内的工作容积逐渐增大，这时，气体即沿着进气管，推开进气阀而进入气缸，直到工作容积变到最大时为止，进气阀关闭；活塞式压缩机的活塞反向运动时，气缸内工作容积缩小，气体压力升高，当气缸内压力达到并略高于排气压力时，排气阀打开，气体排出气缸，直到活塞运动到极限位置为止，排气阀关闭。当活塞式压缩机的活塞再次反向运动时，上述过程重复出现。总之，活塞式压缩机的曲轴旋转一周，活塞往复一次，气缸内相继实现进气、压缩、排气的过程，即完成一个工作循环，如图 3-16 所示。

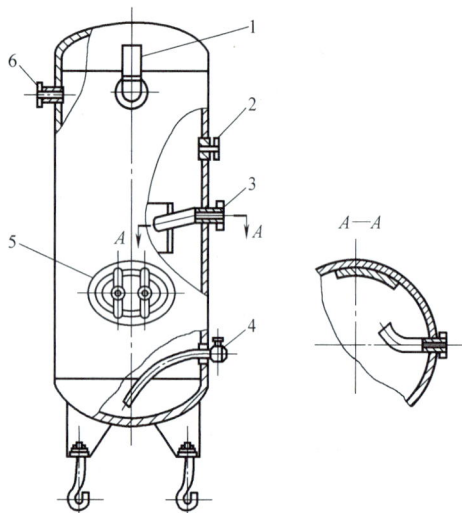

图 3-15 储气罐

1—安全阀接口 2—压力表接口 3—进气口
4—油水排泄阀 5—检修孔 6—排气口

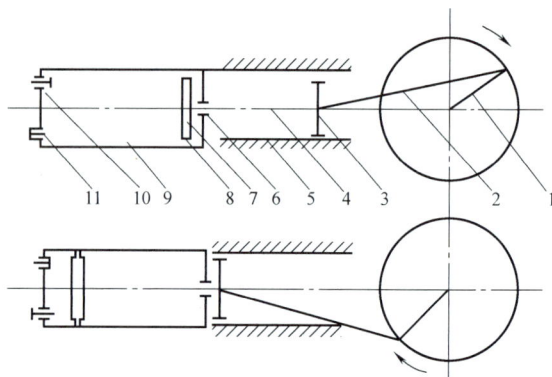

图 3-16 活塞式压缩机工作示意图

1—曲轴 2—连杆 3—十字头 4—活塞杆 5—滑道
6—密封装置 7—活塞 8—活塞环 9—气缸
10—进气阀 11—排气阀

## 3.1.2 活塞式压缩机的安装工艺

### 1. 活塞式压缩机的安装要求

活塞式压缩机的安装是一项重要的工作，它将直接影响压缩机的运行和使用寿命。其安装要求如下：

1）高压侧机身和低压侧机身的中心线都要装成水平。

2）高压侧机身和低压侧机身的中心线标高要相同。

3）高压侧机身和低压侧机身的中心线都要与主轴中心线相互垂直。

4）高压侧机身和低压侧机身的中心线要相互平行。

5）机身与气缸以及气缸与气缸的中心线重合（即同心）。

如果不能很好地满足上述条件，则会带来严重影响。例如，高压侧机身和低压侧机身的中心线不平行或标高不相同，就会使活塞产生局部磨损，连杆和活塞受到附加的弯曲载荷，同时也会加速损坏。

### 2. 安装前的准备工作

1）审阅与熟悉压缩机安装时所必需的各种技术资料。

2）做好施工组织工作和人力、物料、机具、量具的准备。

3）基础、垫铁、地脚螺栓、千斤顶的验收应符合图样要求。

4）开箱逐件清点、检查设备及附件。

**3. 活塞式压缩机的开箱检查与保管**

压缩机送到之后一般要进行开箱检查，主要是检查压缩机的外观有没有损坏、随设备所配带的附件数量是否齐全以及随设备所配带的各种相关资料是否齐全等，一切检查完全之后应将压缩机保管在干燥安全的地方。

**4. 基础验收及垫铁和地脚螺栓的验收**

压缩机安装前的基础验收及垫铁和地脚螺栓的验收应符合图样要求（见图 3-17 和图 3-18）。

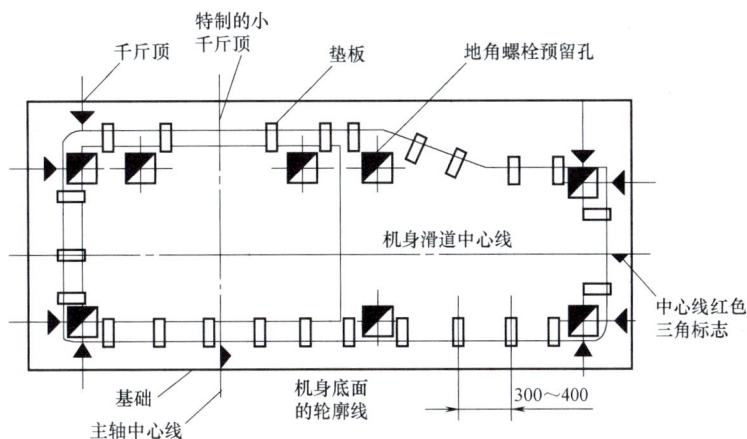

图 3-17 垫铁和千斤顶的放置图

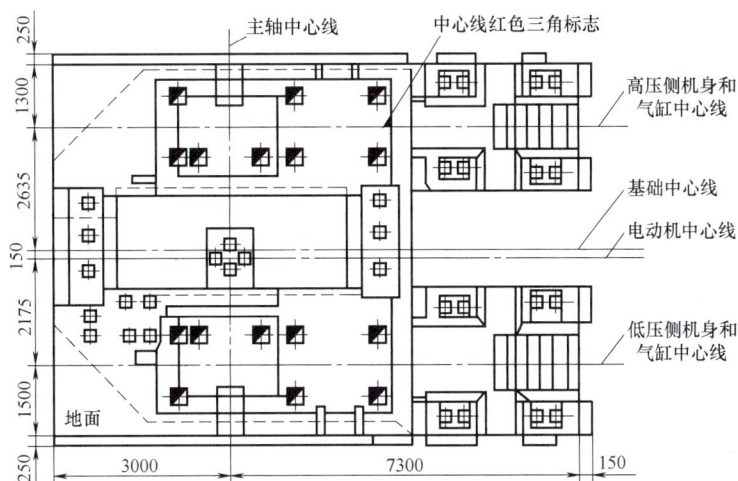

图 3-18 压缩机基础平面图

**5. 机体的安装**

压缩机机体一般由机身、中体及曲轴箱三部分组成，中小型压缩机多是三者为一体。机体是压缩机受力零件，它的安装质量直接影响压缩机的运行及使用的可靠性。

小型压缩机采用整体安装；中型压缩机（L形）机身的安装要求把纵向水平和横向水平控制在允许的偏差范围内。

对称平衡型压缩机的对置式机体有两列机体，在安装时，应先画出每列机身两侧气缸中心线及主轴中心线，吊装机体并按中心线使机体就位。

在机体就位吊装之前，机体应先用煤油进行试漏检查，其方法是在机体外部各连接处涂上白粉，将机体用枕木垫起，注入煤油（注入高度应达到机体内润滑油最高位置），观察 2~3h内不应渗漏。如有渗漏，可用下列方法修补：

1）钻孔攻螺纹，用丝堵堵死。

2）加盲板，用3~4mm厚的纯铜板钻孔，在机体上钻、铰、攻螺纹，再在纯铜板与机体之间涂铅油，用螺钉将盲板拧紧。修补后应重新试漏，时间要保持6~8h。

机体滑道的油孔应用油或压缩空气试漏与吹洗。

安装机体时，应先将垫铁的一部分露在机座外部，以便调整机体的标高与水平度。为减小机体在安装过程中的弹性变形，应将机身上横梁与拉紧螺栓拧紧后再找正找平，横梁与拉紧螺栓在拆装时，均应维持配合间隙，使其数值不变，各横梁不得错位。

机体的水平度用小千斤顶调整，用分度值为 0.02mm/m 的框式水平仪测量机体的纵向与横向水平偏差，不应超过 0.05mm。

纵向水平度在机体滑道的前、中、后三点位置测量，横向水平度在机体轴承处测量，L形机体在机体法兰面上测量。纵向水平度测量数值以前、后两点为准，中间一点仅供参考。测量水平度时，应在水平仪测得数值后就地调转180°再测一次，取两次所测的平均值为准，以后测量均此方法进行。纵向水平度与横向水平度必须同时进行测量，以防止水平调好后又发生变化。

第一列机体安装好之后，应以此为基准安装第二列机体，其找正与找平方法同第一列机体。H形压缩机两列机体的四个主轴承孔应严格保持同轴度。

机体安装后，应对称均匀地拧紧地脚螺栓，并复查垫铁组是否压紧，再查机体的水平度和主轴承的同轴度。

### 6. 轴承与曲轴的安装

（1）主轴承及其安装　中小型压缩机大多采用滑动轴承。这里主要介绍滑动轴承的安装。

安装前，应仔细检查轴瓦、合金层的加工质量，不允许有任何脱胎、裂纹、孔洞、沙眼、划痕、夹渣等，对瓦背、轴承座也应同样检查，并用煤油浸泡0.5h，取出擦净，涂上白粉，检查合金层与轴瓦本体间的贴合程度，如发现渗油，则需要换新的轴瓦。

然后用涂色法检查瓦背与轴承座弧面的接触情况，应有90°~120°的弧面接触，接触面达70%以上，接触点要均匀分布。对薄壁瓦原则上不允许刮研。

（2）曲轴的安装　压缩机的曲轴是压缩机中最重要的机件，它的作用是把电动机轴的旋转运动转变成活塞组件的往复直线运动，它从原动机接收动力矩，通过活塞对气体做功，因此，它周期性承受气体力和惯性力，并产生变应力、弯曲应力和扭转应力。

1）曲轴安装前要仔细检查曲轴有无生锈、裂痕、砂眼等缺陷，然后用煤油或柴油清洗干净，用压缩空气吹净油孔，保持油路畅通、干净。

2）大型曲轴吊装就位时，要特别注意曲轴的平稳性，防止由于吊装不平稳，碰坏曲轴或轴瓦。

3）曲轴的安装与主轴承的安装同时进行，并密切配合，曲轴就位后，分别在主轴颈与轴的中间位置上，用水平仪测量其水平度。反复盘车观察主轴与轴瓦贴合程度及其间隙值。曲轴每转动90°位置测量一次，还要反转再每隔90°测一次。取四次读数的平均值，其误差不超过0.1mm/m。

压缩机曲轴与轴瓦之间的间隙，必须严格按照安装规范或有关技术文件规定，不允许超出规定范围。因为间隙过小，则润滑油的油膜被破坏，无法润滑曲轴和轴瓦，导致主轴颈及轴瓦严重磨损及烧毁，产生变形；如果间隙过大，会导致曲轴在运转中松动、敲击和泄漏。

曲轴与轴瓦的侧间隙用塞尺测量，塞尺塞进间隙中的长度不应小于主轴颈的1/4；曲轴与轴瓦的顶间隙则用铅丝测量。若实际测得的顶间隙超出规定值时，则应减去或增加结合面处的薄垫片或修刮结合面。

4）主轴颈与曲柄销的平行度测量与曲轴的水平度检测同时进行，即在曲柄销上也放上水平仪。每当曲轴旋转90°时，对照一下曲柄销与主轴颈上水平仪的读数，即可得出平行度误差。平行度允差为0.2mm/m。

5）曲轴开度偏差测量。曲柄销两边的两曲柄间的距离称为曲轴开度，测曲轴开度的方法多用百分表（见图3-19）放在距曲柄边缘15～20mm处，在曲柄上、下、左、右四个位置各测一次，比较其差值。其数值变化量应符合技术文件规定，如无规定时，不应大于万分之一活塞行程。若曲轴开度偏差过大时，容易引起轴承温升过高或烧坏轴瓦。

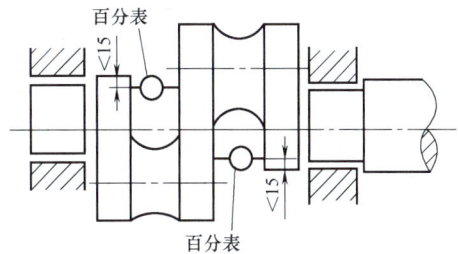

图3-19 曲轴开度的测量

6）曲轴中心线与滑道中心线应垂直，否则会使十字头、小头瓦和大头瓦发生偏磨损。其垂直度允差为0.1mm/m。具体测量方法如图3-20所示。

制作一个测量架，固定在曲轴销上，沿滑道中心线架设一条钢丝。用内径千分尺测得 $a_1$ 值，转动曲轴180°后，再测得 $a_2$ 值，则其垂直度偏差为 $\Delta_L$，即

$$\Delta_L = \frac{|a_1 - a_2|}{l} (mm/m) \qquad (3-1)$$

式中 $l$——两测点间距（m）。

施工现场，也可不做测量架，可直接在曲柄侧壁上取点测量。

### 7. 气缸的安装

气缸安装前，应认真清洗和检查各级气缸，要求无机械损伤及其他缺陷，特别是气缸内壁面不允许存在划痕、斑疤及孔洞。对于有底座的气缸，应将其与支座对研，使其接触良好，并用0.04mm塞尺检查，不得插入。

气缸经检查合格后，即可进行安装。气缸安装的关键问题是如何达到气缸中心线与滑道中心线的同轴度要求。如同轴度达不到规范要求，则应用刮刀或锉刀刮削、锉削气缸的定位凸肩或定位止口，进行调整。

此外，气缸倾斜方向应与滑道倾斜方向一致。

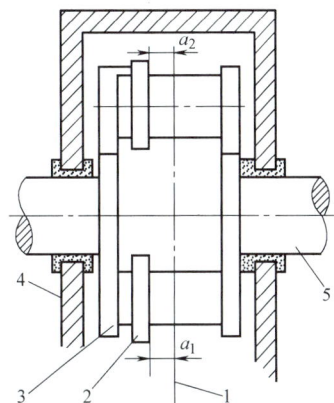

图3-20 曲轴与滑道中心线垂直度测量方法

1—曲轴 2—机体 3—钢丝
4—测量架 5—轴身

安装气缸时，不允许使用加垫或用外力强制定心，只能通过修刮气缸和中体结合面来纠正气缸中心偏差，修刮后，接触面应达65%以上，如图3-21所示。

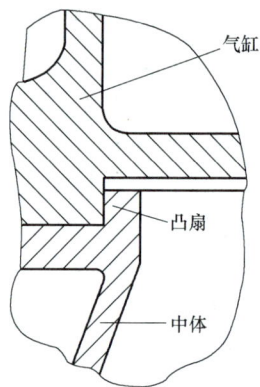

图3-21 气缸与中体连接

### 8. 大型电动机的安装

大型电动机一般是指电枢直径（直流电动机）或定子铁心外径（交流电动机）超过1m的电动机。

大型同步电动机由定子、转子和底座三部分组成。根据运输条件和安装使用条件，定子和转子可分为整体式或对开式。其安装过程简述如下：

（1）安装底座

1）按要求布置垫铁。除按垫铁布置原则外，还要在载荷集中处增设垫铁组，如轴承座、定子的底座下的固定部位要增设垫铁，并尽可能将垫铁布置在底座带有肋板的部位。

2）底座吊装就位并初步找正找平。其水平度允差为0.01mm/m；中心线允许偏差为±5mm；标高允许偏差为±0.5mm。其精确调整常在轴承、转子、定子等部件安装后，结合其中心线一并进行。

（2）安装轴承座 要求在轴承座与台板的接触间加绝热垫片，以防止"轴电流"的产生而使轴承过热，甚至烧坏轴承。要求轴承座的中心线与抗阻轴线重合。

（3）安装定子和转子 定子和转子的安装步骤是：首先把下半个转子垫放好，吊上曲轴，再把上半个转子放上，将转子与轴牢固把紧，注意使转子端面与轴上定位台肩靠紧，转子与轴的键槽要对准；把转子连同主轴自定子的一侧穿入（若定子是对开式的，也可按上述方法进行）；在定子与支座之间放入软垫铁（厚2~3mm），将主轴连同转子、定子一同吊放到机座上的轴承座上再行找正。

定子与转子安装好以后，必须检查：定子内圆圆弧程度，转子外圆圆弧程度，定子与转子连接处的错口情况及张口或缩口情况，定子与转子间周围空气间隙的均匀情况。各项应符合电动机说明书的规定。

空气间隙的调整，可借助增减定子底座与支架间垫片厚度以及移动定子前、后、左、右位置来达到。

各项调整工作结束后，应将定子支架与底座的连接螺栓拧紧；安装定位销，并用电焊焊牢。检查转子上各磁极的连接螺栓及风扇螺栓应拧紧，试车前应将两半转子的热装圈热装好。

同步电动机安装完毕后，安装励磁机、集电环和集电环的引风机。电动机的防尘罩应在电动机试车合格后再行安装。

### 9. 十字头和连杆的安装

（1）十字头和连杆的结构 十字头和连杆的组装图分别如图3-22、图3-23所示。

（2）十字头和连杆的安装方法 十字头在工作时起导向并承受侧向力的作用。因此，在安装十字头之前，将十字头拆开，用涂色法检查滑履与滑道的接触面，要求接触点分布均匀，接触面积不少于滑履面积的60%，若不合格，应刮研滑履。在刮研过程中，边刮研边用塞尺检查滑履与滑道之间的间隙（每侧不少于三处测量）。滑履与滑道间隙的大小可利用垫片来进行调整。对卧式压缩机气缸列滑履与机体滑道的径向间隙应置于滑道不受侧向力一侧。

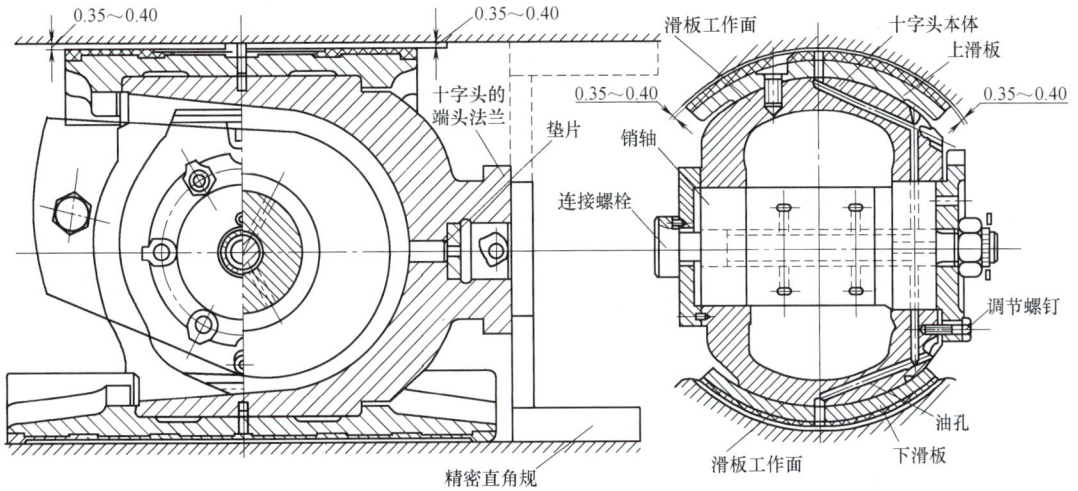

图 3-22　十字头的组装图

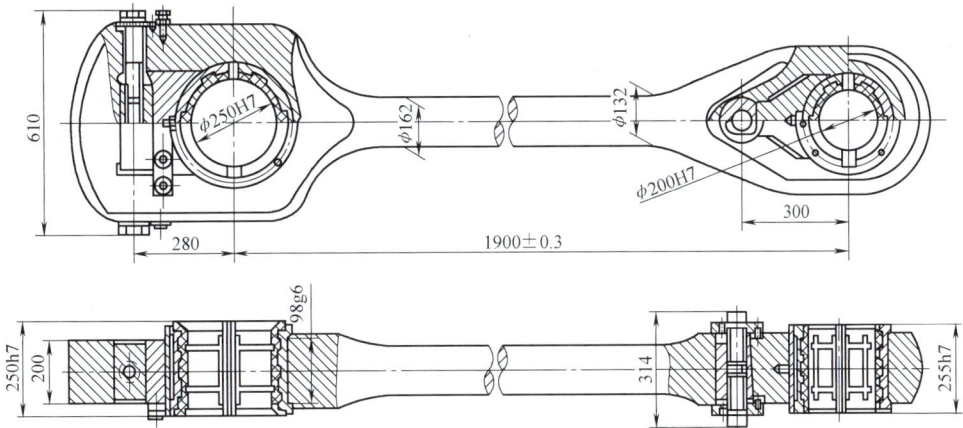

图 3-23　连杆的组装图

　　连杆的安装是在十字头放入机体滑道内及曲轴就位后进行。连杆安装前，应分别刮研连杆大头轴瓦和小头轴瓦（当大头轴瓦为薄壁瓦时，可不刮研），使其与曲轴销和十字头销轴接触面积为其本身面积的 70% 以上，接触点应均匀分布。连杆大、小头轴瓦的配合间隙应严格控制，否则就会因间隙过大而产生撞击，因间隙过小而产生过热烧瓦或卡死。连杆的定位，一般以小头瓦的轴向间隙为准，定位端的两侧轴向间隙要求均匀相等。

　　连杆的小头瓦的径向间隙可用塞尺检查，也可凭经验判定。连杆大头瓦的径向间隙可用塞尺或压铅丝法检查；轴向间隙用塞尺检查，或将百分表置于曲轴上，连杆触头靠在大头瓦的一侧端面上，拨动连杆，百分表的读数即为轴向间隙。

　　连杆螺栓和螺母的拧紧程度要求严加控制，因其受力情况复杂，它的断裂将会造成严重的事故。

**10. 活塞及活塞杆、活塞环的安装**

安装前必须检查活塞杆上凸肩及螺母与活塞上的沉槽的紧固程度是否良好，有无松动和转动现象，如有，应在装前拧紧。活塞上不得有气孔、沟槽及裂纹等缺陷。活塞环端面应平整，毛刺应去除，活塞环必须能自由沉入活塞槽内，并有 0.3 ~ 0.5mm 的沉入量，如图 3-24 所示。活塞环在气缸中应留出一定的开口间隙，作为活塞环工作时的热膨胀间隙，如图 3-24 所示。同组活塞环开口处的位置应均匀错开，所有开口位置应让开阀门口处。

活塞杆和活塞组对好后，将活塞（此时不装活塞环）呈水平状态吊起，用人力借助导向工具慢慢地推入气缸内，如图 3-25 所示。在将活塞推入气缸时应保证活塞与气缸同轴，活塞杆呈水平，但允许向前端高 0.05mm/m。

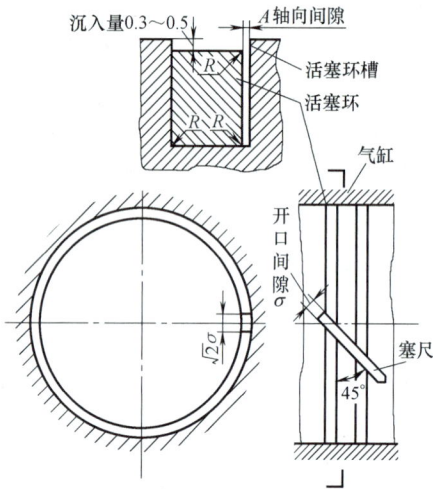

图 3-24　活塞环的轴向间隙、沉入量、
圆角半径和开口间隙示意

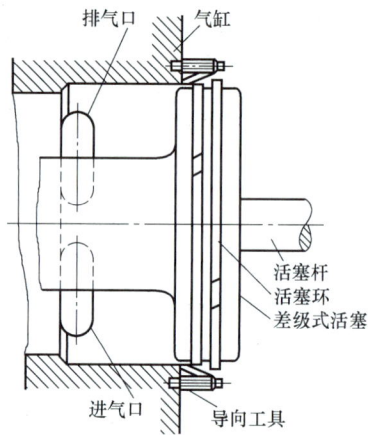

图 3-25　用导向工具将
活塞装入气缸的方法

活塞杆与十字头的连接应在十字头滑履修刮装配后进行，连接后应进行刮研。当气缸盖安装以后，调整金属垫片及缸盖法兰间的密封垫的厚度，以调整气缸内余隙。气缸止隙的测量一般用铅丝从气阀孔伸入气缸内，慢慢盘车使活塞到达止点位置时，铅丝被压扁厚度就是气缸实际止隙。若不符合要求，应进行认真调整。其方法有以下几种：一是增减活塞杆头部与十字头凹孔内的调整垫片厚度来调整气缸止隙；二是利用十字头与活塞杆连接的双螺母来改变活塞的位置，从而改变气缸止隙；三是改变气缸端盖下的垫片厚度来调整气缸的止隙。

### 11. 填料函及刮油器的安装

（1）填料函及刮油器的结构　填料函是用来阻止气体从活塞杆与气缸之间的缝隙泄漏的组件，如图 3-26 所示。图 3-27 所示为刮油器的装配图。

（2）填料函及刮油器的安装方法　当填料函各盒经过拆卸、清洗检查、做好标记，以保证各部件不混乱安装后，填料函在气缸内的安装，应保证油、水、气孔畅通、清洁。填料函盖应均匀地拧紧，以免十字头翘起。在组装填料函时，可用塞尺检查填料环及填料盒的各处间隙是否均匀分布，如图 3-26 所示。

刮油器由三瓣组成，套在活塞桅杆上，刮油刃口不应倒圆，刃口方向不得装反，各处间隙如图 3-27 所示。

### 12. 气阀的安装

活塞式压缩机的气阀是随气缸内被压缩气体状态的变化而自行开闭，因此气阀不能反

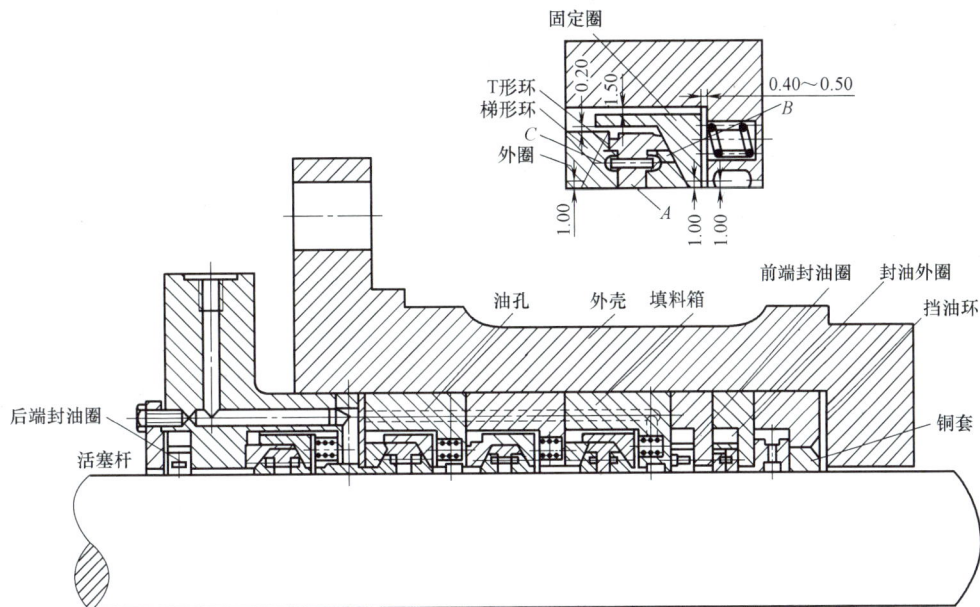

图 3-26 密封填料函各部分间隙图

装。气阀在安装前，应拆卸清洗，并检查各零件变形、损伤情况。气阀的弹簧弹力应均匀，阀片应平滑。气阀装配后，应用煤油进行渗漏试验。阀片与阀座的接触面要求密合。气阀阀片的开启高度，应在气阀安装后进行检查，其开启高度应符合有关规定。

### 13. 润滑系统的安装

安装时必须将各润滑循环部件和管道拆卸清洗干净。润滑油系统安装以后，应对油泵、油管封闭进行液压试验，要求不应有渗漏现象。油管应先进行排气排污后，再与各供油润滑点连接。油管在安装时，管子的弯曲半径不要太小，要求不应有急弯、折扭和压扁等现象发生。

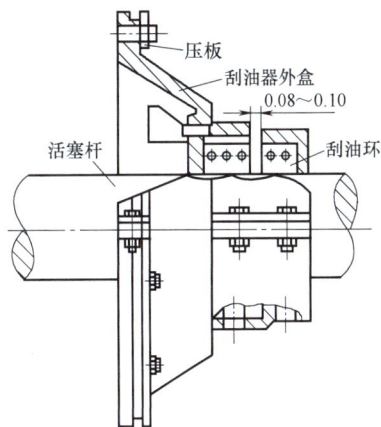

图 3-27 刮油器的装配图

### 14. 附属设备的安装

压缩机的附属设备包括水封槽、各级冷却器、缓冲器、油水分离器、集油槽等。这些设备在安装就位以前首先应根据设备图样检查其结构和尺寸、方位以及其地脚螺栓孔和地脚螺栓的位置等，然后按规定进行强度及气密性试验。立式附属设备安装就位后，应检查其垂直度，允差不超过 1mm/1000mm。

所有压缩机的附属设备在就位前和施工将完成时，均应按容器的不同要求彻底清洗干净，不得有污垢、铁屑和杂物等存留。

### 15. 活塞式压缩机试运转

（1）压缩机试运转步骤

1）循环润滑油系统试运转。循环润滑油系统的试运转要求达到整个系统各连接处严密无泄漏；冷却器、过滤器工作效果良好；整个系统清洁；油泵机组工作正常；无噪声和发热现象；油泵安全阀在规定压力范围工作；系统油温及油压指示正确；油压自动联锁（包括盘车器联锁）应灵敏。

2）气缸填料注油系统试运转。要求系统各连接处严密无泄漏现象，阀门工作灵敏，注油器工作正常，无噪声和发热现象，各注油口滴油应清洁。

3）冷却水系统试运转。冷却水系统畅通无阻，水量充足，水压正常，各阀门工作灵敏可靠，各接合处应严密无泄漏。

4）励磁机通风系统试运转。要求运行稳定、风量充足、风压正常、各连接处无泄漏，出口吹出空气清洁。

5）电动机的单独试运转。开车前必须对电动机的检查、调整（电动机旋转方向正确，不允许反转），耐压试验及干燥等工作应严格操作。用塞尺测电动机的空气间隙。检查并紧固电动机的各连接处，要求无松动。接通电动机的测控仪表，盘车三转以上，若无碰撞和摩擦声响，方可起动电动机。

第一次只能瞬间起动电动机，并立即停车，检查转动方向和各部分有无障碍。第二次起动运转5min，然后停车检查。第三次起动运转30min，如若正常，则可连续运转1h，停车后，检查主轴承温度应不超过60℃，电动机温度应不超过70℃，电压电流应符合规定值。

6）压缩机各部位的检查及准备。

① 全面检查压缩机各运转与静止机件的紧固情况，调整气缸支承并加润滑油脂。

② 检查二次灌浆层的强度是否达到设计要求。

③ 复查各部位的间隙及气缸止隙是否符合要求，并盘车检查转动是否灵活轻便。

④ 检查各部分的测试仪表是否安装完毕，联锁装置是否灵敏可靠。

⑤ 检查安全防护装置是否良好且放置可靠。

⑥ 将压缩机擦拭干净，把附近的杂物搬开，做好防尘工作，以免粉尘被吸入气缸内。

⑦ 拆去各级气缸上的气阀和管道，换上试运转用的筛网。

（2）压缩机的无负荷试运转　无负荷试运转的目的包括：通过无负荷试运转达到使各运动部件的磨合良好；检验附属系统的工作可靠性；发现问题并及时处理；为压缩机进入负荷试运转创造条件。

首先瞬间起动压缩机并立即停车，观察压缩机主轴旋向是否正确，各部分经检查无异常后，再依次运转5min、30min和4～8h。每次运转前，均应检查压缩机的润滑情况是否正常。试运转过程中，每隔半小时填写一次运转记录。各项工作运行指标均应符合设备技术文件的规定。

（3）压缩机的吹除　压缩机无负荷试运转结束后，在负荷试运转之前，应开动压缩机，利用各级气缸排出的空气吹除该级排气系统内的灰尘及污物。吹洗之前，应先装上过滤器，并逐级装上吸、排气阀。吹除工作应分级进行，逐级吹除，直至排出的空气清洁为止，但每级吹除时间不少于30min，各级吹除压力应符合技术文件上的规定。

吹除完毕后，应拆下各级进、排气阀清洗干净，经检查无损伤后，再行安装。

（4）压缩机的负荷试运转　压缩机的负荷试运转的目的是通过负荷试运转，检验压缩机，了解压缩机在正常工作压力下的气密性，即排气量及各项技术性能指标等是否符合设备文件规定的要求。

压缩机在负荷试运转之前，必须把吹洗时用的临时管路、筛网、盲板等全部拆除，装上正式试运转需用的管路、仪表及安全阀，然后进行正式开车。开车后，应分次逐级升压，每次升压之前，应该稳压一段时间。每次升压的幅度也不宜过大。

在逐级分次升压过程中，应对机组的运转情况进行全面的检查。每半小时填写一次试运转记录，各种数据应在规定范围内。在额定工作压力下的试运转时间，一般不应少于24h，或按设备技术文件的规定进行。停车后应进行全面检查。

在上述试车合格后，应断开电源和其他动力源；消除压力和负荷；更换润滑油；装好试运转前预留未装和试运转中拆下的部件和附属装置；整理试运转的各项记录。

（5）拆卸检查及再运转　负荷试运转后，应拆开检查压缩机各运转部分的磨合情况是否正常；各紧固部分是否松动；拆下各级气阀进行清洗；检查气缸镜面磨损情况；全面检查电动机的各部分；复测气缸及曲轴的水平；消除试运转中发现的缺陷。

拆卸检查后应再次试车，试车过程同压缩机负荷试运转，以考验再装配的正确性。

（6）压缩机的主要故障分析及排除方法　压缩机在试运转和正式运转过程中，常会发生一些故障，这些故障产生的原因各异，对于不同产生原因应采用不同的排除方法，现将其列于表3-3中。

表3-3　活塞式压缩机常见故障、产生原因及排除方法

| 序号 | 常见故障 | 产生原因 | 排除方法 |
|---|---|---|---|
| 1 | 排气量达不到设计要求 | 1）气阀泄漏，特别是低压级气阀的泄漏<br>2）填料漏气<br>3）第一级气缸余隙容积过大<br>4）第一级气缸的设计余隙容积小于实际结构的最小余隙容积 | 1）检查低压级气阀，并采取相应措施<br>2）检查填料的密封情况，采取相应措施<br>3）调整气缸余隙<br>4）若设计错误，应修改设计或采用措施调整余隙 |
| 2 | 功率消耗超过设计规定 | 1）气阀阻力太大<br>2）吸气压力过低<br>3）压缩级之间的内泄漏 | 1）检查气阀弹簧力是否恰当，气阀通道面积是否足够大<br>2）检查管道和冷却器，如阻力太大，应采取相应措施<br>3）检查吸、排气压力是否正常，各级气体排出温度是否增高，并采取相应措施 |
| 3 | 级间压力超过正常压力 | 1）后一级的吸、排气阀不好<br>2）第一级吸入压力过高<br>3）前一级冷却器冷却能力不足<br>4）活塞环泄漏引起排出量不足<br>5）到后一级间的管路阻抗增大<br>6）本级吸、排气阀不好或装反 | 1）检查气阀，更换损坏件<br>2）检查并消除<br>3）检查冷却器<br>4）更换活塞环<br>5）检查管路使之畅通<br>6）检查气阀 |
| 4 | 级间压力低于正常压力 | 1）第一级吸、排气阀不良引起排气不足及第一级活塞环泄漏过大<br>2）前一级排出后或后一级吸入前的机外泄漏<br>3）吸入管道阻抗太大 | 1）检查气阀，更换损坏件，检查活塞环<br>2）检查泄漏处，并消除<br>3）检查管道，使之畅通 |

（续）

| 序号 | 常见故障 | 产生原因 | 排除方法 |
|---|---|---|---|
| 5 | 排气温度超过正常温度 | 1）排气阀泄漏<br>2）吸入温度超过规定值<br>3）气缸或冷却器冷却效果不良 | 1）检查排气阀泄漏处，并消除<br>2）检查工艺流程，移开吸入口附近的高温机器<br>3）增加冷却器水量，使冷却器畅通 |
| 6 | 运动部件发出异常的声音 | 1）连杆螺栓、轴承盖螺栓、十字头螺母松动或断裂<br>2）主轴承，连杆大、小头瓦，十字头滑道等间隙过大<br>3）各轴瓦与轴承座接触不良，有间隙<br>4）曲轴与联轴器配合松动 | 1）紧固或更换损坏件<br>2）检查并调整间隙<br>3）刮研轴瓦瓦背<br>4）检查并采取相应措施 |
| 7 | 气缸内发出异常声音 | 1）气阀有故障<br>2）气缸余隙容积太小<br>3）润滑油太多或气体含水多，产生水击现象<br>4）异物掉入气缸内<br>5）气缸套松动或断裂<br>6）活塞杆螺母或活塞螺母松动<br>7）填料破损 | 1）检查气阀并消除故障<br>2）适当加大余隙容积<br>3）适当减少润滑油量，提高油水分离器效果或在气缸下部加排泄阀<br>4）检查并消除<br>5）检查并采取相应措施<br>6）紧固<br>7）更换填料 |
| 8 | 气缸发热 | 1）冷却水太少或冷却水中断<br>2）气缸润滑油太少或润滑油中断<br>3）由于脏物带进气缸，使镜面拉毛 | 1）检查冷却水供应情况<br>2）检查气缸润滑油，油压是否正常，油量是否足够<br>3）检查气缸，并采取相应措施 |
| 9 | 轴承或十字头滑履发热 | 1）配合间隙过小<br>2）轴和轴承接触不均匀<br>3）润滑油油压太低或断油<br>4）润滑油太脏 | 1）调整间隙<br>2）重新刮研轴瓦<br>3）检查油泵，油路情况<br>4）更换润滑油 |
| 10 | 油泵的油压不够或没有压力 | 1）吸油管不严密，管内有空气<br>2）油泵泵壳的填料不严密，漏油<br>3）吸油阀有故障或吸油管堵塞<br>4）油箱内润滑油太少<br>5）过滤器太脏 | 1）排出空气<br>2）检查并消除<br>3）检查并消除<br>4）添加润滑油<br>5）清洗过滤器 |
| 11 | 填料漏气 | 1）油气太脏或由于断油，把活塞杆拉毛<br>2）回气管不通<br>3）填料装配不良 | 1）更换润滑油，消除脏物，修复活塞桅杆或更换<br>2）疏通回气管<br>3）重新装配填料 |
| 12 | 气缸部分发生不正常的振动 | 1）支承不对<br>2）填料和活塞环磨损<br>3）配管振动引起的<br>4）垫片松动<br>5）气缸内有异物掉入 | 1）调整支承间隙<br>2）调换填料和活塞环<br>3）消除配管的振动<br>4）调整垫片<br>5）消除异物 |

（续）

| 序号 | 常见故障 | 产生原因 | 排除方法 |
|---|---|---|---|
| 13 | 机体部分发生不正常的振动 | 1）各轴承及十字头滑道间隙过大<br>2）气缸振动引起<br>3）各部件接合不好 | 1）调整各部分间隙<br>2）消除气缸振动<br>3）检查并调整 |
| 14 | 管道发生不正常的振动 | 1）管卡太松或断裂<br>2）支承刚性不够<br>3）气流脉动引起共振<br>4）配管架子振动大 | 1）紧固管卡或更换新的，应考虑管子热膨胀<br>2）加固支承<br>3）用预流孔改变其共振面<br>4）加固配管架子 |

# 任务2 离心式压缩机的安装

### 任务描述

了解离心式压缩机的特点、构造和工作原理，掌握离心式压缩机的安装工艺，掌握离心式压缩机常见故障分析及处理措施。

### 知识点讲解

## 3.2.1 离心式压缩机的特点、构造和工作原理

### 1. 离心式压缩机的特点

离心式压缩机是一种叶片旋转式压缩机（即透平式压缩机）。在离心式压缩机中，高速旋转的叶轮给予气体的离心力作用，以及在扩压通道中给予气体的扩压作用，使气体压力得到提高。早期，由于这种压缩机只适于低中压力、大流量的场合而不为人们所注意，但近来，由于化学工业的发展，各种大型化工厂、炼油厂的建立，离心式压缩机就成为压缩和输送化工生产中各种气体的关键机器。随着气体动力学研究的成就使离心式压缩机的效率不断提高，又由于高压密封、小流量窄叶轮的加工、多油楔轴承等关键技术的研制成功，解决了离心式压缩机向高压力、宽流量范围发展的一系列问题，使离心式压缩机的应用范围大为扩展，以致在很多场合可取代活塞式压缩机，而大大地扩大了应用范围。有些化工基础原料，如丙烯、乙烯、丁二烯、苯等，可加工成塑料、纤维、橡胶等重要化工产品。在生产这种基础原料的石油化工厂中，离心式压缩机也占有重要地位，是关键设备之一。除此之外，其他如石油精炼、制冷等行业中，离心式压缩机也是极为关键的设备。

与活塞式压缩机相比，离心式压缩机具有下述优点：

1）结构紧凑，尺寸小，重量轻。
2）排气连续、均匀，不需要级间中间罐等装置。
3）振动小，易损件少，不需要庞大而笨重的基础。
4）除轴承外，机件内部不需润滑，省油，且不污染被压缩的气体。

5）转速高。

6）维修量小，调节方便。

**2. 离心式压缩机的构造**

离心式压缩机主要由转子和定子两大部分组成。转子包括叶轮和轴。叶轮上有叶片，此外还有平衡盘和轴封的一部分。定子的主体是机壳（气缸），定子上还安排有扩压器、弯道、回流器和进气室等，如图 3-28 所示。

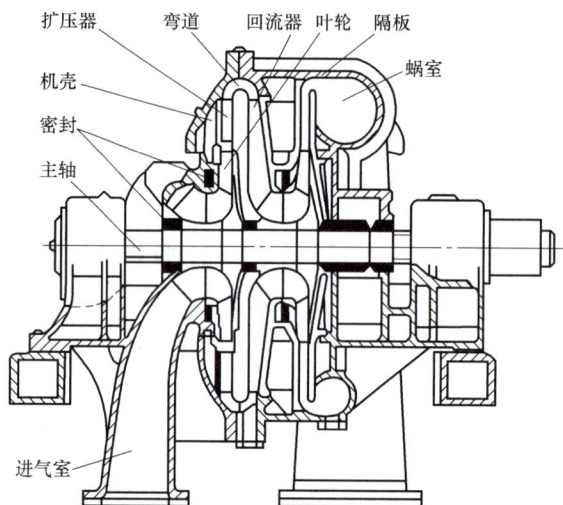

图 3-28　离心式压缩机结构图

**3. 离心式压缩机的工作原理**

汽轮机（或电动机）带动压缩机主轴叶轮转动，在离心力作用下，气体被甩到工作轮后面的扩压器中去。而在工作轮中间形成稀薄地带，前面的气体从工作轮中间的进气部分进入叶轮，由于工作轮不断旋转，气体能连续不断地被甩出去，从而保持了压缩机中气体的连续流动。气体因离心作用增加了压力，还可以高速离开工作轮，气体经扩压器逐渐降低了速度，动能转变为静压能，进一步增加了压力。如果一个工作叶轮得到的压力还不够，可通过使多级叶轮串联起来工作的办法来达到对出口压力的要求。级间的串联通过弯道和回流器来实现。这就是离心式压缩机的工作原理。

## 3.2.2　离心式压缩机的安装工艺

**1. 压缩机组中心线的确定**

机组正常工作时，整个机组的中心线在垂直面上投影要成为一条连续的曲线，如图 3-29所示。

找正工作最好在接近操作条件下进行，也可采用下列措施：

1）在室温条件下找完同轴度后，按制造厂提供的资料或实验数据，在压缩机底座处撤去或加上规定的垫片，以适应其膨胀量或收缩量。

2）找正前，按制造厂提供的资料或实验数据，计算出联轴器在室温下应留的同轴度误差，并使联轴器端面的偏差量与计算值相同，以保证机组正常运转时同心。

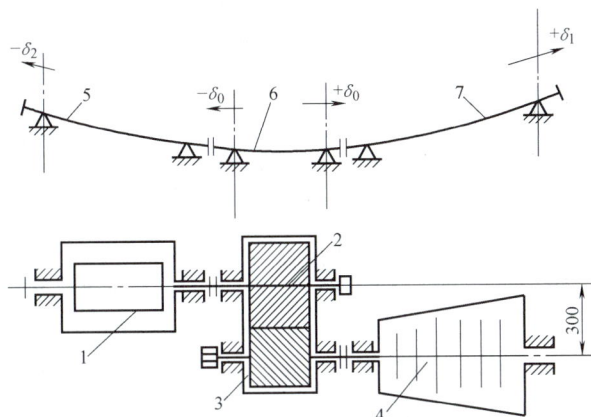

图 3-29　压缩机组中心线简图

1—电动机　2—增速器大齿轮　3—增速器小齿轮　4—压缩机　5—电动机中心线

6—增速器中心线　7—压缩机中心线

**2. 增速器的安装**

安装前，要将增速器解体，进行认真检查并清洗干净，还应对其下壳体做煤油渗透实验，检查有无泄漏情况。检查轴瓦质量及瓦背与壳体镗孔的配合情况，测出轴瓦的径向和轴向间隙，看是否符合设备技术文件的规定。检查增速器上、下箱体法兰结合面的贴合程度，结合面的间隙允许在 0.06mm 以下（自由配合状态）。同时应注意密封的设置、轴封间隙的大小（一般取 0.12~0.16mm）等，然后可正式安装。

（1）增速器的就位与初平　将增速器的下箱体、压缩机的下机体与已连接在一起的支承底座及电动机穿上地脚螺栓，分别吊放在基础各自的位置上。增速器如有底座，则应先安装其底座，并在底座初步校正后，轻轻拧紧地脚螺栓，然后将增速器放在底座上，在底座上将增速器调平并固定。

整个机组是以增速器为基准来确定中心位置的，所以在机组就位时，应首先调整增速器的位置，进行增速器的初平工作。

初平时应做到：

1）增速器中心线与基础中心线重合，允许误差为 3~5mm。

2）下箱体的水平及标高应在技术要求范围内，纵向水平以下箱体轴瓦凹处为准，其允差为 0.02mm/m，横向水平以下箱体中分面为准，其允差为 0.1mm/m。

（2）增速器精平　按初平时相同的要求对增速器下箱体进行水平复查。然后拧紧地脚螺栓，固定箱体，与此同时，应检查垫铁与箱体的接触情况，并将轴承装入洼窝内，安装好大小齿轮。再次复测增速器高速轴的轴向水平，而且调整时，必须首先满足高速轴的要求，以免造成累积误差，保证机组的同轴度。同时，对齿轮啮合间隙及啮合接触面积、轴颈与轴瓦的接触情况进行检测，一般要反复进行多次。

（3）推力面间隙调整　推力面间隙主要是轴承轴向间隙或轴间间隙，按说明书要求进行调整，前者用百分表或塞尺法测取，用补焊巴氏合金或刮研法调整，后者靠装配保证。

（4）扣盖　为了方便压缩机与电动机找正，可暂不扣盖，待压缩机和电动机找正找平工作完全结束，再将齿轮吊出，进行全面情况的检查。将齿轮啮合面、轴瓦和轴颈浇上透平

131

油，按步骤配好，在增速器体结合面上涂上密封膏（一般涂0.2～0.3mm厚，10～15mm宽），将上盖扣好，装入定位销，分别将轴承和箱体结合面上的螺栓对称均匀地拧紧。

**3. 压缩机的安装**

（1）检查与清洗

1）机身的清洗和检查。清洗与检查时，先将机体放平，把上、下机壳连接螺栓拆除，测量气缸中分面处的间隙（允许局部间隙小于0.12mm）。吊开机壳上盖及轴承盖，并使上机壳法兰结合面向上。对上下壳体、各部气封、隔板进行检查，不应有裂纹等机械损伤，所有焊接连接处（如进口侧导气叶与壳体的连接）不应有松动现象。然后进行必要的清洗。

2）其他零部件的检查与清洗。检查滑动轴承的巴氏合金表面质量，并用煤油渗透法检查巴氏合金与瓦胎的贴合情况。对于有支承枕块的轴瓦，应检查枕块与镗孔的结合面，要均匀接触75%以上；两侧应有0.01～0.02mm的紧力，最下部枕块应有0.01～0.02mm的间隙。清洗并检查转子及轴颈各处有无机械损伤，拆除其推力瓦块和轴封、轴瓦，以免吊出吊入转子时损伤其加工面。

（2）安装底座、下气缸和轴承

1）底座、下气缸和轴承座的固定。按不同机型处理。

2）底座、下气缸和轴承的就位。就位前应清污垢杂物，对有关键槽都应用煤油清洗，然后用千分尺检查各滑键键槽尺寸，以确定其间隙值。对于特殊的导向键，还应该考虑其配合的过盈量和配合间隙。对于热膨胀量大的系统，还应该考虑热膨胀导向螺栓的装配。

3）压缩机气缸找正（初平）。找正时，机壳的位置以增速器高速轴轴承中心线为准，一般采用挂钢丝法，测量轴承座和气缸的两中心线在同一垂直平面内的偏差，同时测量气缸或者轴承座中心线与水平结合面的偏差，通过垫片调整使其符合要求。同时，还应校正机壳横向水平度，其允差为0.1mm/m。测量时，以中分面处为准，并使两侧的横向水平方向一致，不能使机壳前后水平方向相反，造成机壳发生扭曲现象。

4）轴承的安装。轴承安装应保证转子位置的固定，在高速旋转情况下润滑良好，不产生过大的振动等。为此，必须使轴承部件间接触严密，受力均匀，转子与轴瓦有良好的接触及适当的间隙。

（3）安装隔板及密封装置 安装前要进行清洗和检查，然后吊入机体，检查隔板与机壳之间的膨胀间隙。一般钢制隔板取0.05～0.1mm，铸铁隔板为0.2mm或更大；径向间隙一般为1～2mm或更大。

1）隔板的固定与调整。在水平结合面上用固定螺钉固定，螺钉与垫圈之间应有0.4～0.6mm的间隙，以允许隔板在垂直方向上移动；螺钉头应埋入气缸或隔板水平结合面至少0.05～0.1mm，垫圈直径应比凹槽直径小$\phi1～\phi1.5mm$。固定后，将平尺放在机壳结合面上，正对被检查的隔板，用塞尺测出上下隔板间隙，或者在下机壳隔板结合面上，选择四处放铅丝，盖上机壳盖，对称拧紧1/3左右连接螺栓，然后测得的铅丝厚度即为隔板结合面间隙。

这些间隙应能保证在气缸扣盖后，上下隔板结合面能形成0.1～0.25mm的间隙。隔板的调整方法随隔板的固定方法不同而异，如果隔板是悬挂在两只销柄上，并用垂直定位销钉定位的，则应改变两销柄厚度以达到调整的目的；如果隔板借埋入隔板外圈的销钉支承在气缸内，则锉短或接长这些销钉就可改变隔板在气缸中的位置。隔板结构如图3-30所示，隔板的固定如图3-31所示。

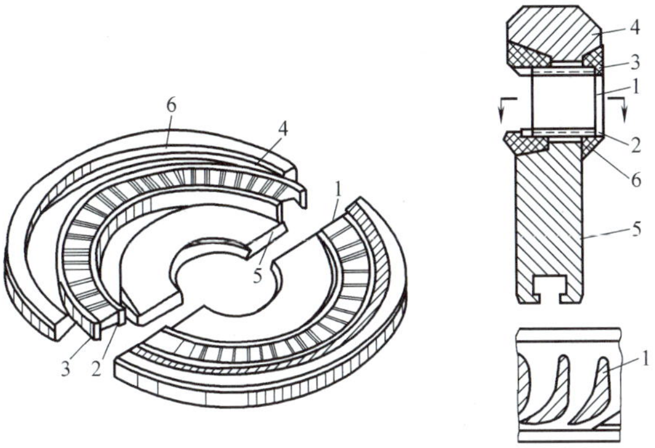

a) 隔板组合情况　　　　b) 隔板断面

图 3-30　隔板结构

1—喷嘴片　2—内环　3—外环　4—轮缘　5—板体　6—焊缝

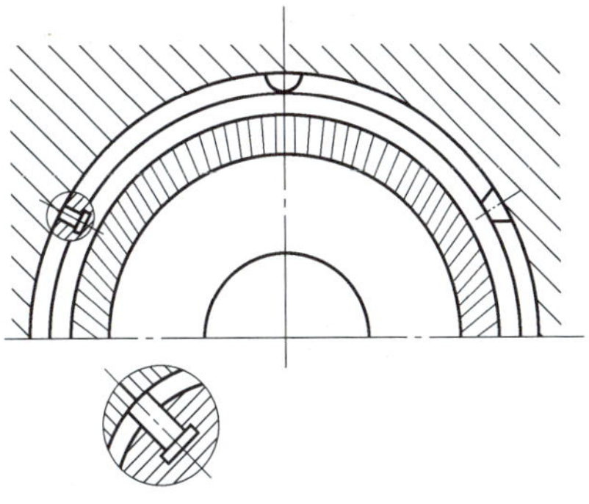

图 3-31　隔板的固定

2）轴封间隙的测量与调整。先将转子安装在下机壳内，再在机壳内组装各级隔板密封，前后轴封和各级轮盖密封，用涂色法检查密封环嵌入部分的接触情况，接触不均匀应适量修刮。下部及两侧间隙的测量，用塞尺直接测出间隙值。上部间隙测量时，可分别在轴承套及轮盖上涂色，在被测各梳齿上贴上已知厚度的胶纸或胶布，然后盖上机壳上盖，并将连接螺栓拧紧，盘动转子几周后，开缸观察各胶纸或胶布的接触情况，判断间隙是否符合要求。如间隙过大，则重换新的；如间隙过小，则可进行修刮。修刮时应将梳齿顶尖朝向高压侧，切忌刮成圆角，以免漏气量增加。

（4）安装转子　首先清洗并检查转子及轴颈各处有无机械损伤，拆除其推力瓦块、轴封和轴瓦，以免吊出吊入转子时损伤其加工面。在吊装转子时，必须使用专用工具，并应保持转子轴呈水平状态。将转子吊放到轴瓦上，测量轴瓦的径向间隙和轴向间隙，测量推力轴瓦间隙及止推平面的轴向摆差，测量转子的轴颈锥度和椭圆度，测量各级工作轮、轴套及联轴器等处的径向振摆差和轴向振摆差。

然后测量各级工作轮的径向和轴向间隙，一般用塞尺在下机壳水平结合面处进行。检查时，应在转子上做好标记，第一个位置在机壳左、右侧分别测量各级工作轮的轴向和径向间隙，再将转子按运转方向转动90°，再次进行上述测量。这样既能检查第一个位置测量的正确性，又能判断工作轮是否歪斜、变形及存在装配质量问题。找正时，圆周偏差值根据技术要求而定，如图3-32所示。

（5）扣气缸大盖　首先对气缸进行严格的吹净工作，然后吊装大盖。此时应特别注意不要将缸盖打翻或产生冲击折断钢丝绳。再拧紧连接螺栓。对中低压气缸，只要用规定的拧紧力矩按秩序拧紧即可；对高压气缸，为保证连接牢固，通常在热态下进行，计算好需加热的温度和伸长量。在压缩机试运转期间，中分面处不涂密封胶，因为这期间需经常开缸检查。待试车后，涂上密封胶。密封胶的成分是

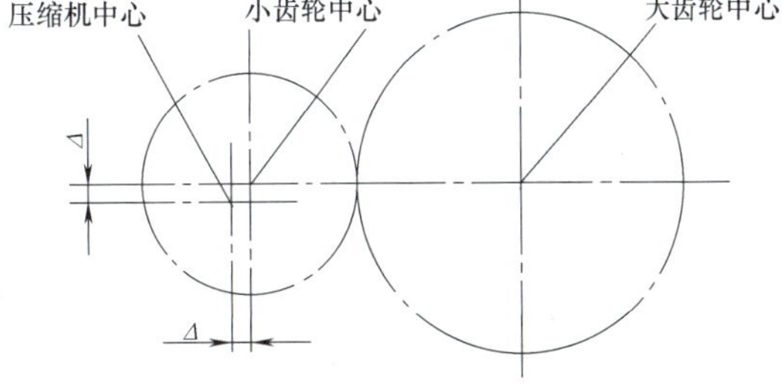

图 3-32　压缩机各级工作轮的径向和轴向间隙测量示意图

红丹粉 40%、白铅油 20% 与热的亚麻籽油混合，拌成糊状，涂在中分面上，涂层厚 0.5 ~ 1mm，宽 5 ~ 10mm，涂层经 12h 略为硬化后，再拧紧连接螺栓。

（6）装配联轴器　首先检查其外观，应无毛刺、裂纹等缺陷，并对联轴器进行圆周、端面振摆差检测。

对正装配时，应检查联轴器供油空孔是否畅通，止推环应有抽油孔，止推环与联轴器端面之间、两齿轮之间应留有一定的间隙。对正联轴器时应按制造厂所留标志对准，不得错位。

两联轴器端面之间应留有适当间隙。联轴器装配图如图 3-33 所示。

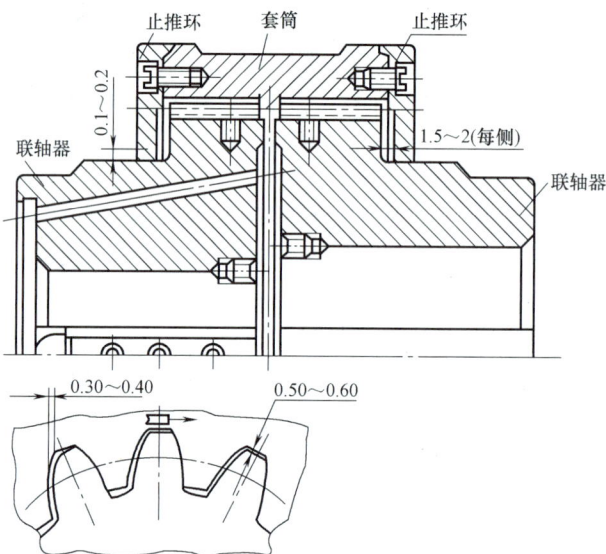

图 3-33　联轴器装配图

（7）压缩机定心　为保证压缩机机组在工作状态下仍能保持各个转子中心连线在运行时形成一条光滑连接曲线，且保持与缸体之间的同轴度要求，在找正找平时，以已经固定的基准轴线（如增速器的从动轴或电动机轴线）为基准，借助压缩机机体底座下面的垫铁（或其他装置）调整，使压缩机机组各个转子中心线同轴度误差及其他误差都在允许范围以内。压缩机定心时，同时进行机体的固定。将地脚螺栓对称均匀逐次拧紧，并不断复核联轴器定心情况，使地脚螺栓拧紧至应有程度，联轴器定心符合要求的范围。

然后，复测轴瓦接触情况，并松掉压紧的膨胀螺栓，用 0.04mm 塞尺检查机体与底座接触面的接触情况。如有个别处超差，则可用底座下面的垫铁加以消除，但在消除该间隙的过程中，如果影响到联轴器的同轴度，则还应调整使其符合要求。

最后可进行垫铁的电焊和基础的二次灌浆。

#### 4. 电动机的安装

电动机的安装方法和步骤与活塞式压缩机中的电动机安装相同，电动机的定心找正方法与离心式压缩机与增速器定心找正相同。

#### 5. 机组辅助系统的安装

离心式压缩机的辅助系统包括油润滑系统与空气冷却系统，这些辅助设备和管道的安装要求、方法、步骤基本上与活塞式压缩机的辅助系统相类似。

## 3.2.3 离心式压缩机故障分析及处理措施

离心式压缩机是一种转速高、功率大，常用于航空航天、能源化工、冶金环保等企业进行气体压缩和输送的设备。因为大多为企业核心设备，一旦发生故障，往往产生严重的经济损失。在离心式压缩机常见故障中，产生影响最大的是机组振动。因此避免机组振动故障的发生，保证机组正常、经济、长周期的运行，成为设备操作及维护的重要内容。

### 1. 离心式压缩机常见故障

离心式压缩机作为高速旋转的动力机械，其安全可靠运行是基础。由于转速较高，且主轴支承条件和叶轮负荷条件复杂，故对转子不平衡质量、零部件加工和装配精度等具有较高的要求。尽管如此，转速高、零部件多、结构复杂等，依然使离心式压缩机运行过程中不可避免的伴有振动过强、转子失衡、轴承温度高、密封不佳等故障，造成性能降低、连锁停机甚至部件损坏。

实际运行的离心式压缩机故障的表现形式较复杂，部件损坏程度不同，但其本质多为以下原因：

（1）转子不平衡　材料、加工等误差容易造成转子质量分布不均，产生局部不平衡质量，在高速旋转时产生附加的周期性惯性力，造成压缩机出现振动情况。设计、材料、加工和装配等均可能造成转子不平衡，其中，设计原因一般指设计转子时忽视了偏心距或测量不准，导致转子几何形状不对称；材料原因一般指叶轮、主轴等材料在质量、厚度等方面一致性较差，局部存在砂眼、孔洞等，造成质量分布不均；加工原因一般是指转子在加工过程中局部切削不均、加工偏差大等；装配原因一般指转子部件间、转子与轴承间装配精度差，在高速、高负荷时产生的质量不均。转子不平衡是造成离心式压缩机故障的主要原因，压缩机维修、维护后通常需要再次进行动平衡检查。

（2）转子不对中　离心式压缩机转子热膨胀不均匀、介质温度偏离设计量、基础或基座沉降不均匀等易造成压缩机运行过程中发生转子不对中、轴承磨损、油膜失稳和轴弯曲等故障，甚至进一步造成局部碰摩、叶轮损坏等事故。实际应用中，转子不对中包括角度不对中、平行不对中以及组合不对中等，通过对比冷、热态转子对中数据，监测转子轴心轨迹，振动随转速、油温、介质温度、环境温度等的变化趋势能初步判断该故障。校准冷态对中数据、调整基础沉降等是改善转子不对中故障的主要手段。

（3）局部碰摩　离心式压缩机叶顶间隙和密封间隙越大则效率越低，减小各间隙能有效降低泄漏。但转子变形、部件磨损、装配误差、转子振动等常造成动、静部件间局部间隙减小，使转子与密封件发生碰摩。此外，润滑油压力或温度异常、轴瓦偏置和轴瓦局部磨损等会使破坏轴承内部油膜，转子与轴瓦易发生碰摩。碰摩发生时常伴有轴瓦破裂、密封损坏，甚至叶轮破损，且破损部件在压缩机内部易发生二次损坏，造成恶劣事故。通常，碰摩发生前会表现出振动噪声异常、轴心轨迹突变等现象，在线监测并连锁停机是避免碰摩发生的主要手段。

（4）油膜振荡　当高速离心式压缩机转子涡动频率与其固有频率重合时，将发生油膜振荡。发生油膜振荡时通常伴有强烈振动和异响、轴心轨迹发散，且振动对润滑油温度敏感而对转速不敏感等现象。提高油温、增大轴瓦油压、调整轴瓦位置等能有效改善油膜振荡。

### 2. 处理措施

（1）设计措施

1）设计防喘振系统。安装防喘振系统是常见的防喘振措施。根据压缩机的性能曲线，考虑不同负荷下的喘振极限流量，在压缩机组中安装防喘振系统。用监测系统实时检测压缩机气体流量，当降低到发生喘振的最低流量值时，系统打开旁通阀，将部分压缩机出口气体回流到入口以避免喘振发生。

2）控制管路振动。安装缓冲罐、气流脉动阻尼器是减轻振动在管路中传播，降低损害的常见方法。一般压缩机中会安装进口管径较大、出管径较小、有一定容积的缓冲罐，用以降低气体流动的振动幅度。但是缓冲罐和压缩机气缸之间的距离与减振效果是成反比关系的，某些安装场地，因设备布置以及工艺条件限制，对较远安装距离的缓冲罐的出口法兰处安装限流孔板，用以降压减振。另外气体脉动阻尼器可以有效地消除管道内流体脉动，稳定流量和压力等参数，保护仪器设备。同时，管路系统尽可能减少急转弯、大变径、异性接头，增大或减少支架的间距也是减少管路振动的常见方法。

3）优化参数及合理选择零部件。从气动参数和结构参数方面考虑，采用后弯式叶轮、无叶扩压器等，在设计时采用导叶可调机构，以达到扩大稳定工况范围，减少喘振发生的目的；科学选用零部件，用三油楔和四油楔等抗振好的轴承抵抗油膜振动的发生；合理优化密封结构参数，避免梳齿密封气流激荡的发生。

（2）加工及装配方面的措施

1）材料检查。转子加工前，要强化材料检测。同时，要考虑材料的机加工性能，如有铸造工艺，还需要考虑铸造性能及铸件的内部组织性能。对于重要的工件，如有必要，在加工前应做机械性能检测试验。

2）加工措施。转子重心不在中心的问题，可以采用去重和配重的方法解决，对转子有未加工的表面，可用表面全部加工解决。对于因切削加工误差产生偏摆等问题，需在加工中注意转子径向和轴向圆跳动量的检查，避免出现轴颈偏心和倾斜等误差。

3）装配措施。

① 基础准备：基础的机械性能、尺寸、标高等要符合设计要求，垫铁要保持基础的稳定，当有机器重量和螺纹预紧力作用时，不能发生变形。基础台板的中心线应与机器的中心线重合，平行度公差为±10mm，地脚螺栓要保证大致在螺栓孔的中心。

② 设备装配：转子配合面表面粗糙度及配合公差超标要重新进行配合公差设计和加工，必要时更换符合精度要求的轴承。转子因为配合原因出现金属空缺，可在装配中补充金属材料加以解决。对于高速转子，每安装一个叶轮都需要进行动平衡试验，可以解决转子在装配时因为误差累积造成的中心偏移。联轴器安装时，要求转子带半联轴器一起进行动平衡试验，并确保联轴器轴头配合的接触面大于80%。

（3）工况条件的优化

1）改变压缩机转速。对于蒸汽压缩机和燃气轮机拖动的机组，改变压缩机转速，是非常经济的优化性能曲线、增加稳定工作区的方法，这种调节工作点的方法可以有效避免喘振的发生，降低振动的危害。但是要注意到，工作转速要避开一阶临界转速两倍附近的油膜共振区域，以避免油膜共振的发生。

2）提高气体质量。提高压缩机内工作介质的质量，减少微小颗粒物含量，可以大大提高叶轮和管道的抗结垢和抗机械冲击能力，降低转子不平衡的危害以及叶轮的损伤。另外，要加强管道的防腐处理，设备使用及检修期间必须对进气管道、级间管道按规定去除锈蚀，并做防腐处理，特别是级间换热器内部要进行防腐处理。

3）改善润滑效果。轴承润滑应避免油路阻塞、油路不畅，注意油压、油温等参数，避免出现断油等故障。企业应通过控制润滑油黏度和温度，来减少油膜振荡的发生。

# 综合训练

## 实训任务　空气压缩机维护保养与维修

| 学校 | | 班级 | |
|---|---|---|---|
| 姓名 | | 学号 | |
| 小组成员 | | 组长 | |

接受任务

空气压缩机的规格型号为 V3 – 3/8，电动机功率为 22kW，转速为 980r/min。

任务内容

1. 空气压缩机的维护保养

2. 空气压缩机常见的故障分析以及解决措施

工具清单

测压表、扳手、螺钉旋具、气缸垫片、橡胶圈

任务实施、记录

1. 空气压缩机的维护保养

| | 检查内容 | |
|---|---|---|
| 1）现场环境检查 | 检查结果 | |
| | 处理措施 | |
| | 维护保养内容 | |
| 2）日常维护保养 | 维护保养结果 | |
| | 处理措施 | |
| | 维护保养内容 | |
| 3）定期维护保养 | 维护保养结果 | |
| | 处理措施 | |
| | 月度保养项目 | |
| 4）长期保养计划 | 季度保养项目 | |
| | 年度保养项目 | |

2. 空气压缩机常见故障分析以及解决措施

| | 空气过滤器的故障 | 解决措施： |
|---|---|---|
| 1）排气压力低 | 气缸组件的故障 | 解决措施： |
| | 密封填料的故障 | 解决措施： |
| | 吸、排气阀的故障 | 解决措施： |
| | 检测部位 | |
| 2）排气温度偏高 | 检测结果 | |
| | 解决措施 | |
| | 检测部位 | |
| 3）运行声音不正常 | 检测结果 | |
| | 处理措施 | |
| | 检测部位 | |
| 4）运行温度不正常 | 检测结果 | |
| | 处理措施 | |

# 评价反馈

项目3 综合评价表

任务评价

1. 自我评价（40分）

首先由学生根据学习任务完成情况进行自我评价。

**自我评价表**

| 项目内容 | 配分 | 评分标准 | 扣分 | 得分 |
|---|---|---|---|---|
| 1）工作纪律 | 10分 | ① 不遵守课堂纪律要求（扣2分/次）<br>② 有其他违反课堂纪律的行为（扣2分/次） | | |
| 2）信息收集 | 20分 | ① 未利用网络资源、工艺手册等查找有效信息（扣5分）<br>② 未按要求填写信息收集记录（扣2分/空，扣完为止） | | |
| 3）制订计划 | 20分 | ① 人员分工没有实效（扣5分）<br>② 未按作业项目进行人员分工（扣2分/项，扣完为止） | | |
| 4）计划实施 | 40分 | ① 未按步骤实施作业项目（扣5分/项）<br>② 未按要求填写安装工艺流程表（扣10分）<br>③ 未按要求填写施工进度表（扣10分）<br>④ 未按要求填写安装前检验记录表（扣10分）<br>⑤ 表格错填、漏填（扣2分/空，扣完为止） | | |
| 5）职业规范和环境保护 | 10分 | ① 在工作过程中工具和器材摆放凌乱（扣3分/次）<br>② 不爱护设备、工具，不节省材料（扣3分/次）<br>③ 在工作完成后不清理现场，在工作中产生的废弃物不按规定处置（扣2分/次，将废弃物遗弃在工作现场的扣3分/次） | | |
| 总评分=（1~5项总分）×40% | | | | |

签名：
年　月　日

2. 小组评价（30分）

再由同一实训小组的同学结合自评的情况进行互评，将评分值记录于表中。

**小组评价表**

| 项目内容 | 配分 | 得分 |
|---|---|---|
| 1）工序记录与自我评价情况 | 10分 | |
| 2）小组讨论中积极发言情况 | 10分 | |
| 3）口述设备检测流程情况 | 10分 | |
| 4）小组成员填写完成作业记录表情况 | 10分 | |
| 5）与小组成员沟通情况 | 10分 | |
| 6）完成操作任务情况 | 10分 | |
| 7）遵守课堂纪律情况 | 10分 | |
| 8）安全意识与规范意识情况 | 10分 | |
| 9）相互帮助与协作能力情况 | 10分 | |
| 10）安全、质量意识与责任心情况 | 10分 | |
| 总评分=（1~10项总分）×30% | | |

参加评价人员签名：
年　月　日

（续）

3. 教师评价（30分）

最后，由指导教师检查本组作业结果，结合自评与互评的结果进行综合评价，对实训过程中出现的问题提出改进措施及建议，并将评价意见与评分值记录于表中。

**教师评价表**

| 序号 | 评价标准 | 评价结果 |
|---|---|---|
| 1 | 相关物品及资料交接齐全无误（5分） | |
| 2 | 安全、规范完成维护保养工作（5分） | |
| 3 | 根据所提供材料进行检查（5分） | |
| 4 | 团队分工明确、协作力强（5分） | |
| 5 | 施工方案准备细致，无遗漏（5分） | |
| 6 | 完成并在记录单上签字（5分） | |
| 综合评价 | 教师评分 | |
| 综合评语（作业问题及改进建议） | 教师签名：<br>年 月 日 | |
| 总评分： | （总评分 = 自我评分 + 小组评分 + 教师评分） | |

4. 自我反思与自我评价

请根据自己在课堂中的实际表现进行自我反思和自我评价。

自我反思：

自我评价：

---

**项目3 学习反馈表**

项目3 空气压缩机的安装

| 知识与技能点 | 空气压缩机零部件的安全检查 | □了解 □理解 □熟悉 □掌握 |
|---|---|---|
| | 日常维护保养 | □了解 □理解 □熟悉 □掌握 |
| | 定期维护保养 | □了解 □理解 □熟悉 □掌握 |
| | 长期维护保养 | □了解 □理解 □熟悉 □掌握 |
| | 排气压力低 | □了解 □理解 □熟悉 □掌握 |
| | 排气温度偏高 | □了解 □理解 □熟悉 □掌握 |
| | 运行声音不正常 | □了解 □理解 □熟悉 □掌握 |
| | 运行温度不正常 | □了解 □理解 □熟悉 □掌握 |
| | 思考题与习题 | □了解 □理解 □熟悉 □掌握 |

（续）

项目3　空气压缩机的安装

| 学习情况 | 基本概念 | □难懂　□理解　□易忘　□抽象　□简单　□太多 |
| --- | --- | --- |
| | 学习方法 | □听讲　□自学　□实验　□工厂　□讨论　□笔记 |
| | 学习兴趣 | □浓厚　□一般　□淡薄　□厌倦　□无 |
| | 学习态度 | □端正　□一般　□被迫　□主动 |
| | 学习氛围 | □愉快　□轻松　□互动　□压抑　□无 |
| | 课堂纪律 | □良好　□一般　□差　□早退　□迟到　□旷课 |
| | 课前课后 | □预习　□复习　□无　□没时间 |
| | 实践环节 | □太少　□太多　□无　□不会　□简单 |
| | 学习效果自我评价 | □很满意　□满意　□一般　□不满意 |
| 建议与意见 | | |

注：学生根据实际情况在相应的方框中画"√"或"×"，在空白处填上相应的建议或意见。

# 思考题与习题

## 一、填空题

1. 空气压缩机按气缸内作用次数可分为_____和_____。

2. 轴瓦的侧间隙应约为顶间隙的_____时，即符合检修质量标准_____中的规定。

3. 气缸按气缸中心线配置可分为_____、_____、_____、_____和_____等。

4. 空气受压缩时产生大量的热，使压缩机温度_____。

5. 空气压缩机的冷却方法通常可分为_____和_____两种。

## 二、选择题

1. 移动式空气压缩机的排气温度不超过（　　）℃。

A. 65　　B. 160　　C. 180　　D. 190

2. 空气压缩机的试验压力按工作压力的（　　）倍计算。

A. 1.5　　B. 2　　C. 3　　D. 4

3. 清洗器的过滤器滤芯使用（　　）个月后必须更换。

A. 2　　B. 4　　C. 6　　D. 8

4. 空气压缩机冷却水出水温度不得超过（　　）℃。

A. 10　　B. 20　　C. 30　　D. 40

5. 空气压缩机排气量每（　　）要测定一次。

A. 月　　B. 季度　　C. 半年　　D. 年

## 三、简答题

1. 活塞式压缩机的分类有哪些？

2. 简述活塞式压缩机的构造组成。

3. 简述活塞式压缩机的工作原理。

4. 简述活塞式压缩机的安装方法与步骤。

5. 简述活塞式压缩机的安装注意事项。

6. 简述离心式压缩机的构造组成。

7. 简述离心式压缩机的工作原理。

8. 简述离心式压缩机的安装方法与步骤。

# 项目4 普通机床的安装

>> **知识目标**

1. 熟悉并掌握普通机床的结构、性能参数和工作原理。
2. 理解普通机床的安装技术要求。
3. 掌握普通机床的安装调试工艺方法与步骤。
4. 熟悉常用装配工具和量具的使用与读数方法。

>> **能力目标**

1. 熟练掌握机床关键部件的结构，并能进行安装调整。
2. 能对卧式车床进行安装调试及精度检测操作。
3. 能够正确使用机床安装调试中常用的装配工具和量具。

>> **素质目标**

1. 学习过程中态度积极，主动求知。
2. 养成执着专注、一丝不苟的工作习惯和团结协作的精神。
3. 养成珍爱生命、安全操作、遵守工作制度的职业素养。

>> **重点和难点**

重点：普通机床部件及整机的安装与调试方法
难点：装配精度的检测与调整

>> **学思融合**

倪志福，一个我国金属加工领域非常响亮的名字。倪志福钻头，一朵我国金属加工技术的灿烂之花。1953年10月，时为北京永定机械厂的青年钳工倪志福创制了一种新型钻头，其基本特征为"三尖七刃锐当先，月牙弧槽分两边"，生产效率和使用寿命均大幅提高，被称为"倪志福钻头"。1965年，倪志福建议将"倪志福钻头"改名为"群钻"，因为它是群众智慧的结晶，实现了领导、专家和群众的三结合。2001年12月5日，倪志福的"多尖多刃群钻"获得了国家知识产权局实用新型专利权的确认。2003年，倪志福荣获首届"中国十大科技前沿人物"称号。倪志福与"群钻"不仅代表着我国金属加工技术载入史册的辉煌过去，也代表着我国金属加工技术不断创新的灿烂未来。

请收集倪志福大师的相关信息，思考以下问题：

1）我国机床行业的发展取得了哪些成就？

2）倪志福大师是如何将普通钻头改进为群钻的？

3）你有对机床行业做出贡献的想法吗？

4）你准备从哪些点着手改进你身边的机床？

## ▶▶ 项目导入

机床的安装调试主要包含两种情形：一是指在机床制造厂内的安装调试，完成从零部件到整机的装配、调整与试车，发现并解决问题，直至检测合格，具备包装发货条件；二是指设备从生产厂家发运到用户后，安装到生产车间，检测、验收合格后，满足用户正常使用要求。对于小型设备，这项工作比较简单，而对于大、中型设备，由于运输的需要，生产厂家在发运前常把设备分解成若干部分分别包装，因此，现场安装工作较为复杂，需重新组装和调试。

## ▶▶ 项目实施

本项目首先对金属切削机床进行了概述，详细介绍了机床安装的基本工艺流程，对卧式车床重点部件的装调以及总装配进行了重点阐述，并进一步对普通机床的几何精度和工作精度检测等进行了详细介绍。

# 任务1 金属切削机床概述

## ▶▶ 任务描述

了解机床的安装类型，掌握金属切削机床的分类与型号，掌握金属切削机床的技术规格。

## ▶▶ 知识点讲解

金属切削机床（简称机床）广泛应用于机械零件加工、机器制造和维修企业，为这些企业的主要生产设备。资料统计表明，我国每年需要安装和移装的机床达十几万台，随着机床工业的发展，以及激光技术、数字显示和控制技术、静压技术和微型计算机等高新技术在机床上的运用，机床安装不仅任务量越来越大，而且对安装质量要求也越来越高。因此，作为机械设备安装人员，必须在努力学习和掌握好设备安装基本知识和技能的基础上，认真了解、熟悉机床的基本安装要求。在安装过程中，严密组织、精心施工，确保机床投入生产前的安装工程质量。

### 4.1.1 机床的安装类型

机床的安装，按其基础形式、固定方法、结构特点、安装调试方法及安装数量的不同，通常可分为以下几种类型：

1）按安装基础形式不同，可分为混凝土地坪安装和单独基础安装。普通精度的中小型机床，可直接以混凝土地坪作为安装基础；对部分中、小型精密机床，只要远离振源，也可安装在混凝土地坪上；而对于大型、重型和要求较高的精密机床、高精度机床，则必须安装在单独基础上。

2）按机床安装中是否使用地脚螺栓固定，可分为有地脚螺栓安装和无地脚螺栓安装。无地脚螺栓安装仅适用于重心较低、干扰力较小的小型、轻型机床安装。

3）按机床结构特点不同，可分为整体安装和组合安装。一般中小型机床的各个部件都装配在整体的床身或底座上，其安装方式为整体安装。大型机床、重型机床、联动机床（组合机床生产自动线）等，其部件之间或机床与机床之间需要在安装时预埋进行装配组合和调整，或按规定的位置、标高进行安装调整，属现场组合安装。

4）按安装规模和数量不同，可分为大量安装和零星安装。在新建厂、车间或企业搬迁时，安装规模较大，机床种类和数量较多时，称为大量安装；在新增添机床、改变工艺布置而移装机床时，安装规模较小，机床数量少，称为零星安装。

## 4.1.2 机床的分类与型号

中国的机床工业已经形成门类齐全、品种规格众多的工业体系。为了便于机床设计、开发、制造和管理使用，我国已建立一套科学合理的机床分类与型号编制的方法。

### 1. 金属切削机床的分类

按机床的加工对象可分为通用机床、专门化机床和专用机床。通用机床是指可加工多种工件、完成多种工序、使用范围较广的机床；专门化机床是指用于加工形状相似而尺寸不同的工件上特定工序的机床；专用机床是指用于加工特定工件的特定工序的机床。按机床的精度等级标准可将机床分为普通机床、精密机床和高精度机床三种。根据国家标准《金属切削机床 型号编制方法》（GB/T 15375—2008），按机床的工作原理不同，把机床分为11大类：车床、钻床、镗床、磨床、齿轮加工机床、螺纹加工机床、铣床、刨插床、拉床、锯床和其他机床（该机床型号编制方法不包括组合机床和特种加工机床），见表4-1。

表4-1 机床类别及代号

| 类别 | 车床 | 钻床 | 镗床 | 磨床 | 齿轮加工机床 | 螺纹加工机床 | 铣床 | 刨插床 | 拉床 | 锯床 | 其他机床 |
|---|---|---|---|---|---|---|---|---|---|---|---|
| 代号 | C | Z | T | M | Y | S | X | B | L | G | Q |
| 参考读音 | 车 | 钻 | 镗 | 磨 | 牙 | 丝 | 铣 | 刨 | 拉 | 割 | 其 |

磨床的种类很多，所以该类又分为M、2M、3M，参考读音是磨、二磨、三磨。

除上述基本分类方法外，机床还可按照使用上的万能性程度、加工精度、自动化程度、主轴数目、机床重量等进行分类，而且随着机床的不断发展，其分类方法也将不断发展。

### 2. 机床型号的编制方法

机床的型号是一个代号，用以表示机床的类型、主要技术参数、使用及结构特性等。在国家标准《金属切削机床 型号编制方法》（GB/T 15375—2008）中，通用机床型号的表示方法如图4-1所示。"（ ）"内的代号或数字，若无内容则不表示，若有内容则不带括号；有"○"符号的，为大写的汉语拼音字母；有"△"符号的，为阿拉伯数字；有"⊘"符号的，为大写的汉语拼音字母，或阿拉伯数字，或两者兼有之。

（1）机床的类别代号 机床类别及分类代号见表4-1。

（2）通用特性代号 见表4-2，如机床具有表中所表示的某种通用特性时，在类代号之

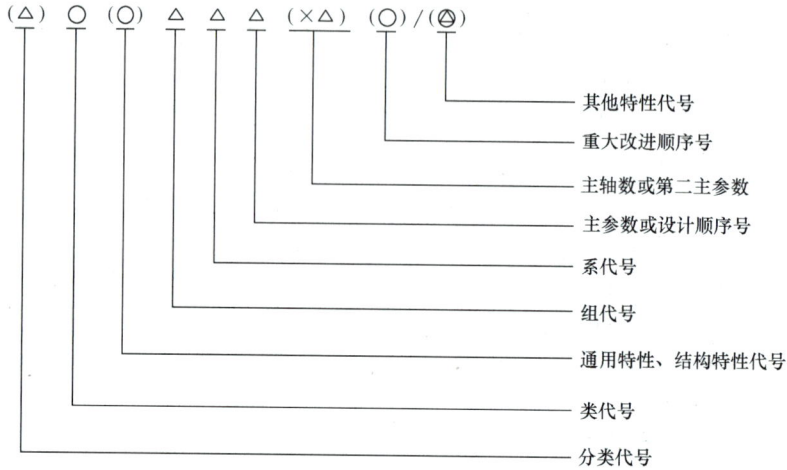

图4-1　通用机床型号的表示方法

后加上相应的通用特性代号，如精密卧式车床型号中的"M"表示通用特性为"精密"。

表4-2　机床的通用特性代号

| 通用特性 | 高精度 | 精密 | 自动 | 半自动 | 数控 | 仿形 | 加工中心（自动换刀） | 轻型 | 加重型 | 柔性加工单元 | 数显 | 高速 |
|---|---|---|---|---|---|---|---|---|---|---|---|---|
| 代号 | G | M | Z | B | K | F | H | Q | C | R | X | S |
| 读音 | 高 | 密 | 自 | 半 | 控 | 仿 | 换 | 轻 | 重 | 柔 | 显 | 速 |

（3）结构特性代号　对主参数相同而结构、性能不同的机床，在型号中用结构特性代号予以区分。当型号中已有通用特性代号时，结构特性代号应排在通用特性代号之后。结构特性代号用汉语拼音字母（通用特性已用的字母以及I、O两字母不能用）A、B、C、D、E、L、N、P、T、Y表示，当单个字母不够用时，可将两个字母组合起来使用。

（4）机床的组、系代号　机床的组、系划分见表4-3。

表4-3　机床的组、系划分表

| 系 | 组 | | | | | | | | | |
|---|---|---|---|---|---|---|---|---|---|---|
| | 0 | 1 | 2 | 3 | 4 | 5 | 6 | 7 | 8 | 9 |
| 车床C | 仪表小型车床 | 单轴自动车床 | 多轴自动、半自动车床 | 回轮、转塔车床 | 曲轴及凸轮轴车床 | 立式车床 | 落地及卧式车床 | 仿形及多刀车床 | 轮、轴、辊、锭及铲齿车床 | 其他车床 |
| 钻床Z | | 坐标镗钻床 | 深孔钻床 | 摇臂钻床 | 台式钻床 | 立式钻床 | 卧式钻床 | 钻铣床 | 中心孔钻床 | 其他钻床 |
| 镗床T | | | 深孔镗床 | | 坐标镗床 | 立式镗床 | 卧式铣镗床 | 精镗床 | 汽车拖拉机修理用镗床 | 其他镗床 |

（续）

| 系 | | 组 | | | | | | | | | |
|---|---|---|---|---|---|---|---|---|---|---|---|
| | | 0 | 1 | 2 | 3 | 4 | 5 | 6 | 7 | 8 | 9 |
| 磨床 | M | 仪表磨床 | 外圆磨床 | 内圆磨床 | 砂轮机 | 坐标磨床 | 导轨磨床 | 刀具刃磨床 | 平面及端面磨床 | 曲轴、凸轮轴、花键轴及轧辊磨床 | 工具磨床 |
| | 2M | | 超精机 | 内圆珩磨机 | 外圆及其他珩磨机 | 抛光机 | 砂带抛光及磨削机床 | 刀具刃磨床及研磨机床 | 可转位刀片磨削机床 | 研磨机 | 其他磨床 |
| | 3M | | 球轴承套圈沟磨床 | 滚子轴承套圈滚道磨床 | 轴承套圈超精机 | | 叶片磨削机床 | 滚子加工机床 | 钢球加工机床 | 气门、活塞及活塞环磨削机床 | 汽车、拖拉机修磨机床 |
| 齿轮加工机床 Y | | 仪表齿轮加工机 | | 锥齿轮加工机 | 滚齿及铣齿机 | 剃齿及珩齿机 | 插齿机 | 花键轴铣床 | 齿轮磨齿机 | 其他齿轮加工机 | 齿轮倒角及检查机 |
| 螺纹加工机床 S | | | | 套丝机 | 攻丝机 | | | 螺纹铣床 | 螺纹磨床 | 螺纹车床 | |
| 铣床 X | | 仪表铣床 | 悬臂及滑枕铣床 | 龙门铣床 | 平面铣床 | 仿形铣床 | 立式升降台铣床 | 卧式升降台铣床 | 床身铣床 | 工具铣床 | 其他铣床 |
| 刨插床 B | | | 悬臂刨床 | 龙门刨床 | | | 插床 | 牛头刨床 | | 边缘及模具刨床 | 其他刨床 |
| 拉床 L | | | | 侧拉床 | 卧式外拉床 | 连续拉床 | 立式内拉床 | 卧式内拉床 | 立式外拉床 | 键槽、轴瓦及螺纹拉床 | 其他拉床 |
| 锯床 G | | | | 砂轮片锯床 | | 卧式带锯床 | 立式带锯床 | 圆锯床 | 弓锯床 | 锉锯床 | |
| 其他机床 Q | | 其他仪表机床 | 管子加工机床 | 木螺钉加工机 | | 刻线机 | 切断机 | 多功能机床 | | | |

　　机床的组、系代号用两位阿拉伯数字分别表示，第一位数字表示组代号，第二位表示系代号，位于类代号或通用特性代号（或结构特性代号）之后。在同一类机床中，主要布局或使用范围基本相同的机床，即为同一组。在同一组机床中，其主参数相同、主要结构及布局型式相同的机床，即为同一系。例如，CA6140 型卧式车床型号中的"61"，说明它属于车床类 6 组、1 系。

　　（5）主参数或设计顺序号　主参数用折算值（主参数乘折算系数）表示，位于系代号之后。某些通用机床，当无法用一个主参数表示时，在型号中用设计顺序号表示。设计顺序号由 01 开始。

　　（6）主轴数和第二主参数

　　1）对于多轴车床、多轴钻床等机床，其主轴数应以实际数值列入型号，置于主参数之后，用"×"分开，读作"乘"。

2）第二个主参数一般不予表示，如有特殊情况，需在型号中表示时，应按一定手续审批。凡第二个主参数属于长度、深度等值的折算系数为 1/100；凡属直径、宽度等值用 1/10 为折算系数；最大模数、厚度等以实际值列入型号。

（7）重大改进顺序号　当机床的性能及结构有更高要求，并需按新产品重新设计、试制和鉴定时，在原机床型号之后按 A、B、C 等字母顺序加入改进序号，以区别于原型号机床。如 C6140A 是 C6140 型车床经过第一次重大改进的车床。目前，工厂中使用较为普遍的几种老型号机床，是按 1959 年以前公布的机床型号编制办法编定的。按规定，以前已定的型号现在不改变。

（8）其他特性代号　其他特性代号主要用以反映各类机床的特性，如：对于一般机床，可反映同一型号机床的变型；对于数控机床，可用来反映不同的控制系统等；对于加工中心可用来反映控制系统、自动交换主轴头、自动交换工作台等。其他特性代号在改进序号之后，用汉语拼音或阿拉伯数字表示，并用"/"分开，读作"之"。

（9）示例

1）例 1：最大磨削直径为 200mm 的外圆超精加工磨床，其型号为 2M1320。

2）例 2：加工最大棒料直径为 50mm 的六轴棒料自动车床，其型号为 C2150×6。

## 4.1.3　机床的技术规格

每一类机床，都应该能够加工不同尺寸的工件，所以它不可能做成只有一种规格。根据机床的生产和使用情况，国家标准规定了每一种通用机床的主参数和第二主参数系列。现以卧式车床为例加以说明。

卧式车床的主参数是在床身上工件的最大回转直径，有 250mm、320mm、400mm、500mm、630mm、800mm、1000mm、1250mm 八种规格；主参数相同的卧式车床往往又有几种不同的第二主参数——最大工件长度。例如，CA6140 型卧式车床在床身上最大回转直径为 400mm，而最大工件长度有 750mm、1000mm、1500mm、2000mm 四种。

卧式车床技术规格的内容除主参数和第二主参数外，还有刀架上最大回转直径、中心高（主轴中心至床身矩形导轨的距离）、通过主轴孔的最大棒料直径、刀架上最大行程、主轴内孔的锥度、主轴转速范围、进给量范围、加工螺纹的范围及电动机功率等。

机床的技术规格可以从机床的说明书中查出。了解机床的技术规格，对正确使用机床和合理选用机床都具有十分重要的意义，例如，当使用两顶尖进行加工或主轴上安装心轴和其他夹具时，需了解内孔锥度；当需要在主轴端上安装卡盘、夹具时，需了解主轴端的外锥体或螺纹尺寸；当采用长棒料加工时，要了解最大加工棒料直径；当加工螺纹或决定切削用量时，要选择机床所具有的主轴转速和进给量，要考虑机床的电动机功率是否够用。所以，只有结合机床的技术规格进行全面考虑，才能起到正确使用和合理选用机床的作用。

# 任务 2　机床安装的基础知识

## 任务描述

机床种类繁多，形式各异，因此，安装的方式也不同。但无论采用何种安装方式，其基本安装程序是类似的,即:基础检查与放线、机床开箱清理、就位和找正、初平与二次灌浆、零部件的清洗和装配、精平与固定、安装精度检查调整和试运转、灌浆抹面与竣工验收等。在进行机床安装之前,还应针对不同的具体机床,按照机床说明书要求和安装现场实际情况,制定可行的机床安装施工方案,确定好施工方法和步骤、检测质量标准和方法、检测工具和施工安全防护措施等。其次应根据机床技术文件,结合生产实际工艺和地质资料,确定和设计出安装机床的基础;根据生产方式、生产工艺流程和厂房的具体条件,确定好机床的平面布置和排列方式。

## 知识点讲解

## 4.2.1 对机床基础的一般要求

### 1. 基础平面尺寸的确定

机床基础的确定和制作是机床安装中的一项重要内容,基础制作质量的好坏直接影响到机床的后期精度,特别是对于重型、大型和高精度机床更是如此。

一般情况下,基础尺寸是由机床生产厂家提供的机床说明书给定的。

基础的平面尺寸应比机床底座的外部尺寸略大,这既增加了基础的刚度,又方便机床调整。通常车床基础的每边比底座大 100 ~ 300mm;刨床的基础每边比底座大 200 ~ 500mm;磨床的基础每边比底座大 200 ~ 700mm。

基础平面尺寸的安装螺孔至基础边缘应不少于200mm。

### 2. 基础的防振要求

为了保证机床安装后的使用精度,机床安装时的基础平面位置须与铁路、公路及有振源的设备保持必要的距离。

同时,精密机床与冲击振动较大的机床如牛头刨床、插床等之间也应保持 5 ~ 10m 的距离。对于高精密的机床除采取以上措施外,还应进行基础的减振隔振处理。常用的方法如下:

(1)在机床基础四周开设隔振沟 即在机床基础的四周开设宽 150 ~ 200mm 的深沟,其深度应大于基础深度的 100 ~ 200mm,沟内填以木屑或炉渣拌砂。隔振沟的上口一般加盖木板或塑料盖板,盖板与地坪及基础间应保留一定间隙。常见隔振沟形式如图 4-2 所示。

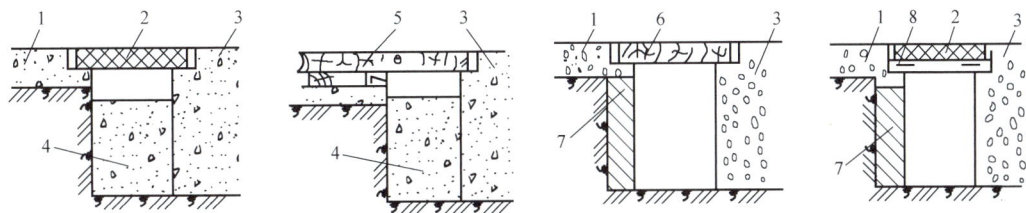

图 4-2 常见隔振沟形式

1—混凝土地坪 2—塑料盖板 3—机床基础 4—炉渣或其他隔振材料
5—地板或盖板 6—木质盖板 7—砖砌外壁 8—橡胶垫

(2)基础隔振 即在基础下部(及四周侧面)铺设隔振垫层和隔振材料或将弹性支承元件放置在基础底部以支承机床和基础的全部载荷,减小振动的输入,这种基础称为浮动基础或浮悬式基础。常见的方式主要有铺设隔振材料的浮动基础（见图4-3a）和采用弹性支承元件隔振的浮动基础（见图4-3b）。弹性支承元件的主要形式如图4-4所示。

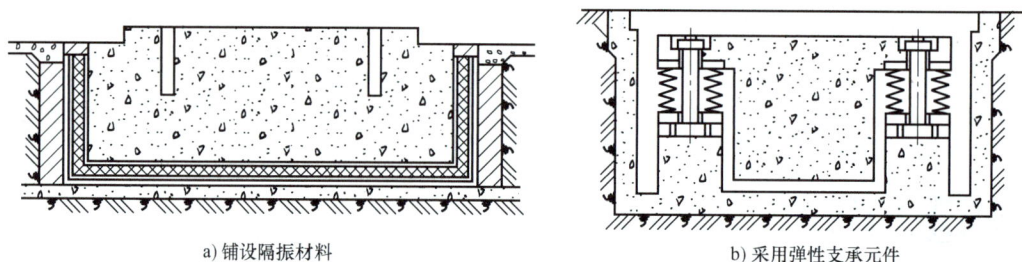

a) 铺设隔振材料

b) 采用弹性支承元件

图 4-3　浮动基础

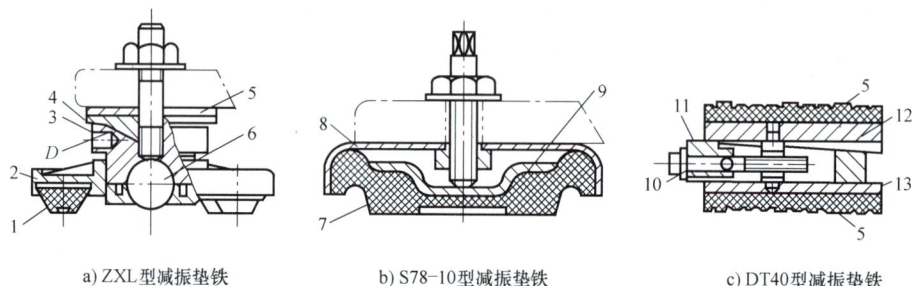

a) ZXL型减振垫铁

b) S78-10型减振垫铁

c) DT40型减振垫铁

图 4-4　弹性支承元件的主要形式

1—橡胶圈　2—底盘　3—升降座　4—球面座　5—橡胶垫　6—大钢球　7—碗形橡胶座
8—支承座　9—上盖板　10—螺杆　11—楔铁　12、13—上、下垫铁

### 3. 机床安装位置的确定

在加工工艺路线（工艺平面布置）已确定，单台机床基础设计已完成的情况下，应从操作、维修、安全和充分利用车间面积等方面综合考虑机床安装的相互位置。排出要安装的机床与机床之间、机床与车间立墙或立柱之间的合适距离。

机床在车间里面排列一般有背靠背排列法、横向排列法和纵向排列法。机床排列形式见表4-4。

表 4-4　机床排列形式

| 序号 | 1 | 2 | 3 |
|---|---|---|---|
| 排列类型 | 直线排列 | 平行排列 | 交错排列 |
| 示意图例 |  |  |  |
| 序号 | 4 | 5 | 6 |
| 排列类型 | 斜向排列 | 面向排列 | 背向排列 |
| 示意图例 |  |  |  |

当操作者背靠背操作时，中间最小距离为1300~1500mm；当两操作者面向同一方向操作时，两机床间最小距离为800~900mm。

此外，在机床安装位置确定时，还应注意机床辅助设备、电气设备及运输设备等对机床相对位置的要求。

## 4.2.2 基础的检查和放线

### 1. 基础的检查

基础检查的目的是对基础的尺寸设计和施工质量进行复查，对其不符合设计要求和质量要求的部分采取必要的补救措施，对需要进行二次灌浆、预压和隔振的基础进行处理。基础的预压是指对基础及基础下地层的承载能力试验，采用的方法是用钢材、砂子或石子等重物，均匀地压在基础上，预压物的重量应等于机床自重和允许加工工件最大重量总和的1.25~2倍，预压时间一般为3~5天，在预压期间要昼夜不断，每隔2h观测并记录基础的下沉情况，直到基础不再继续下沉为止。

基础检查的内容主要有基础平面的水平度、基础中心线、基础标高、预埋地脚螺栓或预留地脚螺栓孔的位置、地坑及隔振沟的位置、基础的外形尺寸及外观质量等是否符合要求。

### 2. 基础的放线

基础放线在基础检查并确认合格后进行。它是按照施工图并依据建筑物的轴线（或室内地坪边缘）测定，并用墨线标出机床安装位置的纵、横中心线及其他安装基准线。若基础标高不在同一平面且中心线又较长时，还应用经纬仪在中心线上投出若干点，然后分段标出。当基础上埋设了中心标板时，应将点投影到中心标板上，打样冲眼标出。有标高要求时，标高基准线按建筑物标高测定。两台以上机床若有相互连接、衔接和排列关系，应按其要求确定共同的安装基准线。

## 4.2.3 机床开箱、就位和找正

### 1. 机床开箱

机床开箱应有业主代表人员参与，共同按装箱单检查清点和记录。清点检查的目的：第一是确认机床的零件、部件、附件是否齐全；第二是查看有无质量问题，如因制造、装运、保管等因素造成外观损坏、表面锈蚀等情况；第三是将清点检查结果做好机床开箱检查记录，机床交由安装单位保管。对发现的问题及时查询、处理和补救。通过开箱检查，只能初步了解机床的完整程度和零、部件是否缺少等能够看得到的外观质量，机床的内部缺陷和问题、技术状况和精度情况，必须在安装过程中的其他施工工序（如机床的拆卸、清洗清理、装配以及找正找平等工序）中继续进行了解。机床开箱时，应注意下列事项：

1）开箱前，查明机床的名称、规格、型号、箱号、箱数及包装情况，防止开错。

2）应尽可能在未开箱前将机床吊运到安装就位点附近，以减少开箱后的搬运工作量。

3）开箱时应将箱顶上的尘土杂物扫除干净，以防止开箱时尘土散落在设备上。

4）开箱一般应从顶板开始，拆除顶板查明情况后再拆除其他部位箱板。若顶板不便拆除，可选择适当部位拆除侧板，观察内部情况后再开箱。开箱过程中要注意保护机床不被碰损。对机床上的各运动部件，在尚未清除防锈剂前，不得转动和移动。因检查需要清除防锈剂时，应使用硬度较软的非金属刮具，检查后应及时重新涂上。

**2. 机床就位**

机床就位是将机床搬运或吊装到经检验的基础上，其方法通常视现场具体条件确定。

**3. 机床找正**

机床找正的任务是使机床的纵、横中心线或定位基准与基础的中心线或安装基准对正。对机床部件与部件之间或机床与机床之间有直线度、平行度及同轴度要求时，也可通过找正达到初步满足。

找正的方法通常是应用吊装机具、撬杠或举升器使机床水平或垂直位移，再用垫铁垫实。需要注意的是，安放垫铁时，应为下道工序留有足够的调整余量。

## 4.2.4 机床的初平

机床的初平一般与机床的就位、找正结合进行。初平的目的是将机床的水平度调整到基本符合要求的程度。通常，初平时机床的所有零部件还没有彻底清洗，地脚螺栓还没有进行二次灌浆，因而无法对机床紧固。

机床初平时，必须选择合理的被测基准，一般选择最能体现机床安装水平度且经过精加工、便于检测的部位，如工作台面、支承移动工作台面的导轨面或安放工作台的底座平面等。

机床的床身是机床的主要基础部件，在床身上不仅要安装主轴箱、立柱等部件，还要安装移动部件，如工作台、溜板箱、尾座、中心架等。

移动部件是以床身导轨为导向基准来实现工件的加工精度，固定部件是以床身导轨为定位基准而固定的。床身导轨的安装和调整精度是否符合要求，不仅影响其上所安装部件的相互位置精度，还影响到机床今后的工作精度。因此，机床的初平和精平，一般都是以床身导轨或工作台面作为安放检测测量工具的基准。检测时在床身导轨上放置检验桥板、平尺或检验棒，用水平仪在检验棒、平尺或检验桥板上按纵、横方向测量，如图4-5所示。放置测量工具前应将机床床身导轨上的被测面擦拭干净。要注意检查地脚螺栓、螺母和垫圈、垫铁安放的位置和数量是否符合要求。

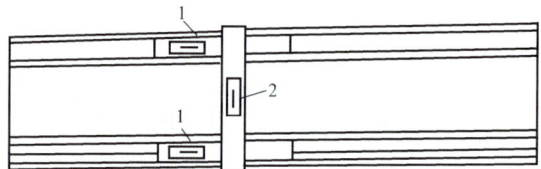

图4-5 检验机床床身安装水平
1—纵向水平仪 2—横向水平仪

由于初平时，是通过调整垫铁来调整机床的水平度，故当使用垫铁的种类不同时，调整的方法也不同。机床安装使用的垫铁通常为可调垫铁和钩头成对斜垫铁。

调整垫铁一般用于精度较高的机床（如车床、磨床、龙门刨床、龙门铣床、镗床等）安装中。调整垫铁可分为由上、下两块垫铁组成的两块式调整垫铁和由上、中、下三块垫铁组成的三块式调整垫铁等。

使用可调垫铁时，垫铁的底座应用混凝土灌牢（但活动部分如螺纹面、垫铁滑动面上不允许有混凝土砂浆）；螺纹部分和调整块滑动面上，应涂以耐水性较好的润滑脂；每组垫铁应有足够的升高余量，在机床调平后仍应有可再升高的调节量。如果需要降低垫铁的高度时，应使调节块降到所需高度略低的位置，再将调节块回拧以消除配合件的间隙，防止机床在运转过程中，因存在间隙而导致调节块移动，影响机床精度。

在地脚螺栓拧紧的情况下，若需对垫铁进行调整，则必须先松开地脚螺栓的螺母。

机床的初平方法和要求与其他设备基本一致，但机床安装调整水平时，无论初平还是精平，都应遵循"自然调平"原则，即保持处于自由状态，不应采用紧固地脚螺栓局部加压的方法强制机床变形使之达到安装水平精度要求。运用"自然调平"方法找平，特别是精平，可以使机床通过垫铁的调整实现安装水平。在垫铁全部与机床底座接触受力均匀后，再将地脚螺栓均匀拧紧，使机床通过地脚螺栓与基础紧固成一体，不仅能提高机床与基础之间的接触刚度，还可减小因地脚螺栓紧固时对机床产生的内应力，使机床安装水平精度不致丧失。

对于不使用二次灌浆法安装的机床，可以不进行初平。

机床初平后，垫铁组伸入机床底座底面的长度应超过地脚螺栓的中心；垫铁外端面应露出机床底面的外缘，平垫铁宜露出 10～30mm，斜垫铁宜露出 10～50mm，并应及时进行二次灌浆，使地脚螺栓与基础形成一个整体。操作时不能碰撞机床，地脚螺栓应固定在自然垂悬时的位置，其轴线不能歪斜，机床应保持原有的安装水平。

## 4.2.5 机床的清洗与装配

### 1. 机床的清洗

机床的清洗在二次灌浆混凝土养护约一周后进行，目的是除去机床床身及零部件表面的防锈剂、锈蚀层及其他污物。现场组装的大型、重型机床，需组装的零部件应按装配顺序清洗干净，并涂以润滑油（脂）。

### 2. 机床的装配

由于机床的种类很多，每种机床的安装步骤和方法各不相同，但均应遵循《金属切削机床安装工程施工及验收规范》（GB 50271—2009）的基本要求。同时，还应注意以下几点：

1）机床在现场组装前，应配备好主要工种安装施工人员，他们对机床的规格、性能、主体结构、主要运动原理、各零部件间的相互位置关系和装配顺序及安装精度等技术要求应充分了解；制定好周密的安装施工方案及安全技术措施；准备好必需的工机具、量具和设备，方可进行组装。组装时，应符合机床设备技术文件的规定，对出厂时已经装配好的零部件，在现场一般不必再进行拆装。因检测或调试必须拆卸的部件，拆卸时应作好被拆件原始装配位置和装配间隙等技术数据记录，以便重新组装时恢复原有的技术状况。新组装的部件，应先检查与装配有关的零部件尺寸及配合精度，经确认相符后再行装配。

2）现场进行机床组装，一般应先从床身（或底板）等基准件开始逐步展开。在安装的同时，逐件对机床进行找平，安装完一件立即找平一件，各部件找平时均应在机床处于自由状态下进行。如果由于制造、运输和保管等原因，在安装紧固前已有变形，使得在自由状态下已无法调整达到规定的精度要求时，要及时同有关部门研究处理。

3）凡是机床的滑动、滚动和转动部件，其运动应灵活轻便，没有阻滞现象。对需要组装的丝杠，若有变形，应按制造标准进行校直检验。一般丝杠应保证螺母顺利通过。丝杠在保管中应垂直悬吊，精密丝杠要特别注意防止损伤和变形。

4）特别重要的固定结合面，如立式车床的立柱与底座的结合面等应紧密贴合，紧固后用0.04mm 塞尺检验，不应插入；而滑动、移置导轨与滑动件的结合面，应在导轨镶条压板端部的滑动面间用0.04mm 塞尺检验，插入度不得超过 20mm；对于导轨与导轨的接头处应保证平齐。

5）在组装大型机床时，应确定定位销孔确实对准后，再放入定位销，销与销孔应接触良好。销装入销孔内的深度应符合规定，并能顺利取出，销装入后需要重新调整连接件时，不应使销受剪力，严禁利用定位销来强制纠正零部件位置。

6）在恒温车间安装精密机床时，其精平调试工序应在室内恒温条件具备后进行；用于检测调试的量具，应在待检机床的安装场所放置一定时间，待其温度同室温基本一致后再使用，以避免因温差较大导致的检测误差。

## 4.2.6 机床的精平

当机床地脚螺栓孔灌注的混凝土强度达到75%以上，就可以进行机床的精平。精平的目的是经过对机床安装水平度、垂直度的再次调整，使机床的几何精度达到设计制造精度要求，否则，机床的基础件如床身、底座等，会因失去水平或垂直，产生较大的变形，从而导致与其配合、连接的零部件的变形或倾斜，降低机床的运动精度和加工精度，并加剧运动零部件的磨损，缩短机床的使用寿命。

机床精平的具体检测调整方法与机床初平方法基本相同，只是调整工作更细致，测量精度要求更高。机床精平时所用的检测工具的精度，应高于被检测部件的精度。一般，检测工具的测量误差应为被检测部件精度极限偏差的$1/3 \sim 1/5$。

精平时，根据机床导轨运动轨迹方向的不同，一般可分为具有直线运动轨迹导轨的机床和具有圆周运动轨迹导轨的机床两种不同情况来处理，其方法如下：

### 1. 具有直线运动轨迹导轨的机床

1）当直线运动轨迹导轨和工作台都较长（如外圆磨床、平面磨床等）且最大磨削长度≤1000mm的机床安装水平检验时，应将工作台移至床身中间位置，并在工作台中央按导轨纵向和横向放置水平仪进行测量，如图4-6所示。

2）当检验调整直线运动轨迹为导轨较长、工作台较短的机床（如卧式车床、卧式镗床等）的安装水平时，可将水平仪放置在床身导轨或桥板上，沿导轨间隔一定距离依次进行纵、横向的调整测量。检验工作台（或溜板）的运动精度，可直接将水平仪放置在工作台（或溜板）上，在床身导轨的不同位置上测量其水平度，如图4-7所示。在进行上述调整时，要同时注意满足工作台移动对主轴回转中心线的平行度要求。

图4-6 长导轨和长工作台

图4-7 长导轨和短工作台

3）对刚度较差的长导轨机床及多段拼接床身的机床（如龙门刨床、龙门铣床、导轨磨床等）进行安装水平检测调整时，应将水平仪直接（或通过桥板）放置在床身导轨上，在导轨两端（或接缝两端位置）上检查和调整机床的安装水平。也可在床身立柱连接处或工作台中央（大型平面磨床、外圆磨床）直接（或通过桥板）放置水平仪进行调整测量，如图4-8所示。测量中要兼顾调整床身导轨的其他有关精度。

4）对导轨短、刚度好的机床（如工具磨床、小型内外圆磨床、座标镗床等机床）可将

图 4-8 多段拼接长导轨

水平仪直接放置在工作台面上的中央位置，分别进行纵、横向的安装水平调整测量。

**2. 具有圆周运动轨迹导轨的机床**

这类机床主要有立式车床、圆台铣床、滚齿机等。精平时，可在机床导轨上跨底座中心按"米"字形放置等高块和平行平尺，再用水平仪进行安装水平测量，如图 4-9a 所示，也可以用水平仪直接进行测量，如图 4-9b、c 所示。

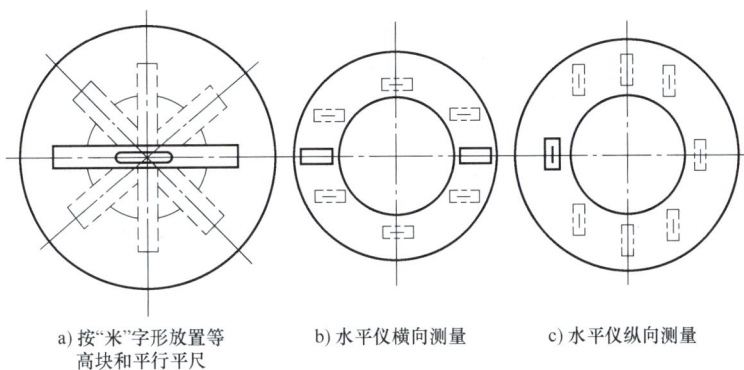

a) 按"米"字形放置等
高块和平行平尺

b) 水平仪横向测量

c) 水平仪纵向测量

图 4-9 圆周运动轨迹导轨机床安装水平测量

也可在工作台面上跨越工作台中心放置等高块和平行平尺，平行平尺用等高块支承（两块等高块跨距应大于工作台半径）。在平行平尺上放置水平仪，分别测量调整纵、横向安装水平，然后将工作台旋转 180°，再进行测量，以两次测得结果代数和的一半为安装水平的实际误差。

机床安装水平的要求，各类机床不尽相同，现将部分常见机床安装水平误差的允差列入表 4-5，供参考。

表 4-5 机床安装水平误差的允差

| 机床名称 | 允差/mm | | 机床名称 | 允差/mm | |
|---|---|---|---|---|---|
| | 纵向 | 横向 | | 纵向 | 横向 |
| 单轴纵切自动车床、单轴转塔车床 | 0.04/1000 | | 升降台铣床、工作台不升降铣床 | 0.04/1000 | |
| 卡盘多刀车床、单柱和双柱立式车床 | | | 万能工具铣床、平面铣床 | | |
| 铲齿车床 | 0.04/100 | 0.02/100 | 摇臂铣床、刻模铣床、龙门铣床 | | |

（续）

| 机床名称 | 允差/mm | | 机床名称 | 允差/mm | |
|---|---|---|---|---|---|
| | 纵向 | 横向 | | 纵向 | 横向 |
| 台式钻床、摇臂钻床 | 0.10/1000 | | 插齿机、滚齿机 | 0.04/1000 | |
| 无滑座万向摇臂钻床、滑座万向摇臂钻床 | | | 剃齿机 | | |
| | | | 弧齿锥齿轮磨齿机、锥形砂轮磨齿机 | 0.02/1000 | |
| 底座万向摇臂钻床 | | | 大平面砂轮磨齿机、蜗杆砂轮磨齿机 | | |
| 方柱立式钻床、圆柱立式钻床、轻型圆柱立式钻床、十字工作台立式钻床 | 0.04/1000 | | 成形砂轮磨齿机、碟形砂轮磨齿机 | | |
| 卧式镗铣床、落地镗床 | | | 牛头刨床 | 0.04/1000 | |
| | | | 插床 | | |
| 落地镗铣床、刨台卧式铣镗床 | | | 卧式内拉床 | 床身导轨上 0.10/100 尾座导轨上 0.05/1000 | |
| 坐标镗床、立式精镗床 | 0.02/1000 | | 立式内拉床、立式外拉床 | 0.05/1000 | |
| 无心磨床、外圆磨床、内圆磨床 | 0.04/1000 | | 卧式圆锯床、卧式带锯床 | 0.04/1000 | |
| 立轴矩台平面磨床、卡规磨床 | | | 电火花成型机床 | | |
| 轴承内圈磨床、落地导轨磨床 | | | 钻镗类组合机床、铣削组合机床 | | |
| 高精度外圆磨床 | 0.03/1000 | | 攻螺纹组合机床、组合机床自动线 | | |
| 滚刀铲磨床 | 0.02/1000 | | 精密铣削组合机床 | 0.02/1000 | |

## 4.2.7 机床的固定和机床安装精度的检验

### 1. 机床的固定

机床在基础或混凝土地坪上的固定方式主要有地脚螺栓固定和混凝土（或水泥砂浆）固定。

采用地脚螺栓固定机床，压紧力大，牢固可靠。但地脚螺栓拧紧时的力可能使机床床身产生一定变形，从而导致安装精度下降。因此，机床在精平中拧紧地脚螺栓螺母时，应同时校验安装水平。地脚螺栓固定方式一般用于大型、重型机床及切削力、干扰力、振动较大的机床。

混凝土（或水泥砂浆）固定机床，安装方便，且可以承受部分机床载荷。在灌浆和捣实过程中应防止触动垫铁，以免影响安装水平。这种固定方式一般用于中、小型机床及切削力较小、刚度好、稳定性强和振动不大的机床。

### 2. 机床安装精度的检验

机床进行紧固时，拧紧地脚螺栓的外力，可能使已精平的床身产生变形，进而导致床身导轨几何精度的超差；此外，机床使用一段时间后，床身会因应力或基础变形而失去原有的水平。因此，机床安装固定后，还应对安装水平进行再次调平。

机床安装水平检验调平的目的是为了获得机床的静态稳定性，以便于为机床的几何精度检验和工作精度检验做好准备。因此，机床安装水平是机床安装精度内容的一部分。一般情况下，机床安装水平不作为机床安装工程交工验收的正式项目，即机床几何精度和工作精度检验合格，安装水平度是否在允许范围不必进行交验。只有当整体出厂的机床安装，在国家标准《金属切削机床安装工程施工及验收规范》（GB 50271—2009）中除检验安装水平外，没有规定其他检验项目时，安装水平才作为交工验收的主要检验项目。

## 4.2.8 机床试运转

在机床安装工程施工中，机床进行安装精度检验调整合格后，就可进入机床运转调试工序了。并且，通常只进行无负荷空载运转而不进行负荷运转，一般也不再进行全面的工作精度检验，因为这些项目在机床制造厂已经进行并检验合格。

### 1. 机床在试运转前的各项准备工作

1）检查主轴箱、进给箱及所有运动部位、零部件是否清洗干净，并按机床说明书或润滑图表的规定进行了相应的润滑。

2）用手转动（或移动）各运动部件，应灵活无阻滞现象。

3）指定专人按机床使用说明书了解并熟悉机床的结构性能和各操纵机构的操作方法。

4）检查机床的控制系统、操作机构、安全装置、制动与夹紧机构以及液压与气动系统、润滑系统是否完好，性能是否可靠。必要时应及时调整和更换。

5）检查电压、电流是否符合技术要求，电动机、电器绝缘是否良好，机床接地是否可靠。电动机的旋转方向是否与操作运动部件的运动一致，润滑、冷却系统运行可靠。

6）检查磨床用砂轮有无裂纹、碰损等缺陷，并进行动平衡试验或超速试验；检查卡盘卡爪是否收拢、卡盘扳手是否取掉；钻夹头钥匙是否取下；带轮、齿轮等防护罩是否罩好。

### 2. 机床试运转的操作

在进行机床试运转时，应根据机床的技术性能和要求，按先手动，后机动；先部分运转，后综合运转；由低速逐步变换到高速；对生产线上的机床设备应先单台机床运转，再联机试运转的程序进行。各种运转速度的运行时间应不少于5min，生产工艺中最常用的运转速度的运行时间应大于30min。在运转一定时间主轴轴承达到稳定温度（即温升每小时小于5℃）时，检测普通机床的轴承温度和温升不应超过下列数值：

滑动轴承：温度60℃，温升30℃。

滚动轴承：温度70℃，温升40℃。

精密机床该项指标应低于上述值。

机床进行无负荷试运转时，应检查并记录好以下内容：

1）在油窗和外露导轨等处观察各润滑部位供油是否正常。

2）机床的变速手柄动作是否灵活，机床转速与手柄位置标明的速度是否一致。

3）机床的联锁保护装置及制动装置动作是否准确可靠。

4）自控装置的挡铁和限位开关必须灵活、正确和可靠。

5）机床自动锁紧机构必须可靠，必要时应进行调整。

6）快速移动机构动作准确、正常。

7）摩擦离合器不得有过热现象。

8）运转时机床不得有振动过大的现象，各运动部分均应运转平稳。

**3. 机床试运转操作的技术要求**

1）选择一个适当的速度，检验主运动和进给运动的起动、停止、制动、正反转和点动等反复动作10次，其动作应灵活、可靠。

2）自动和循环自动机构的调整及其动作应灵活、可靠。

3）应反复交换主运动或进给运动的速度，变速机构应灵活、可靠，其指标应正确。

4）转位、定位、分度机构的动作应灵活、可靠。

5）调整机构、锁紧机构、读数指示装置和其他附属装置应灵活、可靠。

6）其他操作机构应灵活、可靠。

7）数控机床除应按上述1）~6）项检验外，还应按有关设备标准和技术条件进行动作试验。

**4. 机床试运转的其他装置的技术要求**

1）具有静压装置的机床，其节流比应符合设备技术文件的规定；"静压"建立后，其运动应轻便、灵活；"静压"导轨运动部件四周的浮升量差值，不得超过设计要求。

2）电气、液压、气动、冷却和润滑等各系统的工作应良好、可靠。

3）测量装置的工作应稳定、可靠。

4）机床连续空负荷运转的时间应符合表4-6的规定。其运转过程不应发生故障和停机现象，自动循环之间的休止时间不得超过1min。

表4-6　机床连续空负荷运转的时间

| 机床控制方式 | 机械控制 | 电气控制 | 数字控制 | |
|---|---|---|---|---|
| | | | 一般数控机床 | 加工中心 |
| 时间/h | 4 | 8 | 16 | 32 |

**5. 机床安装的检具要求**

机床安装时当需用的专用检具未随设备带来，而现场又没有规定的专用检具时，检验机床几何精度可用《金属切削机床安装工程施工及验收规范》（GB 50271—2009）中规定同等效果的检具和方法代替。

此外，还应针对不同类型的机床进行特殊检查，特殊检查内容可参阅表4-7。

表4-7　常见机床安装时特殊检查内容

| 机床类型 | | 特殊检查内容 |
|---|---|---|
| 车床 | 重型车床 | 溜板、刀架、尾架的控制按钮是否操作正确、运转灵活，工件卡盘是否安全、牢固 |
| | 自动车床 | 工作循环是否正确、可靠，进料机构进给是否正常 |
| | 六角车床 | 六角头（转塔头）转位机构定位是否准确可靠，自动走刀、停车机构是否准确可靠 |
| | 立式车床 | 工作台导轨间隙、润滑油压力正常与否，立柱移位是否平稳 |
| 钻床 | 摇臂钻床 | 摇臂和主轴箱夹紧机构动作应可靠 |
| 磨床 | 外圆磨床 | 工作台移动平稳无爬行现象，反向是否平稳、迅速或无冲击 |
| | 平面磨床 | 电磁吸盘工作是否可靠 |
| | 导轨磨床 | 工作台移动是否无爬行现象，床身导轨润滑油分油器应确保V形导轨和平导轨油压均衡 |
| | 螺纹磨床 | 砂轮修整机构动作是否正常 |

（续）

| 机床类型 | 特殊检查内容 |
| --- | --- |
| 坐标镗床 | 恒温控制系统的可靠性；光学定位系统是否清晰可靠 |
| 龙门刨床 | 工作台是否动作平稳，有无抖动、爬行现象，刀架走刀机构工作是否正常，工作台减速换向和变速是否正确可靠，对工作台溜车制动机构工作是否可靠 |
| 龙门铣床 | 顺铣时清除丝杠间隙的机构是否工作可靠 |
| 磨齿机 | 其工作循环是否准确可靠 |
| 插齿机 | 让刀机构工作是否正常 |
| 拉床 | 油泵是否工作正常 |
| 插床 | 插头升降制动机构动作是否可靠 |
| 数控机床 | 编程装置工作是否正常 |

**6. 试运转结束后进行的工作内容**

试运转结束后，应即完成下列工作：

1）断开电源和其他动力源。

2）尾座、工作台、主轴箱、摇臂等移至规定的位置。

3）检查和复紧地脚螺栓及其他各紧固部位。

4）清理现场，并对机床床脚与基础之间灌浆固定并抹面，同时应注意对可调垫铁应做护围，避免水泥砂浆黏附而影响其调整。

5）整理试运转的各项记录。

6）办理工程验收手续。

## 4.2.9 竣工验收

机床安装结束后，即可进行竣工验收。机床安装工程验收，一般是机床使用单位向机床安装施工单位验收。竣工验收工作是机床安装工程施工单位的最后一项重要任务。

验收结束时，要交付下列资料：

1）机床基础设计图样及有关技术资料。

2）变更设计的有关文件及竣工图。

3）各安装工序的检验记录。

4）机床安装精度及试运转的检验记录。

5）工序的检验记录，如机床开箱检查记录、机床受损情况（或锈蚀）及修复记录等。

6）其他有关资料，如仪器仪表校验记录、检测用工具、量具及检具的质量鉴定记录、重大问题及处理文件以及施工单位向使用单位提供的建议意见等。

# 任务3 卧式车床的装配与调试

>> **任务描述**

车床的主要功能是通过主轴的旋转运动和车刀的进给运动车削加工回转类工件。车床是最主要的一种金属切削机床，在一般的机器制造厂中车床的应用最为广泛。图 4-10 所示为 CA6140 型卧式车床结构图，本任务以 CA6140 型卧式车床为例，阐述卧式车床的装配与调试方法。

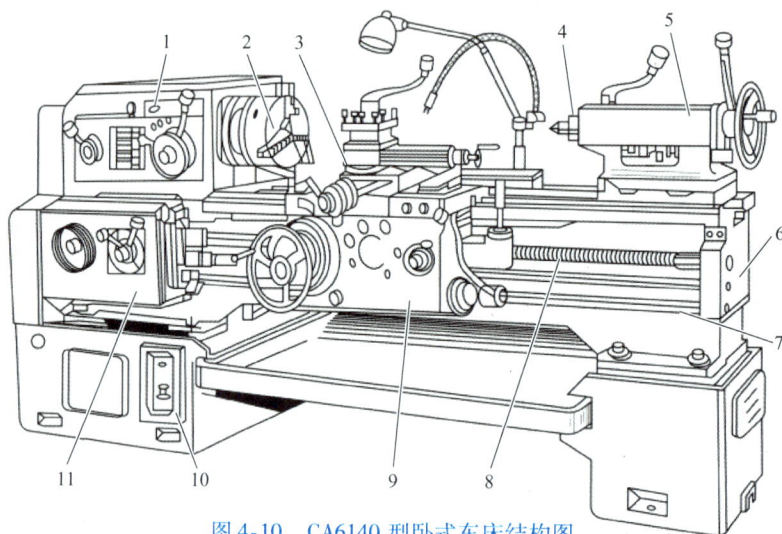

图 4-10　CA6140 型卧式车床结构图

1—主轴箱　2—卡盘　3—刀架部件　4—后顶尖　5—尾座　6—床身　7—光杠
8—丝杠　9—溜板箱　10—底座　11—进给箱

**知识点讲解**

## 4.3.1　主轴的装配与调整

### 1. 主轴的结构

主轴是车床的关键部件，工作时工件装夹在主轴上，主轴带动工件旋转，作为主运动。因此主轴的旋转精度、刚度、抗振性和热变形对工件的加工精度和表面粗糙度有直接影响。图 4-11 所示为 CA6140 型卧式车床主轴组件。

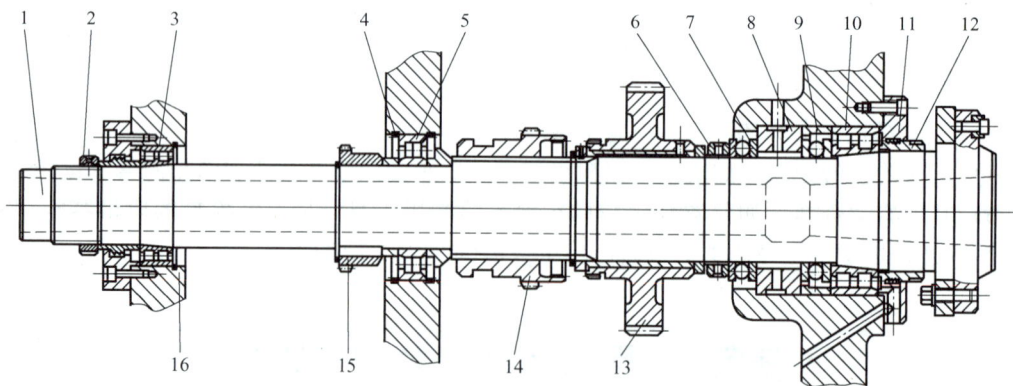

图 4-11　CA6140 型卧式车床主轴组件

1—主轴　2—调整螺母　3、10—调心滚子轴承　4—孔用挡圈
5—圆柱滚子轴承　6—带锁紧螺钉的调整螺母　7—推力角接触球轴承（2 个）　8—隔套
9—隔垫　11—法兰　12—前端螺母　13、14、15—齿轮　16—箱体

CA6140 型卧式车床主轴采用前、中、后三个支承。前支承用一个调心滚子轴承 10 和推力角接触球轴承 7 的组合方式,承受切削过程中的径向力和左、右两个方向的轴向力。后支承用一个调心滚子轴承 3。主轴中部用一个圆柱滚子轴承作为辅助支承,这种结构在重载荷工作条件下能保持良好的刚性和工作平稳性。

由于主轴前、后两支承均采用调心滚子轴承,其内圈内锥孔与轴颈处锥面配合,当轴承磨损致使径向间隙增大时,可以较方便地通过调整主轴轴颈相对轴承内圈的轴向位置,来调整轴承的径向间隙。中间轴承只有当主轴承受较大径向力,主轴在中间支承处产生一定挠度时,才起支承作用。因此,轴与轴承间需要有一定间隙。

主轴组件采用前端固定,前支承将承受双向的轴向力,因此导致前支承结构复杂、装配不方便、发热量较高。但主轴发热后可向后端自由伸长,不致影响加工精度。

润滑油由主轴前、后支承内的进油孔进入并润滑轴承,为了避免漏油,在前、后支承处设有油沟式密封装置。前支承外侧的前端螺母 12 和后支承左侧隔套上带有几个单锥面的甩油沟槽,当主轴旋转时,油可沿单锥面朝主轴箱甩到法兰的接油槽里,经回油孔流到箱底,再流回油池。

### 2. 主轴组件的装配

1)将隔套 8、隔垫 9、调心滚子轴承 10 的外圈垫上铜套后,先后装入主轴箱的前端轴承孔;将圆柱滚子轴承 5 的外圈装入主轴箱的中部轴承孔,并用孔用挡圈 4 固定;将孔用挡圈装入主轴箱的后端轴承孔,装入调心滚子轴承 3 的外圈。

卧式车床
主轴装配

2)将法兰 11、前端螺母 12、调心滚子轴承 10 的内圈及滚动体、推力角接触球轴承 7 依次装在主轴上。

3)将初装后的主轴组件从主轴箱前端轴承孔缓慢地向主轴箱后端轴承孔敲入(垫铜皮或用大木槌),在敲入过程中,先后将推力角接触球轴承 7、带锁紧螺钉的调整螺母 6、齿轮 13 和 14、圆柱滚子轴承 5 的内圈从主轴小端装在主轴上,然后再将主轴敲入圆柱滚子轴承 5 的外圈内;将齿轮 15 和调心滚子轴承 3 的内圈装上主轴,并装入调心滚子轴承 3 的外圈内。

卧式车床主轴
箱卡盘安装

4)在主轴上安装左侧隔套、轴承端盖,拧紧轴承端盖螺钉,旋入调整螺母 2 并紧固。

5)将齿轮 15 轴向定位,并用卡簧钳子装上轴用挡圈固定;把带锁紧螺钉的调整螺母 6 向右旋紧,紧定螺钉暂时固定。

6)用端盖螺钉将法兰 11 固定在主轴箱体上。

### 3. 轴承间隙的调整

轴承的间隙,既不能过大,也不能过紧。轴承间隙过大会降低加工精度;轴承调整得太紧,会造成轴承工作时发热量过大,影响轴承的使用寿命,甚至在轴承滚道上留下压痕。因此,轴承间隙应进行合适的调整。

卧式车床主轴
装配后调整

(1)前端轴承的调整方法 调心滚子轴承 10 的内圈较薄,与主轴锥面配合的锥孔锥度为 1∶12,当内圈沿主轴轴线向右移动时,产生的弹性变形可消除轴承的滚子与内、外圈之间的间隙。松开带锁紧螺钉的调整螺母 6 的紧定螺钉,转动带锁紧螺钉的调整螺母 6,拉动主轴向左移动,由于主轴锥面的作用使轴承内圈向外弹性变形而胀大,从而调小轴承径向间隙。调心滚子轴承 10 右侧的前端螺母 12 用于控制该轴承的总间隙调整量,与带锁紧螺钉的调整螺母 6 配合使用,并具有传递主轴承受的左向轴向力,以及退卸调心滚子轴承 10 内圈的作用。

转动带锁紧螺钉的调整螺母6，调整调心滚子轴承10的同时，也调整了两个推力角接触球轴承7的间隙，这种调整轴承间隙的结构虽较简单，但由于两种轴承所要求的预紧力和间隙量不同，所以不能做到分别调整。另外，由于推力角接触球轴承紧靠在螺母的端面，而螺母仅借助于螺纹定心，因而定心精度不高，因此螺母端面的偏斜会直接影响主轴的回转精度。

（2）中间轴承及后端轴承的调整方法 主轴的中间支承采用了一个P6级精度的圆柱滚子轴承，用来承受径向力，间隙不能调整，其间隙由孔用挡圈4限定；主轴的后支承则采用了一个P6级精度的调心滚子轴承，用来承受径向力，可用调整螺母2调整该轴承的间隙。一般情况下，只需调整前端轴承即可，只有当调整前端轴承仍不能达到回转精度要求时，才需调整后端轴承。

## 4.3.2 多片式摩擦离合器的装配与调整

### 1. 多片式摩擦离合器的结构特点

CA6140型卧式车床主轴箱的开停和换向装置大多采用机械双向多片式摩擦离合器，其总体结构如图4-12a所示。它由结构相同的左、右两部分组成，左侧离合器传动时主轴正转，右侧离合器传动时主轴反转。现以左侧离合器为例说明其结构特点，如图4-12b所示。

该离合器由若干形状不同的内、外摩擦片交叠组成，利用摩擦片在相互压紧时接触面之间产生的摩擦力传递运动和转矩。带花键的内摩擦片3与轴4上的花键相连接；外摩擦片2的内孔是光滑圆孔，空套在轴的花键上。外摩擦片外圆柱面上有4个凸齿，卡在空套齿轮1套筒部分的缺口内。内、外摩擦片相间排列，在未被压紧时，它们互不联系，主轴停转。当操纵装置10使滑环9向右移动时，杆7（在花键轴的孔内）上的摆杆8绕支点摆动，其下端就拨动杆向左移动。杆左端有一固定销，使螺圈6及加压套5向左压紧左边的一组摩擦片，通过摩擦片间的摩擦力，将转矩由轴传给空套齿轮1，使主轴正转。同理，当操纵装置10使滑环9向左移动时，将压紧右边的一组摩擦片，使主轴反转。当滑环在中间位置时，左、右两组摩擦片都处在放松状态，轴4的运动不能传给齿轮，主轴停止转动。

### 2. 多片式摩擦离合器的装配要求和间隙调整

多片式摩擦离合器的间隙大小要适当，不能过大或过小，若间隙过大会减小摩擦力，影响车床功率的正常传递，并使摩擦片磨损加大；间隙过小，在高速车削时，会因发热而产生"闷车"的现象，从而损坏机床。

离合器间隙调整示意图如图4-12c所示，调整时，若已通电，则先切断电源，用螺钉旋具压下弹簧销，然后转动加压套5（分为左侧和右侧两个部分），使其相对于螺圈6做少量轴向移动，即可改变摩擦片间的间隙，从而调整摩擦片间的压紧力和所传递转矩的大小。左侧加压套用于调整车床主轴正转时的离合器间隙，右侧加压套用于调整车床主轴反转时的离合器间隙。待间隙调整合适后，再让弹簧销从加压套的任一缺口中弹出，以防止加压套在旋转中松脱。

若主轴正转时摩擦离合器过松，则应将加压套5的左侧部分向左调整；若过紧，则向右调整。若主轴反转时摩擦离合器过松，则应将加压套5的右侧部分向右调整；若过紧，则向左调整。

## 4.3.3 制动器的装配与调整

### 1. 制动器的结构特点

如图4-13所示，制动器安装在Ⅳ轴上，在离合器脱开时，它能使主轴迅速停止转动，

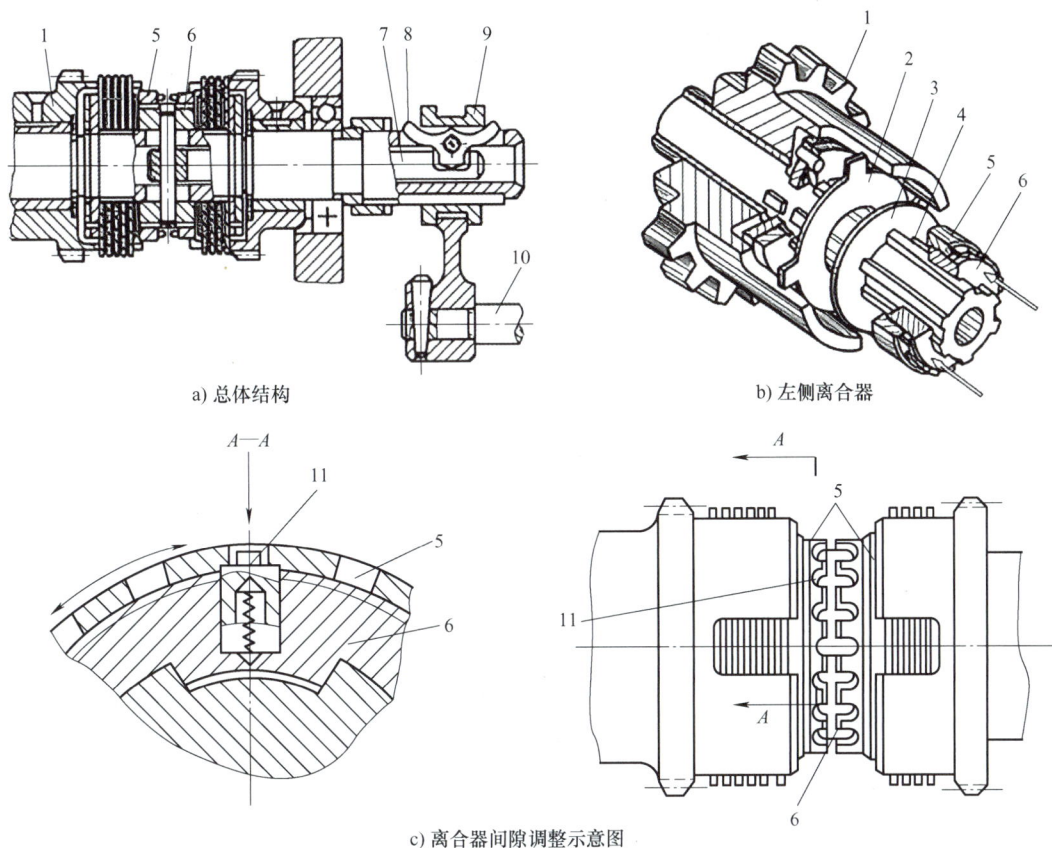

a) 总体结构

b) 左侧离合器

c) 离合器间隙调整示意图

图 4-12 多片式摩擦离合器

1—空套齿轮 2—外摩擦片 3—内摩擦片 4—轴 5—加压套
6—螺圈 7—杆 8—摆杆 9—滑环 10—操纵装置 11—弹簧销

以缩短停机时间，并保证操作安全。制动轮 3 是一个钢制的圆盘，与Ⅳ轴用花键连接。制动带 2 是一条钢带，内侧有一层酚醛石棉以增加摩擦；制动带的一端与杠杆 7 连接，另一端通过调节螺钉 1 与箱体相连。摩擦离合器接通且主轴转动时，制动轮 3 随Ⅳ轴转动；离合器脱开时，齿条轴 5 的凸起部分（c 位置）使杠杆 7 摆动，制动带 2 被拉紧，主轴迅速停止转动。

**2. 制动器的装配与调整要求**

当制动器过松时，将产生停车后主轴长时间旋转现象；当制动器过紧时，会使制动带在开车时不能与制动轮可靠分离，产生剧烈摩擦而使接触部分磨损和烧伤。

制动带松紧程度的调整方法：用板手松开制动带前端的锁紧螺母，然后在主轴箱的背后调整调节螺钉 1，使制动带松紧程度合适，其调整的标准为在主轴转速为 320r/min 时，主轴在 2~3 转时间内能迅速制动，而在开车时，制动带能完全松开。调整应在电动机开动（主轴不转）时进行，调整好后，再拧紧螺母。

## 4.3.4 床鞍及中、小拖板的装配与调整

**1. 车床导轨副的结构特点及装配要求**

卧式车床的床鞍、中拖板、小拖板的移动导轨和床身导轨共同组成车床的主要导轨副，

161

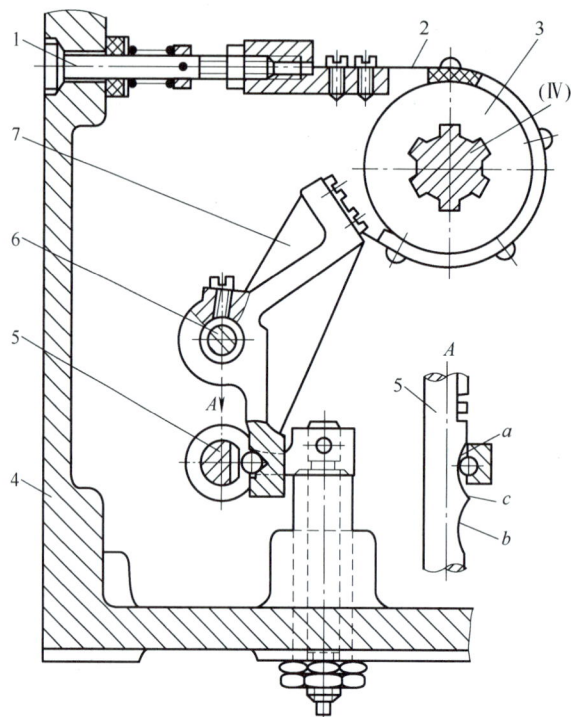

图 4-13　制动器的结构

1—调节螺钉　2—制动带　3—制动轮　4—箱体　5—齿条轴　6—杠杆支承轴　7—杠杆

为车刀车削加工时的纵、横向移动提供导向，它们的间隙调整精度将直接影响工件的加工精度和表面质量。其间隙的调整要求是能灵活、平稳、轻便地滑动，同时满足运动精度要求。

### 2. 床鞍间隙的调整

如图 4-14 所示，床鞍 1 装配在床身导轨 2 上，下部固定外侧压板 4 和内侧压板 7。床鞍移动时，压板与导轨之间有一定的间隙，使其移动灵活、平稳、轻便。

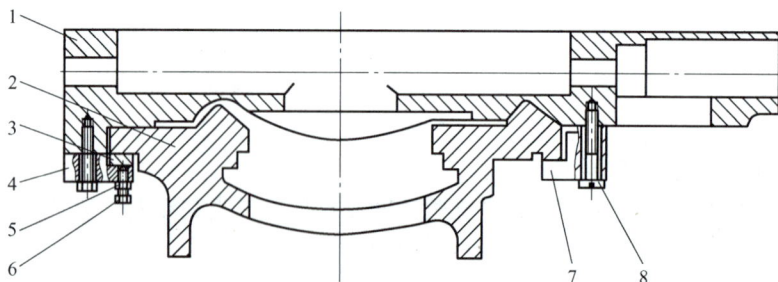

图 4-14　床鞍结构图

1—床鞍　2—床身导轨　3—调整板（塞铁）　4—外侧压板　5—紧固螺母
6—调节螺钉　7—内侧压板　8—紧定螺钉

调整方法：松开外侧压板上的紧固螺母 5，利用调节螺钉 6 上升或下降，使调整板（塞铁）3 与床身导轨 2 接触，大拖板在导轨上滑动轻便自如，用厚度 0.04mm 的塞尺检查，插入深度应小于 20mm。同理，调节紧定螺钉 8，调节内侧压板与导轨间隙，间隙检测方法与外侧导轨副间隙检测方法相同。

### 3. 中、小拖板间隙的调整

中、小拖板结构图如图4-15所示，中拖板与大拖板的横向滑动面是燕尾导轨，用斜度1:60的斜铁1来调整间隙。调整时旋转前调节螺钉2、后调节螺钉3使镶条前后移动，从而使间隙达到理想值。调整后，移动拖板应轻便、无阻滞。

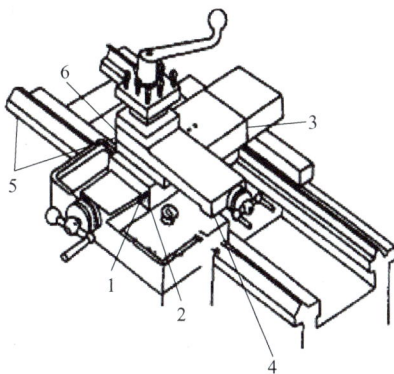

图4-15 中、小拖板结构图

1—斜铁 2、6—前调节螺钉 3、4—后调节螺钉 5—小滑板斜铁

小拖板的燕尾槽、小滑板斜铁5、前调节螺钉6、后调节螺钉4与中拖板相连。小拖板与底板间隙过大时，利用前调节螺钉、后调节螺钉调整小滑板斜铁与底板之间的距离，使小拖板转动自如、灵活。调整时，首先松开后调节螺钉4，再调整前调节螺钉6，调整合适后，然后紧固前、后调节螺钉。

### 4. 中拖板丝杠螺母间隙的调整

中拖板丝杠螺母结构图如图4-16所示，其前调节螺母3和后调节螺母6分别由螺钉紧固在中拖板7的底部，中间由楔块4隔开。

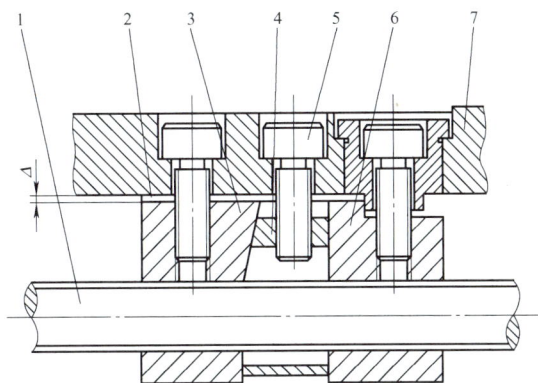

图4-16 中拖板丝杆螺母结构图

1—丝杠 2—垫片 3—前调节螺母 4—楔块 5—螺钉 6—后调节螺母 7—中拖板

调整方法：首先将前调节螺母3上的螺钉旋松，然后拧紧螺钉5，将楔块4向上拉，增大前调节螺母3与后调节螺母6的距离，从而减小了丝杆与螺母牙侧之间的间隙。调整好后再将前调节螺母3上的螺钉拧紧。

## 4.3.5　卧式车床的总装

卧式车床总装过程中的精度检验主要按《卧式车床　精度检验》（GB/T 4020—1997）要求的主要检验项目进行，其检验方法及要求的精度指标可参考上述标准。

**1. 床身与床脚结合**

（1）床身导轨的作用和装配技术要求　床身导轨是床鞍移动的导向面，是保证刀具移动直线性的关键。图4-17所示为CA6140型卧式车床床身导轨的截面图。其中2、6、7为床鞍用导轨面，3、4、5为尾座用导轨面，1、8为下压板用导轨面。

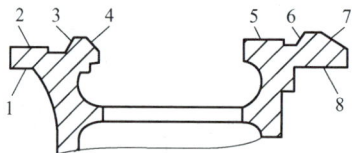

图4-17　CA6140型卧式车床床身导轨的截面图

床身与床脚采用螺纹连接，是车床的基础，也是车床总装配的基准部件。要求如下：

1）床身导轨的几何精度。各导轨在垂直平面与水平面内的直线度符合技术要求，且在垂直平面内只许中凸，各导轨和床身齿条安装面应平行于床鞍导轨。

2）接触精度。刮削导轨每25mm×25mm范围内接触点不少于10点。磨削导轨则以接触面积大小来评定接触精度的高低。

3）表面粗糙度。刮削导轨表面粗糙度值一般在$Ra1.6\mu m$以下；磨削导轨表面粗糙度值在$Ra0.8\mu m$以下。

4）硬度。一般导轨表面硬度应在170HBW以上，并且全长范围硬度一致。与之相配合件的硬度应比导轨硬度稍低。

5）导轨稳定性。导轨在使用中应不变形。除采用刚度大的结构外，还应进行良好的时效处理，以消除内应力，减少变形。

（2）床身与床脚的装配

1）床身装到床脚上。首先在床脚上安置床身，并复验床身导轨面的各项精度要求。如图4-18所示，因为床身导轨面既是机床的装配基准面，又是检验机床各项精度的检验基准，所以床身必须置于可调的机床垫铁上，垫铁应安放在地脚螺栓孔附近，用水平仪检验机床的安装位置，使床身处于自然水平状态，并使各垫铁受力均匀，保证床脚、床身稳定，防止床身紧固时发生变形，同时应防止漏油。

机床导轨刮削

2）床身导轨精加工方法。对导轨的精加工有精磨法、精刨法和刮研法三种，目前应用最广的为精磨法。

精磨法是将床身导轨在导轨磨床（或龙门刨床加磨具）上一次装夹磨削完成的，从而保证床鞍导轨和尾座导轨的直线度和平行度。采用适当的压紧方法或加工方法还能使磨削的导轨达到中凸的理想要求，同时具有较好的表面粗糙度和较高的生产效率。

刮研法是单件小批生产或机修中常用的方法，刮削前将可调垫铁置于床脚的地脚螺栓孔附近，用水平仪调整床身处于自然水平位置，各垫铁受力均匀，床身放置稳定后即可开始刮削。

刮研法按下列步骤进行：

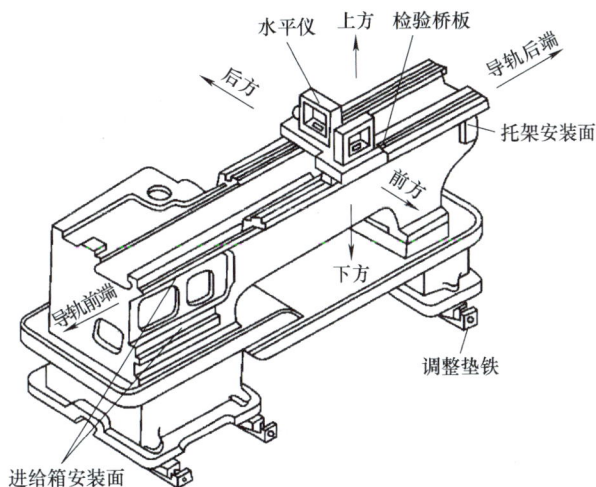

图4-18 车床床身的安装

① 选择刮削量最大，导轨中最重要和精度要求最高的床鞍用导轨面6、7作为刮削基准（见图4-17）。用角度平尺研点，刮削床鞍用导轨面6、7；用水平仪和垫铁测量导轨直线度并绘制导轨曲线图。待刮削至导轨直线度、接触研点数和表面粗糙度均符合要求为止。

② 以导轨面6、7为基准，用平尺研点，刮平导轨面2。要保证其直线度及与基准导轨面6、7的平行度要求。

③ 以床鞍用导轨面为基准刮削尾座用导轨面3、4、5，使其达到自身精度以及与床鞍用导轨面的平行度要求。

④ 刮削下压板导轨面1、8，要求达到与床鞍用导轨面的平行度要求，并达到自身精度要求。

**2. 床鞍与床身结合**

床鞍是保证刀架运动精度的关键。床鞍上、下导轨面分别与床身导轨和中滑板配刮完成。其刮削步骤如下：

（1）刮削中滑板　如图4-19所示，用校准平板刮削面1和面2，并保证面1与面2的平行度要求。一般要求面1、2中间位置的研点软些。

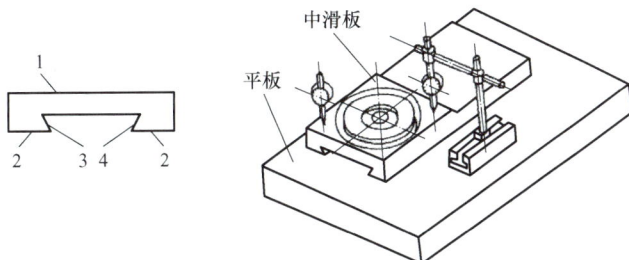

图4-19 刮削中滑板

（2）配刮床鞍横向燕尾导轨

1）将床鞍放在床身导轨上，可减少刮削时床鞍变形。以中滑板下表面2（见图4-19）为基准，配刮床鞍横向燕尾导轨面5，如图4-20所示。推研时，手握工艺芯轴，以保证安全。

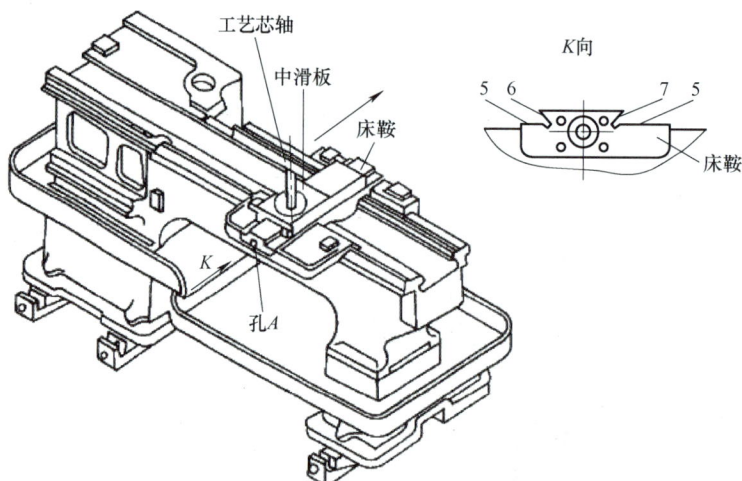

图 4-20　刮削床鞍上导轨面

2）以床鞍横向燕尾导轨面 5 为基准，用角形平尺刮削燕尾面 6、7，保证两平面平行，其检测方法如图 4-21 所示。同时应满足对横向丝杠安装孔 A 的平行度要求，其检测方法如图 4-22 所示。

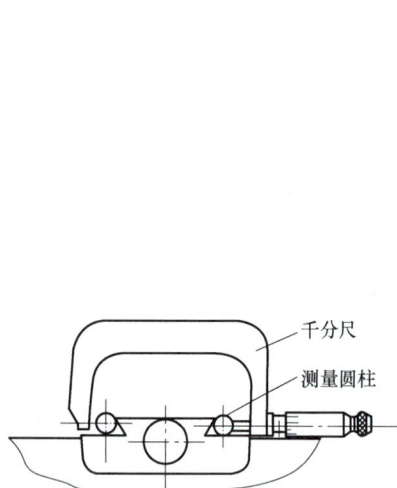

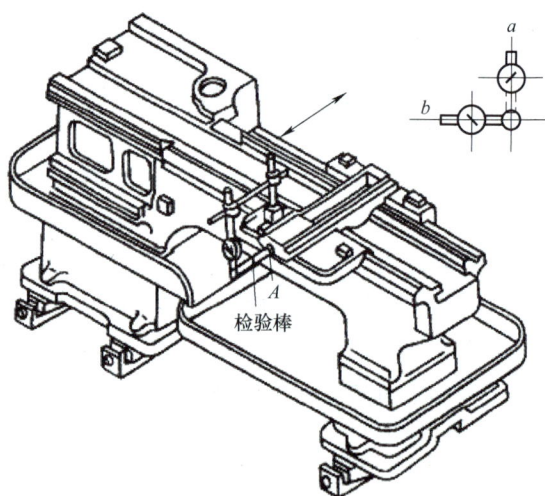

图 4-21　燕尾导轨平行度检测方法　　　图 4-22　燕尾导轨与横向丝杠安装孔 A 平行度检测方法

（3）配刮中滑板燕尾导轨及镶条

1）以床鞍燕尾导轨为基准，配刮中滑板燕尾导轨面 3、4（见图 4-19），使其达到研点数要求。

2）图 4-23 所示为配刮镶条。其目的是使刀架横向进给时有准确间隙，并能在使用过程中不断调整间隙，保证足够寿命。配刮后，应使中滑板在燕尾导轨全长上移动时无明显轻重或松紧不均匀的现象，并保证镶条大端有 10～15mm 的调整余量。导轨配合面之间用 0.03mm 塞尺检查，插入深度不大于 20mm。

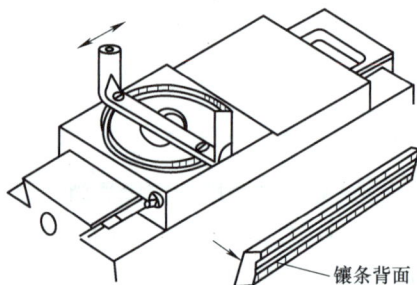

图 4-23　配刮镶条

（4）配刮床鞍下导轨面　以床身导轨为基准，配刮床鞍下导轨面至精度要求。检测床鞍下导轨与上燕尾导轨的垂直度时，应先纵向移动床鞍，调整床身上放置的直角尺，使直角尺的一个边与床鞍移动方向平行，如图 4-24 所示。然后将百分表触头与直角尺的另一直角边接触，沿燕尾导轨全长上移动中滑板，百分表的最大示值差就是床鞍上、下导轨的垂直度误差，如图 4-25 所示。若垂直度超差，应继续刮削床鞍下导轨面，直至合格，且本项精度只许偏向床头。

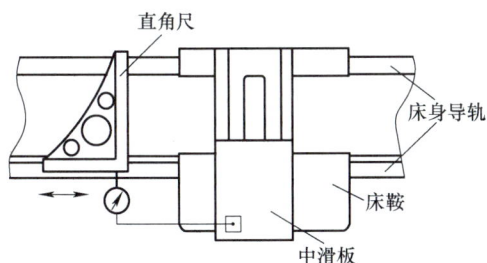

图 4-24　调整直角尺与床鞍移动方向平行示意图

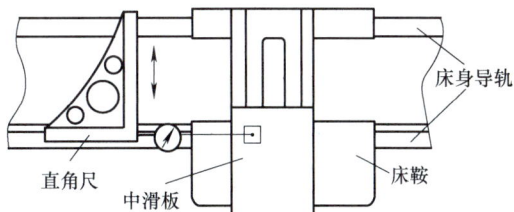

图 4-25　床鞍上、下导轨垂直度检测示意图

（5）刮削床鞍与溜板箱安装面

1）要求床鞍横向与进给箱、托架安装面垂直。溜板箱安装面与进给箱安装面垂直度检测方法如图 4-26 所示，在床身进给箱安装面上用夹板夹持一直角尺，在直角尺处于水平的表面上移动百分表，检查溜板箱安装面的位置精度，其允差为每 100mm 长度上 0.03mm。也可用框式水平仪分别贴紧进给箱和溜板箱安装面进行检测。

2）要求床鞍纵向与床身导轨平行。溜板箱安装面与床身导轨平行度检测方法如图 4-27所示，将百分表固定在床身上，纵向移动床鞍，在床鞍结合面（即溜板箱安装面）全长上，百分表最大示值差不得超过 0.06mm。

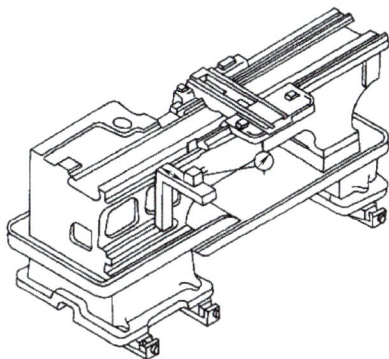

图 4-26　溜板箱安装面与进给箱安装面垂直度检测方法

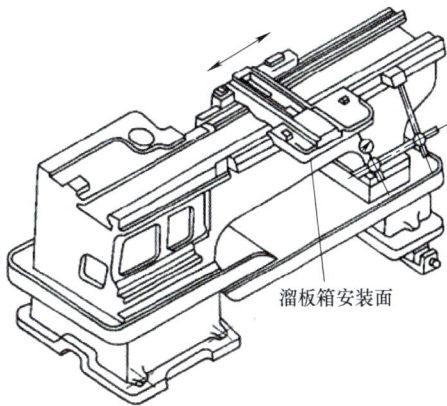

图 4-27　溜板箱安装面与床身导轨平行度检测方法

完成上述刮削工作后，按图 4-28 所示，安装两侧压板并调整好适当的配合间隙，全部螺钉调整紧固后，推动床鞍在导轨全长上移动应无阻滞现象。

**3. 安装齿条**

安装齿条时，固定螺钉暂不拧紧，用百分表检测齿条正、侧两基准面与导轨的平行度，调

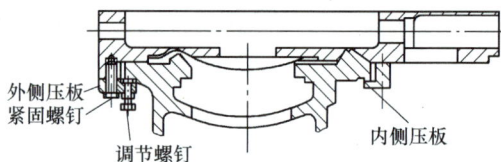

图 4-28 床鞍两侧压板安装与调整

整，直至符合要求。初步拧紧固定螺钉，待与溜板箱纵向进给齿轮啮合间隙适当，并保证在床鞍全长上纵向进给齿轮与齿条的啮合间隙一致后，再配装定位销，拧紧固定螺钉。齿条拼装时，应用标准齿条进行跨接校正，两根相接齿条的接合端面之间，须留有约 0.5mm 的间隙。

### 4. 溜板箱安装

溜板箱的安装位置直接影响丝杠、开合螺母的正确啮合和进给的顺利进行，是确定进给箱和丝杠后支架安装位置的基准。溜板箱的安装应按下列步骤进行：

1）校正开合螺母中心线与床身导轨平行度。如图 4-29 所示，在溜板箱的开合螺母体内装上检验棒，在床身检验桥板上安装丝杠中心专用测量工具（见图 4-29b），分别在左、右两端校正检验棒上母线和侧母线与床身导轨的平行度，其误差应在 0.15mm 以内。

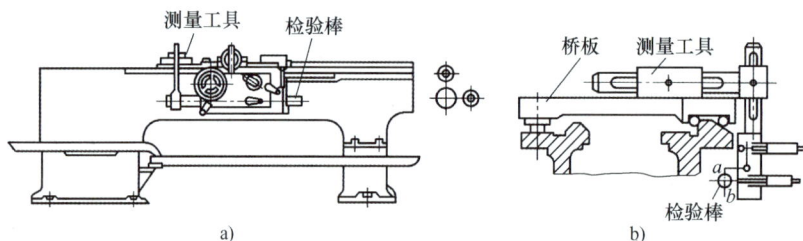

图 4-29 校正开合螺母中心线与床身导轨平行度

2）确定溜板箱左右位置。左右移动溜板箱，使床鞍横向进给传动齿轮副的齿侧间隙为 0.08mm 左右，或通过控制横向进给手轮空转量不超过 1/30 转来检查，如图 4-30 所示。

3）溜板箱定位。溜板箱装配精度校正后，应等到进给箱和丝杠后支架的位置校正后才能钻、铰溜板箱定位销孔，配作锥销，完成最后定位。

### 5. 安装进给箱和丝杠后托架

安装进给箱和后托架的关键是保证进给箱、溜板箱、后托架上三个丝杠安装孔的同轴度，并保证丝杠与床身导轨的平行度。

如图 4-31 所示，测量丝杠轴线和开合螺母中心线对床身导轨的平行度，测量时溜板箱的位置一般应将开合螺母放在丝杠的中间为宜，因为丝杠在此处的挠度最大，闭合开合螺母，避免因丝杠自重、弯曲等因素造成的影响，要求丝杠轴线和开合螺母中心线对床身导轨

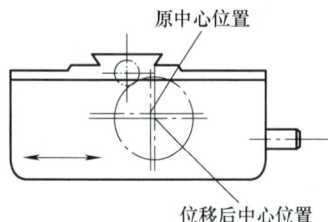

图 4-30 溜板箱左右位置的确定

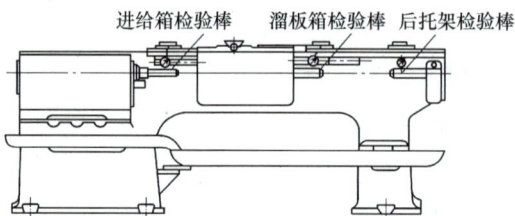

图 4-31 安装进给箱和丝杠后托架

的平行度在上母线和侧母线都不大于0.020mm。然后调整进给箱、溜板箱和后托架三者丝杠安装孔的同轴度，直至符合要求。最后配作进给箱、溜板箱、后支座的定位销，以确保精度不变。

### 6. 安装丝杠、光杠

溜板箱、进给箱、后托架的三者丝杠安装孔同轴度校正后，就能装入丝杠、光杠。

（1）检测丝杠同轴度　分别在丝杠的两端和中间检验丝杠在开合螺母闭合与打开时的径向圆跳动，如图4-32所示。

（2）检测丝杠轴向窜动　如图4-33所示，将开合螺母闭合，按正、反方向转动丝杠，百分表示值差即为丝杠的轴向窜动量，应小于0.015mm；左、右移动溜板箱，测量丝杠轴向游隙，应小于0.02mm，若上述两项超差，可通过修磨丝杠安装轴法兰端面和调整推力球轴承的间隙予以消除。

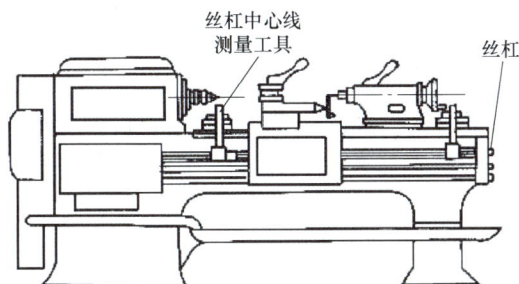

图4-32　丝杠在开合螺母闭合与打开时的径向圆跳动检测

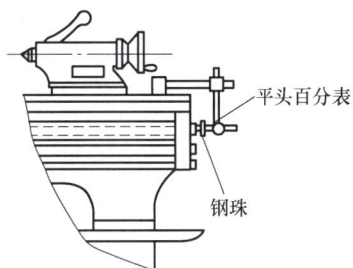

图4-33　丝杠轴向窜动量检测

### 7. 主轴箱的安装

主轴箱是以其底平面和凸块侧面与床身接触来保证正确安装位置。底面是用来控制主轴轴线与床身导轨在垂直平面内的平行度；凸块侧面是控制主轴轴线在水平面内与床身导轨的平行度。主轴箱安装主要是保证这两个方向的平行度。安装时，按图4-34所示进行检测和调整。在主轴锥孔中插入检验棒，百分表座吸在中滑板上，分别检测上母线和侧母线，要求检验棒上母线偏差小于0.03mm/300mm，外端向上抬起，侧母线偏差小于

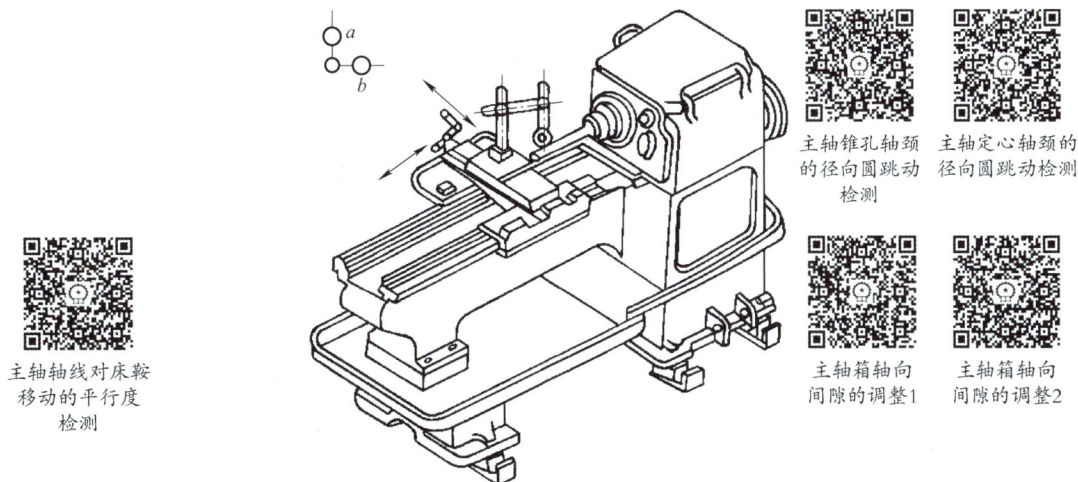

主轴锥孔轴颈的径向圆跳动检测

主轴定心轴颈的径向圆跳动检测

主轴轴线对床鞍移动的平行度检测

主轴箱轴向间隙的调整1

主轴箱轴向间隙的调整2

图4-34　主轴轴线对床鞍纵向移动的平行度检测

0.015mm/300mm，外端偏向操作者位置方向。超差时，通过刮研主轴箱底面或凸块侧面来满足要求。

为消除检验棒本身误差对检测的影响，检测时旋转检验棒180°做两次检测，两次检测结果的平均值就是平行度误差。

### 8. 安装尾座

尾座的安装分两步进行：第一步，以床身导轨为基准，配刮尾座底面，测量套筒孔中心线与底面平行度，尾座套筒伸出长度为100mm时移动溜板，保证底面对尾座套筒锥孔中心线的平行度达到精度要求；第二步，调整主轴锥孔中心线和尾座套筒锥孔中心线对床身导轨的等高度，上母线的公差为0.06mm，只许尾座比主轴中心高，若超差，则通过修配尾座底板厚度来满足要求。

主轴和尾座轴线与床鞍在水平面移动的平行度检测

尾座的安装是以床身尾座导轨为基准，配刮尾座底板，以达到以下三项精度要求：

（1）尾座套筒轴线对床鞍移动的平行度　如图4-35所示，将尾座套筒摇出100mm长，移动床鞍，检测尾座套筒轴线对床鞍移动在水平平面和垂直平面内的平行度。

（2）尾座套筒锥孔中心线对床鞍移动的平行度　如图4-36所示，在尾座套筒锥孔中插入检验棒，移动床鞍，检测尾座套筒锥孔中心线对床鞍移动在水平平面和垂直平面内的平行度。

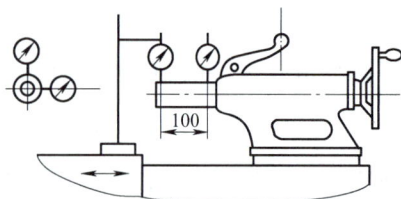

图4-35　尾座套筒轴线对床鞍
移动的平行度检测

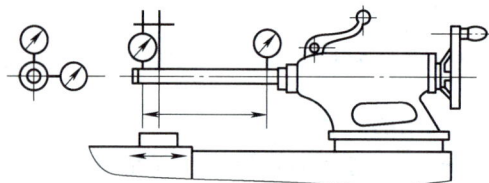

图4-36　尾座套筒锥孔中心线对
床鞍移动的平行度检测

（3）调整主轴锥孔中心线与尾座套锥孔中心线对床身导轨的等高度　如图4-37所示，在主轴锥孔和尾座套筒锥孔中分别装入顶尖，在两顶尖之间装一圆柱检验棒，移动床鞍，检测检验棒两端对床身导轨的等高度。为抵消尾座磨损，延长使用寿命，只许尾座比主轴中心高，允差为0.02～0.06mm。若超差，则通过修配尾座底板厚度来满足要求。

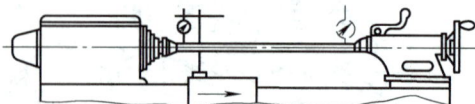

图4-37　主轴锥孔中心线与尾座套锥孔中心线对床身导轨的等高度检测

### 9. 安装刀架

将刀架安装在中滑板上，如图4-38所示，先后调整刀架移动对主轴轴线在水平面和垂直面内的平行度。若超差，通过刮研刀架转盘与中滑板的结合面来调整。

### 10. 安装其他组/部件及系统

1）安装电动机，调整两带轮中心平面共面并张紧V带。

2）安装挂轮架、交换齿轮、各操纵机构。

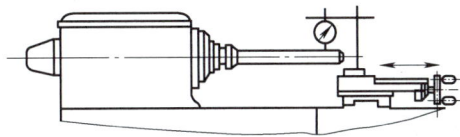

图4-38  小滑板纵向移动对主轴轴线平行度测量

3）安装冷却、润滑系统及安全防护装置。

## 4.3.6  车床的试运转

卧式车床装配后，需进行试车检查，主要包括空运转试验前的静态检查及准备、空运转试验和负荷试验。

**1. 静态检查及准备**

车床总装配后，性能试验之前，必须仔细检查车床各部件是否安全、可靠，以保证试运转时不出事故。

1）用手转动各传动件，应运转灵活。

2）变速手柄和换向手柄应操纵灵活，定位准确，安全可靠。手轮或手柄操作力小于80N。

3）移动机构的反向空行程应尽量小，直接传动的丝杠螺母不得超过1/30转，间接传动的丝杠不得超过1/20转。

4）溜板箱、刀架等滑动导轨在行程范围内移动时，应均匀平稳。

5）顶尖套筒在尾座孔中全程伸缩应灵活自如，锁紧机构灵敏，无卡滞现象。

6）开合螺母机构准确、可靠，无阻滞和过松现象。

7）安全离合器应灵活可靠，超负荷时能及时切断运动。

8）挂轮架交换齿轮之间侧隙适当，固定装置可靠。

9）各部分润滑充分，油路畅通。

10）电气设备起动、停止应安全可靠。

11）清理现场和对车床全面进行清洗。

**2. 空运转试验**

1）从低速开始依次选择主轴的所有转速挡位进行主轴空运转试验，各级转速的运转时间不少于5min，最高转速的运转时间不少于30min。在最高速下运转时，主轴的稳定温度如下：滑动轴承不超过60℃，温升不超过30℃；滚动轴承不超过70℃，温升不超过40℃；其他机构的轴承温度不超过50℃。在整个试验过程中润滑系统应畅通，无泄漏现象。

2）主轴空运转试验时，变速手柄变速操纵应灵活，定位准确可靠；摩擦离合器在合上时能传递额定功率而不发生过热现象，处于断开位置时，主轴能迅速停止运转；制动闸带松紧程度合适，主轴在300r/min转速运转时，制动后主轴转动不超过2～3转，非制动状态，制动闸带能完全松开。

3）检查进给箱各挡变速定位是否可靠，输出的各种进给量与转换手柄标牌指示的数值是否相符；检查各对齿轮传动副运转是否平稳，应无振动和较大的噪声。

4）检查床鞍与刀架部件，要求床鞍在床身导轨上，中、小滑板在其燕尾导轨上移动平稳，无松紧、快慢变化的感觉，各丝杠旋转灵活可靠。

5）溜板箱各操纵手柄操作灵活，无阻滞现象，互锁准确可靠。纵、横向快速进给运动平稳，快慢转换可靠；丝杠开合螺母控制灵活；安全离合器弹簧调节松紧合适，传力可靠，脱开迅速。

6）检查尾座部件的顶尖套筒，由套筒孔内伸出至最大长度时无不正常的间隙和阻滞现象，手轮转动灵活，夹紧装置操作灵活可靠。

7）调节带传动装置，各 V 带松紧一致。

8）电气控制设备准确可靠，电动机转向正确，润滑、冷却系统运行可靠。

**3. 负荷试验**

车床负荷试验的目的在于检验车床各种机构的强度，以及在负荷下车床各种机构的工作情况。其内容包括车床主传动系统最大转矩试验及短时间超过最大转矩 25% 的试验；车床最大切削主分力的试验及短时间超过最大切削主分力 25% 的试验。负荷试验一般在车床上用切削试件方法或用仪器加载方法进行。

# 任务 4 普通机床的几何精度检验

## 任务描述

机床在安装过程中进行几何精度的检验是非常必要的。它决定着机床安装是否水平或垂直，机床安装过程中各部件的相对装配位置是否正确，机床安装过程中是否产生不应该有的变形，是否能够保证机床的加工质量等。

由于机床种类繁多，对于许多机床，国家都规定有几何精度检验标准，这就要求在安装机床时要准备足够的工检量具，需要严格实施机床的几何精度检验。本任务列举了一些常用的普通机床的几何精度检验项目和检验方法或手段，并且给出检验合格的标准。

## 知识点讲解

### 4.4.1 卧式车床主要几何精度检验项目、检验方法和检验标准

#### 1. 几何精度检验项目一：床身导轨纵横向调平

（1）检验工具 精密水平仪、光学仪器或其他检验工具（如自准直仪）。

（2）检验方法 如图 4-39 所示，水平仪应沿导轨全长在等距离各位置上检验。水平仪可以放在横向滑板上。当导轨不是水平面时，则可使用特殊平尺。在任何位置上水平仪的变化均不得超过允差值。

（3）检验标准（依据 GB/T 4020—1997） 床身导轨纵横向调平的精度检验标准见表 4-8，卧式车床该检验项目的检验标准分为普通级和精密级两种情况，表中的 $D$ 表示工件在床身上的最大回转直径，$DC$ 表示加工工件的最大长度。

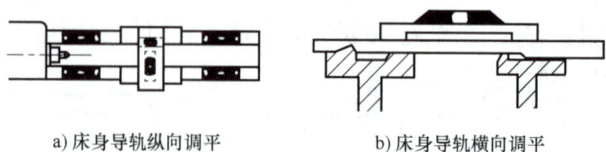

a）床身导轨纵向调平　　b）床身导轨横向调平

图 4-39 床身导轨纵横向调平的检验方法

表 4-8 床身导轨纵横向调平的精度检验标准

| 检验项目 | 允差/mm | | |
|---|---|---|---|
| | 精密级 | 普通级 | |
| | $D \leq 500$ | $D \leq 800$ | $800 < D \leq 1600$ |
| 导轨在纵向垂直面内的直线度 | $DC \leq 500$<br>0.01（凸） | $DC \leq 500$ | |
| | | 0.01（凸） | 0.015（凸） |
| | $500 < DC \leq 1000$<br>0.015（凸） | $500 < DC \leq 1000$ | |
| | | 0.02（凸） | 0.03（凸） |
| | | 局部公差任意 250mm 测量 | |
| | | 0.0075 | 0.01 |
| | $1000 < DC \leq 1500$<br>0.02（凸） | $DC > 1000$ 最大工件长度每增加<br>1000mm 允差增加 0.005mm 最大允差 | |
| | | 0.01 | 0.02 |
| | | 局部公差任意 500mm 长度 | |
| | | 0.015 | 0.02 |
| 导轨在横向垂直平面内的直线度 | 水平仪的读数值 0.03/1000 | | 水平仪的读数值 0.04/1000 |

### 2. 几何精度检验项目二：溜板移动在水平面内的直线度

（1）检验工具　指示器（如百分表）、检验棒、顶尖。

（2）检验方法　检验方法如图 4-40 所示，溜板箱移动带动指示器移动而获得读数值。指示器（如百分表）测头触及检验棒的正面母线，安装在顶尖间的检验棒的长度应尽可能等于 $DC$ 值。

（3）检验标准（依据 GB/T 4020—1997）　溜板移动在水平面内的直线度检验标准见表 4-9，卧式车床该检验项目的检验标准分为普通级和精密级两种情况，表中的 $D$ 表示工件在床身上的最大回转直径，$DC$ 表示加工工件的最大长度。

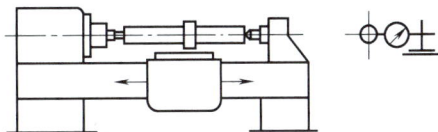

图 4-40 溜板移动在水平面内的直线度检验方法

表 4-9 溜板移动在水平面内的直线度检验标准

| 检验项目 | 允差/mm | | |
|---|---|---|---|
| | 精密级 | 普通级 | |
| | $D \leq 500$ | $D \leq 800$ | $800 < D \leq 1600$ |
| 溜板移动在水平面内的直线度 | $DC \leq 500$<br>允差：0.01 | $DC \leq 500$ | |
| | | 0.015 | 0.02 |
| | $500 < DC \leq 1000$<br>允差：0.015 | $500 < DC \leq 1000$ | |
| | | 0.02 | 0.026 |
| | $1000 < DC \leq 1500$<br>允差：0.02 | $1000 < DC$<br>最大工件长度每增加 1000mm 允差增加 0.005mm 最大允差 | |
| | | 0.03 | 0.05 |

### 3. 几何精度检验项目三：尾座移动对溜板移动的平行度

（1）检验工具　指示器（如百分表）。

（2）检验方法　如图 4-41 所示，百分表触头接触尾座套筒，表座安装在溜板上，尾座尽可能靠近溜板，在二者一起移动时测取读数，保持尾座套筒锁紧，使固定在溜板上的指示器的测头始终触及同一点。可在水平面 a 和垂直面 b 内两种情况分别检测。

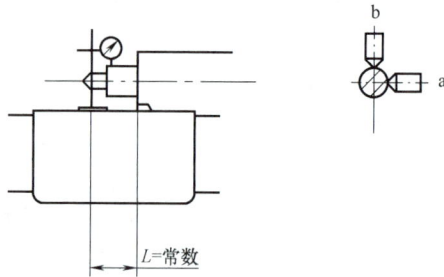

**图 4-41　尾座移动对溜板移动的平行度检验方法**

（3）检验标准（依据 GB/T 4020—1997）　尾座移动对溜板移动的平行度检验标准见表 4-10，卧式车床的该检验项目的检验标准分为普通级和精密级两种情况，表中的 $D$ 表示工件在床身上的最大回转直径，$DC$ 表示加工工件的最大长度。水平面 a 和垂直面 b 内两种情况的检验标准不同。

**表 4-10　尾座移动对溜板移动的平行度检验标准**

| 检验项目 | 允差/mm | | |
|---|---|---|---|
| | 精密级 | 普通级 | |
| 尾座移动对溜板移动的平行度，分为水平面内和垂直面内两种情况检测 | 水平面内检测允差为 0.02mm 任意 500mm 测量长度的局部公差为 0.01mm | $DC \leqslant 1500$ | |
| | | $D \leqslant 800$ | $800 < D \leqslant 1600$ |
| | | a）0.03 <br> b）0.03 | a）0.04 <br> b）0.04 |
| | 垂直面内检测允差为 0.03mm 任意 500mm 测量长度的局部公差为 0.02mm | 任意 500mm 长度的局部公差为 0.02mm；<br>$DC > 1500$mm 时，a）0.04；b）0.04；<br>任意 500mm 长度的局部公差为 0.03mm。 | |

### 4. 几何精度检验项目四：主轴轴向窜动和主轴轴肩支承面的跳动

（1）检验工具　指示器、专用检验棒。

（2）检验方法　在主轴锥孔中插入一根专用检验棒，在检验棒端部中心孔内放一钢球，指示器触头压在主轴轴肩支承面上和钢球上。为了消除主轴轴承轴向间隙对测量结果的影响，沿主轴轴线加一力 $F$，其大小一般等于 1/2 ~ 1 倍主轴重量，旋转主轴即可进行测量。检验方法如图 4-42 所示。

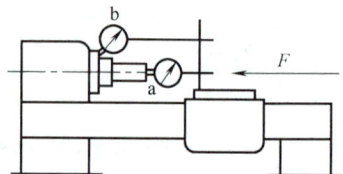

**图 4-42　主轴轴向窜动和主轴轴肩支承面的跳动检验方法**

（3）检验标准（依据 GB/T 4020—1997）　主轴轴向窜动和主轴轴肩支承面的跳动检验标准见表 4-11，表中的 $D$ 表示工件在床身上的最大回转直径，$DC$ 表示加工工件的最大长度。低速旋转主轴，即可测得读数。

表4-11 主轴轴向窜动和主轴轴肩支承面的跳动检验标准

| 检验项目 | 允差/mm | | |
|---|---|---|---|
| | 精密级 | 普通级 | |
| | $D \leqslant 500$ $DC \leqslant 1500$ | $D \leqslant 800$ | $800 < D \leqslant 1500$ |
| a)主轴轴向窜动 b)主轴轴肩支承面的跳动 | a) 0.005 b) 0.01 包括轴向窜动 | a) 0.01 b) 0.02 包括轴向窜动 | a) 0.015 b) 0.02 包括轴向窜动 |

### 5. 几何精度检验项目五：主轴定心轴颈的径向圆跳动

（1）检验工具 指示器。

（2）检验方法 如图4-43所示，主轴定心轴颈的径向圆跳动检验方法是将指示器表座安装在溜板上，指示器触头压在主轴定心轴颈的径向表面，沿主轴轴线加一力 $F$，低速旋转主轴，即可测得读数。如主轴端部为锥体，则指示器测头应垂直于锥体母线安置。

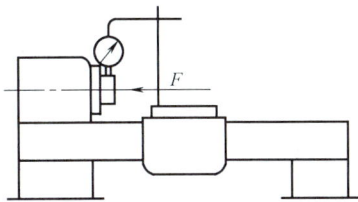

图4-43 主轴定心轴颈的径向圆跳动检验方法

（3）检验标准（依据 GB/T 4020—1997） 主轴定心轴颈的径向圆跳动的检验标准见表4-12，表中的 $D$ 表示工件在床身上的最大回转直径，$DC$ 表示加工工件的最大长度。

表4-12 主轴定心轴颈的径向圆跳动检验标准

| 检验项目 | 允差/mm | | |
|---|---|---|---|
| | 精密级 | 普通级 | |
| | $D \leqslant 500$ $DC \leqslant 1500$ | $D \leqslant 800$ | $800 < D \leqslant 1500$ |
| 主轴定心轴颈的径向圆跳动 | 0.007 | 0.01 | 0.015 |

### 6. 几何精度检验项目六：主轴轴线的径向圆跳动

（1）检验工具 指示器和检验棒。

（2）检验方法 主轴轴线径向圆跳动检验方法如图4-44所示，将检验棒插入主轴前端锥孔中，在主轴端部 a 处和300mm的 b 处低速旋转主轴测量即可获得读数值。对于 $D$ 大于800mm的情况，b 处的距离可调整为500mm。

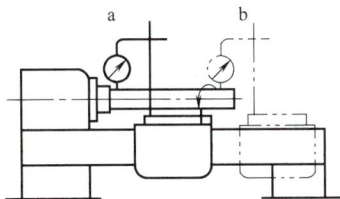

图4-44 主轴轴线的径向圆跳动检验方法

（3）检验标准（依据 GB/T 4020—1997） 主轴轴线径向圆跳动检验标准见表4-13，表中的 $D$ 表示工件在床身上的最大回转直径，$DC$ 表示加工工件的最大长度。

表 4-13　主轴轴线的径向圆跳动检验标准

| 检验项目 | 允差/mm | | |
|---|---|---|---|
| | 精密级 | 普通级 | |
| 主轴轴线的径向圆跳动 | $D \leq 500$<br>$DC \leq 1500$ | $D \leq 800$ | $800 < D \leq 1500$ |
| | a）在主轴端部为 0.005<br>b）在 300mm 长度上为 0.015 | a）在主轴端部为 0.01<br>b）在 300mm 长度上为 0.02 | a）在主轴端部为 0.015<br>b）在 300mm 长度上为 0.05 |

### 7. 几何精度检验项目七：主轴轴线对溜板纵向移动的平行度

（1）检验工具　指示器和检验棒。

（2）检验方法　主轴轴线对溜板纵向移动的平行度检验方法如图 4-45 所示，将检验棒插入主轴前端锥孔中，指示器触头压在检验棒的外圆柱表面，分水平方向 a 和垂直方向 b 两个方向，移动溜板箱进行检测即可获得读数值。

（3）检验标准（依据 GB/T 4020—1997）主轴轴线对溜板纵向移动的平行度检验标准见表 4-14，表中的 D 表示工件在床身上的最大回转直径，DC 表示加工工件的最大长度。

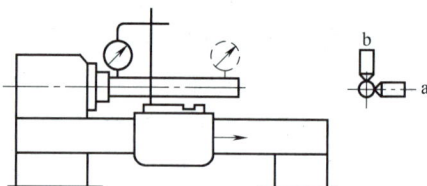

图 4-45　主轴轴线对溜板纵向移动的平行度检验方法

表 4-14　主轴轴线对溜板纵向移动的平行度检验标准

| 检验项目 | 允差/mm | | |
|---|---|---|---|
| | 精密级 | 普通级 | |
| 主轴轴线对溜板纵向移动的平行度 | $D \leq 500$<br>$DC \leq 1500$ | $D \leq 800$ | $800 < D \leq 1500$ |
| | a）水平方向：在 300mm 长度上测量为 0.01mm，向前<br>b）垂直方向：在 300mm 长度上测量为 0.02mm，向上 | a）水平方向：在 300mm 长度上测量为 0.015mm，向前<br>b）垂直方向：在 300mm 长度上测量为 0.02mm，向上 | a）水平方向：在 300mm 长度上测量为 0.03mm，向前<br>b）垂直方向：在 300mm 长度上测量为 0.04mm，向上 |

### 8. 几何精度检验项目八：主轴顶尖的径向圆跳动

（1）检验工具　指示器。

（2）检验方法　主轴顶尖的径向圆跳动检验方法如图 4-46 所示，指示器垂直于主轴顶尖锥面上，因为规定的公差是垂直于主轴轴线垂直平面内的，所以读数应除以 $\cos\alpha$，$\alpha$ 为锥体的半锥角，附加力 F 的值由制造厂规定。

（3）检验标准（依据 GB/T 4020—1997）　主轴顶尖的径向圆跳动检验标准见表 4-15，表中的 D 表示工件在床身上的最大回转直径，DC 表示加工工件的最大长度。

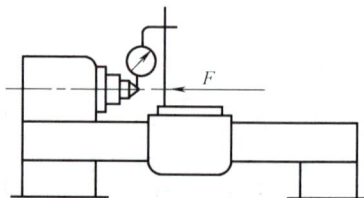

图 4-46　主轴顶尖的径向圆跳动检验方法

表 4-15　主轴顶尖的径向圆跳动检验标准

| 检验项目 | 允差/mm | | |
|---|---|---|---|
| | 精密级 | 普通级 | |
| 主轴顶尖的径向圆跳动 | $D \leqslant 500$<br>$DC \leqslant 1500$ | $D \leqslant 800$ | $800 < D \leqslant 1500$ |
| | 0.01 | 0.015 | 0.02 |

### 9. 几何精度检验项目九：尾座套筒轴线对溜板移动的平行度

（1）检验工具　指示器。

（2）检验方法　尾座套筒轴线对溜板移动的平行度检验方法如图 4-47 所示，尾座套筒伸出定长后，应按正常工作状态锁紧，指示器触头压在尾座套筒上，表座安装在溜板上，移动溜板即可获取尾座套筒轴线对溜板移动的平行度的读数值。可分为水平方向 a 和垂直方向 b 两个方向进行检测获取读数。

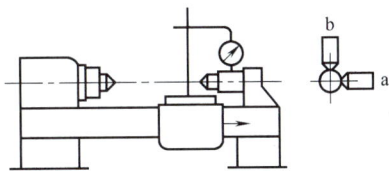

图 4-47　尾座套筒轴线对溜板移动的平行度检验方法

（3）检验标准（依据 GB/T 4020—1997）　尾座套筒轴线对溜板移动的平行度检验标准见表 4-16，表中的 $D$ 表示工件在床身上的最大回转直径，$DC$ 表示加工工件的最大长度。

表 4-16　尾座套筒轴线对溜板移动的平行度检验标准

| 检验项目 | 允差/mm | | |
|---|---|---|---|
| | 精密级 | 普通级 | |
| 尾座套筒轴线对溜板移动的平行度 | $D \leqslant 500$<br>$DC \leqslant 1500$ | $D \leqslant 800$ | $800 < D \leqslant 1500$ |
| | a）在水平面内：在 100mm 长度上测量为 0.01mm，向前<br>b）在垂直平面内：在 100mm 长度上测量为 0.015mm，向上 | a）在水平面内：在 100mm 长度上测量为 0.015mm，向前<br>b）在垂直平面内：在 100mm 长度上测量为 0.02mm，向上 | a）在水平面内：在 100mm 长度上测量为 0.02mm，向前<br>b）在垂直平面内：在 100mm 长度上测量为 0.03mm，向上 |

### 10. 几何精度检验项目十：尾座套筒锥孔轴线对溜板移动的平行度

（1）检验工具　指示器和检验棒。

（2）检验方法　尾座套筒锥孔轴线对溜板移动的平行度检验方法如图 4-48 所示，尾座套筒锥孔中插入检验棒，指示器触头压在检验棒上，表座安装在溜板上，移动溜板即可获取尾座套筒锥孔轴线对溜板移动的平行度读数值。对于 $D$ 大于 800mm 的情况，距离可调整为 500mm。尾座套筒伸出定长后，应按正常工作状态锁紧。可分为水平方向 a 和垂直方向 b 两个方向进行检测获取读数。

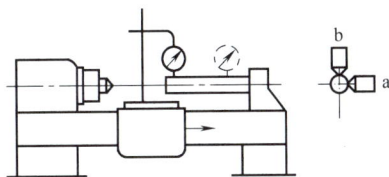

图 4-48　尾座套筒锥孔轴线对溜板移动的平行度检验方法

（3）检验标准（依据 GB/T 4020—1997）　尾座套筒锥孔轴线对溜板移动的平行度的检验标准见表 4-17，表中的 $D$ 表示工件在床身上的最大回转直径，$DC$ 表示加工工件的最大长度。

表 4-17　尾座套筒锥孔轴线对溜板移动的平行度检验标准

| 检验项目 | 允差/mm | | |
|---|---|---|---|
| | 精密级 | 普通级 | |
| 尾座套筒锥孔轴线对溜板移动的平行度 | $D \leqslant 500$<br>$DC \leqslant 1500$ | $D \leqslant 800$ | $800 < D \leqslant 1500$ |
| | a）在水平面内：在 300mm 长度上测量为 0.02mm，向前<br>b）在垂直面内：在 300mm 长度上测量为 0.02mm，向上 | a）在水平面内：在 300mm 长度上测量为 0.03mm，向前<br>b）在垂直面内：在 300mm 长度上测量为 0.03mm，向上 | a）在水平面内：在 300mm 长度上测量为 0.05mm，向前<br>b）在垂直面内：在 300mm 长度上测量为 0.05mm，向上 |

**11. 几何精度检验项目十一：主轴和尾座两顶尖的等高度**

（1）检验工具　指示器和检验棒。

（2）检验方法　主轴和尾座两顶尖的等高度检验方法如图 4-49 所示，在主轴和尾座之间安装检验棒，指示器触头压在检验棒上，表座安装在溜板上，移动溜板即可获取读数值。指示器测头触及检验棒上母线，尾座和尾座套筒按正常工作状态锁紧，在检验棒两末端位置锁紧。

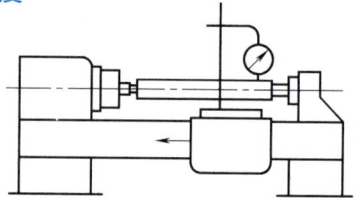

图 4-49　主轴和尾座两顶尖的等高度检验方法

（3）检验标准（依据 GB/T 4020—1997）　主轴和尾座两顶尖的等高度的检验标准见表 4-18，表中的 $D$ 表示工件在床身上的最大回转直径，$DC$ 表示加工工件的最大长度。

表 4-18　主轴和尾座两顶尖的等高度检验标准

| 检验项目 | 允差/mm | | |
|---|---|---|---|
| | 精密级 | 普通级 | |
| 主轴和尾座两顶尖的等高度 | $D \leqslant 500$<br>$DC \leqslant 1500$ | $D \leqslant 800$ | $800 < D \leqslant 1500$ |
| | 0.02，尾座顶尖高于主轴顶尖 | 0.04，尾座顶尖高于主轴顶尖 | 0.06，尾座顶尖高于主轴顶尖 |

**12. 几何精度检验项目十二：小刀架纵向移动对主轴轴线的平行度**

（1）检验工具　指示器和检验棒。

（2）检验方法　小刀架纵向移动对主轴轴线的平行度检验方法如图 4-50 所示，在主轴孔中安装检验棒，指示器触头压在检验棒上，表座安装在小刀架上，移动小刀架获取读数值。调整好小刀架与主轴轴线在水平面内的平行之后，在垂直平面内检验。

（3）检验标准（依据 GB/T 4020—1997）　小刀架纵向移动对主轴轴线的平行度检验标准见表 4-19，表中的 $D$ 表示工件在床身上的最大回转直径，$DC$ 表示加工工件的最大长度。

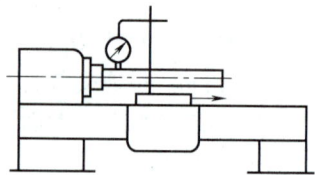

图 4-50　小刀架纵向移动对主轴轴线的平行度检验方法

此外，小刀架横向移动对主轴轴线的垂直度、丝杠轴向窜动、由丝杠产生的螺距累积误差三个检验项目在实际生产中应用较少，因此在此不具体讲解。

表 4-19 小刀架纵向移动对主轴轴线的平行度检验标准

| 检验项目 | 允差/mm | | |
|---|---|---|---|
| 小刀架纵向移动对主轴轴线的平行度 | 精密级 | 普通级 | |
| | $D \leqslant 500$ $DC \leqslant 1500$ | $D \leqslant 800$ | $800 < D \leqslant 1500$ |
| | 在150mm 长度上测量为 0.015mm | 在300mm 长度上测量为 0.04mm | |

## 4.4.2 万能外圆磨床的主要几何精度检验项目、检验方法和检验标准

**1. 工作台移动在 ZX 平面内的直线度、头架主轴和尾架套筒中心线对工作台移动（Z 轴线）在 YZ 垂直平面内的平行度检验**

（1）检验工具 指示器和检验棒。

（2）检验方法 工作台移动在 ZX 平面内的直线度和头架主轴和尾架套筒中心线对工作台移动（Z 轴线）在 YZ 垂直平面内的平行度检验方法如图4-51 所示，使用一根足够长的检验棒作为测量基准，当头架和工作台为回转型时，应将它们置于回转的零位，尾架套筒缩回，移动工作台，在若干等距离位置上测量。

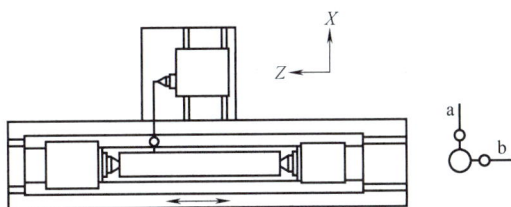

图 4-51 工作台移动在 ZX 平面内的直线度、头架主轴和尾架套筒中心线对工作台移动（Z 轴线）在 YZ 垂直平面内的平行度检验方法

（3）检验标准（JB/T 7418.1—2019） 水平方向 b 的允许误差为 0.02/1000，水平方向 b 和垂直方向 a 的允许误差均为 0.01/1000。

**2. 砂轮架（X 轴线）在 ZX 平面内的直线度检验**

（1）检验工具 指示器和平行平尺。

（2）检验方法 砂轮架（X 轴线）在 ZX 平面内的直线度检验方法如图4-52 所示。通过量块将平尺放置在靠近砂轮主轴端部的固定部件上，使平尺基准面在 ZX 平面内与 X 轴线运动方向平行，指示器安放在砂轮架上，并靠近其主轴。测头应触及平尺的基准面。移动砂轮架，在若干等距离位置上检验，以最大读数差作为直线度误差。

（3）检验标准（根据 JB/T 7418.1—2019） 砂轮架（X 轴线）在 ZX 平面内全程范围的直线度的允许误差为 0.02mm。

**3. 砂轮架移动（X 轴线）对工作台移动（Z 轴线）的垂直度检验**

（1）检验工具 指示器和角尺。

（2）检验方法 砂轮架移动（X 轴线）对工作台移动（Z 轴线）的垂直度的检验方法

如图 4-53 所示。调整角尺使其一边与工作台移动方向（Z 方向）平行，指示器安放在砂轮架上，并且在砂轮架移动（X 方向）期间，测头始终触及角尺的另一边。

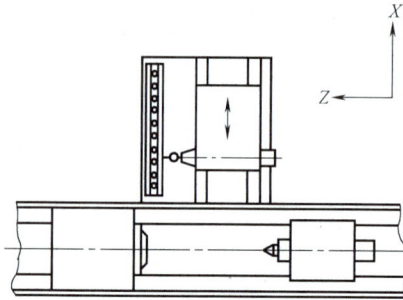

图 4-52　砂轮架（X 轴线）在 ZX 平面
内的直线度检验方法

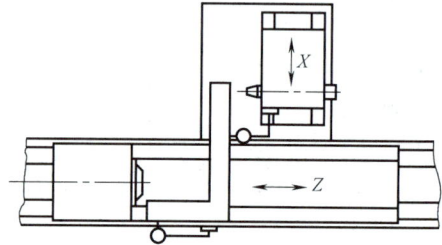

图 4-53　砂轮架移动（X 轴线）对工作台移动
（Z 轴线）的垂直度检验方法

（3）检验标准（根据 JB/T 7418.1—2006）　砂轮架移动（X 轴线）对工作台移动（Z 轴线）的垂直度的检验标准为 0.02mm/300mm。

**4. 头架回转主轴的回转误差检验**

（1）检验工具　指示器。

（2）检验方法　头架回转主轴的回转误差检测方法如图 4-54 所示。a 项检测如果主轴端面是锥体，则指示器测头应垂直于被测表面安置；b 和 c 项检测应按制造厂规定的数字和方向给一预加力 F。

（3）检验标准（根据 JB/T 7418.1—2019）

1）0.005mm。

2）0.005mm。

3）0.01mm。

**5. 头架主轴锥孔的径向圆跳动检验**

（1）检验工具　指示器和检验棒。

（2）检验方法　头架主轴锥孔的径向圆跳动检验方法如图 4-55 所示，在头架主轴锥孔中插入一检验棒，固定指示器，使其测头触及检验棒表面。

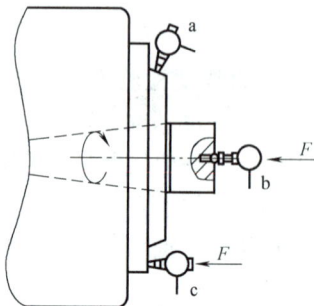

图 4-54　头架回转主轴的
回转误差检测方法

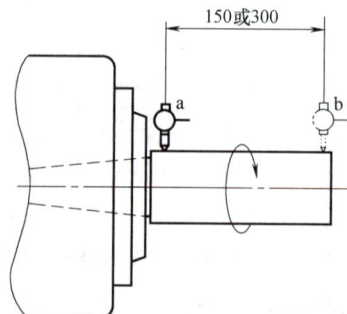

图 4-55　头架主轴锥孔的
径向圆跳动检验方法

检测点 a 靠近主轴端部，检测点 b 距主轴端部 150mm 或 300mm 处。转动主轴检验，检验一次后拔出检验棒，相对主轴锥孔转 90°，重新插入锥孔中，依次再检验 3 次，偏差以指示器 4 次读数的平均值表示。

（3）检验标准（根据 JB/T 7418.1—2019）

1）0.005mm。

2）150mm 长度上为 0.01mm，300mm 长度上为 0.015mm。

**6. 头架主轴回转轴线对工作台移动的平行度检验**

（1）检验工具　检验棒和指示器。

（2）检验方法　头架主轴回转轴线对工作台移动的平行度检验方法如图 4-56 所示，在头架主轴锥孔中插入一检验棒，固定指示器，使其触头触及检验棒表面。分别在垂直平面 a 内和水平平面 b 内，移动工作台检验。拔出检验棒，相对主轴锥孔转 180°，重新插入锥孔中，在检验一次。a、b 误差分别计算，误差以两次读数的代数和之半计。

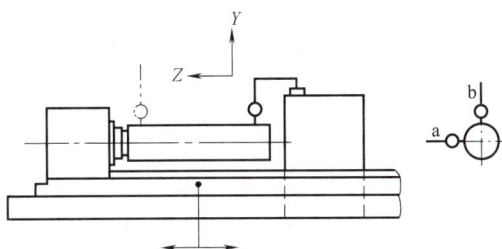

图 4-56　头架主轴回转轴线对工作台移动的平行度检验方法

（3）检验标准（根据 JB/T 7418.1—2019）

1）0.012mm/300mm。

2）0.012mm/300mm。

**7. 尾架套筒锥孔轴线（$Z$ 轴线）对工作台移动的平行度检验**

（1）检验工具　检验棒和指示器。

（2）检验方法　尾架套筒锥孔轴线（$Z$ 轴线）对工作台移动的平行度检验方法如图 4-57 所示，尾座套筒缩回；在尾座套筒锥孔中插入一检验棒。固定指示器，使其触头触及检验棒表面，a 项检测在 $ZX$ 平面内，b 项检测在 $YZ$ 垂直平面内，移动工作台检验。拔出检验棒，相对主轴锥孔转过 180°，重新插入锥孔中，再检验一次。a、b 项检测误差分别计算，误差以两次读数的代数和之半计。

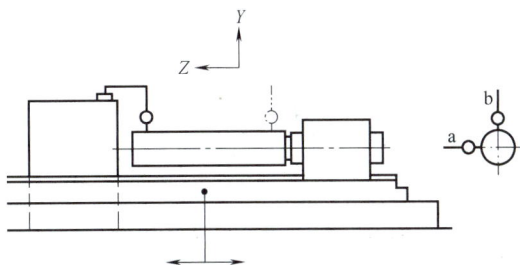

图 4-57　尾架套筒锥孔轴线（$Z$ 轴线）对工作台移动的平行度检验方法

（3）检验标准（根据 JB/T 7418.1—2019）

1）0.015mm/300mm。

2）0.015mm/300mm。

### 8. 尾架在工作台移动（W 轴线）对工作台移动（Z 轴线）的平行度检验

（1）检验工具 指示器和平尺。

（2）检验方法 尾架在工作台移动（W 轴线）对工作台移动（Z 轴线）的平行度检验方法如图 4-58 所示，用安放在工作台上的指示器将放置在机床固定部件上的平尺调整至平行于工作台移动方向。在尾架上安放一指示器，调整其测头，使其触及平尺。a 项检测在 ZX 平面内，b 项检测在 YZ 垂直平面内，在尾架作用范围内移动尾架并锁紧，然后测取读数。偏差以指示器最大读数差值计。

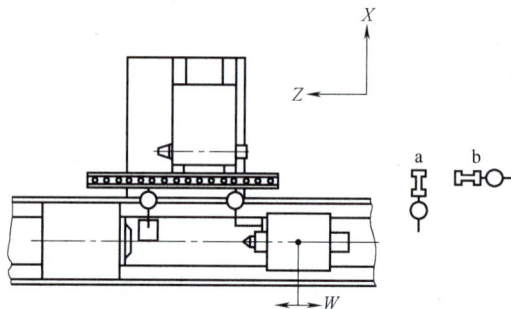

图 4-58 尾架在工作台移动（W 轴线）对工作台移动（Z 轴线）的平行度检验方法

（3）检验标准（根据 JB/T 7418.1—2019）

1）0.01mm/1000mm。

2）0.015mm/1000mm。

### 9. 尾座套筒移动（R 轴线）对工作台移动的平行度检验

（1）检验工具 指示器和平尺。

（2）检验方法 尾座套筒移动（R 轴线）对工作台移动的平行度检验方法如图 4-59 所示，用安放在工作台上的指示器将放置在机床固定部件上的平尺调整至平行于工作台移动方向。在尾架套筒上安放一指示器，调整其测头，使其触及平尺。a 项检测在 ZX 平面内，b 项检测在 YZ 垂直平面内，在尾架套筒作用范围内移动尾架并锁紧，然后测取读数。偏差以指示器最大读数差值计。

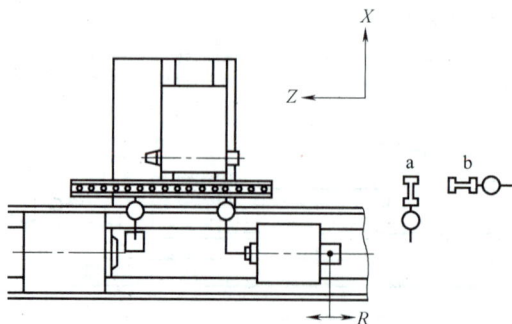

图 4-59 尾座套筒移动（R 轴线）对工作台移动的平行度检验方法

（3）检验标准（根据 JB/T 7418.1—2019）

1）0.008mm/100mm。

2）0.008mm/100mm。

## 4.4.3 卧轴圆台平面磨床的几何精度检验项目、检验方法和检验标准

### 1. 床身导轨在纵向垂直平面内的直线度检验

（1）检验工具 水平仪或自准直仪，专用检具。

（2）检验方法 床身导轨在纵向垂直平面内的直线度检验方法如图4-60所示，在床身纵向导轨的专用检具上，与检具移动方向平行放置水平仪，移动检具，每隔检具长度记录一次读数，并画出导轨的误差曲线。

全长误差：以误差曲线两端点连线间坐标值的最大代数差值计。

局部误差：以相邻两点相对误差曲线两端点连线坐标差的最大值计。

（3）检验标准（根据 JB/T 9908.3—2017） 在1000mm长度内为0.015mm，最大允许差值为0.03mm。

局部公差：在任意300mm测量长度上的公差为0.007mm。

### 2. 床身导轨在纵向垂直平面内的平行度检验

（1）检验工具 水平仪或自准直仪，专用检具。

（2）检验方法 床身导轨在纵向垂直平面内的平行度检验方法如图4-61所示，在床身纵向导轨的专用检具上，与检具移动方向垂直放置水平仪，移动检具，每隔检具长度记录一次读数，误差以水平仪读数的最大代数差计。

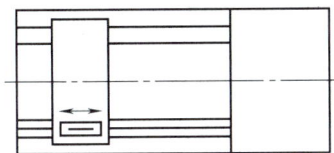

图4-60 床身导轨在纵向垂直
平面内的直线度检验方法

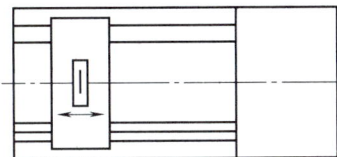

图4-61 床身导轨在纵向垂直
平面内的平行度检验方法

（3）检验标准（根据 JB/T 9908.3—2017） 0.02mm/1000mm。

### 3. 工作台台面的平面度检验

（1）检验工具 水平仪、平尺和量块。

（2）检验方法 在工作台台面直径方向上，按图4-62所示放置等高量块和平尺，用检验量块或指示器检验工作台台面和平尺检验面间的距离。误差分别以其在任意300mm测量长度上和全长上的最大差值计。在工作台台面不同直径方向上检验不少于四次，每次误差分别计算，误差以最大值计。

（3）检验标准（根据 JB/T 9908.3—2017） 工作台台面的平面度检验标准见表4-20。

表4-20 工作台台面的平面度检验标准

| 检验项目 | 允许误差/mm | | |
|---|---|---|---|
| 工作台台面的平面度 | $D \leqslant 500$ | $500 < D \leqslant 1000$ | $D > 1000$ |
| | 0.005 | 0.01 | 0.015 |

注：在任意300mm测量长度上的局部公差为0.005（只能凹）；$D$为工作台直径。

183

## 4. 工作台定心孔的跳动检验

（1）检验工具　指示器。

（2）检验方法　如图4-63所示，在磨头上固定指示器，使其测头触及工作台定心孔的表面上，转动工作台检验。

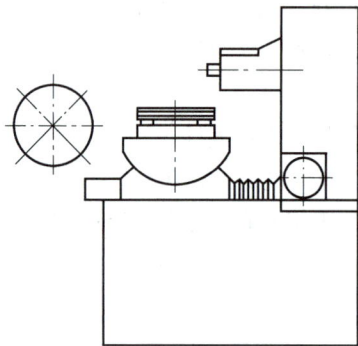

图4-62　工作台台面的平面度检验

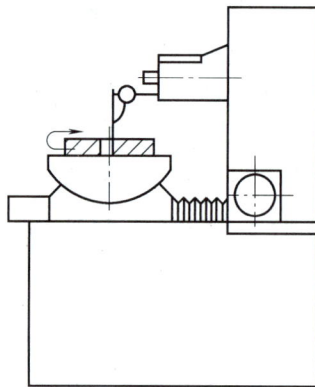

图4-63　工作台定心孔的跳动检验方法

（3）检验标准（根据JB/T 9908.3—2017）　工作台定心孔的跳动检验标准见表4-21。

表4-21　工作台定心孔的跳动检验标准

| 检验项目 | 允许误差/mm | | |
|---|---|---|---|
| 工作台定心孔的跳动 | $S=0°$ | $S \leqslant 15°$ | $S > 15°$ |
| | — | 0.02 | 0.01 |

注：$S$ 为工作台最大倾斜度。

## 5. 工作台台面的轴向圆跳动检验

（1）检验工具　指示器。

（2）检验方法　工作台台面的轴向圆跳动检验方法如图4-64所示固定指示器，使其测头触及工作台台面并尽量靠近边缘处，转动工作台检验。误差以指示器读数的最大差值计。

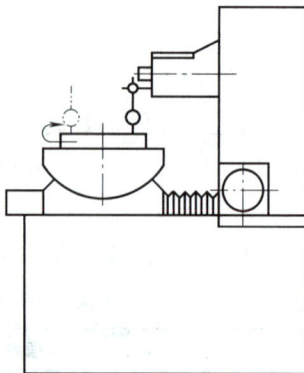

图4-64　工作台台面的轴向圆跳动检验方法

（3）检验标准（根据JB/T 9908.3—2017）　工作台台面的轴向圆跳动检验标准见

表 4-22。

**表 4-22　工作台台面的轴向圆跳动检验标准**

| 检验项目 | 允许误差/mm | | |
|---|---|---|---|
| 工作台台面的轴向圆跳动 | $D \leqslant 500$ | $500 < D \leqslant 1000$ | $D > 1000$ |
| | 0.005 | 0.01 | 0.015 |

注：$D$ 为工作台直径。

### 6. 砂轮主轴定心锥面的径向圆跳动误差检验

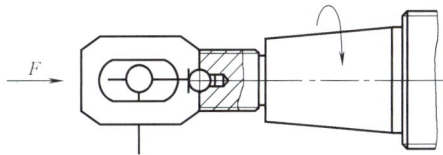

（1）检验工具　指示器。

（2）检验方法　砂轮主轴定心锥面的径向圆跳动误差检验方法如图 4-65 所示，固定指示器，使其触头垂直触及主轴锥面的两极限位置上，转动主轴检验。误差以指示器读数的最大差值计。

（3）检验标准（根据 JB/T 9908.3—2017）　砂轮主轴定心锥面的径向圆跳动允许误差为 0.005mm。

### 7. 砂轮主轴轴向窜动检验

（1）检验工具　指示器。

（2）检验方法　砂轮主轴轴向窜动检验方法如图 4-66 所示，固定指示器，使其触头触及主轴中心孔内的钢球上，转动主轴检查。误差以指示器读数的最大差值计。检验中，应通过主轴轴线施加由制造厂规定的轴向力 $F$。

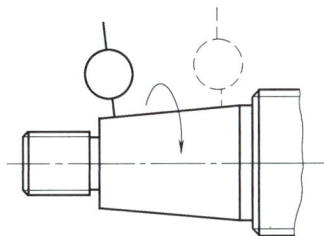

图 4-65　砂轮主轴定心锥面的径向圆跳动误差检验方法　　图 4-66　砂轮主轴轴向窜动检验方法

（3）检验标准（根据 JB/T 9908.3—2017）　砂轮主轴轴向窜动的允许误差为 0.005mm。

### 8. 磨头垂直移动时的倾斜检验

（1）检验工具　水平仪。

（2）检验方法　磨头垂直移动时的倾斜检验方法如图 4-67 所示，在磨头上平行于主轴轴线方向放置水平仪，向下移动磨头，在全行程上检验。误差以水平仪读数的最大差值计。

（3）检验标准（根据 JB/T 9908.3—2017）　磨头垂直移动时的倾斜检验标准为 0.05/1000。

### 9. 工作台拖板移动时对工作台台面的平行度检验

（1）检验工具　指示器、平尺和量块。

（2）检验方法　工作台拖板移动时对工作台台面的平行度检验方法如图 4-68 所示，将工作台固定在零位，在工作台台面上，平行于床身纵向导轨放两个等高量块，在量块上放一平尺，在磨头上固定指示器，使其触头触及平尺的检验面。移动工作台拖板，在工作台全部行程上检验，误差以指示器读数的最大差值计。

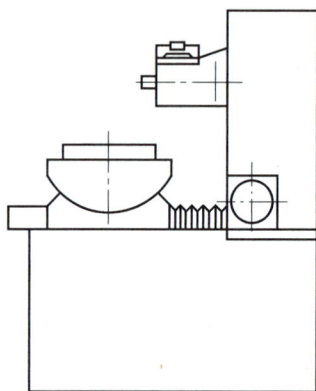

图 4-67　磨头垂直移动时的
倾斜检验方法

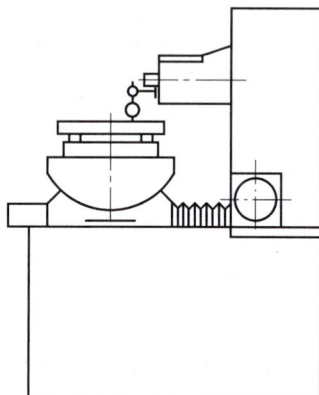

图 4-68　工作台拖板移动时对工作
台台面的平行度检验方法

（3）检验标准（根据 JB/T 9908.3—2017）　工作台拖板移动时对工作台台面的平行度检验标准见表 4-23。

表 4-23　工作台拖板移动时对工作台台面的平行度检验标准

| 检验项目 | 允许误差/mm | | |
|---|---|---|---|
| 工作台拖板移动时对工作台台面的平行度 | $D \leq 500$ | $500 < D \leq 1000$ | $D > 1000$ |
| | 0.005 | 0.01 | 0.02 |

注：$D$ 为工作台直径。

# 任务 5　普通机床的工作精度检验

## ▶▶ 任务描述

普通机床的工作精度是指机床在正常稳定的工作状态下，按相关国家标准规定的材料和切削规范，加工一定形状工件所达到的工件精度。它反映机床的几何精度和动态精度，是新设备和大修后设备验收检查的主要内容之一。

要注意的是在工作精度检验过程中，不得对影响精度的机构和零件进行调整，否则应复查因调整受到影响的有关项目。

## ▶▶ 知识点讲解

## 4.5.1　卧式车床的工作精度检验

### 1. 外圆车削工作精度检验

（1）车削图样　外圆车削工件图样如图 4-69 所示。

（2）车削性质　车削夹在卡盘中的圆柱试件，试件也可插入主轴锥孔中，$D \geq D_a/8$，

$L_{1max} = 500mm$，$L_{2max} = 20mm$。$D_a$ 是工件在床身上最大回转直径，单位是 mm。

（3）切削条件 用单刃刀具在圆柱体上车削三段直径。

（4）检验项目 精车外圆时检验圆度取值，应注意在试件固定端环带处的直径变化，至少取四个读数。

（5）检验工具 圆度仪或千分尺。

（6）检验标准（根据 GB/T 4020—1997） 精车外圆圆度检验标准见表4-24。

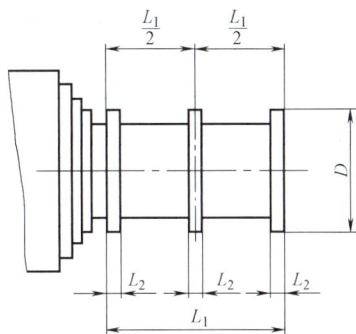
图4-69 外圆车削工件图样

表4-24 精车外圆圆度检验标准

| 检验项目 | 允许误差/mm | | |
|---|---|---|---|
| | 精密级 | 普通级 | |
| | $D_a \leq 500$ | $D_a \leq 800$ | $800 < D_a \leq 1500$ |
| 精车外圆圆度 | a）0.007<br>b）0.02<br>$L_1 = 300$ | a）0.01<br>b）0.04<br>$L_1 = 300$ | a）0.02<br>b）0.04 |

### 2. 端面车削工作精度检验

（1）车削图样 端面车削图样如图4-70所示。

（2）车削性质 车削夹在卡盘中的圆柱试件，$D \geq 0.5D_a$，$L_{max} = D_a/8$。

（3）切削条件 车削垂直于主轴的平面。

（4）检验项目 精车端面的平面度。

（5）检验工具 平尺或量块或指示器。

（6）检验标准（根据 GB/T 4020—1997） 精车端面平面度检验标准见表4-25。

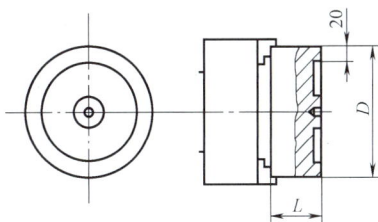
图4-70 端面车削图样

表4-25 精车端面平面度检验标准

| 检验项目 | 允许误差/mm | | |
|---|---|---|---|
| | 精密级 | 普通级 | |
| | $D_a \leq 500$ | $D_a \leq 800$ | $800 < D_a \leq 1500$ |
| 精车端面平面度 | 300mm 直径允许误差为0.015mm | 300mm 直径允许误差为0.025mm | |

### 3. 车削螺纹的螺距累积误差检验

（1）车削图样 螺纹车削图样如图4-71所示。

（2）车削性质 圆柱试件的螺纹加工，$L = 300mm$，车削三角形螺纹。

（3）切削条件 从丝杠某一点开始车削螺纹，试件的直径和螺距应尽可能接近丝杠的直径和螺距。

（4）检验项目 车削300mm长螺纹的螺距累积误差。

（5）检验工具 专用检验工具。

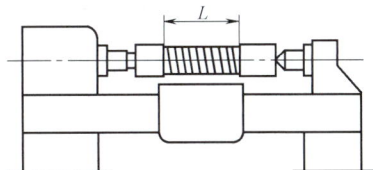
图4-71 螺纹车削图样

187

（6）检验标准（根据 GB/T 4020—1997） 车削螺纹的螺距累积误差检验标准见表 4-26。

表 4-26 车削螺纹的螺距累积误差检验标准

| 检验项目 | 允许误差/mm | | |
|---|---|---|---|
| | 精密级 | 普通级 | |
| | $D_a \leq 500$ | $D_a \leq 800$ | $800 < D_a \leq 1500$ |
| 车削螺纹的螺距累积误差 | a）在 300mm 长度上测量为 0.03mm<br>b）任意 60mm 长度上测量，允许误差为 0.015mm | a）在 300mm 长度上测量<br>$DC \leq 2000$ 为 0.04mm<br>$DC > 2000$ 为 0.05mm<br>b）任意 60mm 长度上测量，允许误差为 0.015mm | |

## 4.5.2 万能外圆磨床的工作精度检验

### 1. 安装在两顶尖间的圆柱试件工作精度检验

（1）试件图样 磨削工件外圆柱表面工件图样如图 4-72 所示。

（2）切削条件 在试件全长上磨削（不用中心架）。

（3）检验工具 圆度仪、千分尺或坐标测量机。

（4）检验项目 磨削安装在两顶尖间的圆柱形试件，检验试件的圆度和直径一致性。

（5）检验标准（根据 GB/T 4685—2007）

1）$l \leq 630$mm 时，圆度允许误差为 0.003mm；$l > 630$mm 时，圆度允许误差为 0.005mm。

2）$l = 150$mm 时，圆度允许误差为 0.003mm；$l = 315$mm 时，圆度允许误差为 0.005mm；$l = 630$mm 时，圆度允许误差为 0.008mm；$l = 1000$mm 时，圆度允许误差为 0.01mm；$l = 1500$mm 时，圆度允许误差为 0.015mm。

### 2. 安装在卡盘上的圆柱试件工作精度检验

（1）试件图样 圆柱试件工作精度检验图样如图 4-73 所示。

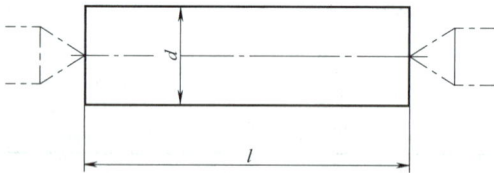

图 4-72 磨削工件外圆柱表面工件图样

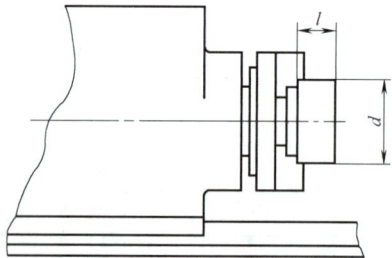

图 4-73 圆柱试件工作精度检验图样

（2）检验项目 磨削安装在卡盘上的圆柱试件，检验试件的圆度。

（3）检验工具 圆度仪。

（4）检验标准（根据 GB/T 4685—2007）

1）$DC \leq 1500$mm 时，圆度误差为 0.003mm。

2）$DC > 1500$mm 时，圆度误差为 0.004mm。

$DC$ 为量顶尖之间的距离，应在试件的几个位置上进行圆度检验，以测得的最大偏差值计。

### 4.5.3 卧轴圆台平面磨床的工作精度检验

（1）试件图样 卧轴圆台平面磨床工作精度检验试件图样如图 4-74 所示。

说明：D 为工作台直径；d 为试件直径；h 为试件厚度（单位：mm）。

（2）检验性质 磨削 6 块圆柱形试件。试磨前试件与工作台台面接触的基准面应先磨平。

（3）切削条件 试磨前试件与工作台台面接触的基准面应先磨平，试件应恰当地固定在工作台台面上，其位置应符合图示规定。

（4）检验项目 试件磨削后的等厚度。

（5）检验工具 指示器。

（6）检验标准（根据 JB/T 9908.3—2017） 卧式圆台平面磨床工作等厚度检验标准见表 4-27。

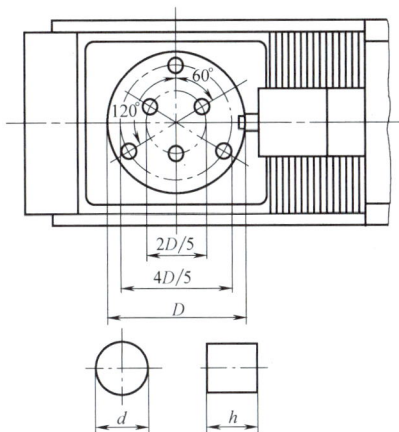

图 4-74 卧轴圆台平面磨床工作精度检验试件图样

表 4-27 卧轴圆台平面磨床工作等厚度检验标准

| 检验项目 | 允许误差/mm | | |
|---|---|---|---|
| 卧式圆台平面磨床工作等厚度 | $D \leqslant 500$ | $500 < D \leqslant 1000$ | $D > 1000$ |
| | 0.005 | 0.01 | 0.015 |

>> **工程案例**

**例 4-1** 如图 4-75 所示，试分析调节 CA6140 型卧式车床离合器摩擦片间隙大小的方法。

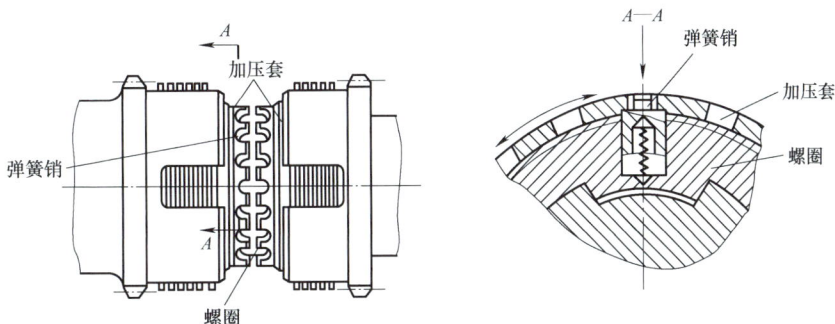

图 4-75 CA6140 型卧式车床离合器摩擦片间隙调整

**分析：** 该案例涉及装配过程中摩擦离合器的调整。

摩擦离合器间隙必须调整至能传递额定功率，过松则摩擦片容易打滑、发热、起动不灵，传动功率不够，甚至闷车；过紧则会烧损摩擦片，致使摩擦片报废，离合器失去功能。

调整时，先将手柄扳到需要调整的位置上（正车或反车的准确位置），用螺钉旋具压下弹簧销，然后转动加压套，使其相对于螺圈做少量轴向移动，即可改变摩擦片间的间隙，从而调整摩擦片间的压紧力和所传递转矩的大小。待间隙调整合适后，再让弹簧销从加压套的任一缺口中弹出，以防止加压套在旋转中松脱。

**例 4-2** 某卧式车床安装中进行负荷试验时，车削直径为 $\phi 50\text{mm}$、长度 $L = 500\text{mm}$、材料的线胀涨系数 $\alpha = 11.59 \times 10^{-6}1/℃$ 的轴时，测得工件伸长了 $0.3\text{mm}$，试分析主轴轴承温升是否合格。

**分析：** 已知 $L = 500\text{mm}$，$\alpha = 11.59 \times 10^{-6}1/℃$，$\Delta L = 0.3\text{mm}$

$$\Delta L = \alpha L \Delta t$$

$$\Delta t = \Delta L / (\alpha L) = 52℃$$

说明工件的温度升高了 $52℃$，会造成轴承温升超过 $40℃$，负荷试车不合格，需查找原因并排除。

# 综合训练

### 实训任务　机床几何精度检测

| 学校 | | 班级 | |
|---|---|---|---|
| 姓名 | | 学号 | |
| 小组成员 | | 组长 | |

接受任务

某公司车间正在安装一台 CA6140 型卧式车床，现进入设备的几何精度检测阶段，请结合卧式车床安装要求制定精度检测计划。

任务内容

1. 机床水平检测
2. 床身导轨的直线度和平行度检测
3. 溜板移动在水平面内的直线度检测
4. 尾座移动对溜板移动的平行度检测
5. 主轴跳动检测
6. 主轴定心轴颈的径向圆跳动检测
7. 主轴锥孔中心线的径向圆跳动检测
8. 主轴轴线（对溜板移动）的平行度检测

工具清单

1. 水平仪
2. 百分表
3. 检验平尺
4. 带锥柄检验棒
5. 顶尖间检验棒
6. 塞尺

任务实施、记录

| | | |
|---|---|---|
| 1）现场环境检查 | 检查内容 | |
| | 检查结果 | |
| | 处理措施 | |
| 2）防护用具检查 | 检查内容 | |
| | 检查结果 | |
| | 处理措施 | |

（续）

| | 检查内容 | |
|---|---|---|
| 3）仪器、仪表检查 | 检查结果 | |
| | 处理措施 | |
| 4）机床水平检测 | 检具名称、型号、参数 | |
| | 检测部位 | |
| | 检测结果 | |
| | 处理措施 | |
| 5）床身导轨的直线度和平行度检测 | 检具名称、型号、参数 | |
| | 检测部位 | |
| | 检测结果 | |
| | 处理措施 | |
| 6）溜板移动在水平面内的直线度检测 | 检具名称、型号、参数 | |
| | 检测部位 | |
| | 检测结果 | |
| | 处理措施 | |
| 7）尾座移动对溜板移动的平行度检测 | 检具名称、型号、参数 | |
| | 检测部位 | |
| | 检测结果 | |
| | 处理措施 | |
| 8）主轴跳动检测 | 检具名称、型号、参数 | |
| | 检测部位 | |
| | 检测结果 | |
| | 处理措施 | |
| 9）主轴定心轴颈的径向圆跳动检测 | 检具名称、型号、参数 | |
| | 检测部位 | |
| | 检测结果 | |
| | 处理措施 | |
| 10）主轴锥孔中心线的径向圆跳动检测 | 检具名称、型号、参数 | |
| | 检测部位 | |
| | 检测结果 | |
| | 处理措施 | |
| 11）主轴轴线（对溜板移动）的平行度检测 | 检具名称、型号、参数 | |
| | 检测部位 | |
| | 检测结果 | |
| | 处理措施 | |

# 评价反馈

## 项目4　综合评价表

任务评价

### 1. 自我评价（40分）

首先由学生根据学习任务完成情况进行自我评价。

**自我评价表**

| 项目内容 | 配分 | 评分标准 | 扣分 | 得分 |
|---|---|---|---|---|
| 1）工作纪律 | 10分 | ① 不遵守课堂纪律要求（扣2分/次）<br>② 有其他违反课堂纪律的行为（扣2分/次） | | |
| 2）信息收集 | 20分 | ① 未利用网络资源、工艺手册等查找有效信息（扣5分）<br>② 未按要求填写信息收集记录（扣2分/空，扣完为止） | | |
| 3）制订计划 | 20分 | ① 人员分工没有实效（扣5分）<br>② 未按作业项目进行人员分工（扣2分/项，扣完为止） | | |
| 4）计划实施 | 40分 | ① 未按步骤实施作业项目（扣5分/项）<br>② 未按要求填写安装工艺流程表（扣10分）<br>③ 未按要求填写施工进度表（扣10分）<br>④ 未按要求填写安装前检验记录表（扣10分）<br>⑤ 表格错填、漏填（扣2分/空，扣完为止） | | |
| 5）职业规范和环境保护 | 10分 | ① 在工作过程中工具和器材摆放凌乱（扣3分/次）<br>② 不爱护设备、工具，不节省材料（扣3分/次）<br>③ 在工作完成后不清理现场，在工作中产生的废弃物不按规定处置（扣2分/次，将废弃物遗弃在工作现场的扣3分/次） | | |
| 总评分 =（1~5项总分）×40% | | | | |

签名：
年　　月　　日

### 2. 小组评价（30分）

再由同一实训小组的同学结合自评的情况进行互评，将评分值记录于表中。

**小组评价表**

| 项目内容 | 配分 | 得分 |
|---|---|---|
| 1）工序记录与自我评价情况 | 10分 | |
| 2）小组讨论中积极发言情况 | 10分 | |
| 3）口述设备检测流程情况 | 10分 | |
| 4）小组成员填写完成作业记录表情况 | 10分 | |
| 5）与小组成员沟通情况 | 10分 | |
| 6）完成操作任务情况 | 10分 | |
| 7）遵守课堂纪律情况 | 10分 | |
| 8）安全意识与规范意识情况 | 10分 | |
| 9）相互帮助与协作能力情况 | 10分 | |
| 10）安全、质量意识与责任心情况 | 10分 | |
| 总评分 =（1~10项总分）×30% | | |

参加评价人员签名：
年　　月　　日

（续）

3. 教师评价（30分）

最后，由指导教师检查本组作业结果，结合自评与互评的结果进行综合评价，对实训过程中出现的问题提出改进措施及建议，并将评价意见与评分值记录于表中。

**教师评价表**

| 序号 | 评价标准 | 评价结果 |
|---|---|---|
| 1 | 相关物品及资料交接齐全无误（5分） | |
| 2 | 安全、规范完成维护保养工作（5分） | |
| 3 | 根据所提供材料进行检查（5分） | |
| 4 | 团队分工明确、协作力强（5分） | |
| 5 | 施工方案准备细致，无遗漏（5分） | |
| 6 | 完成并在记录单上签字（5分） | |
| 综合评价 | 教师评分 | |
| 综合评语（作业问题及改进建议） | 教师签名：　　　　　　　　　年　　月　　日 | |
| 总评分： | （总评分 = 自我评分 + 小组评分 + 教师评分） | |

4. 自我反思和自我评价

请根据自己在课堂中的实际表现进行自我反思和自我评价。

自我反思：

自我评价：

## 项目4　学习反馈表

项目4　普通机床的安装

| 知识与技能点 | 普通机床的结构和工作原理 | □了解　□理解　□熟悉　□掌握 |
|---|---|---|
| | 普通机床的安装技术要求 | □了解　□理解　□熟悉　□掌握 |
| | 卧式车床的安装调试工艺方法与步骤 | □了解　□理解　□熟悉　□掌握 |
| | 常用装配工具和量具的应用 | □了解　□理解　□熟悉　□掌握 |
| | 普通机床的安装精度检测 | □了解　□理解　□熟悉　□掌握 |
| | 思考题与习题 | □了解　□理解　□熟悉　□掌握 |
| 学习情况 | 基本概念 | □难懂　□理解　□易忘　□抽象　□简单　□太多 |
| | 学习方法 | □听讲　□自学　□实验　□工厂　□讨论　□笔记 |
| | 学习兴趣 | □浓厚　□一般　□淡薄　□厌倦　□无 |
| | 学习态度 | □端正　□一般　□被迫　□主动 |
| | 学习氛围 | □愉快　□轻松　□互动　□压抑　□无 |
| | 课堂纪律 | □良好　□一般　□差　□早退　□迟到　□旷课 |
| | 课前课后 | □预习　□复习　□无　□没时间 |
| | 实践环节 | □太少　□太多　□无　□不会　□简单 |
| | 学习效果自我评价 | □很满意　□满意　□一般　□不满意 |
| 建议与意见 | | |

注：学生根据实际情况在相应的方框中画"√"或"×"，在空白处填上相应的建议或意见。

# 思考题与习题

### 一、填空题

1. 基础设备隔振沟的意义是 _____。

2. 卧式车床几何精度检测常用的工具、检具、量具有_____、_____、_____、_____等。

3. 金属切削机床按照加工对象分为_____、_____、_____；按照精密等级标准可分为_____、_____和_____三种。

4. 机床在车间里面的排列一般有_____、_____、_____排列法。

5. 机床_____精度检验综合反映机床关键零部件经组装后的综合几何误差。机床直线定位精度检测一般都在机床_____条件下进行。

### 二、选择题

1. 机床的清洗在二次灌浆混凝土养护约（　　）后进行。

A. 3 天 　　　　　　　　　　　B. 5 天

C. 7 天 　　　　　　　　　　　D. 10 天

2. 机床导轨的直线度是指（　　）两个直线度。

A. 纵向和横向 　　　　　　　　B. 平行面内和垂直面内

C. 垂直面内和水平面内 　　　　D. 上水平面和下水平面

3. 大型机床的矩形多段床身接缝处检验时，要用（　　）mm 规格的塞尺，不得插入。

A. 0.02 　　　　　　　　　　　B. 0.03

C. 0.94 　　　　　　　　　　　D. 0.05

4. 机床导轨的安装不但直接影响被加工零件的精度，而且是（　　）。

A. 整个机床的承重基础 　　　　B. 其他部件运行的基准

C. 防止机床发生位移的保证 　　D. 其他部件精度检查的基准

5. 大型车床的溜板移动对主轴回转中心线的平行度检查，使用的测量器具是（　　）。

A. 百分表和长直尺 　　　　　　B. 百分表和框式水平仪

C. 百分表和钢丝 　　　　　　　D. 百分表和检验棒

### 三、判断题

1. 对于大型、重型和要求较高的精密机床、高精密机床，必须安装在单独基础上。

（　　）

2. 滚动轴承内圈与轴径的配合，外圈与轴承座孔的配合一般多选用过渡配合。（　　）

3. V 带传动的张紧轮安装在带的外侧，靠近大带轮处。 　　　　　　　　　（　　）

4. 圆柱销可用于经常拆卸的场合。 　　　　　　　　　　　　　　　　　　（　　）

5. 环形螺纹组的拧紧顺序是顺时针。 　　　　　　　　　　　　　　　　　（　　）

6. 齿轮的装配一般是先把齿轮部件装入箱体中，再装入轴。 　　　　　　　（　　）

7. 机床的几何精度在机床处于冷态和热态时是不同的，应按国家标准的规定，即在机床稍有预热的状态下进行。 　　　　　　　　　　　　　　　　　　　　　　　（　　）

8. 根据实测的定位精度数值，可以判断出机床自动加工过程中能达到的最好的工件加工精度。 　　　　　　　　　　　　　　　　　　　　　　　　　　　　　　　（　　）

## 四、简答题

1. 机床型号一般包括哪些内容？说明下列机床型号代表的意义。

CA6140　　　C620　　　X6132A　　　Z3040　　　　B2016

2. 机床基础的平面尺寸及厚度尺寸应如何确定？

3. 简述机床安装的一般分类方法和安装程序。

4. 什么是自然调平法？采用自然调平法安装机床具有什么优点？

5. 安装金属切削机床时应如何进行就位与找正？

6. 金属切削机床空负荷试运转前应做好哪些准备工作？

7. 简述卧式车床床身导轨调平的方法。

8. 简述卧式车床溜板移动在水平面内直线度的检验方法。

9. 简述卧式车床主轴轴线径向圆跳动的检验方法。

10. 简述卧式车床主轴与顶尖等高度的检验方法。

# 项目5  数控机床的安装

>> **知识目标**

1. 熟悉并掌握数控机床的结构、性能参数和工作原理。
2. 理解典型数控机床的安装技术要求。
3. 掌握典型数控机床的安装调试工艺方法与步骤。
4. 熟悉常用数控机床检测工具、量具和量仪的使用方法。

>> **能力目标**

1. 能够对数控机床关键部件及其整机进行安装调试。
2. 能够对典型数控机床进行精度检测。
3. 能够正确选择和使用数控机床检测工具、量具和量仪。

>> **素质目标**

1. 学习过程中态度积极，主动求知。
2. 养成严谨、细致、科学的工作习惯和团结协作的精神。
3. 培养数控机床安装、维修、保养及售后服务等岗位要求的工作素质。
4. 养成珍爱生命、安全操作、遵守工作制度的职业素养。

>> **重点和难点**

重点：数控机床部件及整机的安装与调试方法。
难点：数控机床装配精度的检测与调整。

>> **学思融合**

2012 年，中国自主设计制造的蛟龙号载人潜水器在马里亚纳海域创造了下潜 7062m 的中国载人深潜纪录，创造了作业类载人潜水器新的世界纪录。蛟龙号载人潜水器能取得如此骄人的成绩，离不开一群背后默默付出的英雄们，而其中一位就是大国工匠——蛟龙号首席装配钳工技师顾秋亮。

刚参加工作的顾秋亮苦练基本功，一块 10cm 厚的方铁，用几个月的时间将其锉成 5mm 厚的铁片，每个角面上都要厚薄均匀。两年时间，他锉完了十几块方铁，然后出师了。此后的岁月里，一把锉刀顾秋亮一握就是 40 多年，他人工操作的精度达到了"丝"级，他做的工件全部免检，他被人们称为"顾两丝"，"两丝"是通常意义上的游标卡尺的分度值，也就是 0.02mm，相当于一根成年人头发丝直径的 1/10。40 多年如一日的工作，让顾秋亮的手掌纹路变得光滑无比，连指纹打卡都是一个问题。

中国的深海载人潜水器有十几万个零部件，最大难度是密封性，精密度要求达到"丝"级，而能够实现这个精密度的只有顾秋亮一人。而蛟龙号的载人球安装难度在于球体和玻璃的接触面要控制在0.2丝（0.002mm）以下，安装载人舱玻璃是组装载人潜水器最精密的工作，而"顾两丝"顾秋亮则能够将潜水器密封面平面度控制在两丝之内。"蛟龙号"首席潜航员叶聪说过，只要看到顾师傅在船上，自己的心就踏实了，顾师傅的价值不低于设计师和科学家，设计和图样都需要顾师傅这样的"大国工匠"来实现，没有他们，蛟龙是下不了水的！

顾秋亮从一个小伙子成为了退休的老爷子，如今的他虽然已经退休，但仍然在奉献自己的光和热，将自己几十年的经验传授给徒弟们。

请收集顾秋亮技能大师的相关信息，思考以下问题：

1）我国深潜事业取得了哪些举世瞩目的巨大成就？

2）顾秋亮技能大师是如何从产业工人成长为大国工匠的？

3）如何练就精湛装调技能助力我国数控机床制造的新突破？

## 项目导入

数控机床是现代制造技术的基础装备，随着数控机床的广泛应用与普及，机床的安装工作越来越受到重视。新机检验的主要目的是为了判别机床是否符合其技术指标，判别机床能否达到预定的加工功能和精度目标。

## 项目实施

本项目首先对数控机床进行概要介绍，并就数控机床几个重要部件的装调，以及数控机床安装工艺流程进行介绍，然后就数控机床的几何精度、定位精度和工作精度检测等进行详细阐述。

# 任务1　数控机床概述

## 任务描述

了解数控机床的产生背景和发展趋势；了解数控机床的特点；掌握数控机床的组成及工作原理，数控机床的分类及应用范围等。

## 知识点讲解

随着生产和科学技术的飞速发展，社会对机械产品多样化的要求日益强烈，产品更新越来越快，多品种、中小批量生产的比重明显增加，同时随着汽车工业和轻工业消费品的高速增长，机械产品的结构日趋复杂、精度日趋提高、性能不断改善，激烈的市场竞争要求产品研制生产周期越来越短，传统的加工设备和制造方法已难以适应这种多样化、柔性化、高效和高质量的复杂零件加工要求。因此，对制造机械产品的生产设备——机床，必然会相应地提出高效率、高精度和高自动化的要求。

在机械产品中，单件与小批量产品占到 70% ~ 80%。这类产品的生产不仅对机床提出了"三高"要求，而且要求机床具有较强的适应产品变化的能力。特别是一些由曲线、曲面等组成的复杂零件，若采用通用机床加工，只能借助画线和样板用手工操作的方法来加工，或利用靠模和仿形机床来加工，其加工精度和生产效率都受到了很大的限制。

## 5.1.1 数控机床的发展概况

### 1. 数控机床的产生

数控机床就是为了解决单件、小批量，特别是高精度、复杂型面零件加工的自动化并保证质量要求而产生的。1947 年，美国 PARSONS 公司为了精确制造直升机机翼、桨叶和框架，开始探讨用三坐标曲线数据控制机床运动，并进行实验加工飞机零件。1952 年，麻省理工学院（MIT）伺服机构研究所用实验室制造的控制装置与辛辛那提（Cincinnati Hydrotel）公司的立式铣床成功地实现了三轴联动数控运动，实现控制铣刀进行连续空间曲面加工，它综合应用了电子计算机、自动控制、伺服驱动、精密检测与新型机械结构等多方面的技术成果，是一种新型的机床，可用于加工复杂曲面零件。该铣床的研制成功是机械制造行业中的一次技术革命，使机械制造业的发展进入了一个崭新的阶段，揭开了数控加工技术的序幕。

### 2. 数控机床的定义

数控（Numerical Control，NC）技术是近代发展起来的一种自动控制技术，是用数字化信号对机床运动及其加工过程进行控制的一种方法。采用数控技术实现数字控制的一整套装置和设备，称为数控系统。

数字控制机床（Computer Numerical Control Machine Tools）简称数控机床，是一种装有程序控制系统的自动化机床。该控制系统能够处理具有控制编码或其他符号指令规定的程序，并将其译码，用代码化的数字表示，通过信息载体输入数控装置。经运算处理后，由数控装置发出各种控制信号，控制机床动作，按照要求的形状和尺寸自动地将零件加工出来，如图 5-1 所示。常见的数控机床有数控车床、数控铣床及数控加工中心等。

### 3. 数控机床的发展趋势

数控机床自 20 世纪 50 年代问世以来，其品种得以不断发展，几乎所有机床都实现了数控化。目前，已经出现了包括生产决策、产品设计及制造和管理等全过程均由计算机集成管理和控制的计算机集成制造系统（Computer Integrated Manufacturing System，CIMS），以实现工厂生产自动化。数控机床的应用领域已从航空工业部门逐步扩大到汽车、造船、机床、建筑等机械制造行业，出现了金属成型类数控机床、特种加工数控机床，还有数控绘图机、数控三坐标测量机等。

图 5-1 多轴数控机床

（1）高精度化 普通级数控机床加工精度已由原来的 $\pm 10\mu m$，提高到 $\pm 5\mu m$ 和 $\pm 2\mu m$；精密级数控机床从 $\pm 5\mu m$ 提高到 $\pm 1.5\mu m$。

（2）高速度化 提高主轴转速是提高切削速度的最直接方法，现在主轴最高转速可达 50000r/min，进给运动快速移动速度达 30 ~ 40m/min。

（3）高柔性化 由单机化发展到单元柔性化和系统柔性化，相继出现柔性制造单元（FMC）、柔性制造系统（FMS）和介于二者之间的柔性制造线（FTL）。

（4）高自动化　数控机床除上下料、加工等自动化外，还向自动检索、监控、诊断、自动对刀、自动传输的方面发展。

（5）复合化　包含工序复合化和功能复合化，在一台数控设备上可完成多工序切削加工（车、铣、镗、钻）。

（6）高可靠性　系统平均无故障时间（MTBF）由20世纪80年代有显著提高，而整机的 MTBF 也有显著提高。

（7）网络化　面临激烈竞争，使数控机床具有双向、高速的互联网通信功能，以保证信息流在车间各部门间畅通无阻，既可以实现网络资源共享，又能实现数控机床的远程监视、控制、培训、教学、管理，还可实现数控装备的数字化服务。

（8）开放智能化　数控机床处在同一个操作平台上，终端用户与生产商均能够对其数据结构进行调整，以便满足生产加工的不同控制系统要求。

## 5.1.2　数控机床的特点

（1）加工精度　数控机床是按数字形式给出的指令进行加工的。目前数控机床的脉冲当量普遍达到了 0.001mm，而且进给传动链的反向间隙与丝杠螺距误差等均可由数控装置进行补偿，因此，数控机床能达到很高的加工精度。

（2）对加工对象的适应性强　在数控机床上改变加工零件时，只需重新编制（更换）程序，输入新的程序就能实现对新零件的加工，这就为复杂结构的单件、小批量生产以及试制新产品提供了极大的便利。

（3）自动化程度高，劳动强度低　数控机床对零件的加工是按事先编好的程序自动完成的，操作者除安放穿孔带或操作键盘、装卸工件、关键工序的中间检测以及观察机床运行之外，不需要进行繁杂的重复性手工操作，劳动强度与紧张程度均可大为减轻，加上数控机床一般都具有较好的安全防护、自动排屑、自动冷却和自动润滑装置，操作者的劳动条件也大为改善。

（4）生产效率高　数控机床主轴的转速和进给量的变化范围比普通机床大，因此，数控机床每一道工序都选用最有利的切削用量。由于数控机床的结构刚性好，因此允许进行大切削量的强力切削，这就提高了数控机床的切削功率，节省了机动时间。数控机床更换被加工零件时几乎不需要重新调整机床，故节省了零件安装、调整时间。数控机床加工质量稳定，一般只做首件检验和工序间关键尺寸的抽样检验，因此节省了停机检验时间。

（5）经济效益好　在单件、小批量生产的情况下，使用数控机床加工，可节省划线工时，减少调整、加工和检验时间，节省了直接生产费用；使用数控机床加工零件一般不需要制作专用夹具，节省了工艺装备费用；数控机床加工精度稳定，减少了废品率，使生产成本进一步下降。

（6）有利于现代化管理　采用数控机床加工，能准确地计算出零件加工工时和费用，并有效地简化了检验夹具、半成品的管理工作，这些特点都有利于现代化的生产管理。

（7）数控机床的缺点　投资大，使用费用高，生产准备工作复杂，维修较困难等。

## 5.1.3　数控机床的组成及工作原理

### 1. 数控机床的组成

数控机床一般由输入/输出装置、数控装置、伺服系统和反馈装置、辅助控制装置以及机床本体等部分。其各组成部分的关系如图 5-2 所示。

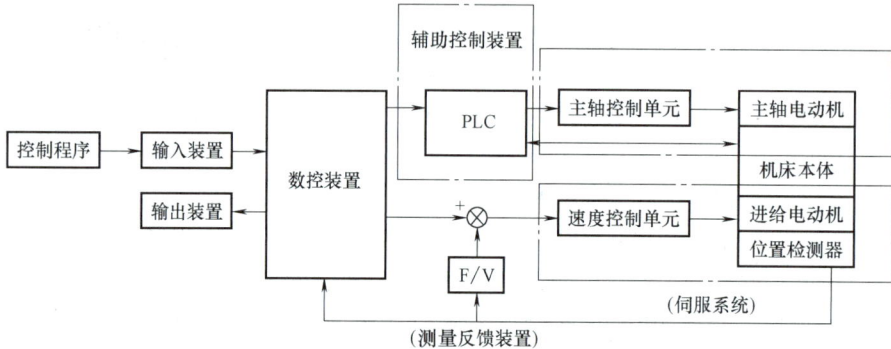

图 5-2　数控机床各组成部分的关系

（1）输入/输出装置　输入/输出装置的主要作用是进行数控加工或运动控制程序、加工与控制数据、机床参数以及坐标轴位置、检测开关的状态等数据的输入、输出。键盘和显示器是任何数控设备必需的最基本的输入/输出装置。此外，根据数控系统的不同，还可以配光电阅读机、磁带机或磁盘驱动器等。作为外围设备，计算机是目前常用的输入/输出装置之一。

数控加工程序可通过键盘，用手工方式直接输入数控系统，还可由编程计算机用 RS232C 接口或采用网络通信方式传送到数控系统中。零件加工程序输入过程有两种不同的方式：一种是边读入边加工，另一种是一次将零件加工程序全部读入数控装置内部的存储器，加工时再从存储器中逐段调出进行加工。

输入装置的作用是将程序载体上的数控代码信息转换成相应的电脉冲信号并传送至数控装置的存储器。控制介质是将零件加工信息传送到数据装置中去的信息载体，是人与数控机床之间联系的中间媒介物质，反映了数控加工中的全部信息。常见的控制介质有穿孔纸带、穿孔卡、磁盘和磁带等；常见的输入装置有光电阅读机、磁带录放机或磁盘驱动器。最早使用光电阅读机对穿孔纸带进行阅读，之后大量使用磁带录放机和磁盘驱动器。有些数控机床不用任何程序存储载体，而是将程序清单的内容通过数控装置上的键盘，用手工方式输入，也可以用通信方式将数控程序由编程计算机直接传送至数控装置。

（2）数控装置　数控装置是数控系统的核心，包括微型计算机、各种接口电路、显示器等硬件及相应的软件。它能完成信息的输入、存储，并通过内部的逻辑电路或控制软件进行编译、变换、插补运算和处理，输出各种信息和指令，以控制机床的各部分进行规定的动作。

数控装置接收输入装置送来的脉冲信号，经过编译、运算和逻辑处理后，输出各种信号和指令来控制机床的各部分，并按程序要求实现规定的、有序的动作。

在这些控制信息和指令中，最基本的是各坐标轴的进给速度、进给方向和进给位移量指令，它经插补运算后生成，提供给伺服驱动，经驱动器放大，最终控制坐标轴的位移，它直接决定了刀具或坐标轴的移动轨迹。

其他的控制指令包括：主运动部件的变速、换向和起停指令信号；刀具的选择和交换指令；控制冷却、润滑的起停指令；工件和机床部件松开、夹紧与工作台转位等辅助指令。

数控装置具备的功能：

1）多坐标控制。

2）实现多种函数的插补。

3）信息转换功能，如英制/公制转换、坐标转换、绝对值/增量值转换。

4）补偿功能，如刀具半径补偿、长度补偿、传动间隙补偿及螺距误差补偿。

5）多种加工方式的选择，如可以实现各种加工循环、重复加工。

6）具有故障自诊断功能。

7）通信和联网功能等。

（3）伺服系统　伺服系统通常由伺服放大器（Servo Drive，简称伺服，亦称驱动器、伺服单元）和执行机构（如伺服电动机、步进电动机）等部分组成，并与机床上的执行部件和机械传动部件组成数控机床的进给系统。

在数控机床上，伺服驱动的作用主要有两个方面：一是按照数控装置给定的速度运动及运动控制（包括进给运动、主轴运动及位置控制等）；二是按照数控装置给定的位置定位。它接收来自数控装置的位置控制信息，将其转换成相应坐标轴的进给运动和精确的定位运动，驱动机床执行机构运动。

伺服系统由于是数控机床的最后控制环节，它的性能将直接影响数控机床的生产效率、加工精度和表面加工质量。因此，伺服驱动的精度和动态响应性能是影响数控机床的加工进度、表面质量和生产率的重要因素之一。

在数控机床上，目前一般采用交流伺服电动机作为执行机构；在先进的高速加工机床上，已经开始使用直线电动机。

（4）辅助控制装置　主要作用是根据数控装置输出的主轴转速、转向和起停指令；刀具的选择和交换指令；冷却、润滑装置的起停指令；工件和机床部件的松开、夹紧与工作台转位等辅助指令所提供的信号，以及机床上检测开关的状态等信号，经过必要的编译和逻辑运算，经放大后驱动相应执行的元件，带动机床机械部件、液压气动等辅助装置完成规定的动作。辅助控制装置通常由 PLC（可编程序控制器）和强电控制装置构成。

1）PLC 是对主轴单元实现控制，对程序中的转速指令进行处理而控制主轴转速；管理刀库，进行自动刀具交换、选刀方式、刀具累计使用次数、刀具剩余寿命及刀具刃磨次数等管理；控制主轴正反转和停止、准停、切削液开关、卡盘夹紧松开、机械手取送刀等动作；还对机床外部开关（行程开关、压力开关及温控开关等）进行控制；对输出信号（刀库、机械手及回转工作台等）进行控制。

2）强电控制装置是介于数控装置和机床机械、液压部件之间的控制系统。其主要作用是接收数控装置输出的主轴变速、换向、起动或停止，刀具的选择和更换，分度工作台的转位和锁紧，工件的夹紧或松开，切削液的开或关等辅助操作的信号，经必要的编译、逻辑判断、功率放大后直接驱动相应的执行元件（如电器、液压、气动和机械部件等），以完成指令所规定的动作，从而实现数控机床在加工过程中的全部自动操作。

（5）测量反馈装置　由检测元件和相应的电路组成，主要是检测速度和位移，并将信息反馈于数控装置，实现闭环控制以保证数控机床的加工精度。常用的测量元件有脉冲编码器、旋转变压器、感应同步器、光栅、磁尺及激光位移检测系统等。

（6）机床本体　包括床身（立柱）、主轴箱、导轨、进给机构、工作台、刀架或自动换刀装置和一些辅助装置（如排屑装置和冷却润滑装置）等机械部件。为了保证数控机床的高精度、高效率和高自动化加工，数控机床的机械结构应具有较高的动态特性、动态刚度、阻尼精度、耐磨性和抗热变形性能。数控机床本体结构有下面几个特点：

1）由于采用了高性能的主轴及进给伺服驱动装置，数控机床的机械传动结构得到了简化，传动链较短。

2）数控机床的机械结构具有较高的动态特性、动态刚度、阻尼精度、耐磨性以及抗热变形性能，适应连续地自动化加工。

3）较多地采用高效传动件，如精密滚珠丝杠、直线滚动导轨副、精密齿条、蜗母条、静压导轨及磁浮导轨等。

**2. 数控机床的工作原理**

1）根据被加工零件的图样与工艺规程，用规定的代码和程序格式编写加工程序。

2）将所编程序指令输入机床数控装置。

3）数控装置将程序（代码）进行译码、运算之后，向机床各坐标的伺服机构和辅助控制装置发出信号，以驱动机床的各运动部件，并控制所需要的辅助动作，最后加工出合格的零件。

# 5.1.4　数控机床的分类

**1. 按加工工艺方法分类**

（1）普通数控机床　为了不同的工艺需要，普通数控机床有数控车床、铣床、钻床、镗床及磨床等，而且每一类又有很多品种。

（2）数控加工中心　数控加工中心是带有刀库和自动换刀装置的数控机床，如图5-3所示。典型的数控加工中心有镗铣加工中心和车削加工中心。

（3）多坐标数控机床　多坐标联动的数控机床，其特点是数控装置能同时控制的轴数较多，机床结构也较复杂。坐标轴数的多少取决于加工零件的复杂程度和工艺要求，现在常用的有四、五、六坐标联动的数控机床。

（4）数控特种加工机床　数控特种加工机床包括电火花加工机床、数控线切割机床及数控激光切割机床等。

**2. 按控制运动的方式分类**

（1）点位控制数控机床　这类机床只控制运动部件从一点移动到另一点的准确位置，如图5-4所示，在移动过程中不进行加工，对两点间的移动速度和运动轨迹没有严格要求，可以沿多个坐标同时移动，也可以沿各个坐标先后移动。

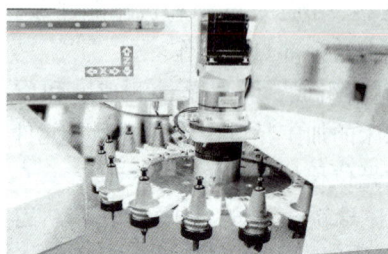

图5-3　加工中心刀库

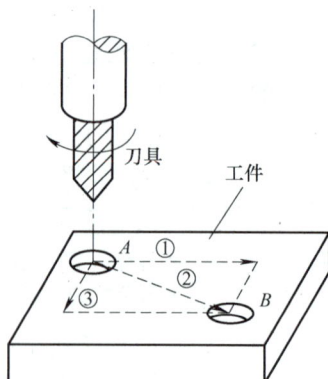

图5-4　点位控制

采用点位控制的机床有数控钻床、数控坐标镗床、数控冲床和数控测量机等。

（2）直线控制数控机床　这类机床不仅要控制点的准确定位，而且要控制运动部件以一定的速度沿与坐标轴平行的方向进行切削加工，如图5-5所示。

（3）轮廓控制数控机床　这类机床能够对两个或两个以上运动坐标的位移及速度进行连续相关的控制，使合成的平面或空间运动轨迹能满足零件轮廓的要求，如图5-6所示。轮廓控制数控机床有数控铣床、车床、磨床和加工中心等。

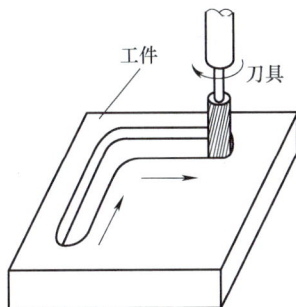

图 5-5　直线控制　　　　　　　图 5-6　轮廓控制

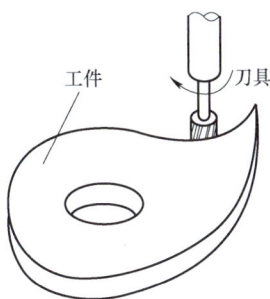

### 3. 按进给伺服系统的类型分类

（1）开环控制数控机床　开环控制数控机床采用开环进给伺服系统，伺服驱动部件通常为反应式步进电动机或混合式伺服步进电动机，如图5-7所示。

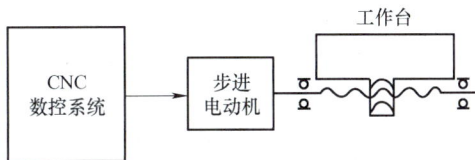

图 5-7　开环控制

（2）闭环控制数控机床　闭环控制数控机床的进给伺服系统是按闭环原理工作的，带有直线位移检测装置，直接对工作台的实际位移量进行检测，如图5-8所示。伺服驱动部件通常采用直流伺服电动机或交流伺服电动机。

（3）半闭环控制数控机床　这类控制系统与闭环控制系统的区别在于采用角位移检测元件，检测反馈信号不是来自工作台，而是来自与电动机相联系的角位移检测元件，如图5-9所示。

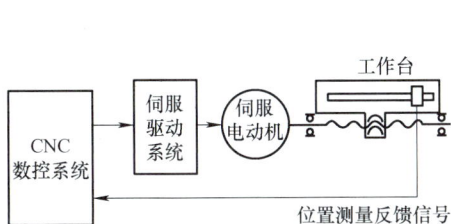

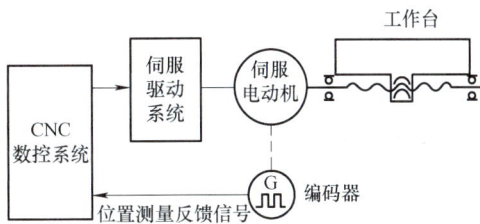

图 5-8　闭环控制　　　　　　　图 5-9　半闭环控制

### 4. 按数控装置类型分类

（1）硬件式数控机床　硬件式数控机床（NC 机床）使用硬件式数控装置，它的输入、插补运算和控制功能都由专用的固定组合逻辑电路来实现，不同功能的机床，其结合逻辑电路也不相同。改变或增减控制、运算功能时，需要改变数控装置的硬件电路。

（2）软件式数控机床 这类数控机床使用计算机数控装置（CNC）。此数控装置的硬件电路是由小型或微型计算机再加上通用或专用的大规模集成电路制成。数控机床的主要功能几乎全部由系统软件来实现，所以不同功能的机床其系统软件也就不同，而修改或增减系统功能时，不需改变硬件电路，只需改变系统软件。

**5. 按数控系统的功能水平分类**

按此分类方法可将数控机床分为经济型、普及型、高级型三类，也可分为低、中、高档三类，主要由技术参数、功能指标、关键部件的功能水平来决定。这些指标具体包括 CPU 性能、分辨率、进给速度、伺服性能、通信功能及联动轴数等。

（1）经济型数控机床 这类数控机床通常为低档数控机床，一般采用 8 位 CPU 或单片机控制，分辨率为 $10\mu m$，进给速度为 $6 \sim 15m/min$，采用步进电动机驱动，具有 RS232 接口。这类机床轴联动数量一般为二轴或三轴，具有简单 CRT 字符显示或数码管显示功能，无通信功能。

（2）普及型数控机床 这类数控机床通常为中档数控机床，一般采用 16 位或更高性能的 CPU，分辨率在 $1\mu m$ 以内，进给速度为 $15 \sim 24m/min$，采用交流或直流伺服电动机驱动；联动轴数为 $3 \sim 5$ 轴；有较齐全的 CRT 显示及很好的人机界面，大量采用菜单操作，不仅有字符，还有平面线性图形显示功能、人机对话及自诊断等功能；具有 RS232 或 DNC 接口，通过 DNC 接口，可以实现几台数控机床之间的数据通信，也可以直接对几台数控机床进行控制。

（3）高级型数控机床 这类数控机床通常为高档数控机床，一般采用 32 位或 64 位 CPU，并采用精简指令集（RISC）作为中央处理单元，分辨率可达 $0.1\mu m$，进给速度为 $15 \sim 100m/min$，采用数字化交流伺服电动机驱动，联动轴数在 5 轴以上，有三维动态图形显示功能。高档数控机床具有高性能通信接口，具备联网功能，通过采用 MAP（制造自动化协议）等高级工业控制网络或 Ethernet（以太网），可实现远程故障诊断和维修，为解决不同类型不同厂家生产的数控机床的联网和数控机床进入 FMS（柔性制造系统）和 CIMS（计算机集成制造系统）等制造系统创造了条件。

上述这种分类方式没有严格的界限，经济型数控是相对于标准数控而言的，在不同时期、不同国家的含义是不一样的。区别于经济型数控，把功能比较齐全的数控系统称为全功能数控，也称为标准型数控。

# 5.1.5 数控机床的主要性能指标及应用范围

**1. 数控机床的主要性能指标**

1）加工精度。
2）主轴转速。
3）进给速度。
4）行程和摆角范围。
5）刀库容量和换刀时间。

**2. 数控机床的应用范围**

数控机床最适合加工具有以下特点的零件：

1）多品种小批量生产的零件。
2）形状结构比较复杂的零件。

3）精度要求高的零件。

4）需要频繁改型的零件。

5）价格昂贵，不允许报废的关键零件。

6）需要生产周期短的急需零件。

7）批量较大，精度要求高的零件。

# 任务2　数控机床的安装与调试

## 任务描述

与普通机床相比，数控机床的安装与调试具有智能化、高精度的特点，除程序控制系统外，往往还具有气动和液压控制系统。所以在安装方法和步骤上，具有自身特点。本任务以常用卧式数控车床为研究对象，阐述数控机床安装与调试内容。

## 知识点讲解

### 5.2.1　主轴组件的装调

主轴组件是影响机床加工精度的主要部件。它的回转精度影响工件的加工精度；它的功率与回转速度影响加工效率；它的自动变速、准停和换刀等影响机床的自动化程度。因此，主轴组件应具有与本机床工作性能相适应的高的回转精度、刚度、抗振性、耐磨性和低的温升。

#### 1. 主轴组件的类型及优缺点

根据驱动方式，主轴可以分为齿轮式主轴、带式主轴、直接式主轴和电机内藏式主轴。

（1）齿轮式主轴　传动系统扭转刚性大，能承受低速高转矩负荷，适合低速大切削深度加工；但效率低、传输功率损耗高、噪声大、油污染、高速受限制，齿轮及箱体制造成本高。

（2）带式主轴　高张力低噪声齿型设计，高速时噪声比齿轮式主轴低，组装、维修容易，成本低；但传动系统挠性大，扭转刚性低，带造成轴承负荷，受带限制而无法提高转速，超负荷切削易使带滑移。

（3）直接式主轴　高速化，噪声低于带式主轴，直接将电磁能转换为机械能，传输功率损耗低，低速重切削时不会有带式主轴的跳脱打滑问题；但系统总组合长度拉长，组装精度要求高，动平衡校正较困难，联轴器易受切削激振而松脱。

（4）电机内藏式主轴　电磁能直接转换为机械能，无传动功率损耗，亦无须考虑如DDS主轴联轴器的刚性问题，此外电机具有双线圈两段输出功率，具备低速高转矩功能，低速重切削能力介于齿轮式主轴与带式主轴之间，高速切削能力则较优；但制造及材料成本高，组装复杂，维修困难度高，线圈发热易影响主轴温升。

#### 2. 主轴组件的结构

图5-10所示为数控车床主轴组件的结构图。主轴组件一般由主轴、同步带和带轮、轴承、刀具夹持系统、冷却系统、润滑系统和密封系统等组成。

主轴轴承用来支承主轴，并限制位移，使主轴绕固定旋转中心运动，此外还提供足够刚性，使主轴承受切削力。常用的主轴轴承有滚动轴承、液静压轴承、液动压轴承和磁浮轴承。

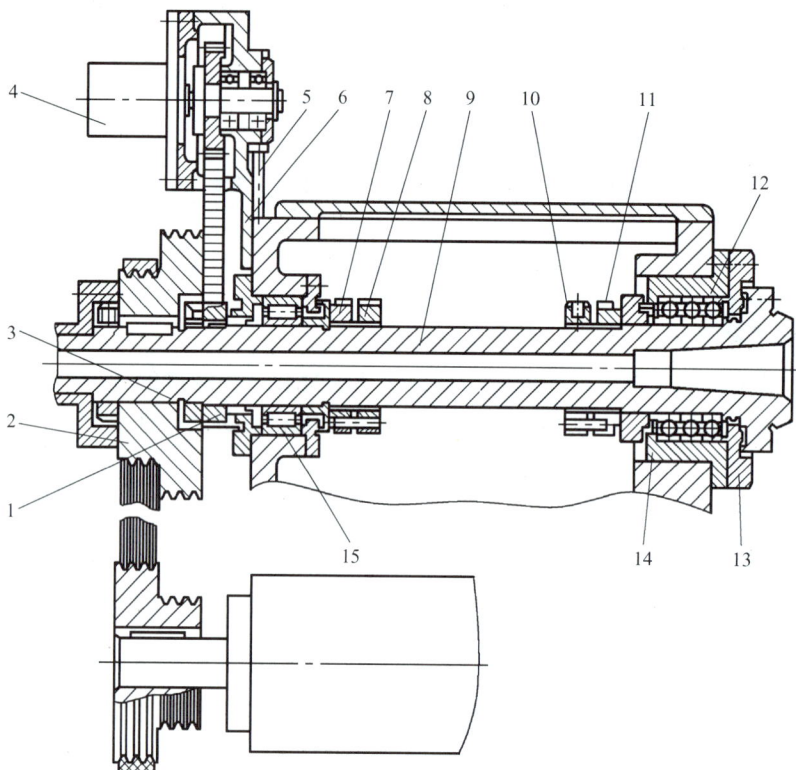

图 5-10　数控车床主轴组件的结构图

1—同步带　2—带轮　3、7、8、10、11—螺母　4—主轴脉冲发生器　5—螺钉　6—支架
9—主轴　12—角接触球轴承　13—前端盖　14—前支承套　15—圆柱滚子轴承

主轴前端采用三个角接触球轴承12，通过前支承套14实现支承，并由螺母11预紧，主轴最前端装有液压卡盘等夹紧装置。主轴后端采用圆柱滚子轴承15支承，并由螺母3和螺母7调整间隙，螺母8和螺母10分别用于对螺母7和螺母11进行防松。同步带装在主轴后支承与带轮2之间，同步带带动主轴脉冲发生器4和主轴同步转动。

**3. 主轴组件的装调**

做好装配前的各项准备工作，消化图样和工艺，准备好工具，复检各重要配合尺寸，清洗零件，涂油防锈。

1）先将两个角接触球轴承12大口朝外装入前支承套14中，端面紧贴，再将第三个角接触球轴承12大口朝里装入前支承套14中，然后将前支承套装于箱体孔。

2）安装圆柱滚子轴承外圈于箱体孔中，试拧紧后端盖。

3）在主轴9上安装前端盖13，然后一起装入角接触球轴承12孔中，依次装前支承油封、后端盖、螺母10、螺母11。

4）继续向左穿入主轴，安装螺母7、8，后支承前端盖、圆柱滚子轴承内圈于主轴，然后向左穿主轴于箱体后支承孔中。

5）安装后支承后端盖、支架及螺钉并初步拧紧，安装主轴后端油封、同步带1、主轴脉冲发生器 4、螺母 3 及带轮 2 等。

6）前端轴承的预紧：通过螺母 11 控制预紧量，并由螺母 10 防松。

7）后端轴承的间隙调整：由螺母 7 和螺母 3 联合调整，并由螺母 8 防松。

8）同步带的张紧：适当调整支架 6 上的螺钉 5，张紧同步带，确保脉冲发生器与主轴转动同步。

### 5.2.2 滚动直线导轨的装调

#### 1. 数控机床导轨的类型和特点

按运动部件的运动轨迹，数控机床导轨分为直线运动导轨和圆周运动导轨；按导轨结合面的摩擦性质，数控机床导轨分为滑动导轨、滚动导轨和静压导轨。

（1）滑动导轨

1）普通滑动导轨：金属与金属摩擦，摩擦系数大，一般用在普通机床上。

2）塑料滑动导轨：塑料与金属摩擦，导轨的滑动性好，在数控机床上广泛采用。

（2）滚动导轨　滚动导轨由滑轨、滑块、滚珠、保持架及端面密封垫片等组成，如图 5-11 所示。一般情况下，滑轨固定在静止部件上，滑块固定在运动部件上，滚珠在滑轨和滑块之间的圆弧直槽内滚动，大大减小了摩擦阻力，动静摩擦系数接近，运行平稳，可施加一定的预紧力；缺点是抗振性差。

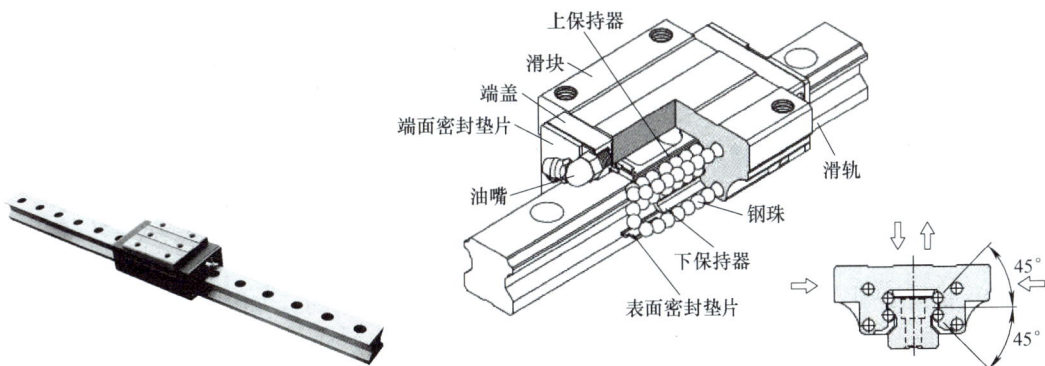

图 5-11　滚动导轨

（3）静压导轨　静压导轨根据介质的不同又可分为液压导轨和气压导轨。静压导轨的摩擦系数小、机械效率高，低速不易爬行，但结构复杂，多用于重型或精度要求较高的设备，如图 5-12 所示。

#### 2. 滚动直线导轨的安装要求

一般情况下，导轨安装基面无需磨削，只需精刨或精铣即可。滚动导轨的承载球列可平均基面误差，滚动直线导轨的多个滑块有均化基面误差的作用，加上导轨的弹性变形，又对基面误差具有一定程度的抵消和修正作用，滚动直线导轨的实际运动误差会比安装基面误差小很多，因此，一般情况下，安装基面只需精刨或精铣，有极高精度要求的才需要精磨。

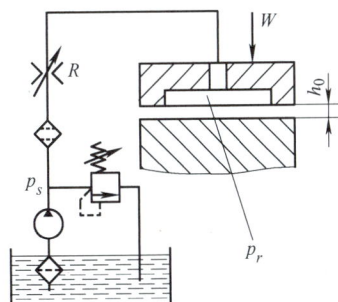

图 5-12　一种定压供油式静压导轨

两根导轨的平行度及等高度对运行摩擦力有较大影响，安装误差较大，会增大动摩擦力，降低导轨使用寿命。因此，安装导轨前应使用油石等工具清理安装基面（轨底结合面和轨侧结合面），检测安装基面的直线度、平行度和平面度。

### 3. 滚动直线导轨的固定方法

根据导轨结构与承载方向，导轨安装形式可选择水平、垂直或倾斜安装，并注意将润滑油杯安装在方便注油的位置。

由于工作中的导轨要承受振动和冲击力，因此，安装时应根据滑轨和滑块受力的大小和方向选择适合的固定方法。常用固定方法如下：

（1）压板固定　采用此法固定时，为了使压板与滑轨和滑块侧面充分接触，需要在压板上开槽，如图5-13所示，以绕开滑轨和滑块结合面的骑缝位置，并为压紧螺钉压紧提供变形空间，补偿滑轨和滑块侧面高度差。

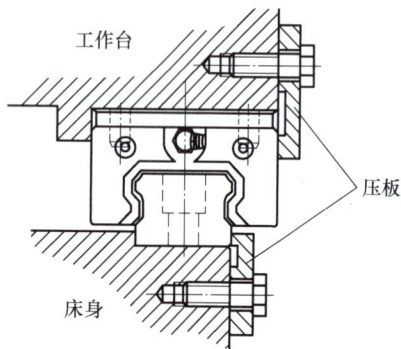

图5-13　压板固定

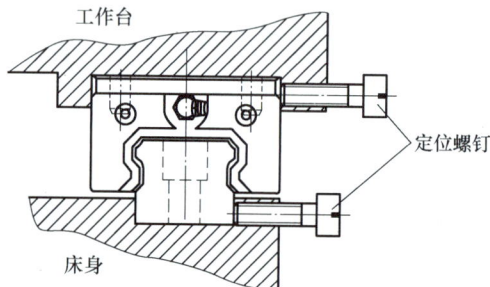

图5-14　螺钉固定

（2）螺钉固定　此法采用螺钉直接固定，如图5-14所示，应充分考虑安装空间，以及装、拆螺钉的可操作性。

（3）推拨块固定　此法是通过对推拨块的锁紧施压来固定的，如图5-15所示，过大的锁紧力会造成滑轨弯曲或外侧局部变形，故安装需特别注意锁紧力的大小。

（4）滚柱固定　此法是利用螺钉头部斜度的推进力来施压固定的，如图5-16所示，应特别注意螺钉头部位置。

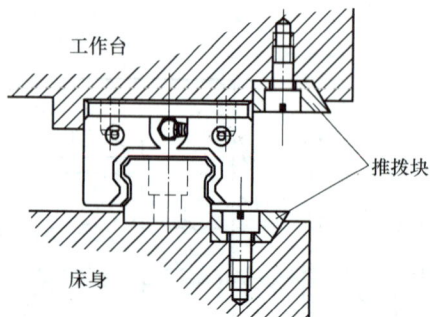

图5-15　推拨块固定

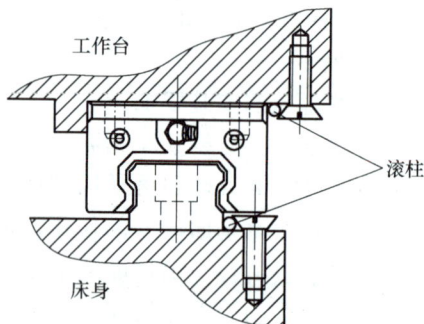

图5-16　滚柱固定

#### 4. 滚动直线导轨的安装

安装前准备：检查需安装的直线导轨安装面的表面粗糙度、直线度及平行度，确认螺栓孔与滑轨螺栓孔是否吻合（若不吻合又强行锁紧螺栓，会大大影响到装配精度与运行性能）；用锉刀、刮刀、砂纸及油石等工具清除安装面上的油漆、凸点、毛刺及污垢等表面杂质和缺陷。

加工中心直线
导轨的装配方法

（1）标准型导轨的安装　如图5-17所示，标准型导轨适合用于有振动和冲击的工作场合，其安装要求为高刚度、高精度。

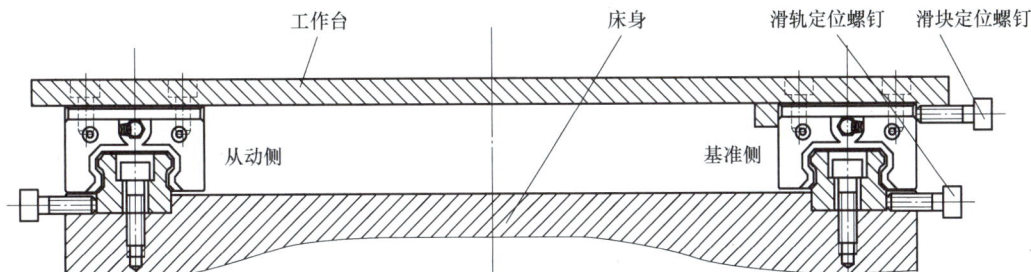

图5-17　标准型导轨

1）用刮刀清理滑轨安装底面和侧面的油漆、凸点和毛刺。

2）用油石打磨装配面的凸点和毛刺。

3）滑轨定位螺钉孔回牙并清理螺孔，如图5-18所示。

4）滑轨安装面用无纺布清洗、清洁干净，如图5-19所示。

图5-18　清理螺孔

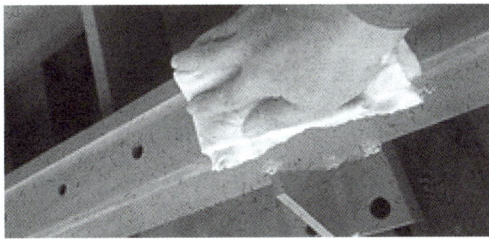

图5-19　清洗、清洁

5）将主滑轨轻轻安置在床身上，使用侧向固定螺栓使滑轨与侧向安装面轻轻贴合，如图5-20所示。

6）安放滑轨定位螺钉，旋进螺钉但不拧紧，如图5-21所示。

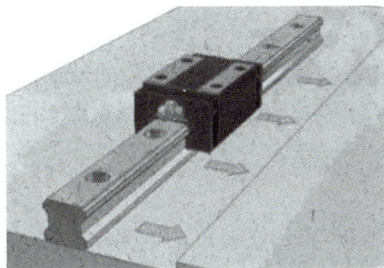

图5-20　侧向贴合

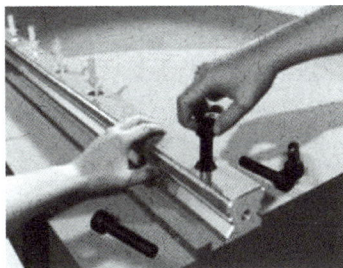

图5-21　旋进螺钉

7）由中间向两侧按顺序将滑轨定位螺钉稍微旋紧，使导轨与垂直安装面稍微贴合后，加强侧向锁紧力，使主滑轨（基准侧）与侧向基准面贴合紧密。

8）使用扭力扳手，依照拧紧力矩将滑轨定位螺钉由中间向两侧多次分步慢慢旋紧。

9）使用同样的方式安装副滑轨（从动侧）。

10）安装滑块，注意将油嘴、油管接头、防尘系统等附件一并安装，后续由于安装空间限制许多附件无法安装，如图5-22所示。

11）在滑块上安装工作台，旋进工作台固定螺栓，暂不拧紧。使用滑块定位螺钉将滑块侧基准面与工作台侧面顶紧，确定装配位置后，按对角线顺序拧紧工作台固定螺栓，将工作台紧固于滑块上，如图5-23所示。

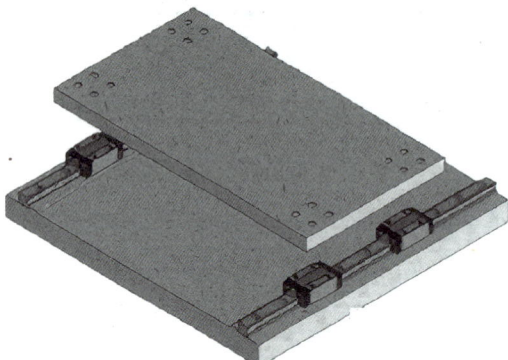

图 5-22　安装滑块

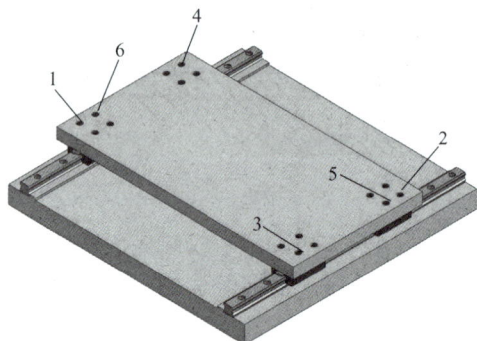

图 5-23　安装工作台

（2）无侧向定位螺钉型导轨的安装　无侧向定位螺钉型导轨的安装如图5-24所示，总体方法与标准型导轨的安装方法类似，但为确保从动侧滑轨与基准侧滑轨间的平行度，安装中需注意以下几点：

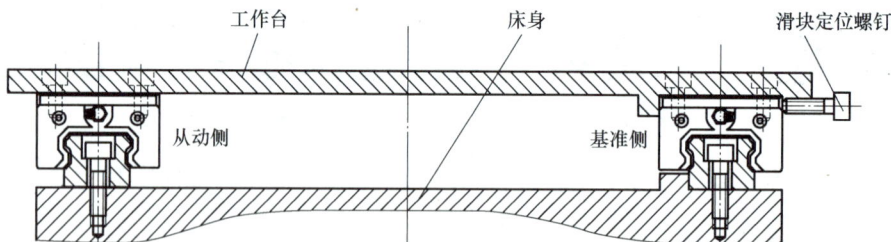

图 5-24　无侧向定位螺钉型导轨的安装

1）基准侧滑轨的安装：采用台虎钳夹紧法，如图5-25所示。先用将滑轨装配于床身上，旋进固定螺栓，暂不拧紧。用台虎钳将滑轨侧边基准面与床身侧装配面压紧，确定滑轨装配位置后，使用扭力扳手，由中间向两侧多次分步拧紧固定螺栓，将滑轨底部基准面与床身装配面紧贴。

2）从动侧滑轨的安装有以下几种方法：

① 直线量块法。将直线块规置于两滑轨间，使用千分表校准直线量块，使之与基准侧滑轨的侧边基准面平行，再以直线量块校准从动侧滑轨，然后由中间向两侧多次分步拧紧固定螺栓，如图5-26所示。

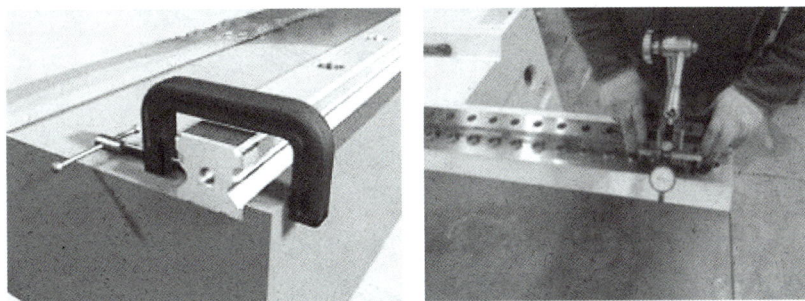

图 5-25 台虎钳夹紧法

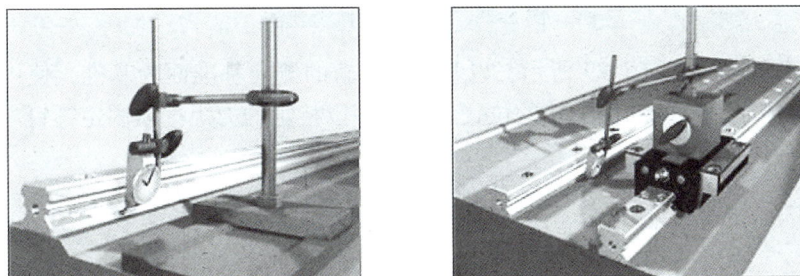

图 5-26 直线量块法

② 移动工作台法。将基准侧两个滑块固定在工作台上，而从动侧只装上一个滑块，从动侧滑轨与滑块都尚未分别紧固于床身和工作台，如图 5-27 所示。吸附千分表表座于从动侧滑块侧面，推动工作台，测量校准从动轨的侧基准面，校准后由中间向两侧多次分步拧紧固定螺栓，并再次校验合格。

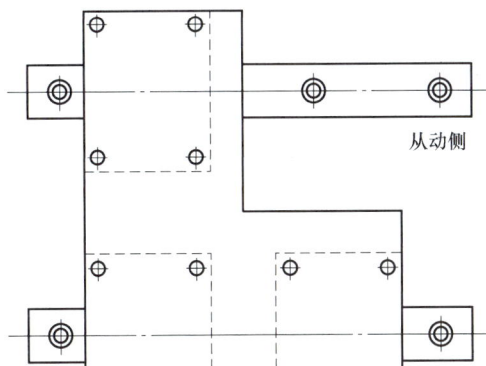

从动侧

图 5-27 移动工作台法

③ 仿效基准侧滑轨法。如图 5-28 所示，将基准侧滑轨的两个滑块固定于工作台，从动侧滑轨的一个滑块装配于工作台，暂不拧紧。再将从动侧的滑轨装配于床身，暂不拧紧。以基准侧滑轨为基准，从滑轨一端开始慢速移动工作台，来回移动灵活无卡阻后，将从动侧滑轨及滑块初步拧紧。再次慢速来回移动工作台，确认移动灵活无卡阻后，由中间向两侧多次分步拧紧从动侧滑轨固定螺钉。拧紧从动侧滑块固定螺钉，来回推动工作台移动灵活无卡阻后，安装从动侧其余滑块。

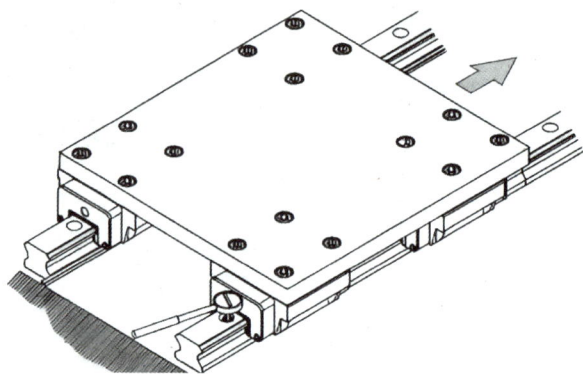

图 5-28    仿效基准侧滑轨法

④ 专用工具法。如图 5-29 所示，以基准侧滑轨的侧向基准面为基准，使用专用工具自滑轨一端间隔测量调整从动侧滑轨的位置，并依序以特定的力矩拧紧固定螺钉。

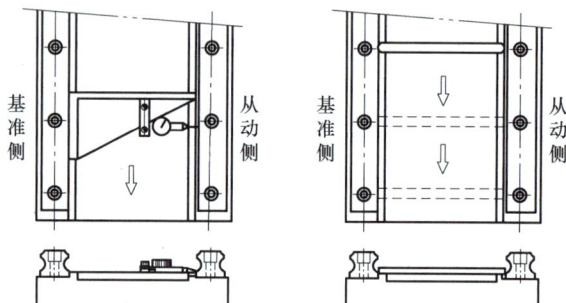

图 5-29    专用工具法

（3）无侧向定位面型导轨的安装    无侧向定位面型导轨的安装如图 5-30 所示，为确保从动侧滑轨与基准测滑轨间的平行度，可采用以下两种安装方法。

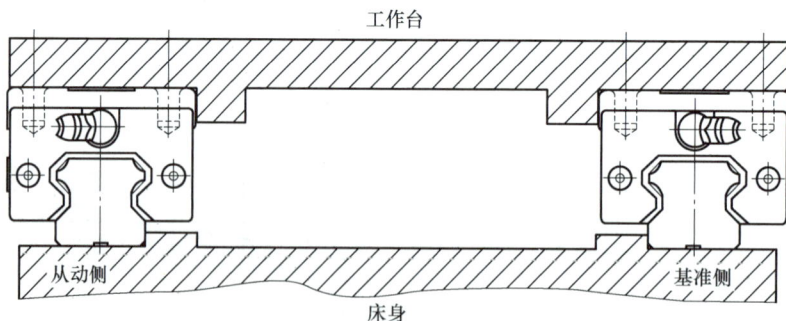

图 5-30    无侧向定位面型导轨的安装

1）假基准面法。如图 5-31 所示，将两个滑块紧靠并固定于检测平板上，以床身装配滑轨附近的基准面为基准，使用千分表校准基准侧滑轨的侧基准面，从滑轨的一端开始校准并依序以特定的扭力拧紧固定螺钉。

2）直线量块法。将滑轨装于床身，拧上固定螺钉，暂不拧紧。将直线量块置于两滑轨间，使用千分表校准直线量块，使之与基准侧滑轨的侧边基准面平行，再以直线量块校准从动侧滑轨，然后由中间向两侧多次分步拧紧滑轨固定螺钉。

（4）两安装导轨平行度检测 如图5-32所示，校验安装的两导轨平行度，将杠杆千分表座吸附在基准导轨滑块上，表针压靠在从动导轨滑轨上，来回移动表座，观察千分表误差数值，拧松固定螺钉，用夹钳慢慢调整误差值，同时预紧螺钉，直到符合公差标准，最后拧紧滑轨固定螺钉。

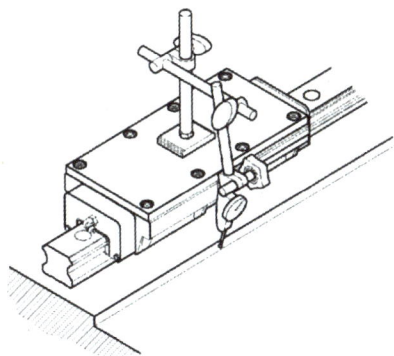

图5-31 假基准面法

图5-32 两安装导轨平行度检测

### 5. 滚珠丝杠螺母副的装调

滚珠丝杠螺母传动方式广泛应用于中小型数控机床的进给传动系统，此外，在重型数控机床的短行程（6m以下）进给系统中也常被采用。

加工中心滚珠丝杠的装配方法

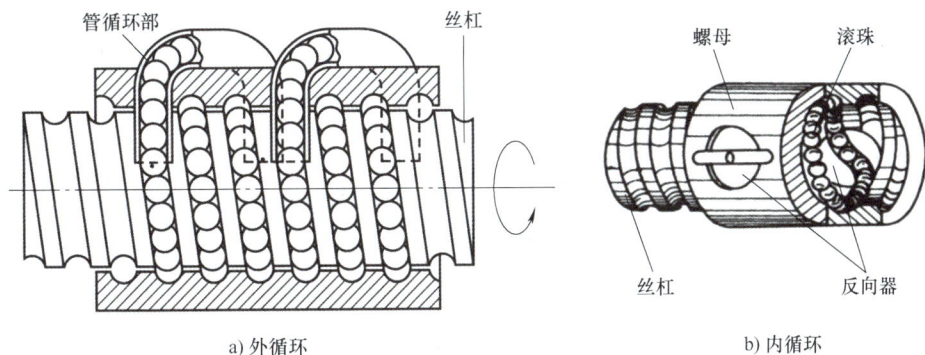

（1）滚珠丝杠螺母副的结构和工作原理 滚珠丝杠螺母副的结构如图5-33所示，由带螺纹槽的丝杠、带螺纹槽的螺母、滚珠及反向器组成，常用的循环方式为外循环和内循环两种。滚珠在循环反向时离开丝杠螺纹滚道，在螺母体内或体外做循环运动的称为外循环，如图5-33a所示。滚珠在循环的过程中始终没有脱离丝杠的称为内循环，如图5-33b所示。滚珠始终在滚道内运动，滚道内装满滚珠，滚珠既自转又沿滚道做循环滚动，从而始终为丝杆和螺母的螺旋移动提供支承。

图5-33 滚珠丝杠螺母副的结构

（2）滚珠丝杠螺母副的特点

1）摩擦损失小、传动效率高。与普通滑动丝杠螺母副相比，滚珠的滚动摩擦代替滑动摩擦，摩擦力显著降低，传动效率显著提高3～4倍，可达90%～96%。

2）运动平稳，无爬行现象，传动精度高，轴向刚度好。在适当预紧的条件下，可消除丝杠和螺母间的螺纹间隙及反向行程间隙，定位精度高，刚度好。

3）能实现高速进给和微进给。

4）正反向运动的可逆性。既可以将旋转运动转化为直线运动，又可以将直线运动转化为旋转运动。

5）润滑条件好，摩擦小，寿命长。

6）制造工艺复杂，加工精度及表面粗糙度要求高，成本高。

7）不能自锁，必要时需要添加制动装置。

加工中心滚珠
丝杠轴承座轴承
的装配方法

（3）滚珠丝杠螺母副的支承方式　数控机床的进给系统要获得较高的传动刚度，除加强滚珠丝杠螺母副本身的刚度外，滚珠丝杠的正确安装及支承结构的刚度也是不可忽视的因素。滚珠丝杠常用推力轴承支座，以提高轴向刚度（当滚珠丝杠的轴向负荷很小时，也可用角接触球轴承支座），滚珠丝杠在数控机床上的安装支承方式有以下几种：

1）一端装推力轴承（固定－自由式）。如图5-34所示，这种安装方式的承载能力小，轴向刚度低，只适用于短丝杠，一般用于数控机床的调节或升降台式数控铣床的立向（垂直）坐标中。

2）一端装推力轴承，另一端装深沟球轴承（固定－支承式）。如图5-35所示，这种方式可用于丝杠较长的情况。应将推力轴承远离液压马达等热源及丝杠上的常用段，以减少丝杠热变形的影响。

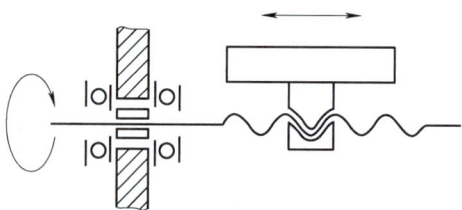

图5-34　固定-自由式

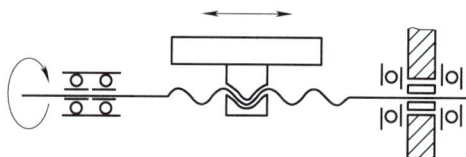

图5-35　固定-支承式

3）两端装推力轴承（单推-单推式或双推-单推式）。如图5-36所示，把推力轴承装在滚珠丝杠的两端，并施加预紧拉力，这样有助于提高刚度，但这种安装方式对丝杠的热变形较为敏感，轴承的寿命较两端装推力轴承及深沟球轴承方式低。

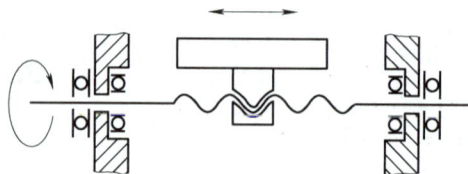

图5-36　两端装推力轴承

4）两端装推力轴承及深沟球轴承（固定-固定式）。如图5-37所示，为使丝杠具有最大的刚度，它的两端可用双重支承，即推力轴承加深沟球轴承，并施加预紧拉力。这种结构方式不能精确地预先测定预紧力，预紧力的大小是由丝杠的温度变形转化而产生的。但设计时要求提高推力轴承的承载能力和支架刚度。

（4）数控机床滚珠丝杠螺母副的装配方法　滚珠丝杠螺母副本身的装配一般在制造厂

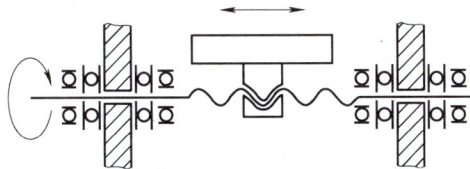

图 5-37　固定-固定式

商发货前已完成，安装时只需将组件装于设备。不推荐用户自行拆卸和安装螺母，特别是高精度滚珠丝杠，但在设备安装调试或维修过程中，可能会涉及重新组装和调整。组装过程应注意以下几点：

1）安装前检查其外观型号，滚珠丝杠副预紧方式、预紧量及传动精度。

2）相关各零件进行退磁处理，防止使用时吸附铁屑等杂质，刮伤滚珠、滚道及螺纹副，退磁后各零件清洗干净。

3）如图 5-38 所示，用油石打磨电动机座、丝杠支承端轴承座的安装面，去除毛刺，清洁轴承孔及孔底台阶端面，保持安装面清洁。

4）安装上电动机座、丝杠支承端轴承座，用螺钉固定并拧紧。

5）将检验棒安装在电动机座、丝杠支承端轴承座内（预先安装好 Y 轴丝杠支承端轴承罩），拧紧压盖端面的螺钉，确保检验棒上的台阶面与轴承孔底台阶面贴紧，无窜动。用塞尺检查电动机座、丝杠支承端轴承座与床身的结合面，要求 0.03mm 塞尺不能塞入。

6）检测丝杠轴线与对应导轨中心平面的平行度。如图 5-39 所示，将千分表固定在滑块上，滑块在基准导轨上移动，测量检验棒的上母线、侧母线对基准导轨的平行度，要求平行度≤0.01mm/300mm。否则，铲刮电动机座、丝杠支承端轴承座的安装面，直至满足要求。

图 5-38　打磨电动机及滚珠丝杠轴承座安装面

图 5-39　检测丝杠轴线与对应导轨中心平面的平行度

7）检测、调整丝杠轴承座孔轴线与螺母安装孔轴线的同轴度。千分表固定在滑块上并移动，反复调整电动机座、丝杠支承端轴承座的位置，使两侧位置上表的读数相同，最大允差≤0.01mm/300mm，此时检验棒位于两导轨跨距的中心位置。

8）安装螺母时，应尽量靠近支承轴承；安装支承轴承时，应尽量使螺母靠近。用扭力扳手拧紧，紧固电动机座、丝杠支承端轴承座螺钉。

（5）滚珠丝杠螺母副轴向间隙的调整　为了保证反向传动精度和轴向刚度，必须消除轴向间隙。双螺母滚珠丝杠副消除间隙的方法是：利用两个螺母的相对轴向位移，使两个滚珠螺母中的滚珠分别贴紧在螺纹滚道的两个相反的侧面上。用这种方法预紧消除轴向间隙时，应注意预紧力不宜过大，预紧力过大会使空载力矩增加，从而降低传动效率，缩短使用寿命。此外，还要消除丝杠安装部分和驱动部分的间隙。

常用的双螺母丝杠消除间隙的方法如下：

1）垫片调隙式。如图5-40所示，通过调整垫片的厚度使左、右螺母产生轴向位移，就可达到消除间隙和产生预紧力的作用。

特点：简单、刚性好、装卸方便、可靠，但调整困难，调整精度不高。

2）螺纹调隙式。如图5-41所示，用键限制螺母在螺母座内的转动。调整时，拧动圆螺母，将螺母沿轴向移动一定距离，在消除间隙之后用圆螺母将其锁紧。

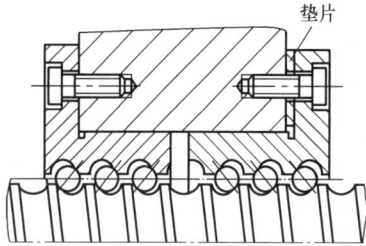

图5-40　垫片调隙式　　　图5-41　螺纹调隙式

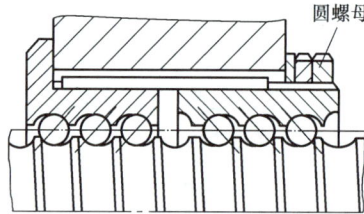

特点：简单紧凑、调整方便，但调整精度较差，且易于松动。

3）齿差调隙式。如图5-42所示，螺母1、2的凸缘上各自有一个圆柱外齿轮，两个齿轮的齿数相差一个齿，两个内齿圈3、4与外齿轮齿数分别相同，并用预紧螺钉和销钉固定在螺母座的两端。调整时先将内齿圈取下，根据间隙的大小，调整两个螺母1、2分别向相同的方向转过一个或多个齿，使两个螺母在轴向移近了相应的距离，达到调整间隙和预紧的目的。

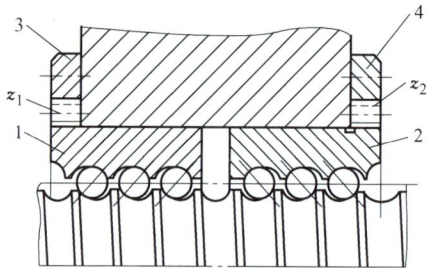

图5-42　齿差调隙式
1、2—螺母　3、4—内齿圈

特点：精确调整预紧量，调整方便、可靠，但结构尺寸较大，多用于高精度传动。

## 5.2.3　数控机床现场安装

和普通机床相比，数控机床的精度和安装要求更高，为保证数控机床的加工精度和性能要求，安装设计时应充分考虑安装环境，安装过程中应注意安装调试方法。

数控机床的安装环境要求一般是指地基、环境温度和湿度、电网电压、地线和防干扰措施等。对于精密数控机床和重型数控机床，需要牢固和稳定的机床基础，对于高精度数控机床，往往还需要恒定湿度和恒温环境等。

### 1. 基础施工及机床就位

（1）数控机床安装对地基的要求　对重型机床和精密机床，制造厂一般向用户提供机床基础地基图，用户事先做好机床基础，经过一段时间保养，等基础进入稳定阶段，然后再安装机床。重型机床、精密机床必须要有稳定的机床基础，否则，无法调整机床精度，即使调整后也会反复变化。而一些中小型数控机床，对地基则没有特殊要求。

（2）基础施工及机床就位　在数控机床到达前，用户就应该按照生产厂家提供的机床基础图，事先做好机床基础，在要安装地脚螺栓的部位做好预留孔，对已做好整体地基的车间，应在整体地基上打出安装地脚螺栓的预留孔。拆开机床包装箱后，首先找到随机的文件资料，找出机床的装箱单，按照装箱单逐样清点各包装箱内的零部件、电缆、附件、备件及各种随机工具等，查看是否齐全。然后，按照机床说明书规定，再把机床的基础件（或小型整机）吊装就位在机床基础上。同时，垫铁、调整垫板和地脚螺栓等也相应对号入座。至此，数控机床的初始就位就已基本完成。

**2. 机床各部件组装连接**

机床各部件组装就是把初始就位的各部件连接起来。连接前，应首先去除安装连接面、导轨和各运动面上的防锈涂料，做好各部件外表清洁工作。然后把机床各部件组装成整机，组装时要使用在厂里调试时的定位销、定位块等原先的定位元件，使机床装配后恢复到拆卸前的状态，以利于下一步的调整。

部件组装完成后，再进行电缆、油管、气管的连接，机床说明书中有电气、液压管路、气压管路等连接图，根据连接图把它们做好标记，逐件对号入座并连接好。连接时要特别注意保持清洁、可靠的接触及密封，并要随时检查有无松动与损坏。电缆插上后，一定要拧紧紧固螺钉以保证接触可靠。在油管与气管的连接中，要注意防止异物从接口进入管路，以免造成液压或气压系统出现故障，以致机床不能正常工作的情况发生。在连接管路时，每个接头都要拧紧，以免在试车时漏液、漏气。电缆和管道连接完毕后，要做好各管线的固定就位，然后装上防护罩，保证机床外观整齐。

**3. 数控机床的连接和调试**

（1）数控机床的开箱检查　检查包括机床本体和与之配套的输入/输出装置、数控装置、伺服系统和反馈装置、辅助控制装置。检查它们的包装是否完整无损，实物与订单是否相符。此外，还应检查数控柜内各插件有无松动、接触是否良好等。

（2）外部电缆的连接　外部电缆连接是数控装置与外部 MDI/CRT 单元、强电柜、机床操作面板、进给伺服电动机动力线与反馈线、主轴电动机动力线与反馈信号线以及手摇脉冲发生群等的连接，应使这些连接符合机床手册的规定。最后还应进行地线的连接。数控机床接地的示意图如图 5-43 所示。

（3）数控机床电源线的连接　应在切断数控柜电源开关的情况下连接数控柜电源变压器一次侧的输入电缆，检查电源变压器与伺服变压器的绕组抽头连接是否正确，尤其是进口的数控机床更要注意这一点，因为有些国家的电源电压等级与我国不同。

（4）设定确认　数控机床内的印制电路板上有许多用短路棒来短路的设定点，这项工作已由机床制造厂家完成，用户只需确认并记录。但对于单个购入的数控装置，用户则必须根据需要自行设定，因为数控装置出厂时，是按标准方式设定的，不一定能满足每个用户的要求。设定确认的内容一般包括以下方面：

1）确认控制部分印制电路板上的设定。主要确认主板 ROM 连接单元、附加轴控制板以及旋转变压器或感应同步器控制板上的设定。这些设定与机床返回基点的方法、速度返回的检测元件、检测增益调节及分度精度调节等有关。

2）确认速度控制单元印制电路板上的设定。直流速度控制单元和交流速度控制单元上都有许多的设定点，用于选择检测元件的种类、回路增益以及各种报警等。

3）确认主轴控制单元印制电路板上的设定。无论是直流还是交流主轴控制单元上，均有一些用以选择主轴电动机电流极限和主轴转数的设定点。但数字式交流主轴控制单元上已

a) 一点接地

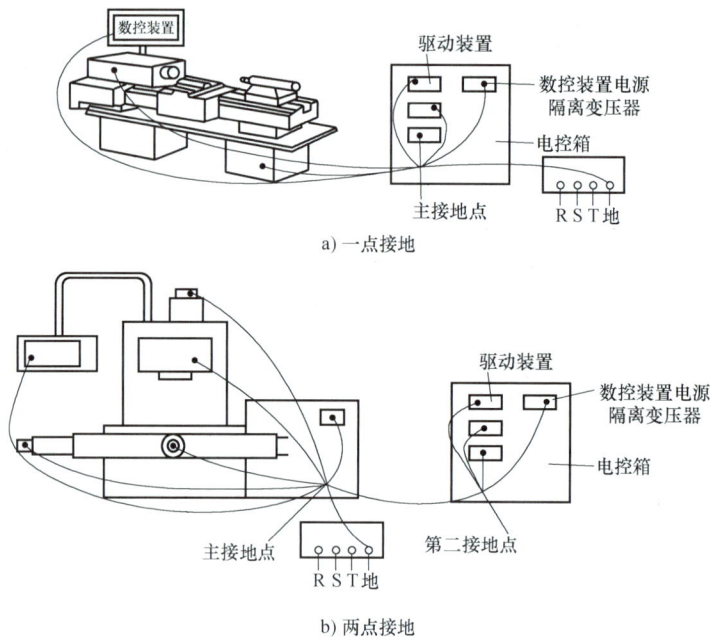

b) 两点接地

图 5-43　数控机床接地示意图

经用数字设定代替短路棒的设定，故只能在通电时才能进行设定与确认。

（5）输入电源电压、频率及相序的确认

1）检查确认变压器的容量。确认是否满足控制单元伺服系统的电能消耗。

2）检查电源电压波动范围。确认是否在控制系统允许的范围内。

3）检查相序。对于采用晶闸管控制元件的速度和主轴控制单元的供电电源，一定要检查相序。在相序不正确的情况下，接通电源，可能使速度控制单元的输入熔丝烧断，这是误导通造成的大电流引起的。

相序检查方法有两种：一种方法是用相序表测量，当相序接法正确时（即与表上的端子标记的相序相同时），相序表按顺时针方向旋转。另一种可用示波器测量两相之间的波形，确定各相序。

（6）确认直流电源单元电压输出端　各种数控机床内部都有直流稳压电源单元，为机床提供 +5V、±15V、±24V 等直流电压。因此，在机床通电前，应检查这些电源的负载，是否有对地短路现象，可用万用表来确认。

（7）接通数控柜电源，检查各输出电压。在接通电源之前为了确保安全，可先将电动机动力线断开。接通电源之后，首先应检查数控柜内各风扇是否旋转，也借此确认电源是否接通。

检查各印制电路板上的电压是否正常，各种直流电源是否在允许的范围内波动，一般来说，对 +5V 电源的电压要求较高，波动范围在 ±5% 范围内，因为它是供给逻辑电路的。

（8）确认数控机床中各种参数的设定　设定机床参数（包括 PLC 参数）的目的，就是当数控装置与机床相连接时能使机床具有最佳的工作性能。即使是同一种数控机床，其参数设定也随机而异。随机附带的参数表是机床的重要技术资料，应妥善保管，不得丢失，否则将给机床的维修和性能恢复带来困难。

（9）确认数控装置与机床的接口 现代的数控装置一般都有自诊断功能，荧光屏 CRT 画面上可以显示出数控装置与机床接口以及数控装置内部的状态。在带有可编程序控制器（PLC）时，可以反映从 PLC 到 NC（数控装置）、从 PLC 到 MT（机床）以及 MT 到 PLC、从 PLC 到 NC 的各种信号状态。

完成上述步骤，可以认为数控机床已调试完毕，具备了通电试车的条件。

## 5.2.4 数控机床的调试

机床调试前，应按机床说明书要求，给机床润滑油油箱、各润滑点灌注规定的油液和油脂，用煤油清洗液压油箱及过滤器，装入规定标号的液压油，接通外界输入气源。液压油使用前要经过过滤。

### 1. 数控机床电箱通电

1）按数控机床电源通电按钮，接通数控机床电源。观察 CRT 显示，直到出现正常画面为止。如果出现 ALARM 显示，应该查找故障并关机后排除。然后再重新送电检查。

2）打开数控机床电箱，根据有关资料上给出的测试端子的位置测量各级电压，有偏差的应调整到给定值，并做好记录。

3）将状态选择开关放置在 JOG 位置，将点动速度放在最低档，分别进行各坐标正、反方向的点动操作，同时用手按与点动方向相应的超程保护开关，验证其保护作用的可靠性。然后，再进行慢速的超程试验，验证超程撞块安装的正确性。

4）调整机床的床身水平，再调整重新组装的主要运动部件与主机的相对位置，如机械手，刀库与主机换刀位置的调整与校正。这些工作完成后，就可以用快干水泥灌注主机与各附件的地脚螺钉，把各预留孔灌平，等水泥完全干涸以后，即可以进行下一步工作。

5）将状态选择开关置于适当的位置，如 FANUC 系统应放置在 MDI 状态，选择到参数页面，逐条逐位地核对参数，这些参数应与随机所带参数表符合。

6）将状态选择开关置于回零位置，完成回零操作，无特殊说明时，一般数控机床的回零方向是在坐标的正方向，观察回零动作的正确性。

7）将状态选择开关置于 JOG 位置或 MDI 位置，进行手动变档（变速）试验。验证后将主轴调速开关放在最低位置，进行各档的主轴正、反转试验，观察主轴运转情况和速度显示的正确性，然后再逐渐升速到最高速度，观察主轴运转的稳定性。

8）进行手动导轨润滑试验，使导轨有良好的润滑。

9）逐步变化快移超调开关和进给倍率开关，随意点动刀架，观察速度变化的正确性。

### 2. 手动数据输入试验

1）将机床锁住开关放在接通位置，用手动数据输入指令进行主轴任意变档、变速试验。测量主轴实际转速，并查看主轴速度显示值，调整误差范围在 ±5% 之内（此时对主轴调速系统应进行相应的调速）。

2）进行转塔或刀座的选刀试验，以检查刀座正转、反转和定位精度的正确性。

3）功能试验。用手动数据输入方式指令 G01、G02、G03，指定适当的主轴转速、F 码、移动尺寸等，同时调整进给倍率开关，观察功能执行情况及进给率变化情况。

4）给定螺纹切削指令，而不给主轴转速指令，观察执行情况，如不能执行则为正确，因为螺纹切削要靠主轴脉冲发生器的同步脉冲。然后增加主轴转动指令，观察螺纹切削的执行情况（除车床外，其他机床不进行此项实验）。

5）根据订货的情况不同，循环功能也不同，可根据具体情况对各个循环功能进行试验。为防止意外情况发生，最好先将机床锁住进行试验，然后再放开机床进行试验。

### 3. 编辑功能试验

将状态选择开关置于 EDIT 位置，自行编制一简单程序，尽可能多地包括各种功能指令和辅助功能指令，移动尺寸以机床最大行程为限，同时进行程序的增加、删除和修改。

### 4. 自动状态试验

将机床锁住，用上一步编制的程序进行空运转试验，验证程序的正确性。然后放开机床分别将进给倍率开关、快移修调开关、主轴速度修调开关进行多种变化，使机床在上述各开关的多种变化的情况下进行充分运行后再将各超调开关置于100%处，使机床充分运行，观察整机的工作情况是否正常。

### 5. 外设试验

1）连接打印机，将程序和参数打印出来，验证辅助接口的正确性。参数表保存以备用。

2）将计算机与数控装置相连，将程序输入数控装置，确认程序并执行一次，验证输入接口正确性。

至此，一台数控机床才算调试完毕。当然，由于数控机床型号不同，开机调试步骤也略有不同，上述步骤仅供参考。

### 6. 机床试运行

数控机床安装调试完毕后，要求整机在带一定负荷条件下经过一段时间的自动运行，较全面地检查机床功能及工作可靠性。运行时间一般采用每天运行8h，连续运行2～3天，或者24h连续运行1～2天。这个过程称为安装后的试运行。试运行中采用的程序称为考机程序，可以直接采用机床厂调试时用的考机程序，也可自编考机程序。考机程序中应包括数控机床主要功能的使用（如各坐标方向的运动、直线插补和圆弧插补等），自动更换取用刀库中2/3的刀具，主轴的最高及最常用的转速，快速和常用的进给速度，工作台面的自动交换，主要 M 指令的使用及宏程序、测量程序等。试运行时，机床刀库上应插满刀柄，刀柄质量应接近规定质量；交换工作台面上应加上负荷。在试运行中，除操作失误引起的故障外，不允许机床有故障出现，否则表示机床的安装调试存在问题。

对于一些小型数控机床，如小型经济数控机床，直接整体安装，只要调试好床身水平，检查几何精度合格后，经通电试车后就可投入运行。

# 任务3　数控机床的精度检测与验收

>> **任务描述**

数控机床高精度是靠机床本身的精度来保证的，数控机床精度分为几何精度、定位精度和切削精度三类。通过精度检测，保证数控机床加工出的产品质量符合要求。定期的精度检测也有助于预防机床故障，延长机床使用寿命。因此不仅需了解数控机床精度检测的目的和意义，更要了解数控机床精度的检测方法及验收标准。

## 5.3.1 常用的检测工具

### 1. 使用检具前的注意事项

1）检具必须按照计量要求定期进行计量，必要时，应提供校验单，以证实该测量装置的状况。

2）测量装置在未达到稳定的环境温度之前不宜使用，并且在使用过程中要尽量保持环境温度稳定。

3）应注意防止振动、磁场、电扰动等对仪器的干扰。

### 2. 检验平尺

检验平尺是具有一定精度的平直基准线的实体，参照它可以测定表面的直线度或平面度的偏差。具有单一面的桥形平尺如图 5-44a 所示，具有两个平行面的检验平尺如图 5-44b 所示。

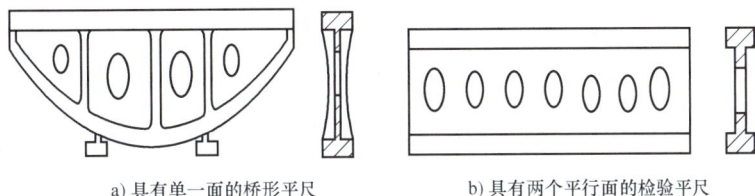

a) 具有单一面的桥形平尺          b) 具有两个平行面的检验平尺

图 5-44 检验平尺

### 3. 带锥柄的检验棒

检验棒代表在规定范围内所要检查的轴线，用它检查轴线的实际径向圆跳动，或者检查轴线相对机床其他部件的位置。

带锥柄的检验棒的分类：莫氏检验棒（有 M0、1、2、3、4、5、6 号检验棒）和 7∶24 锥柄检验棒（有 ISO、BT30、40、45、50 等）。带锥柄的检验棒简图如图 5-45 所示。

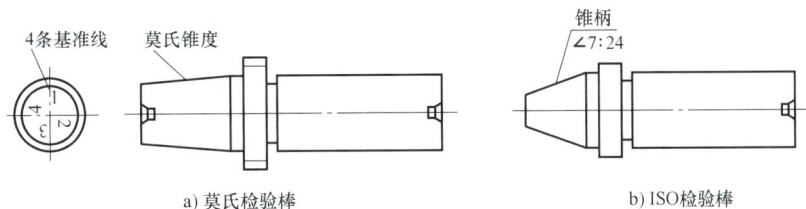

a) 莫氏检验棒          b) ISO检验棒

图 5-45 带锥柄的检验棒简图

带锥柄的检验棒的使用说明如下：

1）检验棒有一个为了插入被检机床锥孔用的锥柄和一个作为测量基准的圆柱体，它们用淬火和经稳定性处理的钢制成。

2）对于比较小的莫氏圆锥和公制圆锥检验棒，如莫氏检验棒，检验棒在锥孔中是自锁的，带有一段螺纹，以供装上螺母从孔内抽出检验棒。

3）对于锥度较大的检验棒，如 ISO 检验棒，则设置了一个螺孔，以便使用拉杆来固定检验棒（具有自动换刀的机床使用拉钉）。

带锥柄的检验棒的使用注意事项如下：

1）检验棒的锥柄和机床主轴的锥孔必须清洁干净以保证接触良好。

2）测量径向圆跳动时，检验棒应在相应90°的4个位置依次插入主轴，误差以4次结果的平均值计算。

3）检查零部件侧向位置精度或平行度时，应将检验棒和主轴旋转180°，依次在检验棒圆柱表面两条相对的母线上进行检测。

4）检验棒插入主轴后，应稍等一段时间，以消除操作者手传来的热量使温度稳定。

### 4. 顶尖间的检验棒

安装在两顶尖之间的检验棒代表通过两点间的一条直线。该检验棒的轴线是直的，并具备理想的圆柱形表面。

检验棒一般用热拔无缝钢管制成。两端带有中心孔的堵头。精磨前进行稳定性处理。圆柱体必须淬火，可镀硬铬以增加耐磨性。顶尖间的检验棒结构简图如图5-46所示。

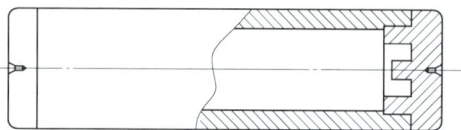

图 5-46　顶尖间的检验棒结构简图

### 5. 角尺

角尺的结构图如图5-47所示。角尺主要用来测量轴线间的垂直度及轴线运动的平行度。角尺主要有普通角尺、圆柱角尺和矩形角尺。角尺用钢、铸铁制造时，应经过淬火和稳定性处理；也有用花岗岩制作的矩形角尺。

a) 普通角尺　　　b) 圆柱角尺　　　c) 矩形角尺

图 5-47　角尺的结构图

### 6. 指示器

指示器用来测试移动部件间的相对线性位移，如主轴跳动、平行度、垂直度等。

指示器一般有百分表（0.01mm）、千分表（0.001mm）、杠杆表（0.01mm、0.001mm）及电子测试器（由测头和放大器组成）等。

杠杆百分表是把杠杆测头的位移通过机械传动系统转变为指针在表盘上的角位移。其体积小巧，测量杆能在180°范围内旋转，并能在正反两个方向上测量，更适宜对孔、凹槽等难以测量的地方进行测量。

指示器一般用磁性表座作为测试支架，它必须具备足够的刚度。指示器的测头应垂直于被检测面，以免产生误差。指示器的结构简图如图5-48所示。

### 7. 检验平板

检验平板用来作为平面的基准体。常用的检验平板有铸铁平板和花岗岩平板。

### 8. 激光干涉仪

激光干涉仪通过光路干涉原理进行测试。以稳态的氦-氖激光为光源，分度值优于百万分之0.5mm。激光干涉仪主要用来测试机床的位置精度，也可以测试直线度、垂直度等，如图5-49所示。

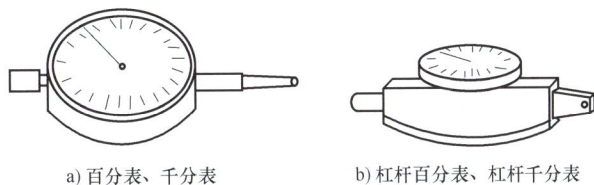

a) 百分表、千分表　　　　b) 杠杆百分表、杠杆千分表

图5-48　指示器的结构简图

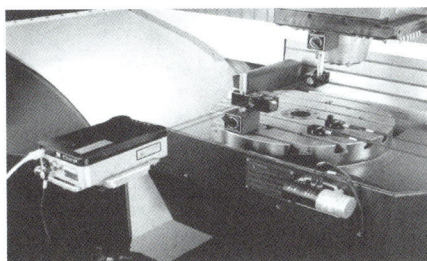

图5-49　激光干涉仪

激光干涉仪的测量原理：激光干涉仪一般采用的是氦氖激光器，其名义波长为$0.633\mu m$，其长期波长稳定性高于百万分之0.1。干涉技术是一种测量距离分度值等于甚至高于百万分之一的测量方法。其机理是：把两束相干光波形合并相干（或引起相互干涉），其合成结果为两个波形的相位差，用该相位差来确定两个光波的光路差值的变化。当两个相干光波在相同相位时，即两个相干光束波峰重叠，其合成结果为相长干涉，其输出波的幅值等于两个输入波幅值之和；当两个相干光波在相反相位时，即一个输入波波峰与另一个输入波波谷重叠时，其合成结果为相消干涉，其幅值为两个输入波幅值之差，因此，若两个相干波形的相位差随着其光程长度之差逐渐变化而相应变化时，那么合成干涉波形的强度会相应周期性的变化，即产生一系列明暗相间的条纹，激光器内的检波器，根据记录的条纹数来测量长度，其长度为条纹数乘以半波长。

激光干涉仪的测试方法：首先将反射镜置于机床的不动的某个位置，让激光束经过反射镜形成一束反射光；其次将干涉镜置于激光头与反射镜之间，并置于机床的运动部件上，形成另一束反射光，两束光同时进入激光器的回光孔产生干涉；然后根据定义的目标位置编制循环移动程序，记录各个位置的测量值（机器自动记录）；最后进行数据处理与分析，计算出机床的位置精度。激光干涉仪的测量示意图如图5-50所示。

激光干涉仪测量时，应考虑的误差源是：

（1）环境误差　周围环境的温度（变化1℃）、大气压力（变化2.5mmHg）和相对湿度（变化30%）的变化将会产生$1\times10^{-6}$的测量误差。一般采用自动补偿单元来消除。

（2）机床表面温度　机床运行没有达到稳态时，对于钢制丝杠，丝杠每升高1℃，膨胀0.0000108mm。如果机床移动1000mm时，则丝杠可能变化0.0108mm。一般采用材料温度传感器来测量补偿。

223

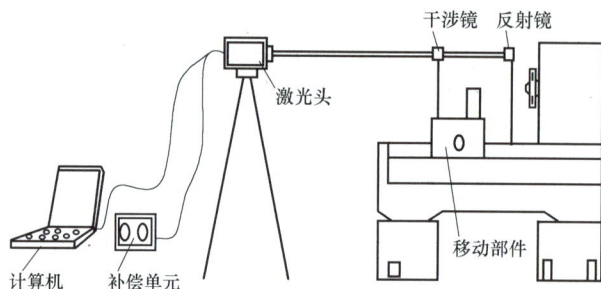

图 5-50　激光干涉仪的测量示意图

（3）死行程误差　由于环境条件的变化导致激光束行程长度不能得到补偿而造成的误差。

（4）余弦误差　当激光测量系统与机床移动轴线未对准时，则构成了余弦误差。余弦误差将使测量长度小于实际误差。

（5）阿贝误差　如果在一个偏离了被测位移的位置上进行测量时，部件的任何角运动将产生一个误差，即阿贝误差。

### 9. 量块

量块是具有精密计量标定的标准块。

### 10. 游标卡尺及千分尺

游标卡尺及千分尺用于测试不同公差范围的测量器，如长度、外径及内径等。

## 5.3.2　几何精度检验

数控机床的几何精度检验，又称为静态精度检验。几何精度综合反映机床的各关键零件及其组装后的几何形状误差。数控机床的几何精度检验和普通机床的几何精度检验在检测内容、检测工具及检测方法上基本类似，只是检测要求更高。

目前，国内检测机床几何精度的常用检测工具有精密水平仪、精密方箱、直角尺、平尺、平行光管、千分表、测微仪、高精度检验棒及一些刚性较好的千分表等。检测工具的精度等级必须比所测的几何精度高一个等级，否则测量的结果将是不可信的。

### 1. 数控车床几何精度与检测

（1）床身导轨的直线度和平行度

1）纵向导轨调平后，床身导轨在垂直平面内的直线度。

检验工具：精密水平仪。

检验方法：水平仪沿 $Z$ 轴向放在溜板上，沿导轨全长等距离地在各位置上检验，记录水平仪的读数，并计算出床身导轨在垂直平面内的直线度误差。

2）横向导轨调平后，床身导轨的平行度。

检验工具：精密水平仪。

检验方法：水平仪沿 $X$ 轴向放在溜板上，在导轨上移动溜板，记录水平仪读数，其读数最大值即为床身导轨的平行度误差。

（2）溜板在水平面内移动的直线度

检验工具：指示器和检验棒，百分表和平尺。

检验方法：将检验棒顶在主轴和尾座顶尖上；再将百分表固定在溜板上，百分表水平触及检验棒母线；全程移动溜板，调整尾座，使百分表在行程两端读数相等，检测溜板移动在水平面内的直线度误差。

（3）尾座移动对溜板移动的平行度

1）垂直平面内尾座移动对溜板移动的平行度。

2）水平面内尾座移动对溜板移动的平行度。

检验工具：百分表。

检验方法：将尾座套筒伸出后，按正常工作状态锁紧，同时使尾座尽可能靠近溜板，把安装在溜板上的第二个百分表相对于尾座套筒的端面调整为零；溜板移动时也要手动移动尾座直至第二个百分表的读数为零，使尾座与溜板相对距离保持不变。按此法使溜板和尾座全行程移动，只要第二个百分表的读数始终为零，则第一个百分表相应指示出平行度误差。或沿行程在每隔300mm处记录第一个百分表读数，百分表读数的最大差值即为平行度误差。

（4）主轴跳动

1）主轴的轴向窜动。

2）主轴的轴肩支承面的跳动。

检验工具：百分表和专用装置。

检验方法：用专用装置在主轴线上加力 $F$（$F$ 的值为消除轴向间隙的最小值），把百分表安装在机床固定部件上，然后使百分表测头沿主轴轴线分别触及专用装置的钢球和主轴轴肩支承面；旋转主轴，百分表读数最大差值即为主轴的轴向窜动误差和主轴轴肩支承面的跳动误差。

（5）主轴定心轴颈的径向圆跳动

检验工具：百分表。

检验方法：把百分表安装在机床固定部件上，使百分表测头垂直于主轴定心轴颈并触及主轴定心轴颈；旋转主轴，百分表读数最大差值即为主轴定心轴颈的径向圆跳动误差。

（6）主轴锥孔轴线的径向圆跳动

检验工具：百分表和检验棒。

检验方法：将检验棒插在主轴锥孔内，把百分表安装在机床固定部件上，使百分表测头垂直触及被测表面，旋转主轴，记录百分表的最大读数差值。标记检验棒与主轴的圆周方向的相对位置，取下检验棒，同向分别旋转检验棒90°、180°、270°后重新插入主轴锥孔，在每个位置分别检测。取4次检测的平均值即为主轴锥孔轴线的径向圆跳动误差。

（7）主轴轴线（对溜板移动）的平行度

检验工具：百分表和检验棒。

检验方法：将检验棒插在主轴锥孔内，把百分表安装在溜板（或刀架）上，然后使百分表测头在垂直平面内垂直触及被测表面（检验棒），移动溜板，记录百分表的最大读数差值及方向，旋转主轴180°，重复测量一次，取两次读数的算术平均值作为在垂直平面内主轴轴线对溜板移动的平行度误差；使百分表测头在水平平面内垂直触及被测表面（检验棒），按上述方法重复测量一次，即得水平平面内主轴轴线对溜板移动的平行度误差。

（8）主轴顶尖的跳动

检验工具：百分表和专用顶尖。

检验方法：将专用顶尖插在主轴锥孔内，把百分表安装在机床固定部件上，使百分表测头垂直触及被测表面，旋转主轴，记录百分表的最大读数差值。

（9）尾座套筒轴线（对溜板移动）的平行度

检验工具：百分表。

检验方法：将尾座套筒伸出有效长度后，按正常工作状态锁紧。百分表安装在溜板（或刀架上），然后使百分表测头在垂直平面内垂直触及被测表面（尾座套筒），移动溜板，记录百分表的最大读数差值及方向，即得在垂直平面内尾座套筒轴线对溜板移动的平行度误差；使百分表测头在水平平面内垂直触及被测表面（尾座套筒），按上述方法重复测量一次，即得在水平平面内尾座套筒轴线对溜板移动的平行度误差。

（10）尾座套筒锥孔轴线（对溜板移动）的平行度

检验工具：百分表和检验棒。

检验方法：尾座套筒不伸出并按正常工作状态锁紧；将检验棒插在尾座套筒锥孔内，指示器安装在溜板（或刀架）上，然后把百分表测头在垂直平面内垂直触及被测表面（尾座套筒），移动溜板，记录百分表的最大读数差值及方向，取下检验棒，旋转180°后重新插入尾座套孔，重复测量一次，取两次读数的算术平均值作为在垂直平面内尾座套筒锥孔轴线对溜板移动的平行度误差；把百分表测头在水平平面内垂直触及被测表面，按上述方法重复测量一次，即可得到在水平平面内尾座套筒锥孔轴线对溜板移动的平行度误差。

（11）床头和尾座两顶尖的等高度

检验工具：百分表和检验棒。

检验方法：将检验棒顶在床头和尾座两顶尖上，把百分表安装在溜板（或刀架）上，使百分表测头在垂直平面内垂直触及被测表面（检验棒），然后移动溜板至行程两端，移动小拖板（$X$ 轴），记录百分表在行程两端的最大读数值的差值，即为床头和尾座两顶尖的等高度。测量时注意方向。

（12）刀架横向移动对主轴轴线的垂直度

检验工具：百分表、圆盘、平尺。

检验方法：将圆盘安装在主轴锥孔内，百分表安装在刀架上，使百分表测头在水平平面内垂直触及被测表面（圆盘），再沿 $X$ 轴移动刀架，记录百分表的最大读数差值及方向；将圆盘旋转180°，重新测量一次，取两次读数的算术平均值作为横刀架横向移动对主轴轴线的垂直度误差。

（13）刀架转位的重复定位精度、刀架转位 $X$ 轴方向回转重复定位精度

检验工具：百分表和检验棒。

检验方法：把百分表安装在机床固定部件上，使百分表测头垂直触及被测表面（检具），在回转刀架的中心行程处记录读数，用自动循环程序使刀架退回，转位360°，最后返回原来的位置，记录新的读数。误差以回转刀架至少回转三周的最大和最小读数差值计。对回转刀架的每一个位置都应重复进行检验，并对每一个位置百分表都应调到零。

（14）刀架转位 $Z$ 轴方向回转重复定位精度、反向差值、定位精度

检验工具：激光干涉仪或步距规。

检验方法：因为用步距规测量定位精度时操作简单，因而在批量生产中被广泛采用。

无论采用哪种测量仪器，在全程上的测量点数应不少于 5 点，其测量间距按下式确定：$P_i = iP + k$。式中，$P$ 为测量间距；$i$ 为测量点数；$k$ 为各目标位置时取不同的值，以获得全测量行程上各目标位置的不均匀间隔，从而保证周期误差被充分采样。

（15）工作精度检验

1）精车圆柱试件的圆度（靠近主轴轴端，检验试件的半径变化）。

检验工具：千分尺。

检验方法：精车试件（试件材质为45钢，正火处理，刀具材料为YT30）外圆，用千分尺测量靠近主轴轴端的检验试件的半径变化，取半径变化最大值近似作为圆度误差；用千分尺测量每一个环带直径之间的变化，取最大差值作为该项误差。

检验切削加工直径的一致性（检验零件的每一个环带直径之间的变化）。

2）精车端面的平面度。

检验工具：平尺、量块。

检验方法：精车试件端面（试件材质为HT150，180~200HBW；刀具材质为YG8），使刀尖回到车削起点位置，把指示器安装在刀架上，指示器测头在水平平面内垂直触及圆盘中间，沿负X轴方向移动刀架，记录指示器的读数及方向；用终点时读数减起点时读数除以2即为精车端面的平面度误差；数值为正，则平面是凹的。

3）螺距精度。

检验工具：丝杠螺距测量仪。

检验方法：可取外径为50mm、长度为75mm、螺距为3mm的丝杠作为试件进行检测（加工完成后的试件应充分冷却）。

4）精车圆柱形零件的直径尺寸精度和长度尺寸精度。

检验工具：测高仪、杠杆卡规。

检验方法：用程序控制加工圆柱形零件（零件轮廓用一把刀精车而成），测量其实际轮廓与理论轮廓的偏差。

### 2. 数控铣床几何精度及检测

（1）机床调平

检验工具：精密水平仪。

检验方法：将工作台置于导轨行程的中间位置，将两个水平仪分别沿X和Y坐标轴置于工作台中央，调整机床垫铁高度，使水平仪气泡处于读数中间位置；分别沿X和Y坐标轴全行程移动工作台，观察水平仪读数的变化。调整机床垫铁的高度，使工作台沿X和Y坐标轴全行程移动时水平仪读数的变化范围小于2格，且读数处于中间位置即可。

（2）检测工作台面的平面度

检验工具：百分表、平尺、可调量块、等高块、精密水平仪。

检验方法：用平尺检测工作台面的平面度误差。在规定的测量范围内，当所有点被包含在与该平面的总方向平行并相距给定值的两个平面内时，则认为该平面是平的。首先在检验面上选A、B、C点作为零位标记，将三个等高量块放在这三点上，这三个量块的上表面就确定了与被检面做比较的基准面。将平尺置于点A和点C上，并在检验面点E处放一可调量块，使其与平尺的下表面接触。此时，量块的A、B、C、E的上表面均在同一表面上。再将平尺放在点B和点E上，即可找到点D的偏差。在D点放一可调量块，并将其上表面调到由已经就位的量块上表面所确定的平面上。将平尺分别放在点A和点D及点B和点C上，即可找到被检面上点A和点D及点B和点C之间的各点偏差。至于其余各点之间的偏差可用同样的方法找到。

（3）主轴锥孔轴线的径向圆跳动

检验工具：检验棒、百分表。

检验方法：将检验棒插在主轴锥孔内，百分表安装在机床固定部件上，百分表测头垂直触及被测表面，旋转主轴，记录百分表的最大读数差值，在不同两处分别测量。标记检验棒与主轴的圆周方向的相对位置，取下检验棒，同向分别旋转检验棒90°、180°、270°后重新插入主轴锥孔，在每个位置分别检测。取4次检测的平均值为主轴锥孔轴线的径向圆跳动误差。

（4）主轴轴线对工作台面的垂直度

检验工具：平尺、可调量块、百分表、表架。

检验方法：将带有百分表的表架装在轴上，并将百分表的测头调至平行于主轴轴线，被测平面与基准面之间的平行度偏差可以通过百分表测头在被测平面上的摆动的检查方法测得。主轴旋转一周，百分表读数的最大差值即为垂直度偏差。分别在 $XZ$、$YZ$ 平面内记录百分表在相隔180°的两个位置上的读数差值。为消除测量误差，可在第一次检验后将检具相对于轴转过180°再重复检验一次。

（5）主轴箱垂直方向移动对工作台面的垂直度

检验工具：等高块、平尺、角尺、百分表。

检验方法：将等高块沿 $Y$ 坐标轴方向放在工作台上，平尺置于等高块上，将角尺置于平尺上（在 $YZ$ 平面内），指示器固定在主轴箱上，指示器测头垂直触及角尺，移动主轴箱，记录指示器读数及方向，其读数最大差值即为在 $YZ$ 平面内主轴箱垂直移动对工作台面的垂直度误差；同理，将等高块、平尺、角尺置于 $YZ$ 平面内重新测量一次，指示器读数最大差值即为在 $YZ$ 平面内主轴箱垂直移动对工作台面的垂直度误差。

（6）主轴套筒垂直方向移动对工作台面的垂直度

检验工具：等高块、平尺、角尺、百分表。

检验方法：将等高块沿 $Y$ 坐标轴方向放在工作台上，平尺置于等高块上，将圆柱角尺置于平尺上，并调整角尺位置使角尺轴线与主轴轴线同轴；百分表固定在主轴上，百分表测头在 $YZ$ 平面内垂直触及角尺，移动主轴，记录百分表读数及方向，其读数最大差值即为在 $YZ$ 平面内主轴套筒垂直移动对工作台面的垂直度误差；同理，百分表测头在 $XZ$ 平面内垂直触及角尺重新测量一次，百分表读数最大差值为在 $XZ$ 平面内主轴套筒垂直移动对工作台面的垂直度误差。

（7）工作台 $X$ 向或 $Y$ 向移动对工作台面的平行度

检验工具：等高块、平尺、百分表。

检验方法：将等高快沿 $Y$ 坐标轴方向放在工作台上，平尺置于等高块上，把指示器测头垂直触及平尺，沿 $Y$ 坐标轴方向移动工作台，记录指示器读数，其读数最大差值即为工作台沿 $Y$ 坐标轴方向移动对工作台面的平行度；将等高块沿 $X$ 坐标轴方向放在工作台上，沿 $X$ 坐标轴方向移动工作台，重复测量一次，其读数最大差值即为工作台 $X$ 坐标轴方向移动对工作台面的平行度。

（8）工作台 $X$ 向移动对工作台 T 形槽的平行度

检验工具：百分表。

检验方法：把百分表固定在主轴箱上，使百分表测头垂直触及基准（T形槽），沿 $X$ 坐标轴方向移动工作台，记录百分表读数，其读数最大差值即为工作台沿 $X$ 坐标轴方向移动对工作台面基准（T形槽）的平行度误差。

（9）工作台 $X$ 向移动对 $Y$ 向移动的工作垂直度

检验工具：角尺、百分表。

检验方法：工作台处于行程中间位置，将角尺置于工作台上，把百分表固定在主轴箱上，使百分表测头垂直触及角尺（Y 坐标轴方向），沿 Y 坐标轴方向移动工作台，调整角尺位置，使角尺的一个边与 Y 坐标轴轴线平行，再将百分表测头垂直触及角尺另一边（X 坐标轴方向），沿 X 坐标轴方向移动工作台，记录百分表读数，其读数最大差值即为工作台沿 X 坐标轴方向移动对 Y 坐标轴方向移动的工作垂直度误差。

（10）定位精度、重复定位精度、反向差值

检验工具：激光干涉仪或步距规。

检验方法：见"数控车床几何精度检测"所述。

### 3. 普通立式加工中心几何精度检验的主要项目

1）工作台的平面度。

2）沿各坐标方向移动的相互垂直度。

3）沿 X 坐标轴方向移动时工作台面 T 形槽侧面的平行度。

4）沿 Y 坐标轴方向移动时工作台面 T 形槽侧面的平行度。

5）沿 Z 坐标轴方向移动时工作台面 T 形槽侧面的平行度。

6）主轴的轴向窜动。

7）主轴孔的径向圆跳动。

8）主轴回转中心线对工作台面的垂直度。

9）主轴箱沿 Z 坐标轴方向移动的直线度。

10）主轴箱沿 Z 坐标轴方向移动时主轴中心线的平行度。

卧式机床要比立式机床多几项与平面转台有关的几何精度。

可以看出，第一类精度要求是机床各运动大部件（如床身、立柱、溜板、主轴等）运动的直线度、平行度、垂直度的要求；第二类是对执行切削运动主要部件（如主轴）的自身回转精度及直线运动精度（切削运动中进刀）的要求。因此，这些几何精度综合反映了该机床机械坐标系的几何精度，以及执行切削运动的部件主轴的几何精度。

工作台面及台面上 T 形槽相对机械坐标系的几何精度要求，反映了数控机床加工中的工件坐标系对机械坐标系的几何关系，因为工作台面及定位基准 T 形槽都是工件定位或工件夹具的定位基准，加工工件用的工件坐标系往往都以此为基准。

几何精度检测对机床地基有严格要求，必须在地基及地脚螺栓的固定混凝土完全固化后才能进行。精调时先要把机床的主床身调到较精密的水平面，然后再调其他几何精度。考虑到水泥基础不够稳定，一般要求在使用数个月到半年后再精调一次机床水平。有些几何精度项目是互相联系的，如立式加工中心中 Y 坐标轴和 Z 坐标轴方向的相互垂直度误差，因此，对数控机床的各项几何精度检测工作应在精调后一气呵成，不允许检测一项调整一项分别进行，否则会造成由于调整后一项几何精度而把已检测合格的前一项精度调成不合格。

在检测工作中，要注意尽可能消除检测工具和检测方法的误差。例如检测主轴回转精度时检验棒自身的振摆和弯曲等误差，在表架上安装千分表和测微仪时由表架刚性带来的误差，在卧式机床上使用回转测微仪时重力的影响，在测头的抬头位置和低头位置的测量数据误差等。

机床的几何精度在机床处于冷态和热态时是不同的，应按国家标准的规定即在机床稍有预热的状态下进行检测，所以通电以后机床各移动坐标往复运动几次。检测时，让主轴按中等的转速转几分钟之后才能进行检测。

### 5.3.3 定位精度检验

数控机床的定位精度是指机床各坐标轴在数控系统控制下运动所能达到的位置精度。数控机床的定位精度又可以理解为机床的运动精度。普通机床由手动进给，定位精度主要决定于读数误差，而数控机床的移动是靠数字程序指令实现的，故定位精度决定于数控系统和机械传动误差。机床各运动部件的运动是在数控装置的控制下完成的，各运动部件在程序指令控制下所能达到的精度直接反映加工零件所能达到的精度，所以，定位精度是一项很重要的检测内容。

定位精度检测的主要内容如下：

1）直线运动定位精度。

2）直线运动重复定位精度。

3）直线运动各轴机械原点的复归精度。

4）直线运动的失动量。

5）回转运动的定位精度。

6）回转运动的重复运动定位精度。

7）回转运动失动量的检测。

8）回转轴原点的复归精度。

测量直线运动的检测工具有测微仪、成组量块、标准刻度尺、光学读数显微镜和双频激光干涉仪等。标准长度测量以双频激光干涉仪为准。回转运动检测工具有360齿精确分度的标准转台或角度多面体、高精度圆光栅及平行光管等。

#### 1. 直线运动定位精度检测

机床直线定位精度检测一般都在机床空载条件下进行。常用检测方法如图5-51所示。

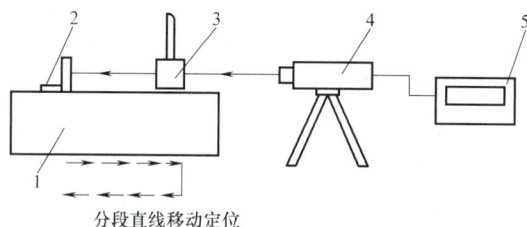

图 5-51　直线运动定位精度检测方法
1—工作台　2—反光镜　3—分光镜　4—激光干涉仪　5—数显及记录器

按照 ISO（国际标准化组织）标准规定，对数控机床的检测，应以激光测量为准，但目前国内拥有这种仪器的用户较少，因此，大部分数控机床生产厂的出厂检测及用户验收检测还是采用标准尺进行比较测量。这种方法的检测精度与检测技巧有关，较好的情况下可控制到 $(0.004 \sim 0.005)$ mm/1000mm，而激光测量，测量精度可比标准尺检测方法提高一倍。

机床定位精度反映该机床在多次使用过程中都能达到的精度。实际上机床定位时每次都有一定散差，称为允许误差。为了反映出多次定位中的全部误差，ISO 标准规定每一个定位测量点按 5 次测量数据算出平均值和散差 $\pm 3\sigma$。所以这时的定位精度曲线已不是一条曲线，而是由各定位点平均值连起来的一条曲线再加上 $3\sigma$ 散带构成的定位点散带，如图 5-52 所示。

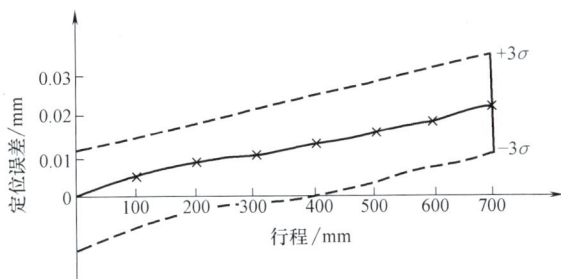

图 5-52　定位精度曲线

此外，机床运行时正、反向定位精度曲线由于综合原因，不可能完全重合，甚至将出现如图 5-53 所示的几种情况。

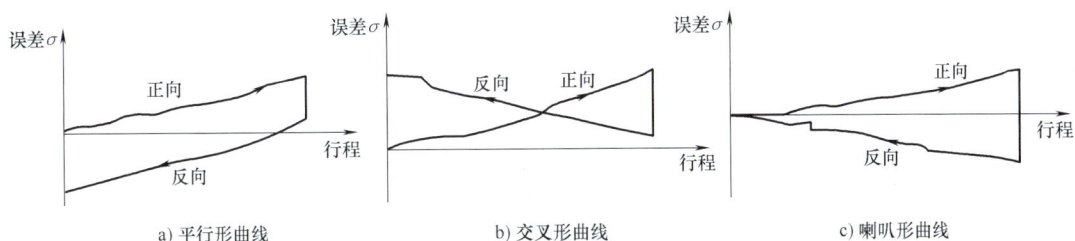

a) 平行形曲线　　　b) 交叉形曲线　　　c) 喇叭形曲线

图 5-53　几种不正常的定位精度曲线

（1）平行形曲线　即正向曲线和反向曲线在垂直坐标上很均匀地拉开一段距离，这段距离即反映了该坐标的反向间隙。这时可用数控机床间隙补偿功能修改间隙补偿值来使正、反向曲线接近。

（2）交叉形与喇叭形曲线　这两类曲线都是由于被测坐标轴上各段反向间隙不均匀造成的。例如，滚珠丝杠在行程内各段的间隙过盈不一致和导轨副在行程内各段负荷不一致等，造成反向间隙在各段内也不均匀。反向间隙不均匀现象较多表现在全行程内运动时，一头松一头紧，结果得到喇叭形的正、反向定位曲线。如果此时又不适当地使用数控机床反向间隙补偿功能，造成反向间隙在全行程内忽紧忽松，就会造成交叉形曲线。

测定的定位精度曲线还与环境温度和轴的工作状态有关。目前大部分数控机床都是半闭环的伺服系统，它不能补偿滚珠丝杠热伸长，热伸长能使在 1m 行程上相差 0.01~0.02mm。为此，有些机床采用预拉伸丝杠的方法，来减少热伸长的影响。

**2. 直线运动重复定位精度的检测**

检测用的仪器与检测定位精度所用的仪器相同。一般检测方法是在靠近各坐标行程的中点及两端的任意三个位置进行测量，每个位置用快速移动定位，在相同条件下重复做 7 次定位，测出停止位置的数值并求出读数的最大差值。以三个位置中最大差值的 1/2 附上正负符号，作为该坐标的重复定位精度，它是反映轴运动精度稳定性的最基本指标。

**3. 直线运动各轴机械原点的复归精度**

各轴机械原点的复归精度，实质上是该坐标轴上一个特殊点的重复定位精度，因此，它的测量方法与重复定位精度相同。

**4. 直线运动失动量的测定**

失动量的测定方法是在所测量坐标轴的行程内，预先向正向或反向移动一个距离并以此

231

停止位置为基准，再在同一方向上给予一个移动指令值，使之移动一段距离，然后再向相反方向上移动相同的距离。测量停止位置与基准位置之差（如图5-54所示）。在靠近行程中点及两端的3个位置上分别进行多次（一般为7次）测定，求出各位置上的平均值，以所得到平均值中的最大值为失动量测定值。

坐标轴的失动量是该坐标轴进给传动链上驱动部件（如伺服电动机、伺服液压电动机和步进电动机等）的反向死区，各机械运动传动副的反向间隙和弹性变形等误差的综合反映。此误差越大，则定位精度和重复定位精度也越差。

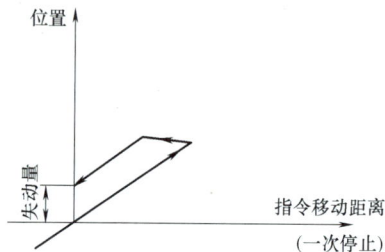

图 5-54 失动量的测定

**5. 回转运动精度的测定**

回转运动各项精度的测定方法与上述各项直线运动精度的测定方法相同，但用于回转精度的测定仪器是标准转台和平行光管（准直仪）等。考虑到实际使用要求，一般对 0°、90°、180°、270°等几个直角等分点做重点测量，要求这些点的精度较其他角度位置精度提高一个等级。

## 5.3.4 机床切削精度

机床切削精度检测实质是对机床的几何精度与定位精度在切削条件下的一项综合考核。一般来说，进行切削精度检查的加工，可以是单项加工或加工一个标准的综合性试件。

对于加工中心，主要单项精度有如下几项：

1）镗孔精度。

2）端面铣刀铣削平面的精度（$XY$ 平面）。

3）镗孔的孔距精度和孔径分散度。

4）直线铣削精度。

5）斜线铣削精度。

6）圆弧铣削精度。

对于卧式机床，还有箱体掉头镗孔同轴度，水平转台回转 90° 铣四个面加工精度。

镗孔精度试验如图 5-55a 所示。这项精度与切削时使用的切削用量、刀具材料、切削刀具的几何角度等都有一定的关系。主要是考核机床主轴的运动精度及低速走刀时的平稳性。在现代数控机床中，主轴都装配有高精度带有预负荷的成组滚动轴承，进给伺服系统带有摩擦系数小和灵敏度高的导轨副及高灵敏度的驱动部件，所以这项精度一般都达到要求。

图 5-55b 表示用精调过的多齿端面铣刀精铣平面的方向，端面铣刀铣削平面精度主要反映 $X$ 坐标轴和 $Y$ 坐标轴两轴运动的平面度及主轴中心对 $XY$ 运动平面的垂直度（直接在台阶上表现）。一般精度的数控机床的平面度和台阶差在 0.01mm 左右。

镗孔的孔距精度和孔径分散度检查如图 5-55c 所示，以快速移动进给定位精镗 4 个孔，测量各孔位置的 $X$ 坐标和 $Y$ 坐标的坐标值，以实测值和指令值之差的最大值作为孔距精度测量值。对角线方向的孔距可由各坐标方向的坐标值经计算求得，或各孔插入配合紧密的检验棒后，用千分尺测量对角线距离。而孔径分散度则由在同一深度上测量各孔 $X$ 坐标方向和 $Y$ 坐标方向的直径最大差值求得。一般数控机床 $X$、$Y$ 坐标方向的孔距精度为 0.02mm，对角线方向孔距精度为 0.03mm，孔径分散度为 0.015mm。

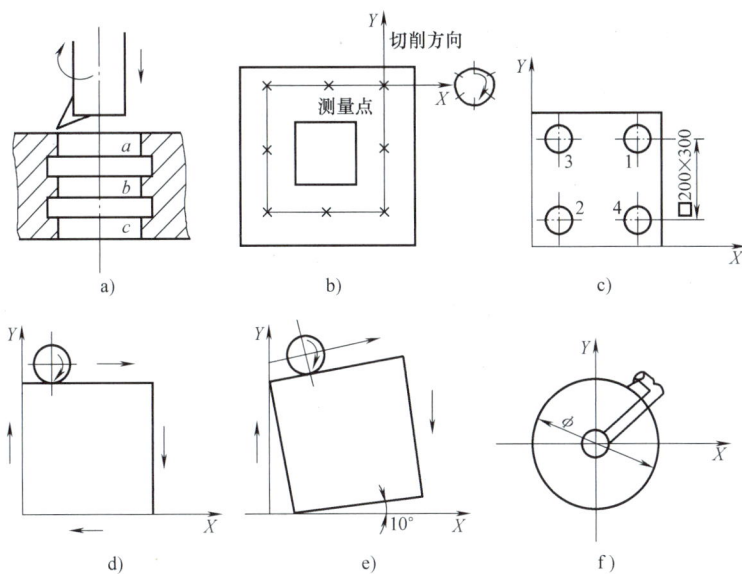

图 5-55 各种单项切削精度试验

直线铣削精度的检查，如图 5-55d 所示。由 $X$ 坐标及 $Y$ 坐标分别进给，用立铣刀侧刃精铣工件周边。测量各边的垂直度、对边平行度、邻边垂直度和对边距离尺寸差。这项精度主要考核机床各向导轨运动的几何精度。

斜线铣削精度检查是用立铣刀侧刃来精铣工作周边，如图 5-55e 所示。它是通过同时控制 $X$ 和 $Y$ 两个坐标来实现的。所以该精度可以反映两轴直线插补运动品质特性。进行这项精度检查时有时会发现在加工面上（两直角边上）出现一边密一边稀的很有规律的条纹，这是由于两轴联动时，其中一轴进给速度不均匀造成的。这可以通过修调该轴速度控制和位置控制回路来解决。在少数情况下，也可能是负荷变化不均匀造成的，如导轨低速爬行，机床导轨防护板不均匀摩擦及位置检测反馈元件传动不均匀等也会造成上述条纹。

圆弧铣削精度检测是用立铣刀侧刃精铣外圆表面，如图 5-55f 所示，然后在圆度仪上测出圆度曲线。一般加工中心类机床铣削 $\phi 200 \sim \phi 300 \mathrm{mm}$ 工件时，圆度可达到 0.03mm 左右。表面粗糙度为 $Ra3.2\mu m$ 左右。

在测试件测量中常会遇到图 5-56 所示的有质量问题的铣圆图形。

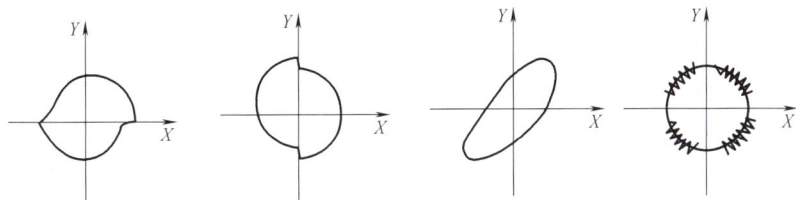

图 5-56 有质量问题的铣圆图形

对于两半错位的图形一般都是由于一个坐标或两个坐标的反向失动量造成的，这可以通过适当改变数控机床失动量的补偿值或修调该坐标的传动链来解决。出现斜椭圆是由于两坐标实际系统误差不一致造成的。此时，可通过适当地调整速度反馈增益、位置环增益得到

233

改善。

常用的数控机床切削精度检测验收内容见表5-1。

**表5-1 常用的数控机床切削精度检测验收内容**

| 序号 | 检测内容 | | 检测方法 | 允许误差/mm | 实测误差 |
|---|---|---|---|---|---|
| 1 | 镗孔精度 | 圆度 | | 0.01 | |
| | | 圆柱度 | | 0.01/100 | |
| 2 | 端铣刀铣平面精度 | 平面度 | | 0.01 | |
| | | 阶梯度 | | 0.01 | |
| 3 | 端铣刀铣侧面精度 | 垂直度 | | 0.02/300 | |
| | | 平行度 | | 0.02/300 | |
| 4 | 镗孔孔距精度 | X坐标轴方向 | | 0.02 | |
| | | Y坐标轴方向 | | | |
| | | 对角线方向 | | 0.03 | |
| | | 孔径偏差 | | 0.01 | |
| 5 | 立铣刀铣削四周面精度 | 直线度 | | 0.01/300 | |
| | | 平行度 | | 0.02/300 | |
| | | 垂直度 | | 0.02/300 | |

（续）

| 序号 | 检测内容 | | 检测方法 | 允许误差/mm | 实测误差 |
|---|---|---|---|---|---|
| 6 | 两轴联动铣削直线精度 | 直线度 | | 0.015/300 | |
| | | 平行度 | | 0.03/300 | |
| | | 垂直度 | | 0.03/300 | |
| 7 | 立铣刀铣削圆弧精度 | 圆度 | | 0.015/250 | |

## 5.3.5　数控机床的验收

### 1. 数控机床验收的必要性

随着数控机床的广泛应用与普及，机床的验收工作越来越受到重视，但很多用户对数控机床验收的认识还存在着偏差。新机检验的主要目的是为了判别机床是否符合其技术指标，判别机床能否按照预定的目标精密地加工零件。在许多时候，新机验收都是通过加工一个有代表性的典型零件决定机床能否通过验收。当该机床是用于专门加工某一种零件时，这种验收方法是可以接受的。但是对于更具有通用性的数控机床，这种切削零件的检验方法显然得不能提供足够信息来精确地判断机床的整体精度指标。只有通过对机床的几何精度和位置精度进行检验，才能反映出机床本身的制造精度。在这两项精度检验合格的基础上，然后再进行零件加工检验，以此来考核机床的加工性能。对于安置在生产线上的新机，还需通过对工序能力和生产节拍的考核来评判机床的工作能力。但是，在实际检验工作中，往往有很多的用户在新机验收时都忽视了对机床精度的检验，他们以为新机在出厂时已做过检验，在使用现场安装只需调一下机床的水平，只要试加工零件经检验合格就认为机床通过验收。这些用户往往忽视了以下几方面的问题：

1）新机通过运输环节到达现场，由于运输过程中产生的振动和变形，其水平基准与出厂检验时的状态已完全两样，此时机床的几何精度与其在出厂检验时的精度产生偏差。

2）即使不计运输环节的影响，机床水平的调整也会对相关的几何精度项目产生影响。

3）由于位置精度的检测元件，如编码器、光栅等是直接安装在机床的丝杠和床身上，几何精度的调整会对其产生一定的影响。

4）由检验所得到的位置精度偏差，还可直接通过数控机床的误差补偿软件及时进行调整，从而改善机床的位置精度。

5）气压、温度、湿度等外部条件发生改变，也会对位置精度产生影响。

检验新机床时仅采用考核试加工零件精度的方法来判别机床的整体质量，并以此作为验收的唯一标准是远远不够的，必须对机床的几何精度、位置精度及工作精度做全面的检验。只有这样才能保证机床的工作性能，否则会影响设备的安装和使用，造成较大的经济损失。

在数控机床到达用户方，完成初次的调试验收工作后，也并不意味着调试工作的彻底结束。在实际的生产企业中，常常采用这样的设备管理方法：安装调试完成后，设备投入生产加工中，只有等到设备加工精度无法达到最初要求时，才停工进行相应的调试。这样很多企业无法接受这样的停工损失，所以在日常工作中也可以按照"六自由度测量的快速机床误差评估"方法解决这个问题，大量减少测试时间，这样小型加工车间也可以提前控制加工过程，最终通向零故障以及更少对事后检查的依赖。

六自由度测量的快速机床误差评估方法是测量系统一次安装调试后，可同时测量六个数控机床精度项目的误差值，与传统的单一精度项目测量方法相比，可大大缩短仪器的装调、检测时间。

随着数控技术日趋完善，数控机床的功能也越来越多样化，而且在单机基本配置前提下，可以有多项选择功能，少则几项，多则几十项。下面以一台相对复杂的立式加工中心为例说明一些主要应检查的项目。

**2. 主轴系统性能检查**

1）用手动方式选择高、中、低三种主轴转速，连续进行5次正转和反转的起动和停止动作，试验主轴动作的灵活性和可靠性。

2）用数据输入方式，逐步从主轴的最低转速到最高转速，进行变速和起动，实测各种转速值，一般允差为定值的10%或15%，同时观察主轴在各种转速时有没有异常噪声，观察主轴在高速时主轴箱振动情况及主轴在长时间高速运转后（一般为2h）温度变化情况。

3）主轴准停装置连续操作5次，检验其动作可靠性和灵活性。

4）一些主轴附加功能的检验，如主轴刚性攻螺纹功能、主轴刀柄内冷却功能、主轴转矩自测定功能（用于适应控制要求）等。

**3. 进给系统性能检查**

1）分别对各运动坐标进行手动操作，检验正、反方向的低、中、高速进给和快速驱动的起动、停止、点动等动作平稳性和可靠性。

2）用数据输入方式测定G00和G01方式下各种进给速度，并验证操作面板上倍率开关是否起作用。

**4. 自动刀具交换系统检查**

1）检查自动刀具交换动作的可靠性和灵活性，包括手动操作及自动运行时刀库满负荷条件下（装满各种刀柄）的运动平稳性、机械抓取最大允许重量时刀柄的可靠性及刀库内刀号选择的准确性等。检验时，应检查自动刀具交换系统（ATC）操作面板各手动按钮功能，逐一呼叫刀库上各刀号，如有可能逐一分解操纵自动换刀各单段动作，检查各单段动作质量（动作快速、平稳、无明显撞击、到位准确等）。

2）检验自动交换刀具的时间，包括刀具纯交换时间、离开工件到接触工件的时间，应符合机床说明书规定。

**5. 机床噪声检查**

机床噪声标准已有明确规定，测定方法也可查阅有关标准规定。一般数控机床由于大量采用电调速装置，机床运行的主要噪声源已由普通机床上较多见的齿轮啮合噪声转移到主轴电动机的风扇噪声和液压油泵噪声。总的来说，数控机床要比同类的普通机床的噪声小，要求噪声不能超过标准规定的 80dB。

### 6. 机床电气装置检查

在试运转前后分别进行一次绝缘检查，检查机床电气柜接地线质量、绝缘的可靠性、电气柜清洁和通风散热条件。

### 7. 数控装置及功能检查

检查数控柜内外各种指示灯、输入/输出接口、操作面板各开关按钮功能、电气柜冷却风扇和密封性是否正常可靠，主控单元到伺服单元、伺服单元到伺服电动机各连接电缆连接的可靠性。外观质量检查后，根据数控机床使用说明书，用手动或程序自动运动方法检查数控机床主要使用功能的准确性及可靠性。

数控机床功能的检查不同于普通机床，必须在机床运行程序时检查有没有执行相应的动作，因此检查者必须了解数控机床功能指令的具体含义，及在什么条件下才能在现场判断机床是否准确执行了指令。

### 8. 安全保护措施和装置的检查

数控机床作为一种自动化机床，必须有严密的安全保护措施。安全保护在机床上分两大类：一类是极限保护，如安全防护罩、机床各运动坐标行程极限保护自动停止功能、各种电压电流过载保护、主轴电动机过热超负荷紧急停止功能等；另一类是为了防止机床上各运动部件互相干涉而设定的限制条件，如加工中心的机械手伸向主轴装卸刀具时，带动主轴箱的 Z 坐标轴干涉，绝对不允许有移动指令，卧式机床上为了防止主轴箱降得太低时撞击到工作台面，设定了 Y 坐标轴和 Z 坐标轴干涉保护，即该区域都在行程范围内，单轴移动可以进入此区域，但不允许同时进入。保护的措施可以有机械式（如限位挡块、锁紧螺钉）、电气限位（以限位开关为主）和软件限位（在软件参数上设定限位参数）。

### 9. 润滑装置检查

各机械部件的润滑分为脂润滑和定时定点的注油润滑。脂润滑部位有滚珠丝杠螺母副的丝杠与螺母、主轴前轴承等。这类润滑一般在机床出厂一年以后才考虑清洗更换。机床验收时主要检查自动润滑油路的工作可靠性，包括定时润滑是否能按时工作，关键润滑点是否能定量出油，油量分配是否均匀，检查润滑油路各接头处有无渗漏等。

### 10. 气液装置检查

检查压缩空气源和气路有无泄露以及工作的可靠性。如气压太低时有无报警显示，气压表和油水分离装置等是否完好等，液压系统工作噪声是否超标，液压油路密封是否可靠，调压功能是否正常等。

### 11. 附属装置检查

检查机床各附属装置的工作可靠性。一台数控机床常配置许多附属装置，在新机床验收时对这些附属装置除一一清点数量之外，还必须试验其功能是否正常。如冷却装置能否正常工作，排屑器的工作质量，冷却防护罩在大流量冲淋时有无泄露，APC 工作台是否正常，在工作台上加上额定负荷后检查工作台自动交换功能，配置接触式测头和刀具长度检测的测量装置能否正常工作，相关的测量宏程序是否齐全等。

### 12. 机床工作可靠性检查

判断一台新数控机床综合工作可靠性的最好办法，就是让机床长时间无负荷运转，一般可运转 24h。数控机床在出厂前，生产厂家都进行了 24～72h 的自动连续运行考机，用户在进行机床验收时，没有必要花费如此长的时间进行考机，但考虑到机床托运及重新安装的影响，进行 8~16h 的考机还是很有必要的，实践证明，机床经过这种检验投入使用后，很长一段时间内都不会发生大的故障。

在自动运行考机程序之前，必须编制一个功能比较齐全的考机程序，该程序应包含以下各项内容。

1）主轴运转应包括最低、中间、最高转速在内的 5 种以上的速度，而且应该包含正转、反转及停止等动作。

2）各坐标轴方向运动应包含最低、中间和最高进给速度及快速移动，进给移动范围应接近全行程，快速移动距离应在各坐标轴全行程的 1/2 以上。

3）一般编程常用的指令尽量都要用到，如子程序调用、固定循环、程序跳转等。

4）如有自动换刀功能，至少应交换刀库之中 2/3 以上的刀具，而且都要装上中等以上重量的刀柄进行实际交换。

5）已配置的一些特殊功能应反复调用，如 APC 和用户宏程序等。

**13. 数控机床调试验收的常见标准**

数控机床调试和验收应当遵循一定的规范进行，数控机床验收的标准有很多，通常按性质可以分为两大类，即通用类标准和产品类标准。

（1）通用类标准　这类标准规定了数控机床调试验收的检验方法、测量工具的使用、相关公差的定义、机床设计、制造、验收的基本要求等。如我国的标准 GB/T 17421.1—2023《机床检验通则 第 1 部分：在无负荷或准静态条件下机床的几何精度》、GB/T 17421.2—2023《机床检验通则 第 2 部分：数控轴线的定位精度和重复定位精度的确定》、GB/T 17421.4—2016《机床检验通则 第 4 部分：数控机床的圆检验》。这些标准等同于 ISO 230 标准。

（2）产品类标准　这类标准规定具体形式的机床的几何精度和工作精度的检验方法，以及机床制造和调试验收的具体要求。如 JB/T 8801—2017《加工中心 技术条件》、GB/T 18400.1—2010《加工中心检验条件 第 1 部分：卧式和带附加主轴头机床几何精度检验（水平 Z 轴）》、GB/T 18400.6—2001《加工中心检验条件 第 6 部分：进给率、速度和插补精度检验》等。具体形式的机床应当参照合同约定和相关的中外标准进行具体的调试验收。

当然在实际的验收过程中，也有许多的设备采购方按照德国 VDI/DGQ3441 标准或日本的 JIS B6201、JIS B6336、JIS B6338 标准或国际标准 ISO 230。不管采用什么样的标准需要非常注意的是不同的标准对"精度"的定义差异很大，验收时一定要弄清各标准精度指标的定义及计算方法。

▶▶ **工程案例**

**例 5-1**　一台 CK6140 型数控卧式车床，安装后进行切削精度检测时发现，加工工件表面粗糙度值高，请分析原因，并提出解决方案。

**分析**：加工工件表面粗糙度值高的可能原因如下：

1）导轨的润滑油不足，致使溜板爬行。

2）滚珠丝杠有局部拉毛或磨损。

**解决方案**：

1）导轨的润滑油不足，致使溜板爬行→加润滑油，排除润滑故障。

2）滚珠丝杠有局部拉毛或磨损→更换或修理丝杠。

# 综合训练

## 实训任务一 数控车床精度验收

| 学校 | | 班级 | |
|---|---|---|---|
| 姓名 | | 学号 | |
| 小组成员 | | 组长 | |

接受任务

某公司车间正在安装一台 CK6140 型数控卧式车床，现进入设备的精度验收阶段，请结合相关国家标准要求制定定位精度及切削精度验收计划。

任务内容

1. 检测定位精度
2. 检测重复定位精度
3. 检测切削精度

工具清单

1. 千分表、内径千分尺、螺纹量规、圆度仪、激光干涉仪等
2. 试切件

任务实施、记录

| 序号 | 简图 | 检查项目 | 允差 | 实测 |
|---|---|---|---|---|
| G8 | — | 重复定位精度 R | a) Z 轴 0.010mm | |
| | — | | b) X 轴 0.010mm | |
| | — | 反向偏差 B | a) Z 轴 0.010mm | |
| | — | | b) X 轴 0.010mm | |
| | — | 定位精度 A | a) Z 轴 0.010mm | |
| | — | | b) X 轴 0.010mm | |
| P1 | 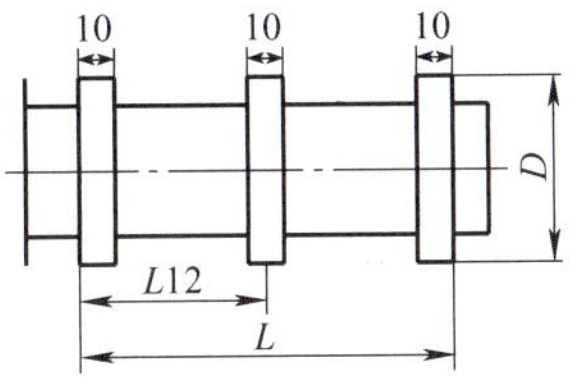 | 精车外圆的精度 | 圆度 0.003mm | |
| | | 加工直径的一致性 | 0.020mm | |
| P2 | 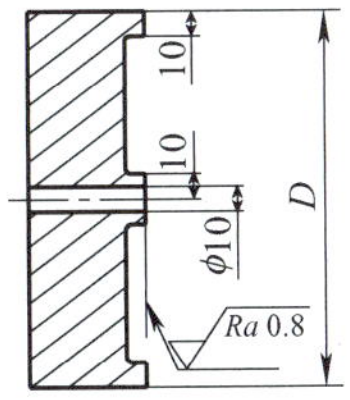 | 精车端面的平面度（在 300mm 直径上） | 0.025mm | |
| | | | 端面只许凹 | |
| P3 | 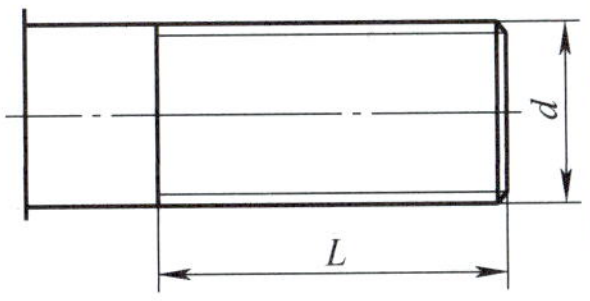 | 精车螺纹的螺距精度（任意 50mm 测量长度） | 0.01mm | |
| | | 螺纹表面应光洁无凹陷或波纹 | | |

（续）

| 判定结果：<br>□ 合格<br>□ 不合格 | 备注： |
|---|---|

**实训任务二　加工中心滚珠丝杠螺母座装配**

| 学校 | | 班级 | |
|---|---|---|---|
| 姓名 | | 学号 | |
| 小组成员 | | 组长 | |

**接受任务**

　　熟悉加工中心滚珠丝杠轴承座上零件的定位和固定、清洁、清理、安装、校正，以及润滑油管连接方法等；熟悉加工中心滚珠丝杠螺母座安装及校正的方法及工艺过程；培养正确选用工具并装配机械设备典型零部件的实际动手能力

**任务内容**

1. 准备设备及物料
2. 准备工、量具
3. 确定装配方法及步骤

**工具清单**

扭力扳手，花岗岩平尺，杠杆千分表，塞尺，油石，磁力表座，X、Z轴丝杠螺母座校正检验棒等

**任务实施、记录**

| 1）滚珠丝杠螺母座安装前清洁、清理图 | 滚珠丝杠螺母座清洁、清理方法及步骤要点 |
|---|---|
| 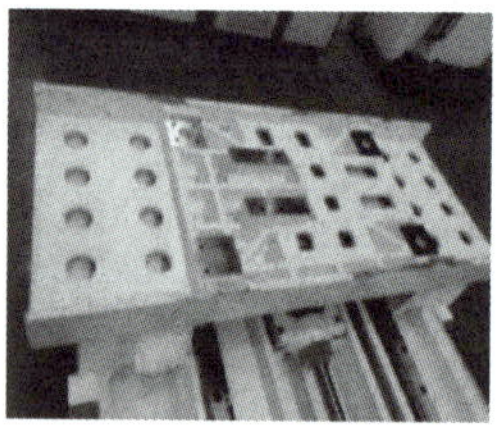 | ① 将工作台安装面朝上放置，注意台面保护，与台面接触的部位应垫上木板或其他柔软材料<br>② 用气枪吹出螺纹孔内残留的铁屑、冷却液等杂物<br>③ 用气枪吹出丝杠螺母座润滑油孔中的铁屑，检查润滑油孔是否畅通<br>④ 用油石打磨工作台丝杠螺母座安装面，打磨丝杠螺母座的安装底面及端面，去除毛刺<br>⑤ 用酒精清洗丝杠螺母座安装面，有关清洁及打磨要求详见相关产品通用装配要求 |
| 2）滚珠丝杠螺母座安装及校正图 | 滚珠丝杠螺母座安装及校正方法及步骤要点 |
| 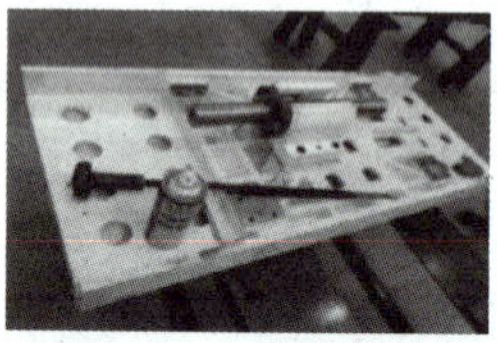 | ① 将丝杠螺母座安装于工作台上，同时将校正检验棒固定在丝杠螺母座上 |
| 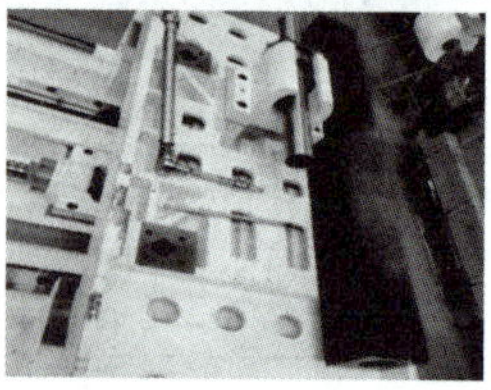 | ② 将花岗岩平尺测量面放置在工作台安装面上 |

（续）

| | |
|---|---|
| 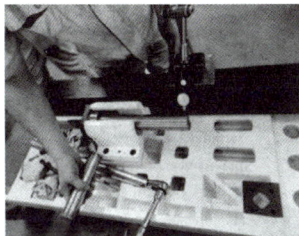 | ③ 将花岗岩平尺测量面与导轨的两处侧面基准贴紧，利用工装滑板在平尺上移动，用千分表测量检验棒两侧最远端的侧母线，确保表上读数一致，使芯棒侧母线与导轨侧基准平行<br><br>检验棒侧母线与导轨侧基准平行度要求：允差≤0.01/300<br><br>杠杆千分表：分辨率0.001<br><br>$X$、$Z$ 轴丝杠螺母座校正检验棒：MT80－820－3103 |
|  | ④ 如果上述要求超差，则应铲刮丝杠螺母座的底部安装面，重复上述步骤，直至符合要求 |
|  | ⑤ 紧固丝杠螺母座 M12 螺钉，力矩值为104N·m<br>⑥ 钻铰丝杠螺母座与工作台体间的 $\phi10$ 锥销孔，锥销孔用手工铰孔，清除干净铁屑后装入锥销定位 |
| 3）润滑油管连接图 | 润滑油管连接方法及步骤要点 |
| 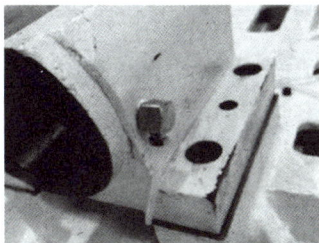 | ① 在丝杠螺母座上连接润滑油管直角接头 |
|  | ② 安装好五路润滑油管 |
| 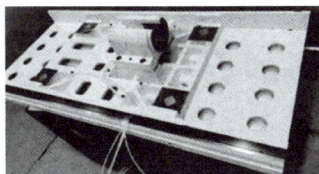 | ③ 用管夹将润滑油管固定 |

# 评价反馈

任务评价

1. 自我评价（40分）

首先由学生根据学习任务完成情况进行自我评价。

**自我评价表**

| 项目内容 | 配分 | 评分标准 | 扣分 | 得分 |
|---|---|---|---|---|
| 1）工作纪律 | 10分 | ① 不遵守课堂纪律要求（扣2分/次）<br>② 有其他违反课堂纪律的行为（扣2分/次） | | |
| 2）信息收集 | 20分 | ① 未利用网络资源、工艺手册等查找有效信息（扣5分）<br>② 未按要求填写信息收集记录（扣2分/空，扣完为止） | | |
| 3）制订计划 | 20分 | ① 人员分工没有实效（扣5分）<br>② 未按作业项目进行人员分工（扣2分/项，扣完为止） | | |
| 4）计划实施 | 40分 | ① 未按步骤实施作业项目（扣5分/项）<br>② 未按要求填写安装工艺流程表（扣10分）<br>③ 未按要求填写施工进度表（扣10分）<br>④ 未按要求填写安装前检验记录表（扣10分）<br>⑤ 表格错填、漏填（扣2分/空，扣完为止） | | |
| 5）职业规范和环境保护 | 10分 | ① 在工作过程中工具和器材摆放凌乱（扣3分/次）<br>② 不爱护设备、工具，不节省材料（扣3分/次）<br>③ 在工作完成后不清理现场，在工作中产生的废弃物不按规定处置（扣2分/次，将废弃物遗弃在工作现场的扣3分/次） | | |
| 总评分 =（1~5项总分）×40% | | | | |

签名：

年 月 日

2. 小组评价（30分）

再由同一实训小组的同学结合自评的情况进行互评，将评分值记录于表中。

**小组评价表**

| 项目内容 | 配分 | 得分 |
|---|---|---|
| 1）工序记录与自我评价情况 | 10分 | |
| 2）小组讨论中积极发言情况 | 10分 | |
| 3）口述设备检测流程情况 | 10分 | |
| 4）小组成员填写完成作业记录表情况 | 10分 | |
| 5）与小组成员沟通情况 | 10分 | |
| 6）完成操作任务情况 | 10分 | |
| 7）遵守课堂纪律情况 | 10分 | |
| 8）安全意识与规范意识情况 | 10分 | |
| 9）相互帮助与协作能力情况 | 10分 | |
| 10）安全、质量意识与责任心情况 | 10分 | |
| 总评分 =（1~10项总分）×30% | | |

参加评价人员签名：

年 月 日

（续）

3. 教师评价（30分）

最后，由指导教师检查本组作业结果，结合自评与互评的结果进行综合评价，对实训过程中出现的问题提出改进措施及建议，并将评价意见与评分值记录于表中。

**教师评价表**

| 序号 | 评价标准 | 评价结果 |
|---|---|---|
| 1 | 相关物品及资料交接齐全无误（5分） | |
| 2 | 安全、规范完成维护保养工作（5分） | |
| 3 | 根据所提供材料进行检查（5分） | |
| 4 | 团队分工明确、协作力强（5分） | |
| 5 | 施工方案准备细致，无遗漏（5分） | |
| 6 | 完成并在记录单上签字（5分） | |
| 综合评价 | 教师评分 | |
| 综合评语（作业问题及改进建议） | | 教师签名：<br>年 月 日 |
| 总评分： | （总评分＝自我评分＋小组评分＋教师评分） | |

4. 自我反思和自我评价

请根据自己在课堂中的实际表现进行自我反思和自我评价。

自我反思：

自我评价：

## 项目5 学习反馈表

项目5 数控机床的安装

| | | | | | |
|---|---|---|---|---|---|
| 知识与技能点 | 数控机床的结构和工作原理 | □了解 □理解 □熟悉 □掌握 | | | |
| | 数控机床的安装技术要求 | □了解 □理解 □熟悉 □掌握 | | | |
| | 数控机床的安装调试工艺方法与步骤 | □了解 □理解 □熟悉 □掌握 | | | |
| | 常用检测工具和量具的应用 | □了解 □理解 □熟悉 □掌握 | | | |
| | 机床的安装精度检测 | □了解 □理解 □熟悉 □掌握 | | | |
| | 思考题与习题 | □了解 □理解 □熟悉 □掌握 | | | |
| 学习情况 | 基本概念 | □难懂 □理解 □易忘 □抽象 □简单 □太多 | | | |
| | 学习方法 | □听讲 □自学 □实验 □工厂 □讨论 □笔记 | | | |
| | 学习兴趣 | □浓厚 □一般 □淡薄 □厌倦 □无 | | | |
| | 学习态度 | □端正 □一般 □被迫 □主动 | | | |
| | 学习氛围 | □愉快 □轻松 □互动 □压抑 □无 | | | |
| | 课堂纪律 | □良好 □一般 □差 □早退 □迟到 □旷课 | | | |
| | 课前课后 | □预习 □复习 □无 □没时间 | | | |
| | 实践环节 | □太少 □太多 □无 □不会 □简单 | | | |
| | 学习效果自我评价 | □很满意 □满意 □一般 □不满意 | | | |
| 建议与意见 | | | | | |

注：学生根据实际情况在相应的方框中画"√"或"×"，在空白处填上相应的建议或意见。

243

# 思考题与习题

### 一、选择题

1. 数控机床指的是（　　）。

A. 装有 PLC（可编程序逻辑控制器）的专用机床

B. 带有坐标轴位置显示的机床

C. 装备了 CNC 系统的机床

D. 加工中心

2. 按运动轨迹分类可将数控机床分为（　　）。

A. 开环、闭环、半闭环

B. 点位控制、直线控制、轮廓控制

C. 数控铣床、数控车床、数控磨床、加工中心

D. 数控铣床、数控车床、加工中心、数控线切割

3. 数控机床的精度分为（　　）三类。（多选）

A. 位置精度　　　B. 几何精度　　　C. 定位精度　　　D. 切削精度

4. 数控机床的（　　）是由所测量的机床各运动部位在数控装置控制下，运动所能达到的精度。

A. 几何精度　　　B. 几何精度和定位精度　　　C. 定位精度

5. 数控机床切削精度检验（　　），对机床几何精度和定位精度的一项综合检验。

A. 又称静态精度检验，是在切削加工条件下

B. 又称动态精度检验，是在空载条件下

C. 又称动态精度检验，是在切削加工条件下

D. 又称静态精度检验，是在空载条件下

6. 数控机床工作台反向间隙大是由于（　　）。

A. 系统控制精度差　　　　　　　　　　　B. 滚珠丝杠螺母有间隙

C. 滚珠丝杠螺母间隙及丝杠轴承间隙共同造成　　　D. 丝杠轴承间隙

### 二、判断题

1. 数控机床在最终用户处安装调试后，一般需要重新修改参数。（　　）

2. 数控机床做空运转试验的目的是检验加工精度。（　　）

3. CNC 装置的硬件中的微处理器负责对整个系统进行控制和管理。（　　）

4. 炎热的夏季车间温度高达35℃以上，因此要将数控柜的门打开，以增加通风散热。（　　）

5. 数控机床工作时，数控装置发出的控制信号可直接驱动各轴的伺服电动机。（　　）

6. 应用数控机床加工工件，可以获得比机床本身精度还要高的加工精度。（　　）

7. 内循环方式的滚珠在循环过程中始终与丝杠表面保持接触。（　　）

8. 滚珠丝杠副必须用润滑油或锂基油脂进行润滑，以提高耐磨性及传动效率。（　　）

### 三、问答题

1. 滚珠丝杠副安装到机床时，应注意哪些问题？

2. 数控机床的主轴安装时，主轴轴承的主要配置有哪几种形式？

3. 简述数控设备安装对地基的要求有哪些。

4. 简述数控机床各部件组装连接的内容和步骤。

5. 简述数控机床调试的主要内容。

6. 简述数控机床调试的方法与步骤。

7. 用来进行数控机床几何精度检验的工具和仪器有哪些?

8. 数控机床的精度检测主要包括哪些项目?

9. 数控机床的几何精度检测主要有哪些内容?

# 项目6 桥式起重机及电梯的安装

>> **知识目标**

1. 熟悉桥式起重机的结构、性能参数和工作原理。
2. 熟悉电梯的结构、性能参数和工作原理。
3. 熟悉桥式起重机的试车方法与步骤。
4. 熟悉安装施工的安全技术措施。

>> **能力目标**

1. 能够对桥式起重机进行规范安装和操作。
2. 能够对电梯进行安装与调试。
3. 能够正确选择和使用常用工具和量具。

>> **素质目标**

1. 具有自主学习能力、理解能力和表达能力。
2. 具有良好的职业道德和敬业精神、团队意识和协作能力。
3. 在安装、调试、操作过程中，谨记规范，具有安全文明生产和环境保护意识。

>> **重点和难点**

重点：桥式起重机与电梯的结构和工作原理。
难点：桥式起重机与电梯安装调试的工艺与步骤。

>> **学思融合**

　　大国工匠、徐工集团徐州重型机械有限公司首批特级技师孟维是 2600t 级起重机核心零部件的制造者。起重机的核心零部件大多依赖进口，购买周期长、价格高昂，更面临"卡脖子"的风险。为此，孟维带领团队迎难而上，先后攻克了 6 种核心零部件生产技术难关，打破垄断，彻底摆脱了国外的技术掣肘。孟维用创新方法打造的异形螺纹，成功通过了极限测试。蛰龙已惊眠，一啸动千山。2022 年 9 月 2 日，在孟维制造的精密零部件的助力下，犹如擎天巨兽般的"世界第一吊"惊艳世界。二十余载在数库机床上的磨炼，孟维已然成为精密零部件的顶级"雕刻师"，在大国重器研发和制造的阔步征程中，书写属于自己的篇章。

　　请收集技能大师孟维的相关信息，思考以下问题：

　　1）我国大国重器研发制造取得了哪些举世瞩目的巨大成就？

2）孟维是如何从产业工人成长为大国工匠的?

3）你见过哪些起重机械或者电梯,请分享?

## ▶▶ 项目导入

桥式起重机由桥架（大车）和起重小车等组成,通过车轮支承在厂房或露天栈桥的轨道上,外观像一架金属的桥梁,所以称为桥式起重机。桥式起重机是实现企业生产过程机械化和自动化、提高劳动生产率、减轻繁重体力劳动的重要辅助设备,在工厂、矿井、码头、水电站等都有广泛的应用。随着企业生产机械化、自动化程度的不断提高,在生产过程中,原来作为辅助设备的起重机械,有的已经成为连续生产不可或缺的专用工艺设备。

电梯作为方便快捷的乘客运输工具,已越来越多地应用于生活、生产中。电梯是电力拖动的机械与电气结构的组合,是机电一体化的大型复杂产品,机械部分相当于人的躯体,电气部分相当于人的神经。广义的电梯是指由动力驱动,利用沿刚性导轨运行的箱体或沿固定线路运行的梯级（踏步）进行升降或平行运送人、货物的机电设备,包括载人（货）电梯、自动扶梯、自动人行道等。狭义的电梯则只包括垂直方向运行的电梯。机与电的高度合一,使电梯成为现代科学技术的综合产品。

## ▶▶ 项目实施

本项目包含桥式起重机的组成、桥式起重机的主要性能参数、起重机的分类、桥式起重机的安装工艺及安全技术措施;电梯的分类、型号及常用术语,电梯的基本结构,电梯的安装、调试与验收等内容。

# 任务1　桥式起重机的安装

## ▶▶ 任务描述

了解桥式起重机的基本构造、安装工艺、运转试验及安装施工的安全技术措施。

## ▶▶ 知识点讲解

## 6.1.1　桥式起重机的基本构造

### 1. 桥式起重机的组成

普通桥式起重机主要由主梁、大车运行机构、驾驶室、起重小车、电气系统及安全保护装置组成,如图6-1所示。

### 2. 桥式起重机的主要性能参数

（1）额定起重量　是指起重机允许吊起的重物或物料质量与可分吊具质量的总和。

最大起重量是指起重机在正常工作条件下,允许吊起货物的最大额定起重量。

（2）起升高度　起重机水平停车面至吊具允许最高位置的垂直距离。对于吊钩起升高度,则算至它们的支承表面;对于其他吊具,则算至它们的最低点。

（3）跨度　桥式起重机支承中心线之间的水平距离。

（4）轮距或轨距　对于臂架型起重机,为轨道中心线或起重机行走轮踏面中心线之间

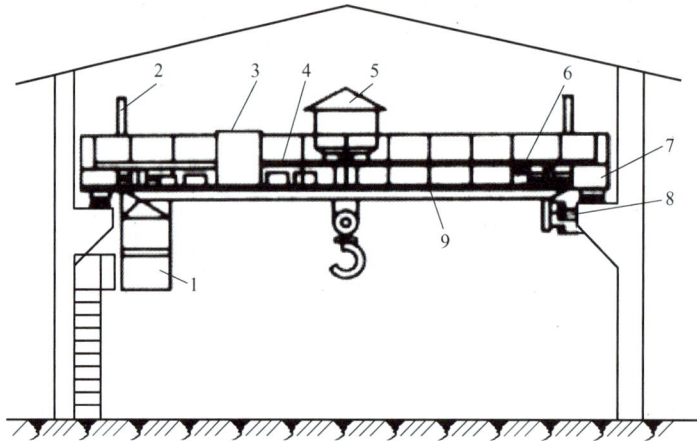

图 6-1　桥式起重机结构示意图

1—驾驶室　2—辅助滑线架　3—交流磁力控制盘　4—电阻箱　5—起重小车
6—大车拖动电动机与传动机构　7—端梁　8—主滑线架　9—主梁

的水平距离；对于起重小车，为小车轨道中心线之间的距离。起重机两侧为双轨线路时，轨距为双轨几何中心线之间的距离。

（5）幅度　幅度是指起重机置于水平场地时，空载吊具垂直中心线至回转中心线之间的水平距离。

（6）运动速度　运动速度包括起升速度、起重机大车运行速度和小车运行速度。

1）起升速度：在稳定运动状态下，额定载荷的垂直位移速度即起升速度，单位是 m/min。

2）起重机大车运行速度：在稳定运动状态下，起重机运行的速度即为起重机大车运行速度。规定为在水平路面上，离地 10m 高度处，风速小于 3m/s 时，起重机带额定载荷时的速度。

3）小车运行速度：在稳定运动状态下，小车运行的速度。规定为离地 10m 高度处，风速小于 3m/s 时，起重机带额定负荷时的速度。

### 3. 起重机的分类

起重机工作类型可以根据起重机工作繁忙程度和载荷变化程度来划分。

对起重机来讲，起重机工作繁忙程度是指在一年时间（约 8700h）内，起重机实际运动时数与总时数的比值。

起重机载荷变化程度是指：按额定起重量设计的起重机在实际作业中所吊起的载荷往往小于额定起重量。这种载荷的变化程度用起重量利用系数 $K = Q_均/Q_额$ 表示。

根据起重机工作繁忙程度和载荷变化程度把起重机的工作类型分为轻级、中级、重级和特重级四个级别。

桥式起重机根据使用吊具的不同，可分为吊钩式桥式起重机、抓斗式桥式起重机和电磁吸盘式桥式起重机。

根据用途的不同，可将起重机分为通用桥式起重机、冶金桥式起重机、水电站用桥式起重机和大起升高度桥式起重机等。

按主梁结构形式的不同，可将起重机分为箱形结构桥式起重机、桁架结构桥式起重机、管形结构桥式起重机，此外，还有由型钢（工字钢）和钢板制成的简单截面梁的起重机，称为梁式起重机，这种起重机多采用电动葫芦作为起重小车。

## 6.1.2　桥式起重机的安装工艺

### 1. 安装工艺流程

设备开箱检查→建筑构件部分的检查→安装轨道→安装滑触线→吊装→组装通用桥式起重机→起重机电气及附件安装→起重机试运转→自检→竣工交检。

### 2. 安装工艺步骤

（1）设备开箱检查　由安装单位和设备使用单位共同成立开箱验收小组，根据装箱清单逐一清点货物，并认真填写开箱验收记录。

1）根据随机文件目录查对使用说明书、电气原理图、布线图、产品合格证（包括主要材料质保书、电动葫芦合格证等）。

2）根据装箱清单所列零部件规格型号、数量逐一清点货物。

3）检查各部件是否完好无损，有无人为因素的变形损伤。

4）验收结束后，认真填写开箱验收记录，并共同签字。

5）将验收后的设备妥善保管。

（2）建筑构件部分的检查　根据业主提供的建筑构件检测数据对建筑构件部分进行复查。

1）承轨梁顶面标高。

2）承轨梁中心位置及两侧承轨梁中心距。

3）承轨梁已预留孔及预埋螺栓时中心线的偏离。

（3）安装轨道

1）放线：根据起重机轨距在承轨梁上放线，弹出轨道中心线，再按轨道底宽弹出轨道底边线，以导电侧的轨道线为基准，根据轨距，用钢卷尺、弹簧秤定出另一侧轨道中心线，同样弹出轨道中心线。

2）调整标高：根据所测标高添加所需的垫板。

3）轨道上位：用手拉葫芦分别将调直的轨道吊装到承轨梁上，吊放在所需位置，把轨道底面用20mm左右厚度的木板垫起来，以便放置钢垫板和防振垫片。

4）轨道找正、定位、紧固：将安装轨道用的一切材料及工具（如螺栓组、轨道压板等）吊到承轨梁上，并组装好，以防掉落伤人。钢垫和防振垫板垫好后，将轨道下的木板抽出，然后用鱼尾板把轨道连成一体，其轨道接头间隙不应大于2mm；两侧轨道接头应错开，且错开距离不得等于轮距；接头左、右、上三面偏移均应小于1mm，根据中心线大体找成一根直线，用轨道压板等把轨道初步固定；最后进行全面找正，符合要求后把螺栓全部紧固。

5）轨距测量：使用弹簧秤对钢盘尺施以150N拉力测量轨距，且每根轨道至少测量三点。轨道跨度极限偏差值 $S$ 应符合：$S \leqslant 10\mathrm{m}$，$\Delta S = \pm 3\mathrm{mm}$；$S > 10\mathrm{m}$，$\Delta S = [3 + 0.25(S - 10)]\mathrm{mm}$，且最大值不得超过 $\pm 15\mathrm{mm}$。

6）在轨道总长度内，侧向极限偏差为 $\pm 10\mathrm{mm}$；轨道顶面相对于理论高度的极限偏差为 $\pm 10\mathrm{mm}$；两根轨道的高度差最大为 $\pm 10\mathrm{mm}$；轨道中心与承轨梁中心之间的偏差不得超过承轨梁腹板厚度的一半。

7）轨道要可靠接地，其接地电阻应小于4Ω。

（4）安装滑触线

1）按照安全滑触线产品要求，先安装固定支架。

2）将每根滑触线用吊杆螺栓定位。

3）组装滑触线。组装时，调整与轨道在水平、垂直两个方向的平行度，不应大于1.5mm/1000mm，且全长不超过15mm。

4）先固定一标准段滑触线，再逐段按标准安装固定。

5）安装集电器，保证集电器电刷与导电滑道结合紧密。小车置于桥架中间位置（无负荷）时，集电器拖板应呈水平状态，并使集电器滑块和角钢滑线有良好的线接触；起重机在运行中，集电器运行平滑不应有跳动；安装后，测量其滑线的绝缘电阻不应低于0.4MΩ。

**3. 桥架的吊装**

安装时，先将运输用的钩子锯掉。为减少高空作业工作量，架设前应在地面进行预装：将起重机放在两根水平且平行的轨道上，用螺栓连接主梁和端梁后，调整并紧固螺栓。高强度螺栓连接必须符合"起重机高强度螺栓连接接头安装说明书"的有关规定。

安装双梁桥式起重机时，为减少高处作业和缩短工期，一般都在地面上把大梁、小车、操纵室等组装成整体后吊装就位。桥式起重机的安装应根据施工现场条件、厂房结构、使用机具和规定工期做好施工组织方案。根据桥式起重机机型、现场的起重设备能力、起重机的到货状态、厂房的建筑进度、房梁结构承载能力、吊孔吊耳板的设计、安装进度要求和安装费用情况的不同，桥式起重机的吊装可采用桅杆吊装，利用房屋结构吊装和利用起重机吊装。

（1）桅杆吊装

1）直立单桅桅杆吊装法。即将桥式起重机两扇大梁运到起吊位置进行现场拼装。桅杆直立在大梁之间，再将小车、操纵室装上，并将小车捆牢，用卷扬机牵引桅杆吊耳上的起升滑轮组整体起吊桥式起重机到一定高度后，再将桥式起重机回转一个角度而安装在其运行的轨道上。这种方法适于安装各式双梁桥式起重机。

2）斜立单桅桅杆吊装法。即用斜立桅桅杆分部件起吊双梁桥式起重机的大梁、小车及操纵室等，待这些部件就位后再进行组装。这种方法也适于整体起吊单主梁式桥式起重机。

3）斜立双桅桅杆吊装法。即用双桅桅杆整体吊装桥式起重机。

（2）利用房屋结构吊装

1）利用房屋构造吊装法。当使用桅杆吊装桥式起重机时，可在厂房内的构造柱承载能力许可的情况下，利用构造柱悬挂滑轮组进行吊装，在起吊桥式起重机一端到指定位置后，再吊另一端到指定位置。采用这种方法，可整体吊装，也可分部件吊装，但必须验算构造柱的许用水平分力，必要也可在柱的外侧加设缆风绳，并进行验算。

2）利用屋架吊装法。在某些钢屋架上设有检修点或吊点时，也可利用其能承受载荷的能力起吊桥式起重机。但是，正式吊装前必须经过试吊，并仔细观察房架挠度变化情况，检查厂房结构，确认稳定可靠，无其他不安全的隐患，方可进行吊装。

（3）利用起重机吊装

1）利用单台自行式起重机吊装。

2）利用两台自行式起重机吊装。

3）利用上层桥式起重机装下层桥式重机。

此外，还有一些吊装方法，如既利用房屋结构，又利用起重机械等。

**4. 大车运行机构的安装**

大车运行机构由制造厂安装，并调试符合要求。在桥架组装完毕后，检查大车装配质量，同时对大车运行机构进行检查：起重机无负荷时，装好的所有车轮部位应同时和轨道接触；将车轮悬空，用手扳动使其旋转一周时，不得有卡阻现象。

**5. 小车的安装**

小车一般在制造厂装配完毕，安装前应按有关规定检查各项技术要求，再将它安装到桥架上。在桥架安装合格的前提下，小车不得有"三条腿"现象，否则可在悬空车轮的轴承箱或轴道下加垫调整，但只能垫一层并放在肋板处，两端要焊接牢固。

**6. 辅助设备安装**

1）吊装维修吊笼，使之与主梁焊接牢固。

2）安装端梁栏杆、小车栏杆、大车动侧栏杆、导电侧竖架及栏杆、电缆滑线。

3）安装小车导电支架、斜梯及平台。

4）安装吊钩，用钢丝绳压板紧固钢缆绳头。

5）安装缓冲碰头。

**7. 电气设备的安装**

当桥架吊装后，进行电气设备的安装。

1）按照电气总图检查全部电气设备和元件。

电气设备安装前的绝缘测试及性能检查：各电气装置间带电部分和金属结构间的最小绝缘距离不应小于30mm；控制屏前面的通道宽度不应小于500mm；安装控制板和单独接触器时，应保持接触器前面和上面有75mm以上的消弧间隙。

2）安装在走台上的控制屏（箱）、电阻器等较重的设备，应尽量使支架牢固地搭接在走台大拉筋上，电阻器应尽量靠近控制屏（箱），使连接导线最短。

3）电阻器应沿着平行主梁的方向放置，电阻器迭装时，不应超过4箱。

4）按照电气原理图放线，将全部电气设备和元件连接好。

5）导线应走线管（线槽），线管出线口应加橡皮护套，全部导线的端头应按设计图样上的编号做好标记，以便检修。

6）电缆挂装于滑车上，电缆下挂长度适宜、均匀，滑车运动灵活。

7）起重机上凡易触及裸露导电部分应有防护装置。

8）电气设备的外壳均应可靠接地；起重机上任何一点到电源中性点间的接地电阻应不大于$4\Omega$。

9）在检查接线正确无误后，进行通电调试。

## 6.1.3　桥式起重机运转试验

桥式起重机属于危险设备，对于新安装、移位安装或大修后，必须按照《起重机械安全规程》的规定试验合格，以确保安全运行。

**1. 运转试验的目的**

1）检查起重机的性能是否符合技术规定的要求。

2）金属结构是否有足够的强度、刚度和稳定性，焊接质量是否符合要求。

3）各机构的传动是否平稳、可靠。

4）安全装置、限位开关和制动器是否灵活、可靠和准确。

5）轴承温升是否正常。

6）润滑油路是否畅通。

7）电器元件是否正常工作，温升是否正常。

**2. 试验前的准备工作**

1）关闭电源，检查所有连接部位的紧固工作。

2）检查钢丝绳在卷筒、滑轮组中的围绕情况。

3）用绝缘电阻表检查电路系统和所有电气设备的绝缘电阻。

4）检查各减速器的油位，必要时加油。各润滑点加注润滑油脂。

5）清除大车运行轨道、起重机及试验区域内有碍负荷实验的一切物品。

6）与试验无关的人员必须离开起重机和现场。

7）采取措施防止在起重机上参加负荷试验的人员触及带电设备。

8）准备好负荷试验的重物，重物可用比重较大的钢锭、生铁和铸件毛坯。

**3. 无负荷试验**

1）用手转动各机构的制动轮，使最后一根轴转动一周，所有传动机构运动应平稳且无卡住现象。

2）分别开动各机构，先慢速试转，再以额定速度运行，观察各机构是否平稳运行，是否有冲击和振动现象。

3）大、小车沿全行程往返运行3次，检查运行机构的工况。双梁起重机小车主动轮应在全长上接触，被动轮与导轨的间隙不超过1mm，间隙区不大于1m，在间隙区累积长度不大于2m。

4）进行各种开关的试验，包括吊具的上升开关和大、小车运行开关，舱口盖和栏杆门上的开关及操作室的紧急开关等。

**4. 静负荷试验**

先起升较小的负荷（可为额定负荷的0.5倍或0.75倍）运行几次；卸去负荷，在桥架全长上往返运行数次后，将小车停在桥架中间；起升1.25倍额定负荷，离开地面约100mm，悬停10min；卸去负荷，分别检查起升负荷前后量柱上的刻度（在桥架中部或厂房的房架上悬挂测量下挠度用的线锤，相应地在地面或主梁上安设一根量柱），反复试验，最多3次，桥架应无永久变形（即前后两次所检查的刻度值相同）。

上述试验完成后，将桥式起重机小车开到桥架端部，测量主梁的上拱度，应在 $L/1000$ 范围内（$L$ 为主梁长度）。

最后测量主梁的下挠度。桥式起重机的小车仍应位于端部，在桥架中点测量地面或主梁上量柱刻度，并以此为零点。然后将小车开到桥架中部，起升额定负荷，离地面100mm左右停止，测量主梁的下挠度。桥式起重机的下挠度不应该超过 $L/700$。

完成静负荷试验后，应检查金属结构的焊接质量和机械连接质量，并检查电动机、制动器、卷筒轴承座及各减速器等的固定螺钉有无松动现象，如发现松动，应紧固。

**5. 动负荷试验**

以1.1倍额定负荷分别开动各机构（也可同时开动两个机构），做反复运转试验。各机构每次连续运转时间不宜太长，防止电动机过热，但累计开动时间不应少于10min。各机构的运动应平稳；制动装置、安全装置和限位装置的工作应灵敏、准确、可靠；轴承及电器设备的温度不应超过规定。

完成动负荷试验后，应再次检查金属结构的焊接质量及机械连接质量。

桥式起重机安装后的检查内容和要求见表6-1。

表 6-1 桥式起重机安装后的检查内容和要求

| 序号 | 检查部位 | 技术要求 |
|---|---|---|
| 1 | 由操纵室登上桥架的舱口开关 | 打开舱口，起重机不能开动 |
| 2 | 制动器 | 制动轮表面无油污；制动瓦的退距合适；弹簧有足够的压缩力；制动垫片的铆钉不与制动轮接触 |
| 3 | 小车轨道及走台 | 轨道上无油污及障碍物 |
| 4 | 起升机构 | 极限限位开关灵敏可靠；制动动作可靠 |
| 5 | 小车运行机构 | 运行平稳，制动动作可靠 |
| 6 | 大车运行机构 | 运行平稳，制动动作可靠 |
| 7 | 钢丝绳 | 润滑正常，两端固定可靠 |
| 8 | 各减速器润滑油 | 油位达到规定位置；油料清洁 |
| 9 | 大车轮 | 轮缘及踏面磨损正常无啃轨现象 |
| 10 | 小车轮 | 轮缘及踏面磨损正常无啃轨现象 |
| 11 | 滑轮组 | 平衡滑轮能正常摆动；平衡轴加油 |

## 6.1.4 安装施工的安全技术措施

1）参加安装施工的工作人员，均应持有安全操作证，并对施工人员进行必要技术交底，熟悉施工方案，并按照施工方案要求进行安装。

2）在施工过程中，施工人员具体分工，明确职责，吊装时，划分施工警戒区，并设有禁区标志，非施工人员严禁入内，所有施工人员进入现场时必须头戴安全帽，熟悉指挥信号，在整个吊装过程中听从专人指挥，不得擅自离开工作岗位。

3）在整个施工过程中，随时做好现场清理工作，清理一切障碍物以利于操作。凡参加高空作业的人员，操作时应佩带安全带，并在安全可靠的地方挂好安全带。高空作业应背工具包，严禁从高空向地面乱扔工具和杂物，以免伤人或造成其他意外事故。

4）设备吊装前，要严格检查吊装用钢丝绳的选用及捆扎是否牢靠。设备吊装过程中，起升下降要平稳，不准有冲击、振动现象，不允许任何人随同设备升降。在吊装过程中，如因故中断，则必须采取有效措施进处理，不得使设备长时间停留在空中。现场负责人对整个吊装过程安全负责。

5）操作人员在承轨梁上行走时，不得在轨道上行走，应穿平底鞋，同时扎紧裤腿，以防钩到其他物件而出意外。

6）在工作时间不得打闹，严禁酒后操作。

7）凡是利用建筑物作锚点或吊点进行吊装，必须得到业主设备基建管理部门的同意，同时，在建筑物周围填上木块等以免损坏建筑物或钢丝绳。

8）开车时，应事先和各工种联系好后方可开车。

### ▶▶ 工程案例

**例 6-1** 某企业发生一起桥式起重机起吊事故，事故经过：一台 30t/5t 桥式起重机在对一件尺寸为 8300mm×3250mm×120mm、重约 25.4t 的拼焊钢板进行 180°翻身吊运时，由于操作者选用的钢丝绳系扣等起吊工具偏小，起吊方法有误，当桥式起重机起吊工件呈垂直状态、大车行驶约30cm时，承重的φ39mm卸扣销轴突然被剪切断开，钢板堕落在焊接平台上，一台焊接设备当场被砸损，所幸没有造成人身伤害。

1. 由建筑物进入桥式起重机的门和由司机室登上桥架的舱口门，应设（　　　）

A. 护栏　　　　　B. 报警装置　　　C. 联锁保护装置　D. 幅度指示器

2. 下列不属于特殊工种的是（　　　）

A. 起重司机　　　B. 司索工　　　　C. 电焊工　　　　　D. 车工

3. 桥式起重机应设哪些安全防护装置？

答：桥式起重机应设以下安全防护装置：超载限制器、升降限位器、运行限位器、联锁保护装置（设在由建筑物登上起重机的门与大车运行机构之间，由司机室登上桥架的舱口门与小车运行机构之间和运动部分的司机室进入司机室的通道口与小车运行机构之间）、缓冲器、安全声光报警、登记信号按钮、扫轨板、活动零件防护罩等。

# 任务2　电梯的安装

## ▶▶ 任务描述

了解电梯的结构和工作原理，理解电梯的安装技术要求，掌握电梯的安装调试工艺方法与步骤、常用工作和量具的选择与使用方法。

## ▶▶ 知识点讲解

电梯是电力拖动的机械与电气结构的组合，是机电一体化的大型复杂产品，机械部分相当于人的躯体，电气部分相当于人的神经。机与电的高度合一，使电梯成为现代科学技术的综合产品。

## 6.2.1　电梯的分类、型号及常用术语

### 1. 电梯的分类

（1）按用途分类

1）乘客电梯（TK）。为运送乘客而设计的电梯，有完善的安全装置。

2）载货电梯（TH）。为运送货物而设计的电梯，通常有人操作，有必备的安全装置。

3）客货两用电梯（TL）。主要用于运送乘客，但也可运送货物，它与客梯的区别在于轿厢内部装饰结构不同。

4）医用电梯（TB）。为运送病床而设计的电梯，具有轿厢长而窄的特点。

5）住宅电梯（TZ）。供住宅楼使用的电梯，一般采用下集选控制方式，轿厢内部装饰较简单。

6）观光电梯（TG）。具有透明轿厢壁，供乘客观光之用。

7）船用电梯（TC）。用于船舶上的电梯，能在船舶摇晃中正常工作。

还有一些专用电梯、汽车用电梯（TQ）等。

（2）按速度分类　有低速梯（≤1m/s）、快速梯（≤1.75m/s）、高速梯（>2m/s）、超高速梯（>4m/s）、特高速梯（>10m/s）等类型。

（3）按曳引电动机供电电源分类

1）交流电梯。曳引电动机供电电源是交流电源。

当电动机是单速时，称为交流单速电梯；当电动机是双速时，称为交流双速电梯；当电动机具有调压调速装置时，称为交流调速电梯；当电动机具有调压调频调速装置时，称为变频调速电梯。

2）直流电梯。曳引电动机供电电源是直流电源。又分为直流有齿电梯和直流无齿电梯。

（4）按有无减速器分类　分为有齿电梯和无齿电梯。

（5）按传动结构分类　分为钢丝绳式（又分为强制和摩擦）电梯、液压式（又分为柱塞直顶式和柱塞侧置式）电梯、爬轮式电梯和螺杆式电梯。

（6）按控制方式分类

1）手柄控制。由司机操纵轿厢内的手柄开关，实现轿厢运行控制的电梯。

2）按钮控制。具有简单的自动控制方式的电梯，有自动平层功能。

3）信号控制。自动控制程度较高的有司机电梯，具有自动平层、自动开门、轿厢命令登记、厅外召唤登记、自动停层、顺向截停和自动换向等功能。

4）集选控制。高度自动控制的电梯可无司机驾驶，除具有信号控制电梯的功能外，还具有自动掌握停站时间、自动应召服务、自动换向应答反向厅外召唤等功能。

5）下集选控制。只有在电梯下行时才能被截停的集选控制电梯。

6）并联控制。几台电梯被联在一起控制，共用厅门外召唤信号的电梯，具有集选功能。

7）梯群控制。多台集中排列，共用厅外召唤按钮，按规定程序集中调度和控制的电梯。

8）微机处理集选控制。由微机根据客流情况自动选择最佳运行方式的集群控制电梯。

（7）按有无机房分类　分为有机房电梯（机房在井道顶部、井道底部或井道侧部）和无机房电梯（曳引电动机、曳引轮、制动器三位一体，曳引机放在导轨顶端或轿顶部位）。

（8）按厢体尺寸分类　分为小型电梯和大型电梯。

（9）按载重量分类　分为小吨位电梯和大吨位电梯。

**2. 电梯的型号**

电梯产品型号用字母、数字表示。第一位字母表示产品类型，第二位表示产品品种，第三位表示拖动方式，第四位表示改型代号，第五位表示额定载重量，第六位表示额定速度，最后为控制方式。例如，TKJ1000/1.6-JK 表示交流调速乘客电梯，额定载重为 1000kg，额定速度为 1.6m/s，集选控制；YP-15-C090 表示交流调速乘客电梯，额定载重为 15 人，中分式电梯门，额定速度为 90m/min；F-1000-2Z45 表示载货电梯，额定载荷为 1000kg，两扇旁开式电梯门，额定速度为 45m/min。

（1）电梯的主要参数及规格

1）额定载重量（乘客人数）：即指制造和设计规定的电梯载重量。对于客用电梯，还有轿厢乘客人数的限定（包括电梯司机在内）。

2）额定速度：制造和设计规定的电梯运行速度。

3）轿厢尺寸：即宽×深×高，指轿厢内部的尺寸。

4）门的形式：按结构形式可分为中分式门、旁开式门、垂直滑动门和铰链门等。

5）开门宽度：指轿厢门和层门完全开启后的净宽。

6）层站数量：即建筑物内各楼层用于出入轿厢的地点数量。

7）提升高度：指从底层端站楼面至顶层端站楼面之间的垂直距离。

8）顶层高度：指由顶层端站楼面至机房楼板或隔层板下最凸出构件的垂直距离。该参数与电梯的额定速度有关，梯速越高，顶层高度一般就越高。

9）底坑深度：指由底层端站楼顶至井道底平面之间的垂直距离。它与梯速有关，速度越快，底坑越深。

10）井道总高度：指由井道底平面至机房楼板或隔层楼板之间的垂直距离。

11）井道尺寸：即宽×深，指井道内部的尺寸。

12）拖动方式：如交流电动机拖动、直流电动机拖动等。

13）控制方式：如手柄控制、按钮控制、信号控制、集选控制、并联控制等。

14）信号装置：如呼梯按钮，层显灯的方向、位置和呼叫方式等。

15）轿厢装置与装饰要求：轿厢装置通常是指照明灯、电风扇、电话、扶手等。装饰要求则包括轿厢和层门的门套材质、颜色以及轿顶装饰的特定要求等。

（2）主要参数的含义　主要参数表明了电梯的基本特征，是选择电梯的重要依据。它反映电梯与建筑物结构的密切关系，建筑结构的设计与电梯产品的设计、制造必须密切配合。因电梯是以建筑物或能满足安装要求的结构体为基础进行安装的设备，所以客户在确定了电梯的类别之后，应根据电梯生产厂家提供的技术资料及有关技术要求和设计要求进行井道、机房、底坑、厅门口及顶层高度等具体设计。

### 3. 常用术语

（1）层站　各楼层中，电梯停靠的地点。每一层楼，电梯最多只有一个站，但可根据需要在某些层楼不设站。

（2）基站　轿厢无指令运行中停靠的层站。此层站一般面临街道，出入轿厢的人数最多。合理选择基站可提高使用效率。

（3）底层端站　大楼中最低的停靠站。

（4）顶层端站　大楼中最高的停靠站。

（5）平层　指轿厢接近停靠站时，欲使轿厢地坎与层门地坎达到同一平面的动作。

（6）平层区　指轿厢停靠站上方和（或）下方的一段有限距离。在此区域内，电梯的平层控制装置动作，使轿厢准确平层。

（7）平层准确度　指轿厢到站停靠后，其地坎上平面对层门地坎上平面垂直方向的误差值。

## 6.2.2　电梯的基本结构

电梯是安装设置在机房、井道、底坑内，构成垂直运行的交通工具，是服务于规定楼层的固定式升降设备。关于电梯的结构，传统的方法是分为机械部分和电气部分，它具有一个轿厢，运行在至少两列垂直的或倾斜角小于15°的刚性导轨之间，其基本结构如图6-2所示。电梯主要由以下几个系统组成。

### 1. 曳引系统

曳引系统的主要功能是输出与传递动力，实现电梯的上下运行。曳引系统主要由曳引机、曳引钢丝绳、导向轮和反绳轮等组成。

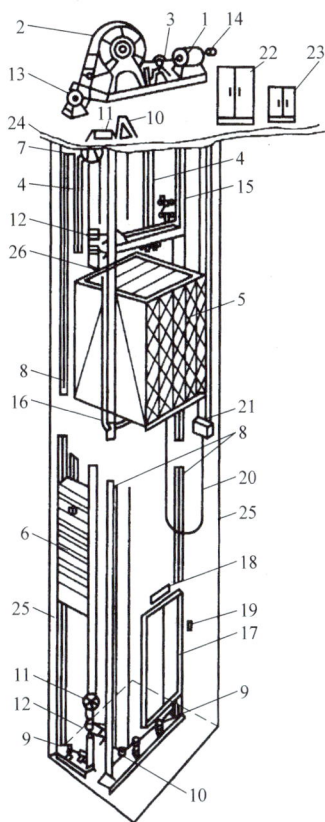

图 6-2　电梯的基本结构

1—曳引电动机　2—曳引轮　3—电磁制动器　4—曳引钢丝绳　5—轿厢　6—对重装置
7—导向轮　8—导轨　9—缓冲器　10—限速器（包括转紧绳轮、安全绳轮）　11—极限开关（包括转紧绳轮、传动绳索）　12—限位开关（包括向上、向下限位）　13—楼层指示器　14—球形速度开关　15—平层感应器
16—安全钳及开关　17—厅门　18—厅外指示灯　19—召唤灯　20—供电电缆　21—接线盒及线管
22—控制屏　23—选层器　24—顶层地平　25—电梯井道　26—限位器挡块

（1）曳引机　曳引机又称为主机，是电梯的动力源，一般放置在井道最高处的机房内，也有放置在导轨顶端、底坑一侧或某个层站井道一旁的。曳引机一般由曳引电动机、电磁制动器、曳引轮及减速齿轮箱组成。

按曳引电动机与曳引轮之间有无减速箱可分为有齿与无齿两种曳引机。无齿曳引机如图 6-3 所示。

1）曳引电动机。曳引电动机是将电能转换成机械能的电气设备。

电梯用曳引电动机分为直流和交流两种，直流电动机因其速度稳定、方便控制，具有传动效率高、平稳舒适的优点，常用在速度为 6m/s 以上的超高速电梯上。

交流电动机有异步和同步两种。异步电动机又有单速、双速、调速三种类型。异步单速电动机适用于杂货梯，异步双速电动机适用于货梯，调速电动机常用于客用电梯、住宅电梯和医用电梯上。交流同步电动机采用 VVVF（变压变频）技术控制其速度，可用于小吨位的任何速度、任何用途的电梯。

2）电磁制动器。电磁制动器是电梯的安全设施，能防止电梯溜车，使电梯准确地停

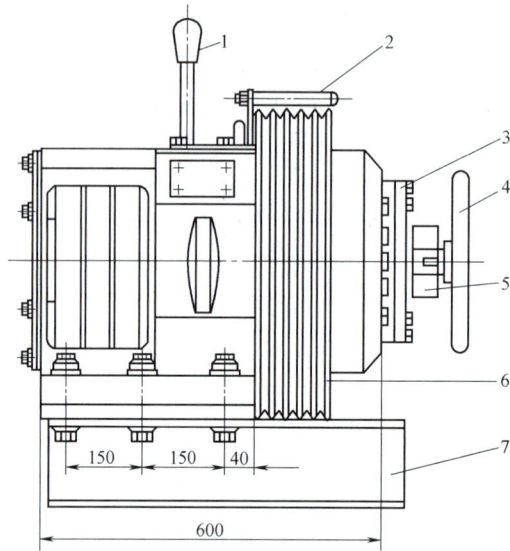

图 6-3　无齿曳引机

1—松闸手柄　2—钢丝绳限位杆　3—电动机　4—盘车手轮　5—编码器　6—曳引轮　7—机架

止。它安装在电动机轴与齿轮箱蜗杆轴的联轴器上，以联轴器作为制动轮。而无齿曳引机的制动器则与曳引轮铸为一体或直接安装在电动机转轴的伸出端。

电磁制动器一般由制动电磁铁、制动臂、制动瓦、制动衬料、制动弹簧、手动松闸装置，以及弹簧拉杆、调整螺栓、螺母等组成。卧式电磁制动器和立式电磁制动器分别如图 6-4 和图 6-5 所示。电磁制动器的主弹簧有两个，分别安装在两制动臂上，由一根双头螺杆连在一起。制动瓦上的闸带（衬料）常采用厚度为 10mm 左右的石棉刹车带，用铜铆钉固定在制动瓦上。

为了提高制动的可靠性，以满足当一组部件不起作用时，制动轮仍可获得足够的制动力，使载有额定载荷的轿厢减速，在结构上，应把所有向制动轮施加制动力的部件分成两组进行装配。在大型无齿曳引机上也有采用内胀式制动器的。

3）曳引轮。曳引轮又称为驱动轮，它既要承受轿厢自重，又要承受轿厢载重和对重、钢丝绳、平衡绳索、电缆等的重量，还要通过轮槽与曳引钢丝绳的摩擦产生驱动力。曳引轮包括轮筒、轮圈两部分。

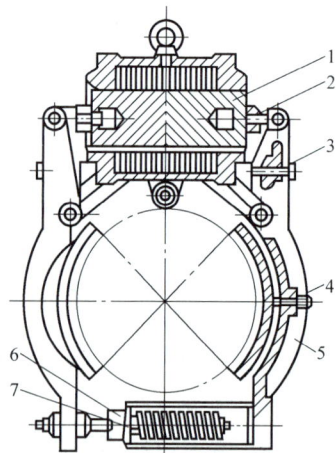

图 6-4　卧式电磁制动器

1—铁心　2—锁紧螺母　3—限位螺钉　4—连接螺栓
5—蝶形弹簧　6—偏斜套　7—制动弹簧

4）减速齿轮箱。减速齿轮箱的作用主要是降低电动机输出转速和提高电动机输出转矩。

（2）曳引钢丝绳　电梯用曳引钢丝绳通常采用优质碳素钢钢丝制成（通过冷拔、热处理、镀层等工艺），通常采用特级、韧性最好的钢丝，其直径为 $\phi 0.3 \sim \phi 1.3\mathrm{mm}$。一般都是采用双重捻绕成股，各股中间有一根麻或合成纤维组成的绳芯，起到蓄油和走绳型的作用。

挠性较好的双重捻绕钢丝绳一般都采用互捻绕成绳，即捻股与捻绳方向相反，电梯常用右交互捻绳，它不会自行扭转和散股，使用方便。

### 2. 导向系统

导向系统的主要功能是限制轿厢和对重的活动自由度，使轿厢和对重只能沿着导轨做升降运动。导向系统主要由导靴、导轨和导轨架组成。

（1）导靴  导靴是引导轿厢和对重服从于导轨的部件，常见的有刚性滑动导靴、弹性滑动导靴和滚动导靴三种。

（2）导轨  导轨除了起导向作用外，还要承受轿厢的偏重力、制动的冲击力、安全钳紧急制动时的冲击力等。这些力的大小与电梯的载重量和速度有关。

（3）导轨架  导轨架作为支承和固定导轨

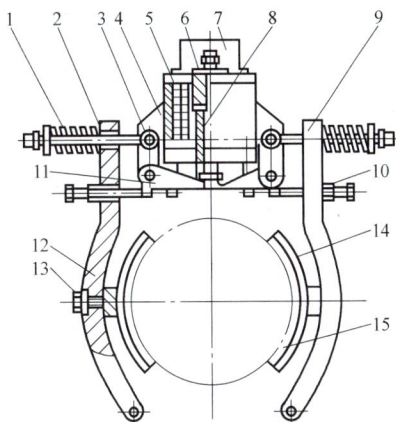

图 6-5  立式电磁制动器

1—制动弹簧  2—拉杆  3—销钉  4—电磁铁座
5—线圈  6—衔铁  7—罩盖  8—顶杆  9—制动臂
10—顶杆螺栓  11—转臂  12—球面头
13—连接螺钉  14—闸瓦快  15—制动带

用的构件，固定在井道壁或横梁上，承受来自导轨的各种作用力。

按服务对象分，可分为轿楔导轨架、对重导轨架和轿厢与对重共用导轨架等。

### 3. 轿厢系统

轿厢是运送乘客和货物的电梯组件，在曳引钢丝绳牵引下沿导轨上下运行，是电梯的工作部分。轿厢由轿厢体和轿厢架组成。

（1）轿厢体  轿厢体由轿厢底、轿厢壁、轿厢顶和防护板构成，如图6-6所示。除杂物电梯外，一般内部有2m以上的净高。但有的汽车专用电梯，在不影响使用安全的条件下，省略了轿顶。

（2）轿厢架  轿厢架是固定和悬吊轿厢的框架，由底梁、立柱、上梁和拉条组成，如图6-7所示。

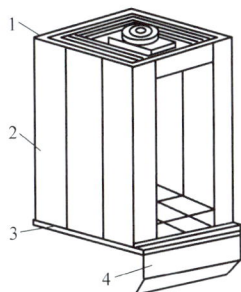

图 6-6  轿厢体

1—轿厢顶  2—轿厢壁  3—轿箱底  4—防护板

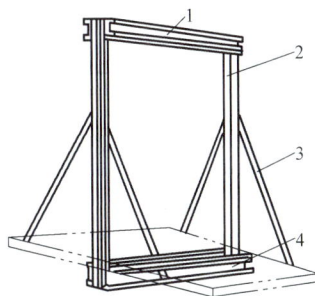

图 6-7  轿厢架

1—上梁  2—立柱  3—拉条  4—底梁

### 4. 门系统

门系统的主要功能是封住层站入口和轿厢入口。门系统由层门、轿厢门、开关门机和门锁装置等组成。

（1）层门与轿厢门 电梯门按安装位置分为层门和轿厢门。装在井道入口层站处的为层门，装在轿厢入口处的为轿厢门，轿厢门与轿厢一起升降。电梯门主要有滑动门和旋转门两类，目前普遍采用的是滑动门。滑动门按开门方式分为水平滑动门和垂直滑动门两类，按门扇的开启方向分为中分式、旁开式和直分式三种门；中分式门有单扇中分、双折中分；旁开式门有单扇旁开、双扇旁开（双折门）和三扇旁开（三折门），如图6-8所示。

（2）开关门机 电梯的开关门方式有手动和自动两种，为使电梯运行自动化及减轻电梯司机劳动强度，需要设置自动开关门机构，简称开关门机。

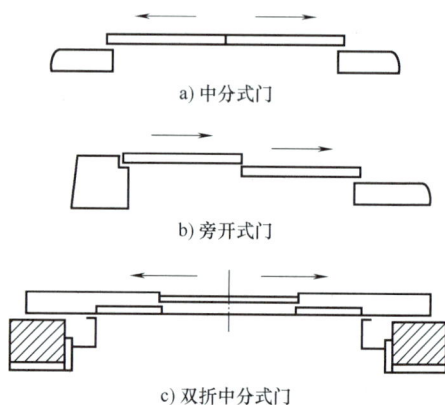

图6-8 门的类型与方式

开关门机的工作原理：开关门机设置在轿厢上部特制角形架上，当电梯需要开门时，开关门电动机通电旋转，通过带轮减速，当最后一级减速带轮转动180°时，门即开到最终位置。关门时，开关门电动机反转，通过带轮减速，当最后一级减速带轮转动180°时，门即闭合到最终位置。图6-9所示为开关门机的结构示意图。

电梯实现计算机控制后，有了更多、更复杂的控制功能。电梯轿顶装配两块电子电路板，即一块电源板和一块控制板。控制板与电梯控制器通过接口连接，执行开关门指令。图6-10所示为电梯开关门的计算机控制框图。

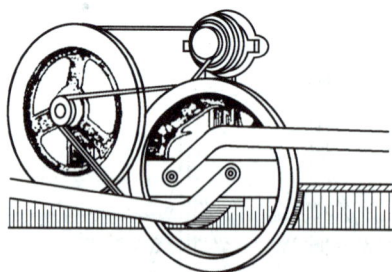

图6-9 开关门机的结构示意图

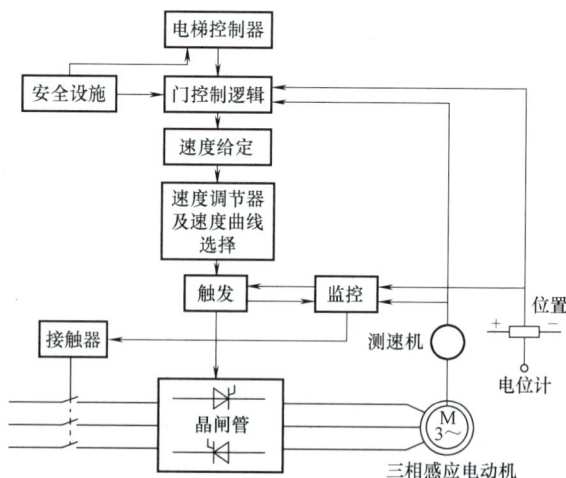

图6-10 电梯开关门的计算机控制框图

如图6-11所示，变压变频（VVVF）开关门机是由变频电动机驱动，取消了传动的曲柄连杆机构，更精确地保证门速度的同步性，开门更平稳、安静，变频开关门机还带有电子重开门装置，以保证乘客的安全。

（3）层门门锁 层门门锁是由机械联锁和电气联锁触点两部分结合起来的一种特殊门电锁。当电梯上所有层门上的门电锁机械锁钩全部啮合，且层门电气联锁触点闭合时，电梯控制电路才能接通，电梯才能起动运行。如果有一个层门的门电锁动作失效，电梯就无法起

动。常用层门门锁有手动门锁和自动门锁
两种。

### 5. 重量平衡系统

重量平衡系统的主要功能是相对平衡轿
厢重量，在电梯工作中能使轿厢与对重间的
重量差保持在限额之内，保证电梯的曳引传
动正常。系统主要由对重和重量补偿装置
组成。

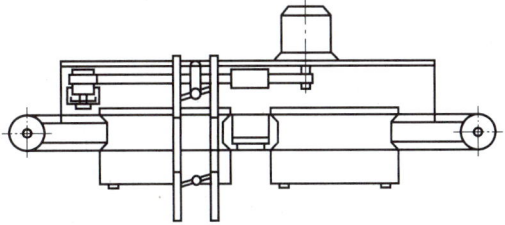

图6-11  变频开关门机结构示意图

（1）对重  对重主要由对重架和对重块等组成，如图6-12所示。对重架上安装有对重
导靴。当采用2:1曳引方式时，在架上设有对重轮。此时，应设置一种防护装置，以避免悬
挂绳松弛时脱离绳槽，并能防止绳与绳槽之间进入杂物。有的电梯在对重上设置安全钳，此
时，安全钳设在对重架的两侧。对重架通常以槽钢为主体。有的对重架制成双栏结构，可减
小对重块的尺寸，便于搬运。对于金属对重块，若电梯速度不大于1m/s，则用两根拉杆将
对重块紧固住。对重块用灰铸铁制造，其造型和重量均要适合安装维修人员搬运。对重块装
入对重架后，需要用压板压牢，防止电梯运行中发生窜动。

（2）重量补偿装置

1）补偿链。如图6-13所示，补偿链以铁链为主体，悬挂在轿厢与对重下面。为降低运
行中铁链碰撞引起的噪声，在铁链中穿上麻绳。该装置结构简单，不适用于高速电梯，一般
用在速度小于1.75m/s的电梯上。

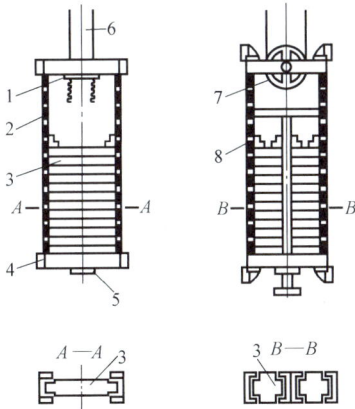

图6-12  对重

1—绳头板  2—对重架  3—对重块  4—对重导靴
5—缓冲器碰块  6—曳引绳  7—对重轮  8—压块

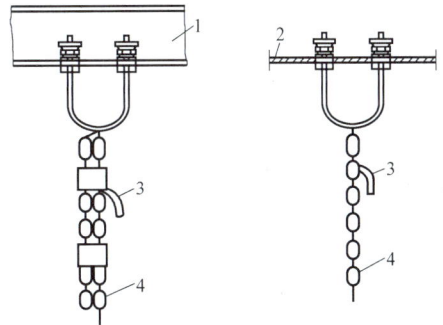

图6-13  补偿链

1—轿厢底  2—对重底  3—麻绳  4—铁链

2）补偿绳。如图6-14所示，补偿绳以钢丝绳为主体，悬挂在轿厢或对重下面，具有运
行较稳定的优点。

### 6. 电梯的电气系统

电梯的电气系统包括电力拖动系统、信号控制系统和安全保护系统。

（1）电力拖动系统  电力拖动系统的功能是提供动力，实现电梯速度控制，主要由控
制系统、电动机、传动机构、电梯轿厢四部分组成，如图6-15所示。电梯轿厢是电力拖动

控制的对象，传动机构是电梯的机械传动装置，电动机是电梯拖动的主要动力设备，控制系统是电梯拖动系统的电气控制部分。电梯的电力拖动系统对电梯的起动、加速、稳速运行、制动减速起着控制作用。电力拖动系统的优劣直接影响电梯起动和制动加速度、平层精度和乘坐舒适感等指标。

用于电梯的电力拖动系统主要有如下几类：

1）交流变极调速系统。交流电动机有单速、双速及三速等类型，其变速方法是改变电动机定子绕组的极对数。因为交流异步电动机的转速是与其极对数成反比的。改变电动机的极对数就可以改变电动机的同步转速，此种系统多采用开环控制方式，其线路简单、价格低，但乘坐舒适感差，所以一般应用于额定速度为1m/s以下的货梯。

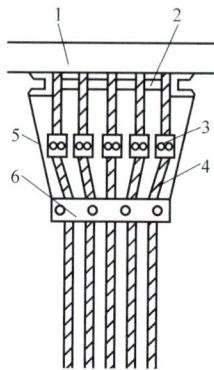

图6-14　补偿绳

1—轿厢梁　2—挂绳架　3—钢丝绳卡钳
4—钢丝绳　5—钢丝　6—定位卡板

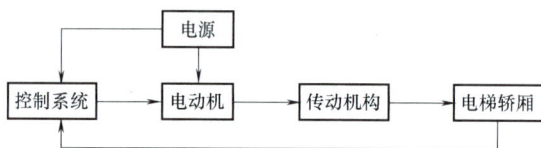

图6-15　电力拖动系统框图

2）交流变压调速系统。此系统采用晶闸管闭环调速，其制动减速可采用能耗制动、涡流制动、反接制动等方式，使电梯的速度控制在中、低速范围内，从而取代直流快速和交流双速电梯。它结构简单，易于维护，且舒适感、平层精确度明显优于交流双速梯，目前主要用于额定速度为2.5m/s以下的电梯。

3）变频变压（VVVF）调速系统。采用交流电动机驱动，其调速性能达到了直流电动机的水平。额定速度可达12.5m/s，具有节能、效率高、体积小等优点。由三相交流电通过晶闸管组成的交换器变换成直流电，以脉冲幅度调制（PAM）控制直流电压；再经过电容器平滑处理后，送入由晶体管组成的逆变器，以脉冲宽度调制（PWM）输出可以变压、变频的交流电源，其电压可在0~440V、频率可在0~50Hz的范围内变动，所以能对交流电动机从静止到全速进行有效的控制。电动机的供电变频器具有变压和变频两种功能，使用这种变频器的电梯常称为VVVF型电梯。

4）直流电梯拖动系统。包括发电机-电动机组供电和晶闸管整流器直接供电的电梯拖动系统。晶闸管整流器直接供电的拖动系统与发电机-电动机组供电的直流电梯拖动系统相比较，机房占地面积节省了35%，重量减轻了40%，节约能源25%~35%，常在直流高速电梯拖动系统中应用，其调速比可达1:1200。图6-16所示是晶闸管整流器供电的直流高速电梯拖动系统原理图，主要由两组晶闸管整流器取代传统驱动系统中的直流发电机组；两组晶闸管整流器可进行相位控制，或处于整流或处于逆变状态。

（2）信号控制系统　信号控制系统的主要功能是对电梯的运行实现操纵和控制，主要由操纵装置、位置显示装置、控制屏（柜）、平层装置及选层器等组成。

（3）安全保护系统　安全保护系统主要由一些安全开关和元器件组成，具体如下。

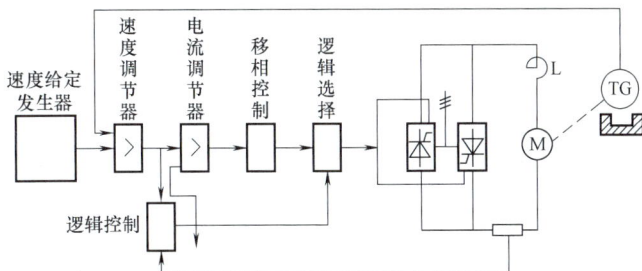

图 6-16　晶闸管整流器供电的直流高速电梯拖动系统原理图

1）急停开关。安装在轿厢内、轿厢顶、底坑的紧停开关，在电梯运行时遇到紧急情况，或在检修、检验时，维修安装调试人员上轿顶或下底坑都应断开此开关，切断电梯控制电源，保证人身安全。

2）超速保护。当电梯运行速度超过额定值但仍小于安全钳动作速度值时，限速器开关断开，控制电路断电，电梯立即停止。

3）安全钳动作保护。轿厢超速下降，引起安全钳动作，其联锁开关断开使控制电路断电。

4）断绳开关。为防止安全钢丝绳松脱断裂，在底坑张绳轮上设有断绳开关，一旦限速钢丝绳松动或断开，此开关被下落的张紧装置撞开，切断控制电路电源，电梯停止运行。

5）安全窗开关。为防止电梯因停电或故障突然停止在两层楼之间，使乘客被困，在轿顶留有天窗，供司机、维修人员采取应急救护措施。

6）断相、错相保护。用相序继电器防止电梯电源的错相、断相，以保证电梯设备和人身安全，在电源错相、断相事故状态下，控制电路断电。

7）电动机过载保护。采用热继电器作为过载保护，当电动机过载时，热继电器动作，切断控制电路电源。

一般电梯都有以上各种电器开关保护装置，将它们串联接入继电器线路，或直接接入PC，一般常采用 YJ 继电器，继电器触点再接入 PC。

#### 7. 电梯的安全装置

安全装置是保证电梯安全使用，防止一切危及人身安全事故发生的装置，由限速器、安全钳、缓冲器、端站保护装置组成。

## 6.2.3　电梯的安装、调试与验收

#### 1. 概述

随着城市高层建筑的崛起，电梯作为载人、运货的垂直方向运输工具，越来越普遍地得到应用，电梯的需求与日俱增，电梯的安装工程也越来越多。由于电梯安装实质上是电梯制造的最后组装工序，而且这种组装工作大多远离制造厂，因此从事电梯安装的技术人员和操作者应具有丰富的理论知识和实践经验，并且在安装前，必须认真了解所安电梯的结构和工作原理，切实做好准备工作。

（1）电梯安装施工流程　电梯安装施工流程如图6-17所示。

（2）电梯安装的常用方法

1）大件安装法。大件安装法是将零件、部件及组件预先在工厂或安装单位的施工配套

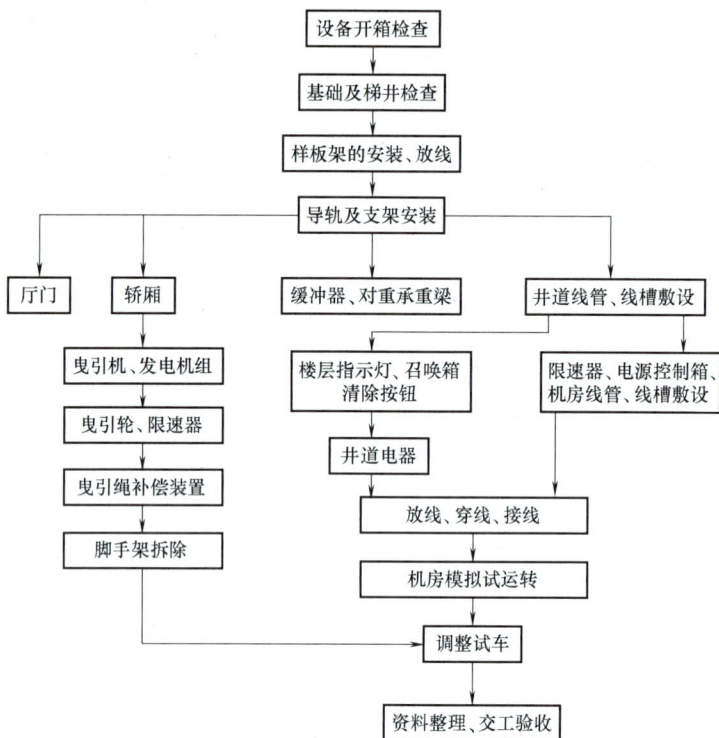

图 6-17 电梯安装施工流程

基地组装成组合形式，如轿厢、厅门及门架、传动装置等，并经过调整和试车，然后搬运到现场安装。

2）组合段安装法。组合段安装法是以组合段进行安装。组合段是指一层楼高的井段、混凝土底坑、机房混凝土地板或装配良好的机房整体，安装时，除电梯的机械部分外，还包括建筑结构。

3）散装安装法。散装安装法是将单个零件及组件在电梯井内、井坑、机房中直接进行安装。目前国内多采用这种安装法。

**2. 电梯安装前的准备工作**

对施工过程中的技术、材料、主要机具及作业条件进行详细检查，确保各项任务符合相关标准及规定。

编制电梯安装施工工艺流程。如安装前的准备工作、搭设脚手架→安置样板、挂铅垂线→安装导轨→安装轿厢架、曳引机→安装缓冲器、平衡器→挂绳→装配安全钳→安装厅门、轿门、轿厢→安装电控部分→安装限速器、张绳轮→调整试车→清扫场地→交工验收等。

**3. 样板架安装、挂基准线**

工艺流程：搭设脚手架→样板架制作→井道测量、确定基准线→挂基准线。

（1）搭设脚手架 根据电梯轿厢大小及对重位置确定脚手架的形式（单井式或双井式），脚手架的材料有木、竹及钢管几种，须保证脚手架的稳定性（每层有一根杆顶墙，避开门口）和足够的承载力，每层楼的脚手架横梁上应放置两块或两块以上的木板，木板两头应与横梁临时紧固，脚手架位置要便于施工，不影响放线。遇有电焊工序，应随时检查有无隐患，脚手架架设完毕后，安装工地负责人应检查脚手架是否牢固安全和符合使用要求，同时应检查井壁机房楼板下是否有残余的露出壁面的异物，如有，应安排人员进行剔除。脚手架的搭设和平面布置如图6-18和图6-19所示。

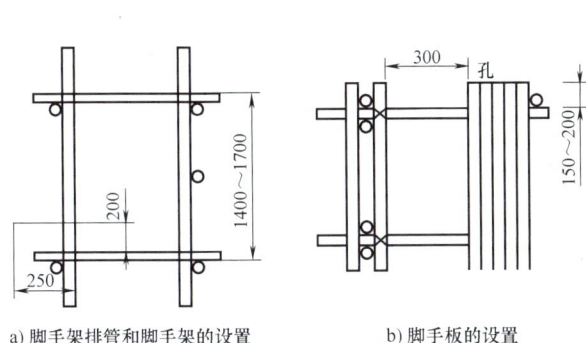

图6-18 脚手架的搭设

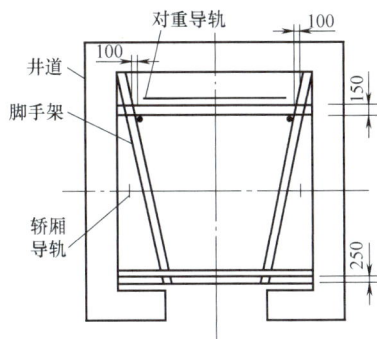

a)脚手架排管和脚手架的设置　　b)脚手板的设置

图6-19 脚手架的平面布置

（2）制作样板架　放样板是电梯安装工作中最重要的一项工作，用于确定电梯井道的垂线，确定井道尺寸是否在允许的公差范围内。样板的正确定位将使所有预制项目（即门框和导轨托架）的安装工作顺利进行。样板的正确定位可避免返工和修改。为此，样板本身必须做得精确、结实，符合布置图上标注的尺寸。

制作样板架和在样板架上悬挂下放的铅垂线时，必须以电梯安装平面布置图中给定的参数为依据。由样板架悬挂下放的铅垂线是确定轿厢导轨和导轨架、对重导轨和对重导轨架、轿厢、对重装置、厅门门口等位置，以及相互之间的距离与关系的依据。样板架必须用干燥、不易变形、四面刨平、互成直角的木料制成；或采用JZC电梯导轨检测仪将其安置在机房地板上向下射出垂直激光束来，然后将上、下两个样板任意点对正，以此激光束来确定轿厢导轨和导轨架、对重导轨和对重导轨架、轿厢、对重装置、厅门门口等位置，以及相互之间的距离与关系。

（3）放线　当样板架设好后，可进行放线。

对重两导轨位置各吊一根工作线，轿厢门位置吊两根工作线，加上原来的两根固定铅垂线，共六根工作线。

**4. 电梯机械部分的安装**

（1）导轨架和导轨的安装　工艺流程：安装导轨架→安装导轨→调整导轨。

1）安装导轨架。导轨架是固定导轨的基础件，导轨架根据电梯的安装平面布置图和样板架上悬挂下放的导轨和导轨架铅垂线（或应用JZC电梯导轨检测仪放线）确定位置，并分别将导轨架稳固在井道的墙壁上。

2）安装导轨。导轨包括轿厢导轨和对重导轨两种。将导轨表面及销孔清洁后，按图样的要求计算出导轨的长度，并使两根导轨接头错开，且不在同一个水平面上。安装时，由下而上逐根起吊安装。吊一根，组对一根，应注意保持导轨支承面上的宽度线对齐，接头对正后，再压压板，待找正、找平后拧紧螺栓。

3）调整导轨。当导轨临时固定后，为了确保电梯的运行性能，还必须对导轨予以校正。

在轿厢导轨和对重导轨中各选一根作基准，在基准导轨工作侧面吊挂一根铅垂线，用角尺测量尺寸并将导轨的垂直度和工作侧面调整到规定要求，导轨垂直度的校正如图 6-20 所示。已校正的基准用卡板调整导轨间距和导轨一对侧面的平行度，如图 6-21 所示。

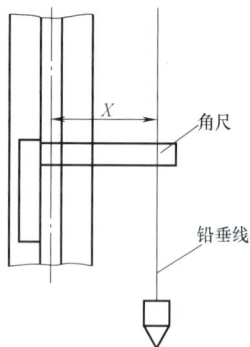

图 6-20　导轨垂直度的校正

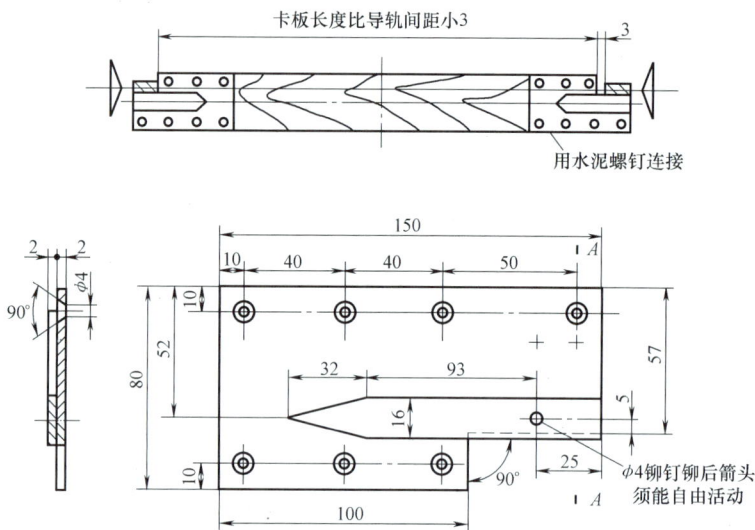

图 6-21　利用卡板校正导轨间距和平行度

（2）承重梁、曳引机、导向轮的安装　工艺流程：安装承重梁→安装曳引机→安装导向轮和复绕轮→安装限速器→安装控制装置。

1）承重梁的安装。曳引机一般多位于井道上方的机房内，固定安装在承重钢梁上。因此，承重梁是承载曳引机、轿厢和对重装置等总重量的机件。承重梁的两端必须牢固地埋入墙内并稳固在对应井道的机房楼板上。

承重梁安装方式常见有以下三种：

① 放置在机房楼板下面。当井道顶层高度足够时，可把承重梁安在机房楼板下面。这样使机房布置整齐，承重梁在土建时就要预先埋入，与楼板浇灌为一体。

② 放置在机房楼板上面。当井道顶层高度不足时，可把承重梁安装在机房楼板上，但须在机房楼板上留个十字形孔洞。施工时，在承重梁与楼板之间应留有适当的距离，以防电梯起动时，承重梁弯曲变形时冲击楼板。

③ 承重梁用混凝土台架设。如图 6-22 所示，当井道顶层高度不足时，可用两个高出机房楼面 600mm 的混凝土台把承重梁架起来。在承重梁两端上下各焊两块钢板，在混凝土台与承重梁钢板接触处垫放 25mm 厚的防振橡胶垫，通过地脚螺栓把承重梁紧固在混凝土台上。

2）曳引机的安装。承重梁经安装、稳固和检查符合要求后，方可开始安装曳引机。曳引机的安装方式与承重梁安装方式有关，如图 6-23 所示。曳引机的

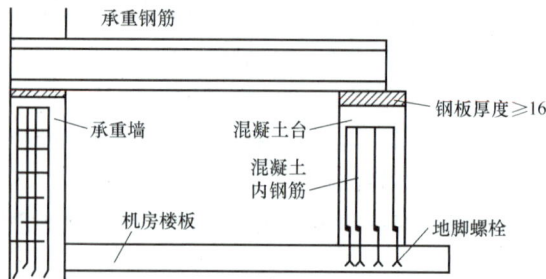

图 6-22　混凝土台的设置

固定方法有以下两种。

① 刚性固定。曳引机直接与承重梁或楼板接触，用螺栓固定。这种方法简便，但曳引机工作时，振动会直接传给楼板。因而适用于低速电梯。

② 弹性固定。常见的形式是曳引机先装在用槽钢焊制的机架上，在机架与承重板之间加有减振的橡胶垫。

3）导向轮和复绕轮的安装。

① 导向轮的安装。在安装导向轮时，先在机房楼板或承重梁上放一根铅垂线，并使其对准井道上样板架的对重装置中心点，然后在该铅垂线两侧根据导向轮的宽度另放两根辅助铅垂线，以校正导向轮的水平方向偏摆。

② 复绕轮安装。用于高速直流电梯的复绕轮，安装方法除和导向轮相同外，还须将复绕轮与曳引轮沿水平方向偏离一个等于曳引绳槽间距一半的差值。复绕轮经安装调整校正后，挡绳装置距离曳引绳的间隙应为3mm。

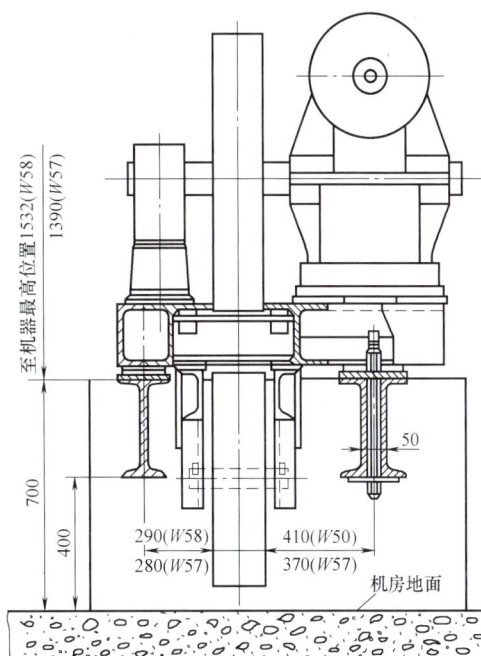

图6-23　曳引机安装简图

4）限速器的安装。限速器应安装在井道顶部的楼板上或通过在其底座设一块钢板为基础板，固定在承重梁上；并标明与安全钳动作相应的旋转方向；在任何情况下，应是可接近的，如装于井道内，应能从井道外面接近它。

5）无机房电梯轿厢自锁装置。此装置是为防止轿厢出现任何种类失控或意外的移动，使维修人员和检查人员更安全地进行操作、维修。它只能作为维修检查平台，不能作为拆换驱动主机、悬挂装置的操作平台。

这种机械装置由两部分组成：一部分是装在轿架上梁带有压缩弹簧的销轴，可用手推动伸出，并受弹簧反力自动缩回；另一部分是用导轨压板将厚板固定在导轨上，并使厚板在导轨上的安装高度满足轿顶平面与井道顶至少为2m高度的地方。对于曳引机安装在井道任一层的井道壁上，其对应的导轨上要设置机械装置的另一部分，安装高度要低于驱动主机支承的承重梁0.8～1.0mm，便于操作维修，并应在厚板上设有一个符合国家标准《电梯制造与安全规范》要求的电气安全开关监控该机械装置的状态。

（3）轿厢的安装　工艺流程：准备工作→安装下梁→安装上梁→安装立柱→安装轿厢底→安装安全钳→安装导靴→安装轿壁→安装轿门→安装轿顶→安装限位开关→安装超载、满载开关→组装轿厢。

1）安装前的准备工作。

① 拆除上端站的脚手架。

② 在上端站的厅门地坎与对面井道壁之间水平地架设两根不小于200mm×200mm的方木或钢梁。方木或钢梁的一端平压在厅门地坎上，另一端水平地插入井道后壁的墙洞中，作为组装轿厢的支承架。两根方木或钢梁应在一个水平面上并固定。

③ 在与轿厢中心对应的机房地板预留孔处悬挂一只 2～3t 的环链手动葫芦，以便组装时起吊轿厢底、上下梁等重大零件。

2）安装步骤。

① 下梁平放在支承架上，使两端安全嘴与两列导轨距离一致，并校正、校平，其水平度误差应大于 2mm/1000mm。

② 轿厢底平放在下梁上，支承垫好并校正、校平。

③ 竖立轿厢两边的直梁，用螺栓分别把两边的直梁与下梁、轿厢底等连接并紧固。立柱在整个高度内的铅垂度应不大于 1.5mm。

④ 安装安全钳。把安全钳的楔块放入下梁两端的安全嘴内，装上安全钳的拉榀杆，使拉榀杆的下端与楔块连接，上端与上安全钳传动机构连接，并使两边楔块和拉榀杆的提拉高度对称且一致。使安全嘴底面与导轨正工作面的间隙为 3.5mm，楔块与导轨两侧工作面的间隙为 2～3mm，绳头拉手的提拉力为 147～294N，且动作灵活可靠。

⑤ 轿厢架安装好后，即可进行上、下导靴的安装。

⑥ 用手动葫芦吊起上梁，并将其用螺栓与两边直梁紧固成一体，然后在直梁上安装调试好限位开关和起载、满载开关。

⑦ 组装轿厢。用手动葫芦将轿厢顶吊挂在上梁下面，将每面轿厢壁组装成单扇后与轿厢顶、轿厢底固定好。

⑧ 装扶手、照明灯、操纵箱、轿内指层灯箱、装饰吊顶、整容镜等。安装时，应注意与建筑装饰表面的平顺协调。

（4）安装厅门及门锁 工艺流程：安装厅门踏板→安装左右立柱和上坎架→安装门扇和门扇连接机构→安装门锁。

1）安装厅门踏板。安装厅门踏板时，应根据精校后的轿厢导轨位置计算和确定厅门踏板的精确位置。并按这个位置校正样板架悬挂下放的厅门口铅垂线（或激光束），然后按厅门铅垂线（或激光束）的位置，用 M40 以上的水泥砂浆把踏板稳固在井道内侧。

2）安装左右立柱和上坎架。待厅门踏板的水泥砂浆凝固后，即可安装门框的左、右立柱和上坎架的滑门导轨。

踏板、左右立柱、上坎架通过螺栓连成一体，并通过地脚螺栓把左右立柱和上坎架固定在井道墙壁上。上坎架的位置，滑门导轨的水平和铅垂度，可通过调整固定上坎架和左右立柱的地脚螺栓来实现。

3）安装门扇和门扇连接机构。踏板、左右立柱、上坎架等构成的厅门框安装完并经调整校正后，便可吊挂厅门扇并装配门扇的连接机构。门扇与门套、门扇与门扇、门扇与下端踏板间的间距 $c$ 均为 $6 \pm 2$mm。吊门滑轮装置的偏心挡轮与导轨下端面的间隙 $d$ 不得大于 0.5mm。门扇未装联动机构前，在其高度中心处侧向拉力应小于 2.9N。

4）安装门锁。门扇挂完后应及时安装门锁，从轿门的门刀顶面沿井道悬挂下一根垂线，作为安装、调整、校正各层厅门锁的依据。门锁是电梯的重要安全设施，试运行时，应认真检查调整其可靠性和灵活性。

（5）缓冲器、限速器的安装 工艺流程：安装缓冲器底座→安装缓冲器→安装对重装置→安装限速器张紧装置、限速器钢丝绳→安装限速器→安装补偿链或补偿绳装置。

1）安装缓冲器底座和缓冲器。安装时，应根据电梯安装平面布置图确定的缓冲器位置，按要求将缓冲器底座安装在混凝土或型钢基础上，接触面必须平正严实，如采用金属垫片找平，其面积不小于底座的1/2。把缓冲器支承到需要的高度，校正、校平后再用地脚螺栓将其固定在基础上，地脚螺栓应紧固并露出 3～5 牙，螺母加弹簧垫或用双螺母紧固。缓冲器的中心位置、垂直偏差、水平度偏差等指标要同时考虑，用水平尺测量缓冲器顶面，要求其水平度误差小于 2mm/1000mm，如图 6-24、图 6-25 所示。

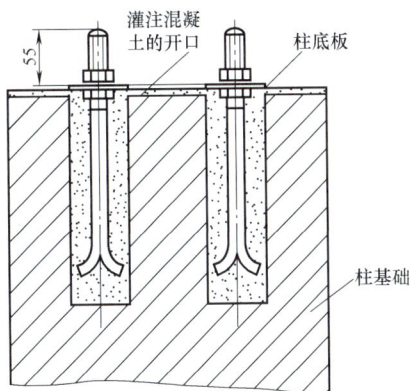

图 6-24 缓冲器柱底安装

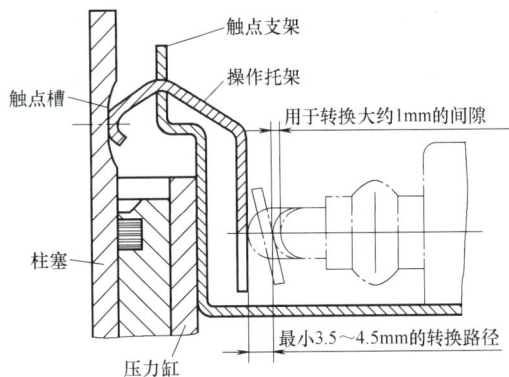

图 6-25 缓冲器触点的安装

2）安装对重装置。对重装置由对重架和对重铁块组成。安装时，用手动葫芦将对重架吊起就位于对重导轨中，把对重架提升到要求高度，下面用方木顶住垫牢，把对重导靴装好，再根据每一对重铁块的重量装入适量的铁块。铁块要平放、塞实，并用压板固定，如图 6-26 所示。

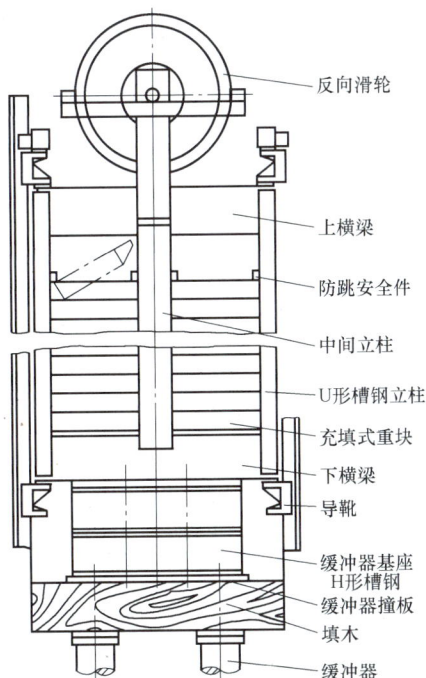

图 6-26 对重安装示意图

3）限速器安装在机房楼板水泥基础上，也可用厚度大于 12mm 的钢板作基础，限速用地脚螺栓与基础连接。

4）安装时，限速器绳轮的铅垂度误差应小于0.5mm，绳索至导轨断面对称中心线的距离偏差及至轿厢中心线距离偏差均应不大于±5mm。

5）当绳索伸长到预定限度或脱断时，限速器断绳开关应能断开控制电路的电源，强迫电梯停止运行。电梯正常运行时，限速装置的绳索不应触及装置的夹绳机件。

6）张紧装置对绳索的拉力，每分支应大于15kg。

（6）安装曳引绳锥套和挂曳引绳　单绕式钢丝绳安装工艺流程：测量钢丝绳长度→切断钢丝绳→做绳头、挂钢丝绳→调整钢丝绳。

复绕式钢丝绳安装工艺流程：确定钢丝绳长度→放、断钢丝绳→挂钢丝绳、做绳头→安装绳头→调整钢丝绳。

1）确定钢丝绳长度。曳引钢丝绳是连接轿厢和对重装置的机件。曳引绳通过巴氏合金浇固在曳引绳的锥套里，曳引绳锥套通过拉榀杆与轿厢架或对重架连接。对于乘客、载荷和医用电梯，其钢丝绳不得少于4根；杂物电梯不得少于2根。

曳引绳的长度可根据电梯布置（轿厢和对重位置）、曳引方式、曳引比及加工绳头的余量，并在井道内做实际测量的长度来截取（钢丝绳应展开后再测量长度并截取）。挂绳前应消除钢丝绳的内应力。

曳引绳的长度还可以由下式计算得出：

单绕式电梯：
$$L = X + 2Z + Q \tag{6-1}$$
复绕式电梯：
$$L = X + 2Z + 2Q \tag{6-2}$$

式中，$L$ 为曳引绳总长度（m）；$X$ 为由轿厢绳头锥体出口处至对重绳头出口处的长度（m）；$Z$ 为钢丝绳在锥体内包括绳头弯回全长度（m）；$Q$ 为轿厢在顶层安装时垫起的高度（m）。

2）放、断钢丝绳。在清洁宽敞的地方放开钢丝绳，检查钢丝绳应无死弯、锈蚀、断丝情况。按上述方法确定钢丝绳长度后，从距剁口两端5mm处用直径0.5～0.7mm的镀锌铁丝将截断处两端扎紧，然后截断钢丝绳。

3）挂钢丝绳、做绳头。绳头的制作方法一般有锥套绳头和浇注绳头两种。

在钢丝绳穿入绳头锥套前，应先将锥套与钢丝绳头用汽油或煤油洗净，再将绳头用铁丝扎好，然后穿入锥套内，放开端头所扎铁丝，再次用汽油将绳头洗净。剪去中部的麻芯，再将各股钢丝做成回环弯曲形状，用力将钢丝绳拉入锥套内，钢丝绳不应露出锥套。

用黑包布在锥套口包起10～20mm，以免浇铸合金时溢出。然后将锥套预热到40～50℃，除尽水汽，用手捏住锥套上部（捏手处应放入隔热材料）。浇铸时，可用喷灯或氧乙炔作为热源，先将轴承合金加热到270～350℃，出现发黄的颜色为温度适当。除去轴承合金表面氧化物后即可将该合金溶液浇入锥套内，并高出锥套内钢丝绳花环结以上10～15mm。

接下来将此曳引绳悬空吊放一定时间，使其所受扭转或弯曲应力充分退除。

4）安装绳头。用麻绳或较细的钢丝绳作为引线，按曳引绳的绕法将钢丝绳穿好。当采用1:1绕法时，绳头两端应分别与轿厢架和对重架上梁的绳头板用垫口卷螺母加以固定；当采用2:1绕法时，则两端绳头应分别与位于机房内的绳头板连接。

固定绳头两端螺栓时，应注意放入配套的避振弹簧及开口销。

5）调整钢丝绳。绳头装好后，可用手拉葫芦吊起轿厢，拆除轿厢底部所架设的托梁，然后将轿厢缓缓地放下，使曳引钢丝绳全部受力和张紧。这时，应对轿厢的水平度、导靴与导轨的接合、安全钳座与导轨顶面的间隙进行一次全面的检查和校正。

#### 5. 电梯电气部分的安装

（1）工艺流程 安装控制柜（电源配电箱、中间接线盒）→安装电缆架和电缆（配管、导线槽及金属软管）→安装缓速开关、限位开关及开关磁铁→安装感应开关和感应板→安装指示灯盒、呼梯按钮盒→安装底坑检修盒→安装井道照明→导线敷设及连接。

（2）控制柜和井道中间接线箱及电气配线的安装

1）控制柜一般在机房内，安装时，为了方便操作和维修，应与周围保持足够的距离，背面与墙壁的距离应大于600mm，并将控制柜稳固在高度为100mm以上的水泥墩上。通常敷设好导线管或电线槽后再浇水泥墩。

井道中间接线箱安装在井道高度1/2以上1.5～1.7mm左右处，接线箱位置必须便于线管或线槽的敷设，以免轿厢上、下运行时软电缆发生碰撞。近年来，生产的部分电梯，已将控制柜至轿厢的导线改为电梯软电缆，省去了井道中间接线箱。

2）水平和垂直敷设的明配管，在2m范围内允许偏差为3mm，在全长上不应超过管子内径的一半，明配管应横平竖直。

3）敷设导线管时，各层应接分支接线盒（箱），并根据需要加端子板。

4）线槽均应沿墙、沿梁或楼板下敷设，应横平竖直，线槽内导线总面积（包括绝缘层）不应超过槽内净面积的60%。

5）穿线前，应将钢管或线槽内清扫干净，不得有积水和污物。

6）根据管路长度留出适当余量进行断线。

7）接头应先用橡胶布包严，再用黑胶布包好放入盒内。

8）梯井内线槽应根据每层导线数量情况设分线盒，并考虑加端子板；线槽不允许用气焊切割；拐弯处不允许锯直口；修刮线管孔口锐边，以免割伤导线绝缘层。线槽安装完成后，应补刷沥青漆，以防锈蚀。

9）导线终端应设方向套或标记牌，并注明该路编号；导线端子要压实，不能松脱。

（3）电缆架和电缆的安装 电缆架应固定在井道中间接线箱下0.3～0.4m处的井道壁。轿厢底电缆架通过螺栓固定在轿厢底的合适位置。电梯软电缆的长度应计算并实测准确后截取，截取后的电缆两端分别捆扎悬挂在井道和轿厢底电缆架上，捆扎悬挂后的电缆应确保电梯运行过程中运动自如，不碰挂电梯的其他零部件。

（4）极限开关、限位开关或端站强迫减速装置的安装 极限开关、限位开关或端站强迫减速装置都是设在端站的安全保护装置。极限开关和限位开关用于各类电梯。

限位开关包括上第一、二限位开关和下第一、二限位开关，四只限位开关按安装平面布置图的要求，和极限开关的上、下滚轮组同装在井道内两端站轿厢导轨的一个方位上。经安装调整校正后，两者滚轮的外边缘应在同一垂直线上，使打板能可靠地碰打两者的滚轮，确保限位开关和极限开关均能可靠动作。

端站强迫减速装置用于直流快速和直流高速电梯。端站强迫减速装置包括一个开关箱和碰压开关箱的两副打板。安装时，根据安装平面的要求把开关箱固定在轿厢顶上，碰打开关箱滚轮的两副打板安装在井道内两端的轿厢导轨上。轿厢上、下运行时，开关箱的滚轮左或右碰打上、下打板，强迫电梯到上、下端时提前一定距离自动将快速运行切换为慢速运行。经调整校正后，上、下两副打板中心应对准开关箱的滚轮中心，滚轮按预定距离碰打上、下打板，滚轮通过连杆推动开关箱内的两套接点组按预定距离准确可靠地断开预定的控制电路。

（5）平层感应器的安装　安装平层感应器和开门感应器时，应横平竖直。感应板安装应垂直，插入感应器时宜位于中间，若感应器灵敏度达不到要求，应适当调整铁板，安装感应板时应能上下左右调节，调节后螺栓应可靠锁紧。

（6）楼层指示器、选层器、厅门按钮、轿内操纵盘及指示灯的安装　楼层指示器可通过地脚螺栓稳装在机房楼板上，也可固定在与承重梁连接的支架上。用于客梯的选层器有机械、数控、微机等多种选层器。选层器一般安装在机房内。楼层指示器和选层器的调整校正工作一般在电梯安装基本结束后进行。厅门按钮盒、指示灯盒、按钮盒、操纵盘箱应横平竖直。按钮及开关应灵活可靠，不应有阻滞现象。

现代电梯已普遍采用 PC 取代传统继电器控制技术，成为电梯管理运行控制中心器件的电梯电气控制系统。因而电气系统安装效率相对提高，电梯电气系统安装重点主要在系统的检测与调试方面。

**6. 电梯的调试与试运转**

电梯的全部机电零部件经安装调试和预试后，控制电梯上、下试运行。

工艺流程：准备工作（机械、电气设备检查试验、静态测试调整）→主电动机及曳引电动机空载试运转→电梯的负荷试运行（各安全装置检查试验、载荷试验）→电梯的功能试验。

（1）试运行前的准备工作　为了防止电梯在试运行中出现事故，确保试运行工作的顺利进行，在试运行前须认真做好以下工作。

1）清扫机房、井道、各层站周围的垃圾和杂物，并保持环境干净卫生。

2）对已装好的机械、电气设备进行彻底的检查和清理，打扫、擦洗所有的电气系统中的机械装置。

3）检查需要润滑处是否清洁，并添足润滑剂。

4）清洗曳引轮和曳引绳的油污。

5）检查所有电器部件和电器元件是否清洁，电器元件动作和复位时是否自如，触点组的闭合和断开是否正常可靠。

6）检查电器控制系统中各电器部件的内外配接线是否正确无误，工作程序是否正常。为了便于全面检查和安全起见，这一工作应在挂曳引绳和拆除脚手架之前进行。

以上准备工作完成后，将曳引绳挂在曳引轮上，然后放下轿厢，使各曳引绳均匀受力，并使轿厢下移一定距离，拆去对重装置支承架和脚手架，准备进行试运行。

（2）电梯主电动机及曳引电动机的空载试运行　主要确定其运转及传动情况是否正常，润滑系统是否畅通，轴承、轴瓦温升是否正常，联轴器是否合格，为电梯负荷试运行打好基础。

1）主电动机空载试运转。卸除曳引电动机联轴器的连接螺栓，使主电动机可单独运行。用手盘动主电动机，如无卡阻现象及未发生不正常声响，则可起动电动机使其慢速运行，并随时检查各部分的运行情况。

2）曳引电动机空载试运行。接好联轴器，先用手动盘车检查曳引电动机旋转情况。如情况正常，将曳引电动机盘根压盖松开，起动曳引电动机，使其慢速运转，检查其运转情况。

（3）电梯的负荷试车

1）慢速负荷试车。先将轿厢内装入半载重量，切断控制电源，用手盘车（无齿轮电梯不做此项目），检查轿厢和对重导靴与轨道配合情况，如果正常，将轿厢置于底层，陆续平稳加入载荷慢速运行（一般客梯、医院用梯和额定载重量不大于2t的客梯，载以额定载重量的2倍；其他各种电梯载以额定载重量1.5倍），历时10min。卸载后，对电梯进行全面检查，各承重零部件不得有任何损坏，制动器能可靠地刹车。如无异常，方可合闸开车。

2）快速负荷试车。电梯经慢速行驶及相应调整工作，各部件动作均正常，方可快速行驶。第一次快速试车时，先慢速运行，将轿厢停于中间楼层，轿厢内不准载人，调试人员在机房内按照操作要求在控制屏处手动模拟试车，上下往返数次（暂不到上下端站）。如无问题，试车人员可进入轿厢操作，试车中，应对电梯的起动、加速、换速、制动、平层等进行精确调整，并测试电梯的信号系统、控制系统、运行系统及各部的安全开关、限位开关等保护装置的功能是否正常，同时进行调整。

3）超负荷试车。在电梯的半载试验后，还要进行超载试验。超载试验时，轿厢内载重量为额定起重量1.1倍，在通电持续率为40%的情况下，进行30min负荷试验。电梯应能安全地起动和运行，制动器灵活可靠。

（4）电梯的功能试验　根据电梯的类型、控制方式的特点按照产品说明书逐项进行。

### 工程案例

1. 在电梯安装施工中，需要将电梯各部件按照要求精确定位，并校正其水平度、垂直度、中心线等定位尺寸要求。这就需要使用卷扬机、手动葫芦、千斤顶、起重滑轮、绳索和撬棒在现场吊装完成。

2. 在电梯安装起重作业前，需要做到的"四个明确"，分别是：工作任务明确、施工方法明确、吊装物体重量明确和作业中的安全注意事项明确。

## 综合训练

#### 实训任务一　桥式起重机试运行调试

| 学校 | | 班级 | |
|---|---|---|---|
| 姓名 | | 学号 | |
| 小组成员 | | 组长 | |

接受任务

河南某公司车间采用75/20t电动缸双梁桥式起重机。结合设备验收管理要求对该设备进行试运行，主要包括无负荷试运转、静负荷试运转和动负荷试运转，制订运行计划

任务准备

1）技术准备
① 起重设备厂相关资料
②《起重吊装常用数据手册》
2）主要施工机械及辅助性设施
施工机械：75/20t桥式起重机
3）负荷试验前必须具备的条件
① 桥式起重机大、小车轨道经验收合格
② 桥式起重机的机械、电气及安全设施安装齐全，正式电源具备，电气设备绝缘电阻合格，试运动作正常，各操作装置标明动作方向，操作方向与运动方向核对无误，继电保护装置灵敏可靠
③ 桥式起重机起落大钩的各档调节控制装置能灵敏准确地控制
④ 桥式起重机的过卷限制器、过负荷限制器、行程限制器等安全保护装置齐全，经试验确认灵敏正确，并对限位作出标记

（续）

⑤ 屋顶、屋架上悬挂的索具、行车梁上的杂物和插筋以及试车区域内妨碍试车的一切杂物全部清理干净，轨道上无油脂等增滑物质

⑥ 关闭桥式起重机电源，检查所有连接部位的紧固情况，应无松动

⑦ 钢丝绳在卷筒、滑轮组中的缠绕情况应良好，吊钩从安装高度落至最低位置时，滚筒上应缠有不少于两圈的钢丝绳。起重钩在最高位置时，滚筒上应能容纳全部钢丝绳

⑧ 桥式起重机司机经考试合格并取得证书

⑨ 桥式起重机各制动器内按环境温度加好合适的油脂

⑩ 盘动桥式起重机各机构的制动轮，旋转应无卡涩，调整制动器，经试验确认灵敏可靠

⑪准备好试验用重物

⑫在顶棚钢梁中部挂一线锤

工具清单

75/20t 桥式起重机

任务实施、记录

| 1）目测检查 | 检查内容 | |
| --- | --- | --- |
| | 检查结果 | |
| | 处理措施 | |
| 2）空负荷试运转 | 操作方法 | |
| | 质量控制要点 | |
| | 处理措施 | |
| 3）静负荷试运转 | 操作方法 | |
| | 质量控制要点 | |
| | 处理措施 | |
| 4）动负荷试运转 | 操作方法 | |
| | 质量控制要点 | |
| | 处理措施 | |

## 实训任务二　电梯试运行调试

| 学校 | | 班级 | |
| --- | --- | --- | --- |
| 姓名 | | 学号 | |
| 小组成员 | | 组长 | |

接受任务

某公司车间对额定载重量为5000kg及额定速度为3m/s的国产曳引驱动电梯进行安装和试运行，制订试运行计划

任务准备

1）施工准备

设备要求：设备及其附属装置应有出厂合格证明。经过全面检查，确认符合要求后，方可进行试运行

2）作业条件

① 电梯安装完毕，各部件安装合格（开慢车后安装的部件除外）

② 机房、井道、轿厢各部位清理完毕

③ 各安全开关、厅门锁功能正常

④ 油压缓冲器按要求加油

（续）

工具清单

绝缘电阻表、万用表、直流电流表、钳形电流表、转速表、温度计、对讲机及砝块等

任务实施、记录

| 1）准备工作 | 检查内容 | |
|---|---|---|
| | 检查结果 | |
| | 处理措施 | |
| 2）电气线路动作试验 | 操作方法 | |
| | 质量控制要点 | |
| | 处理措施 | |
| 3）曳引电动机空载试验 | 操作方法 | |
| | 质量控制要点 | |
| | 处理措施 | |
| 4）慢速负荷试验 | 操作方法 | |
| | 质量控制要点 | |
| | 处理措施 | |
| 5）快速负荷试验 | 检具名称、型号、参数 | |
| | 操作方法 | |
| | 质量控制要点 | |
| | 处理措施 | |
| 6）自动门调整 | 操作方法 | |
| | 质量控制要点 | |
| | 处理措施 | |
| 7）平层调整 | 操作方法 | |
| | 质量控制要点 | |
| | 处理措施 | |

# 评价反馈

项目6 综合评价表

任务评价

1. 自我评价（40分）

首先由学生根据学习任务完成情况进行自我评价。

自我评价表

| 项目内容 | 配分 | 评分标准 | 扣分 | 得分 |
|---|---|---|---|---|
| 1）工作纪律 | 10分 | ① 不遵守课堂纪律要求（扣2分/次）<br>② 有其他违反课堂纪律的行为（扣2分/次） | | |
| 2）信息收集 | 20分 | ① 未利用网络资源、工艺手册等查找有效信息（扣5分）<br>② 未按要求填写信息收集记录表（扣2分/空，扣完为止） | | |
| 3）制订计划 | 20分 | ① 人员分工没有实效（扣5分）<br>② 未按作业项目进行人员分工（扣2分/项，扣完为止） | | |
| 4）计划实施 | 40分 | ① 未按步骤实施作业项目（扣5分/项）<br>② 未按要求填写安装工艺流程表（扣10分）<br>③ 未按要求填写施工进度表（扣10分）<br>④ 未按要求填写安装前检验记录表（扣10分）<br>⑤ 表格错填、漏填（扣2分/空，扣完为止） | | |
| 5）职业规范和环境保护 | 10分 | ① 在工作过程中，工具和器材摆放凌乱（扣3分/次）<br>② 不爱护设备、工具，不节省材料（扣3分/次）<br>③ 在工作完成后不清理现场，在工作中产生的废弃物不按规定处置（扣2分/次，将废弃物遗弃在工作现场的扣3分/次） | | |
| 总评分 =（1～5项总分）×40% | | | | |

签名：<br>年　月　日

2. 小组评价（30分）

再由同一实训小组的同学结合自评的情况进行互评，将评分值记录于表中。

小组评价表

| 项目内容 | 配分 | 得分 |
|---|---|---|
| 1）工序记录与自我评价情况 | 10分 | |
| 2）小组讨论中积极发言情况 | 10分 | |
| 3）口述设备检测流程情况 | 10分 | |
| 4）小组成员填写完成作业记录表情况 | 10分 | |
| 5）与小组成员沟通情况 | 10分 | |
| 6）完成操作任务情况 | 10分 | |
| 7）遵守课堂纪律情况 | 10分 | |
| 8）安全意识与规范意识情况 | 10分 | |
| 9）相互帮助与协作能力情况 | 10分 | |
| 10）安全、质量意识与责任心情况 | 10分 | |
| 总评分 =（1～10项总分）×30% | | |

参加评价人员签名：<br>年　月　日

（续）

3. 教师评价（30分）

最后，由指导教师检查本组作业结果，结合自评与互评的结果进行综合评价，对实训过程中出现的问题提出改进措施及建议，并将评价意见与评分值记录于表中。

**教师评价表**

| 序号 | 评价标准 | 评价结果 |
|---|---|---|
| 1 | 相关物品及资料交接齐全无误（5分） | |
| 2 | 安全、规范完成维护保养工作（5分） | |
| 3 | 根据所提供材料进行检查（5分） | |
| 4 | 团队分工明确、协作力强（5分） | |
| 5 | 施工方案准备细致，无遗漏（5分） | |
| 6 | 完成并在记录单上签字（5分） | |
| 综合评价 | 教师评分 | |
| 综合评语（作业问题及改进建议） | | 教师签名：<br>年 月 日 |
| 总评分： | | （总评分＝自我评分＋小组评分＋教师评分） |

4. 自我反思和自我评价

请根据自己在课堂中的实际表现进行自我反思和自我评价。

自我反思：

自我评价：

**项目6 学习反馈表**

项目6 桥式起重机及电梯的安装

| 知识与技能点 | 桥式起重机零部件的安全检查 | □了解 □理解 □熟悉 □掌握 |
|---|---|---|
| | 桥式起重机车轮啃轨的修理 | □了解 □理解 □熟悉 □掌握 |
| | 桥式起重机小车三条腿的修理 | □了解 □理解 □熟悉 □掌握 |
| | 桥式起重机桥架变形的修理 | □了解 □理解 □熟悉 □掌握 |
| | 桥式起重机日常维护及负荷试验 | □了解 □理解 □熟悉 □掌握 |
| | 电梯驱动主机的修理与维护 | □了解 □理解 □熟悉 □掌握 |
| | 电梯控制柜的更换与维修 | □了解 □理解 □熟悉 □掌握 |
| | 电梯悬挂及端接装置、高压软管部件的维护及修理 | □了解 □理解 □熟悉 □掌握 |
| | 电梯日常维护及负荷管理 | □了解 □理解 □熟悉 □掌握 |
| | 思考题与习题 | □了解 □理解 □熟悉 □掌握 |

277

（续）

项目6 桥式起重机及电梯的安装

| 学习情况 | 基本概念 | □难懂 □理解 □易忘 □抽象 □简单 □太多 |
|---|---|---|
| | 学习方法 | □听讲 □自学 □实验 □工厂 □讨论 □笔记 |
| | 学习兴趣 | □浓厚 □一般 □淡薄 □厌倦 □无 |
| | 学习态度 | □端正 □一般 □被迫 □主动 |
| | 学习氛围 | □愉快 □轻松 □互动 □压抑 □无 |
| | 课堂纪律 | □良好 □一般 □差 □早退 □迟到 □旷课 |
| | 课前课后 | □预习 □复习 □无 □没时间 |
| | 实践环节 | □太少 □太多 □无 □不会 □简单 |
| | 学习效果自我评价 | □很满意 □满意 □一般 □不满意 |
| 建议与意见 | | |

注：学生根据实际情况在相应的方框中画"√"或"×"，在空白处填上相应的建议或意见。

# 思考题与习题

**一、选择题**（将正确答案的题号填入括号中）

1. 在用起重机的吊钩应定期检查，至少每（ ）年检查一次。

A. 半        B. 1        C. 2

2. 卷筒壁磨损至原壁厚的（ ）%时，卷筒应报废。

A. 5        B. 10        C. 20

3. 按行业沿用标准制造的吊钩，危险断面磨损量应不大于原尺寸的（ ）%。

A. 5        B. 10        C. 15

4. 按 GB/T 10051.2—2010《起重吊钩 第2部分：锻造吊钩技术条件》制造的吊钩，危险断面的磨损量不应大于原高度的（ ）%。

A. 5        B. 10        C. 15

5. 钢丝绳直径减小量达原直径的（ ）%时，钢丝绳应报废。

A. 5        B. 7        C. 10

6. 起重机吊钩的开口度比原尺寸增加（ ）%时，吊钩应报废。

A. 10        B. 15        C. 20

7. 起重机吊钩的扭转变形超过（ ）%时，应报废。

A. 5        B. 10        C. 20

8. 金属铸造滑轮轮槽不均匀磨损量达（ ）mm 时，应报废。

A. 10        B. 5        C. 3

9. 金属铸造滑轮轮槽壁厚磨损达原壁厚的（ ）%时，应报废。

A. 40        B. 30        C. 20

10. 起升机构的制动轮轮缘磨损达原厚度的（ ）%时，制动轮应报废。

A. 40        B. 30        C. 20

11. 制动摩擦片磨损的厚度超过原厚度的（ ）%时，应报废。

A. 50        B. 40        C. 30

12. 桥式起重机箱形主梁跨中的上拱度为（ ）。

A. $L/1500$　　　　B. $L/700$　　　　C. $L/1000$

13. 双梁桥式起重机在主梁跨中起吊额定负荷后，其向下变形量不得大于（　　）。

A. $L/700$　　　　B. $L/600$　　　　C. $L/300$

14. 目前电梯中最常用的驱动方式是（　　）。

A. 曳引驱动　　　B. 卷筒驱动　　　　C. 液压驱动

15. 超载保护装置起作用时，电梯门（　　），电梯也不能起动，同时发出声响和灯光信号。

A. 关闭　　　　　B. 打开　　　　　　C. 不能关闭

16. 通常所说的 VVVF 电梯是指（　　）。

A. 交流双速电梯　B. 直流电梯　　　　C. 交流调频调压电梯

17. 若机房、轿厢顶、轿厢内均有检修运行装置，必须保证（　　）的检修控制"优先"。

A. 机房　　　　　B. 轿厢顶　　　　　C. 轿厢内

18. 检修运行时，轿厢的运行速度不得超过（　　）。

A. 0.5m/s　　　　B. 0.63m/s　　　　C. 1.0m/s

19. 电梯运行时，（　　）装置可以使电梯强行制停，不使其坠落。

A. 缓冲器　　　　B. 限速器及安全钳　C. 超载保护

20. （　　）开关动作应切断电梯快速运行电路。

A. 极限　　　　　B. 急停　　　　　　C. 强迫换速

**二、判断题**

1. 桥式起重机的基本构造可分为金属结构部分、机械部分和电气部分。（　　）

2. 起升机构的制动器在电动机非运转的情况下，应处于闭合状态。（　　）

3. 中、小型起重机的小车运行机构均采用集中驱动形式。（　　）

4. 由一台电动机通过传动轴带动两边的车轮称为集中驱动。（　　）

5. 集中驱动形式的大车运行机械只适用于大跨度的桥式起重机。（　　）

6. 分别驱动的运行机械中间都没有传动轴。（　　）

7. 在正常情况下，钢丝绳绳股中的钢丝断裂是逐渐产生的。（　　）

8. 滑轮卷筒直径越小，钢丝绳的曲率半径也越小，绳的内部磨损也越小。（　　）

9. 起重机在腐蚀性的环境中工作时，应用镀铅钢丝绳。（　　）

10. 起重机的制动装置是利用摩擦原理来实现机械制动的。（　　）

11. 减速器的作用是降低转速、增大转矩。（　　）

12. 缓冲器安装在起升机械上的安全设施上。（　　）

13. 吊钩危险断面或钩颈部产生塑性变形，吊钩应报废。（　　）

14. 吊钩开口度比原尺寸增加15%时，吊钩应报废。（　　）

15. 车轮轮缘磨损量超过原厚度的10%时，车轮应报废。（　　）

16. 起重机扫轨板距轨面不应大于 20～30mm。（　　）

17. 主梁上拱度为 $L/800$（$L$ 为主梁长度）。（　　）

18. 吊钩的危险面出现磨损沟槽时，应补焊后使用。（　　）

19. 减速器正常工作时，箱体内必须装满润滑油。（　　）

20. 曳引钢丝绳需要更换时，可选择同一绳径的任意一种钢丝绳。（　　）

21. 液压电梯比曳引电梯安全性好，且节能。 （ ）

22. 防超速行程的保护装置是缓冲器。 （ ）

23. 发生轿厢或对重蹲底时，起保护作用的是强迫转换开关、限位开关和极限开关。

（ ）

24. 缓冲器在轿厢撞击它的任何情况下都能起到保护作用，保护乘客不受伤害。（ ）

25. 变频变压调速电梯要比变压调速电梯节能且舒适性好。 （ ）

26. 液压电梯下行是靠轿厢的重量驱动，而液压系统只起阻尼和调控作用。 （ ）

27. 限速器电气安全开关必须能双向动作。 （ ）

28. 限位开关和极限开关是可以自动复位的开关，但不能用磁力开关。 （ ）

29. 在正常情况下，制动器通电时保持制动状态。 （ ）

30. 门锁的电气触点是验证锁紧状态的重要安全装置，普通的行程开关和微动开关是允许用的。 （ ）

31. 在电梯维修、检查中，严禁身体横跨轿顶和层门间工作。 （ ）

32. 锅炉、压力容器、电梯、起重机械、客运索道、大型游乐设施的作业人员及其相关管理人员，应按照国家有关规定，考核合格后，取得国家统一格式的特种作业操作证，方可从事相应的作业或管理工作。 （ ）

33. 为了美观，对投入使用的电梯轿厢进行装潢，并铺设大理石地面，对电梯系统毫无影响。 （ ）

34. 特种设备出现故障或发生异常情况时，使用单位应当对其进行全面检查，消除事故隐患，方可重新投入使用。 （ ）

### 三、简答题

1. 什么是桥式起重机车轮的啃轨？如何检查与维修？

2. 什么是桥式起重机起重小车的"三条腿"？如何检查？

3. 桥式起重机箱形主梁变形修理方法有哪些？

4. 桥式起重机制动器的常见故障有哪些？如何排除？

5. 曳引驱动电梯由哪几个系统组成？

6. 电梯应具备哪些正常工作的安全设施或保护功能？

7. 哪些因素可能造成轿厢的超速和坠落？

8. 简述限速器-安全钳的联动保护程序？

9. 自动扶梯应该有哪些安全保护装置？

10. 电梯安全管理人员的职责是什么？

# 项目7 电气设备的安装

## 知识目标

1. 熟悉并掌握电气设备安装的基本知识和安装工艺流程。
2. 理解电气设备的安装技术要求和调试方法。
3. 掌握电动机安装的工艺方法与过程。
4. 掌握配电柜（盘）安装的工艺方法与过程。
5. 掌握常用电工工具和仪器、仪表的选择与使用方法。

## 能力目标

1. 能够准确识别电气设备的主要部件，并阐述其在设备运行中的关键作用。
2. 能够正确解读电气设备铭牌上的额定值，理解其对设备运行及选型的重要性。
3. 能够对电气设备电气控制电路进行分析，能够根据实际情况进行电路设计、优化及调试。
4. 能够对电气设备进行故障诊断和处理，能够迅速定位故障点，采取有效措施进行修复。

## 素质目标

1. 培养积极主动的学习态度，不断追求新知，以适应电气技术快速发展的需求。
2. 弘扬团结协作的精神，养成严谨、细致、科学的工作习惯。
3. 树立安全文明生产和环境保护意识，在电气设备操作和维护过程中，始终遵循安全规程，确保电气设备安全、稳定运行。

## 重点和难点

重点：1. 常用电气设备的安装工艺方法与步骤。
　　　2. 常用电工工具和仪器、仪表的选择与使用方法。
难点：机床电气系统的安装与调试方法。

## 学思融合

徐仲维，湘电集团湖南湘电动力有限公司高级技师。他潜心钻研电气设备安装技术，不断推动技术革新，成功申请多项国家专利，对电气设备安装领域的技术进步起到了重要的推动作用。

徐仲维的技术革新不仅局限于安装工艺的改进，更在于对电气设备性能的优化与提升。

他凭借精确的计算和巧妙的设计，大幅提升了电气设备的工作效率，降低了能源消耗，为企业带来了显著的经济效益。同时，他深知产品质量的重要性，因此在安装过程中严格把控每一个环节，确保每个电气设备都能达到最佳性能和稳定性。

徐仲维的卓越成就得到了广泛赞誉。他荣获"全国技术能手"和湖南省劳动模范等荣誉，这些荣誉不仅是对他个人技艺的肯定，更是对他为电气设备安装领域做出的杰出贡献的认可。

徐仲维的成功经验对电气设备安装领域的发展具有重要的启示作用。他的钻研精神、创新能力和严谨态度为每位电气设备安装技术人员树立了榜样。同时，他的成就也充分展示了我国电气设备安装技术的不断发展和进步，为推动我国电气设备安装事业的可持续发展注入了强大的动力。

请思考以下问题：

1）徐仲维在电气设备安装领域取得了哪些重要成就？

2）徐仲维是如何通过技术创新提高电气设备性能和工作效率的？

3）你了解哪些电气设备安装过程中的关键质量控制措施和技术要求？

## 》》 项目导入

在电气设备的配置与运行过程中，正确安装是确保设备稳定运行、避免潜在故障的首要环节。电气设备的安装不仅关乎设备自身的性能发挥，更直接关系到整个电力系统的安全与稳定。因此，掌握先进的安装技术、遵循严格的安装规范是每位电气工程师的基本素养。

电气设备的安装涉及多个方面，包括线缆的铺设、元件的固定、接口的对接以及保护措施的设置等。在铺设线缆时，必须考虑电磁干扰、绝缘性能以及环境温度等因素，确保线缆的稳定性和安全性。元件的固定则要求精确度高、牢固可靠，以防止因振动或冲击造成松动或脱落。接口的对接更是关键，必须保证接触良好、连接紧密，避免因接触不良导致的电气故障。

随着电气技术的不断进步，电气设备的安装技术也在不断创新。如今，数字化、智能化的安装技术正逐渐成为主流。例如，利用三维仿真技术进行安装前的模拟，可以预先发现潜在的问题，优化安装方案。此外，智能化的安装设备能够实时监测安装过程，确保每一步操作都符合规范，大大提高了安装质量和效率。

对于大型、复杂的电气设备，安装过程更是需要细致入微。工程师们需要综合考虑设备的结构特点、运行环境以及使用要求，制定出合理的安装方案。在安装过程中，还需严格遵守安全操作规程，确保人员和设备的安全。

## 》》 项目实施

本项目全面介绍电气设备安装与调试的多个关键环节，包括不同类型电动机的安装要求、固定方式的选择、接线与调试方法、注意事项；配电系统的安装要求、接线方式、保护装置的配置及安全用电的注意事项；电气设备试运行的主要内容和操作规程；机床电气系统的安装与调试方法。

通过本项目的学习和实践，读者能够全面掌握电气设备安装与调试的相关知识和技能，为今后的工作奠定基础。

# 任务 1　电气设备安装的基础知识

## ⟫ 任务描述

了解电气设备安装的工艺流程，施工前的组织与准备，电气安装施工图与常用仪器仪表的使用方法。

## ⟫ 知识点讲解

### 7.1.1　电气设备安装的工艺流程

电气设备安装是依据设计与生产工艺的要求，依照施工平面图、电气安装施工图、规程规范、设计文件、施工标准图集等技术文件的具体规范，按特定的线路保护和敷设方式将电能合理分配、输送至已安装就绪的用电设备及用电器具上；通电前，进行元器件各种性能的测试、系统的调整试验；在试验合格的基础上，送电试运行，使之与生产工艺系统配套，使系统具备使用和投产条件。其安装质量必须符合设计要求，符合施工及验收规范，符合质量检验评定标准。一般而言，电气设备安装工艺流程通常包括准备、施工、收尾调试和竣工验收四个阶段。

#### 1. 准备阶段

电气设备安装前的施工准备阶段是安装工程中一项极为重要的工作，它关系到安装工作的顺利进行，并影响工程安装质量。因此在施工前必须认真做好准备工作。

（1）技术准备工作　首先应熟悉和审查施工图样，掌握有关施工验收规范内容，参加建设单位、设计单位组织的图样会审。了解与电气工程有关的土建情况，根据土建进度划分电气施工程序，编制施工组织设计或施工方案，做出施工预算。

（2）施工组织　施工前应组建项目管理机构，包括项目负责人和管理人员，并根据具体情况配备作业人员，做好劳动力组织和劳动力计划。根据工程情况编制施工进度计划。

（3）安装材料、设备供应准备　按照图样或工程预算提供的材料单进行备料，如需采用代用设备和代用材料时，必须征得设计单位同意，并办好变更手续。

（4）施工机具、设备准备　根据工程情况，准备机具、仪器仪表等，列出主要施工机具设备表，并对上述机具、设备做好维护、保养工作。

（5）临时设施　根据工程平面布置图，提供设备、材料和工具的存放地点，落实加工场所，实现施工现场的三通（场地道路通、施工用水通、工地用电通）、一平（场地平整）。

#### 2. 施工阶段

当施工准备工作均已完成，具备施工条件后，就可进入安装工程的施工阶段。

（1）预埋工作　预埋工作的特点是时间性强，需与土建施工交叉配合进行，并应与主体工程的施工密切配合进行。隐蔽工程的施工，如电器埋地保护管等，需在土建铺设地坪时预先敷设好；一些固定支承件的预埋，如固定配电箱、避雷带的支座等，需在土建砌墙或浇灌时同时埋设。预埋工作相当重要，如漏埋、漏敷或错埋、错敷，不仅会给安装带来困难，影响工程进度和质量，有时候还会造成安装无法进行而不得不修改设计。

单股导线的
直线连接

单股导线T形
连接

7股导线的直
接连接

7股导线的T形
分支连接

软硬线间连接

剥线钳

（2）电气线路敷设和设备的安装　电气线路敷设和设备的安装是按照电气设备的安装方法和电气管线的敷设方法进行安装施工，大致包括定位划线、配件加工和安装工程、管线的敷设、电器的安装、电气系统的接线和接地方式的连接等。

### 3. 收尾调试阶段

（1）电气线路和设备的调试　当各电气项目施工完成后，要进行系统的检查和调整，发现问题及时整改。

（2）施工资料的整理和竣工图的绘制　工程结束后，应整理有关资料，特别是因情况不符，施工与原施工图的要求不同时，在交工前应按实际情况画出竣工图，为用户运行维护、扩建、改建提供依据。

（3）安装质量评定　质量评定包括施工班组的自检、互检和施工单位质量部门的检查评定。

（4）通电试运行和竣工报告　质量检查合格后，需通电试运行。完成后，即可撰写竣工报告书。

### 4. 竣工验收阶段

电气安装工程施工结束，应进行全面质量检验，合格后办理竣工验收手续。

## 7.1.2　施工前的组织与准备

### 1. 领会图样，看懂技术资料

领会图样，看懂技术资料，详见7.1.3节。重点做好以下四方面的工作：

1）全面读懂动力、照明电气图样，弄清导线的型号、规格、根数及线路的配线方式。

2）看懂一般的电气控制图。电气图种类较多，这里只要求能看懂一般的电气控制图，如电气平面图、原理图、安装接线图、概略图、简单的加工详图及施工说明等。

3）熟悉施工现场情况。掌握施工现场三通一平及工具、材料存放场所等临时设施的准备情况。

4）技术、安全交底。通过施工技术、安全交底，使参加施工人员了解施工任务的特点、工程质量标准、施工技术要求、施工安全要求、施工工艺、组织措施等。

### 2. 安装设备及材料的检查、清点与编号

在电气安装工程中，安装设备和安装材料进入现场后，要对其进行检查、清点与编号。

（1）安装设备与材料的检查

1）高低压成套配电柜、控制柜（屏、台）及动力、照明配电箱（盘）等的检查。

2）开关、插座、接线盒及其附件的检查。

① 查验合格证：对防爆产品查验防爆标志和防爆合格证，对实行安全认证产品，查验安全认证标志。

② 外观检查：开关、插座的面板及接线盒盒体完整、无破损、零件齐全。

③ 对开关、插座的电气和力学性能进行抽样检测：包括不同极性的电气间隙、绝缘电阻、螺钉的旋合性等。

④ 开关、插座、接线盒及其面板等绝缘材料阻燃性能抽样检测。

3）电线、电缆的检查。

① 按批查验合格证、安全认证标志，合格证要查生产许可证编号。

② 外观检查：包装完好，抽样检测的电线绝缘层完整无损，厚度均匀。电缆无压扁、扭曲，铠装不松卷。耐热、阻燃的电线、电缆外护层有明显标识和制造厂标。

③ 按制造标准，现场抽样检测绝缘层厚度和圆形线芯的直径；线芯直径误差不大于标称直径的1%；常用的 BV 型绝缘电线的绝缘层厚度不小于表7-1 中规定值。

表 7-1　常用 BV 型绝缘电线绝缘层厚度的规定

| 线芯标称截面积/mm² | 1.5 | 2.5 | 4 | 6 | 10 | 16 | 25 | 35 | 50 | 70 | 95 | 120 | 150 |
|---|---|---|---|---|---|---|---|---|---|---|---|---|---|
| 绝缘层厚度/mm | 0.7 | 0.8 | | | 1.0 | | 1.2 | | 1.4 | | 1.6 | | 1.8 |

④ 对电线、电缆绝缘性能、导电性能和阻燃性能有异议时，按批抽样送检。

（2）安装设备与材料清点与编号　对安装设备与材料，检查后应认真填写设备开箱记录，并参照电气施工图样对设备进行编号。

### 3. 准备安装器具

根据施工要求，准备好施工过程中用到的仪器、仪表、工具及设备。

## 7.1.3　电气安装施工图

电气安装施工图大多采用统一的图形符号并加注文字符号绘制而成，线路中的各种设备、元件都是通过导线连接成为一个整体，在识读电气安装施工图时应阅读相应的土建工程图及其他安装工程图，以了解相互间的配合关系。

### 1. 电气安装施工图的组成

（1）图样目录与设计说明　包括图样内容、数量、工程概况、设计依据以及图中未能表达清楚的各有关事项，如供电电源的来源、供电方式、电压等级、线路敷设方式、防雷接地、设备安装高度及安装方式、工程主要技术数据、施工注意事项等。

（2）主要材料设备表　包括工程中使用的各种设备和材料的名称、型号、规格、数量等，它是编制购置设备、材料计划的重要依据之一。

### 2. 电气系统图

电气系统图包括变配电工程的供配电系统图、照明工程的照明系统图和电缆电气系统图等。图7-1 所示为某楼的照明系统图。系统图反映了系统的基本组成、主要电气设备、元器件之间的连接情况以及它们的规格、型号、参数等。

### 3. 平面布置图

平面布置图用来表示电气设备的编号、名称、型号及安装位置、线路的起始点、敷设部位、敷设方式及所用导线型号、规格、根数、管径大小等。如变配电所电气设备安装平面图、照明平面图、防雷接地平面图等。图7-2 所示为某楼一单元二层照明平面图。

### 4. 电气原理图

电气原理图用来表明设备的工作原理及各电气元器件间的作用，一般由主电路、控制执行电路、检测与保护电路、配电电路等几大部分组成。图7-3 所示为 CW6132 型车床电气原理图。由于电气原理图直接体现了电子电路与电气结构及其相互间的逻辑关系，所以一般用在设计、分析电路中。通过电气原理图的各种电气元器件符号及其连接方式，了解电路的实际工作情况。

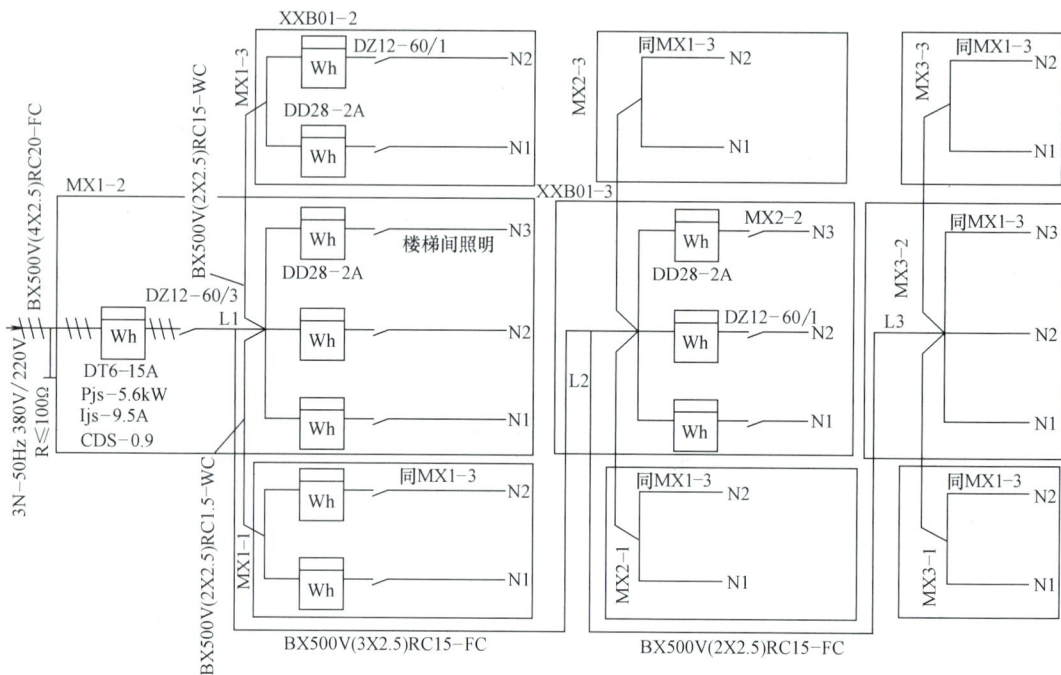

图 7-1 照明系统图

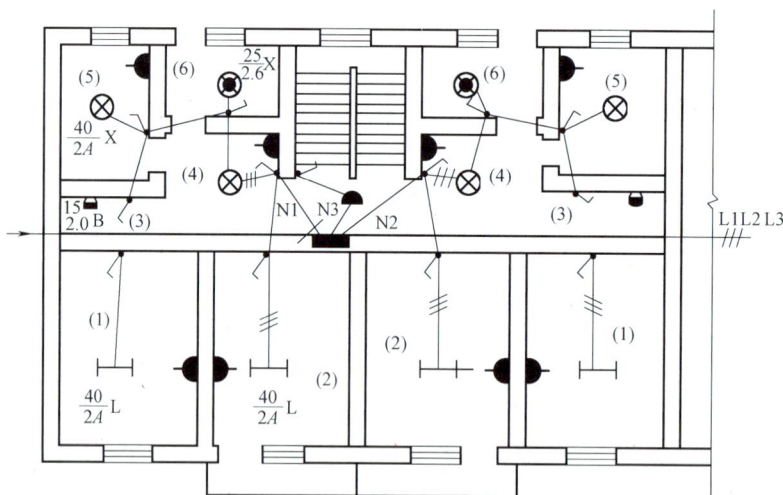

图 7-2 某楼一单元二层照明平面图

## 5. 电气安装接线图

电气安装接线图显示电气设备各元器件的实际空间位置与接线情况,主要用于电气设备的安装配线、线路检查、线路维修和故障处理,简称接线图。接线图根据原理图和布置图编制,与原理图和布置图配合使用。图 7-4 所示为 CW6132 型车床电气安装接线图。

## 6. 电器元器件布置图

电器元器件布置图又称为电器元器件位置图,简称布置图、位置图,主要表明电气设备上所有电器元器件的实际安装位置,为电气设备的安装及维修提供资料。图 7-5 所示为

| 电源开关 | 主轴 | 冷却泵 | 控制 | 电源指示 | 照明 |
|---|---|---|---|---|---|

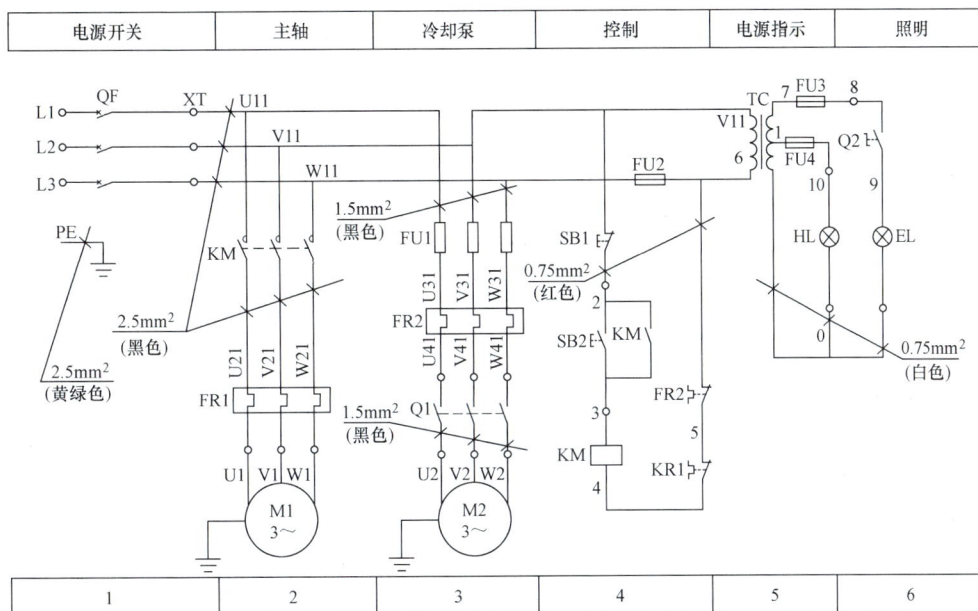

图 7-3 CW6132 型车床电气原理图

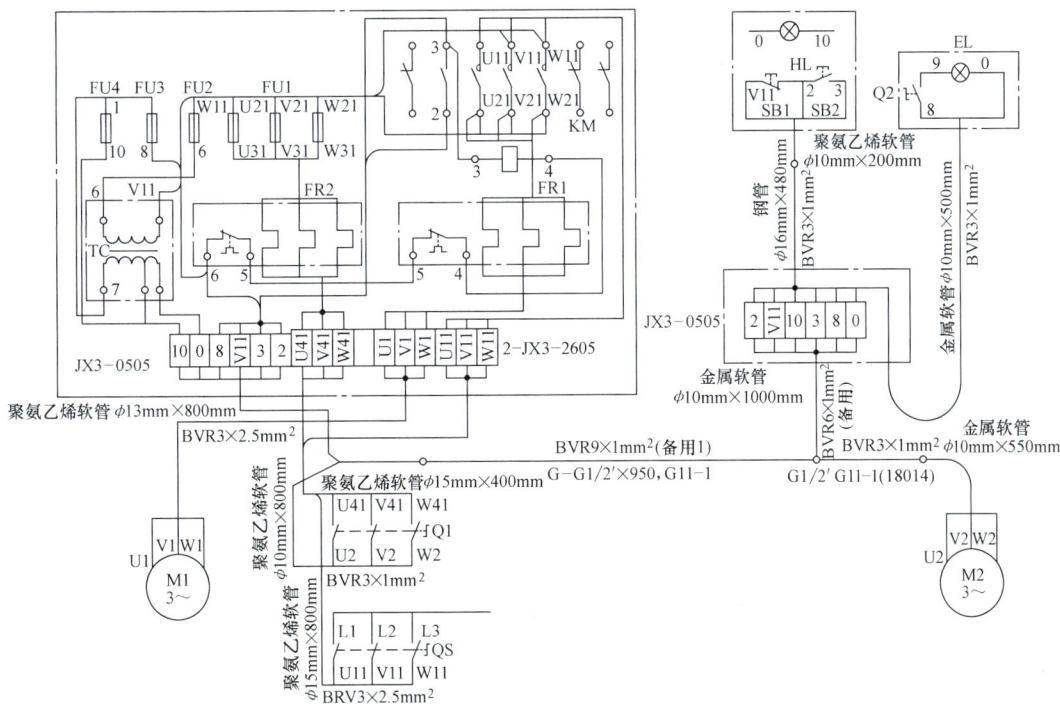

图 7-4 CW6132 型车床电气安装接线图

CW6132 型车床控制盘电器元器件布置图。布置图可根据电气设备的复杂程度集中绘制或分别绘制。图中需标注尺寸，各电器元器件的文字符号必须与原理图中相关元器件的符号一致。

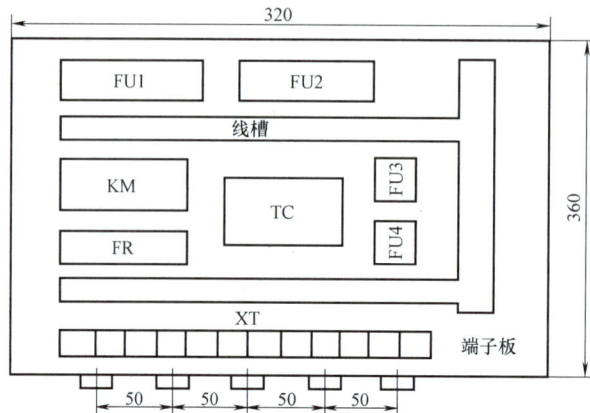

图 7-5 CW6132 型车床控制盘电器元器件布置图

### 7. 电气安装施工图的阅读方法

1) 熟悉电气图形符号, 弄清图形符号所代表的内容。

2) 针对一套电气安装施工图, 应先按一定顺序阅读, 再对某部分内容进行重点识读。

3) 抓住电气安装施工图要点进行识读。

4) 熟悉施工顺序, 便于阅读电气安装施工图。如识读配电系统图、照明与插座平面图时, 就应首先了解室内配线的施工顺序。

5) 识读时, 施工图中各图样应协调配合阅读。

## 7.1.4 常用仪器仪表的选用

### 1. 电工仪表的选择

1) 测量直流时, 可使用磁电系、电磁系或电动系仪表, 由于磁电系仪表的灵敏度和准确度最高, 所以使用最为普遍。

2) 测量交流时, 可使用电磁系、电动系或感应系仪表, 其中电磁系应用较多。

3) 通常 0.1 级和 0.2 级仪表用作标准仪表或在精密测量时选用, 0.5 级和 1.0 级仪表在实验室测量时选用, 1.5 级、2.5 级和 5.0 级仪表可在一般工程测量中选用。

4) 选择仪表量程时, 应尽量按使用标尺的 1/2 ~ 2/3 的原则选择仪表的量程。该区域内, 测量误差基本上等于仪表的准确度等级, 而在标尺中间位置上的测量误差为仪表准确度等级的 2 倍。

5) 根据被测对象阻抗大小来选择仪表内阻, 否则会给测量结果带来很大误差。

6) 选择仪表时, 对仪表的类型、准确度、量程、内阻等的选择要综合考虑, 特别要考虑引起较大误差的因素。除此之外, 还应考虑仪表的使用环境和工作条件。

### 2. 万用表的使用方法及注意事项

万用表是一种多功能、多量程的便携式仪表。常用的万用表有指针式 (模拟式) 和数字式两种。万用表一般都能测直流电流、直流电压、交流电流、直流电阻等电量, 有的万用表还能测功率、电容、电感及晶体管的 $h_{FE}$ 值等。万用表的形式很多, 使用方法也有些不同, 但基本原理是一样的, 万用表测量原理图如图 7-6a 所示, 图 7-6b 所示为 500 型万用表外观图, 图 7-7 所示为数字式万用表。下面以图 7-6 所示的 500 型万用表的面板图为例来说明其使用方法。

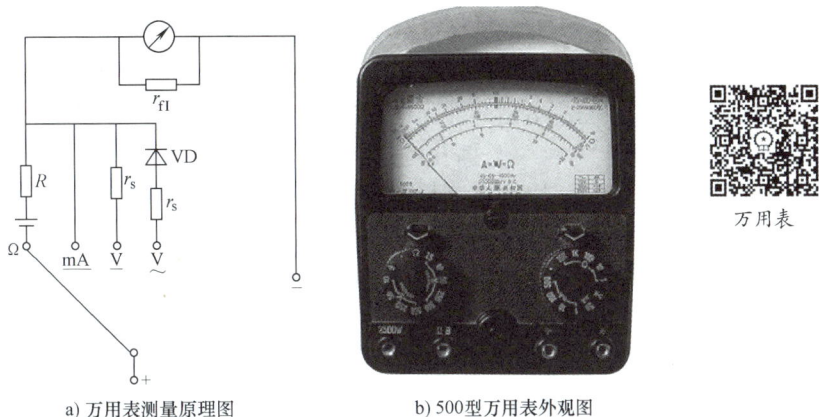

a) 万用表测量原理图      b) 500 型万用表外观图

图 7-6    万用表测量原理图及 500 型万用表外观图

图 7-7    数字式万用表

（1）万用表的使用方法

1）机械调零。万用表测量电压、电流前，先要调整机械零点。把万用表水平放置好，看表针是否指在电压刻度零点，如不指零，则应旋转机械调零螺钉，使表针准确指在零点上。

2）欧姆调零。万用表测量电阻前，应先调整欧姆零点，将两表笔短接，看表针是否指在欧姆零刻度上，若不指零，应转动欧姆调零旋钮，使表针指在零点。每次变换倍率档后，应重新调零。

3）插入表笔。万用表有红色和黑色两只表笔（测试棒），使用时插入表下方标有"＋"和"＊"的两个插孔内，红表笔插入"＋"插孔，黑表笔插入"＊"插孔。

4）读数。万用表的刻度盘上有许多标度尺，分别对应不同被测量和不同量程，测量时应在与被测电量及其量程相对应的刻度线上读数，并从垂直于表盘中心的位置正确读数，若有反射镜，则应待指针与反射镜中镜像重合时读数。

（2）万用表使用注意事项

1）转换开关的位置应选择正确。选择测量种类时，要特别细心，若误用电流档或电阻档测电压，轻则表针损坏，重则表头烧毁。选择量程要适当，测量时最好使指针在量程 1/2 ～

2/3 范围内，读数较为准确。在无法预测测量的电压或电流值时，应先选择最高量程，再逐步减小量程。

2）端钮或插孔选择要正确。红表笔应插入标有"＋"号的插孔内，黑表笔应插入标有"＊"号的插孔内；在测量电阻时注意万用表内干电池的正极与面板上"＊"号插孔相连，干电池的负极与面板上"＋"号插孔相连。

3）测量线路电阻时，线路必须与电源断开，不能在带电的情况下测量电阻值，否则会烧坏万用表。

4）在测量大电流或高电压时，禁止带电转换量程开关。

5）测量直流电压时，正负极性应正确，接反会导致表针反向偏转，引起仪表损坏。在不能分清正负极时，可选用较大量程档位试测，一旦发生指针反偏，应立即更正。

6）数字式万用表不能在电磁干扰的场合使用，以免影响读数的准确性。

7）测量完毕，应将转换开关拨到最高交流电压档，有的万用表（如500型）应将转换开关拨到标有"."的空档位置。如果仪表长期不用，应取出内部电池，以防电解液流出损坏仪表。

### 3. 钳形电流表的使用方法及注意事项

钳形电流表的外形与钳子相似，使用时将导线穿过钳形铁心，是一种常用的电流表。钳形电流表可在不切断电路的情况下测量电流，即可带电测量电流，这是钳形电流表的最大特点。常用的钳形电流表有指针式和数字式两种，如图7-8所示。指针式钳形电流表测量的准确度较低，通常为2.5级或5.0级。数字式钳形电流表测量的准确度较高，用外接表笔和测量功能转换旋钮相配合，还具有测量交/直流电压、直流电阻和工频电压频率的功能。

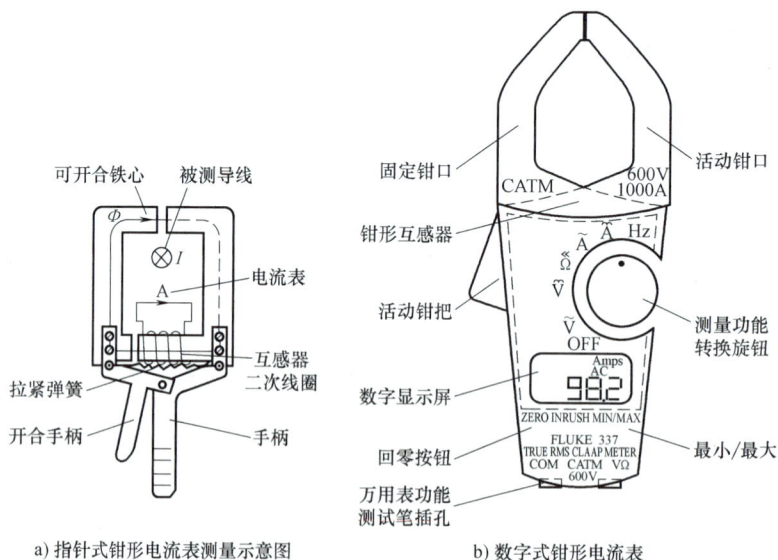

a) 指针式钳形电流表测量示意图　　b) 数字式钳形电流表

图7-8　钳形电流表结构

（1）钳形电流表的使用方法

1）根据被测电流的种类和线路电压，选择合适型号的钳形电流表，测量前首先必须调零（机械调零）。

2）检查钳口表面，应清洁无污物，无锈。当钳口闭合时应密合，无缝隙。

3）若已知被测电流的粗略值，则按此值选合适量程。若无法估算被测电流值，则应先选择最大量程，然后再逐步减小量程，直到指针偏转不少于满偏的 1/4，最好指针偏转在 1/2～2/3 范围内，如图 7-9a 所示。

4）被测电流较小时，可将被测载流导线在铁心上绕几匝后再测量，实际电流数值为钳形电流表读数除以放进钳口内的导线根数，如图 7-9b 所示。

5）测量时，应尽可能使被测导线置于钳口内中心垂直位置，并使钳口紧闭，以减小测量误差，如图 7-9c 所示。

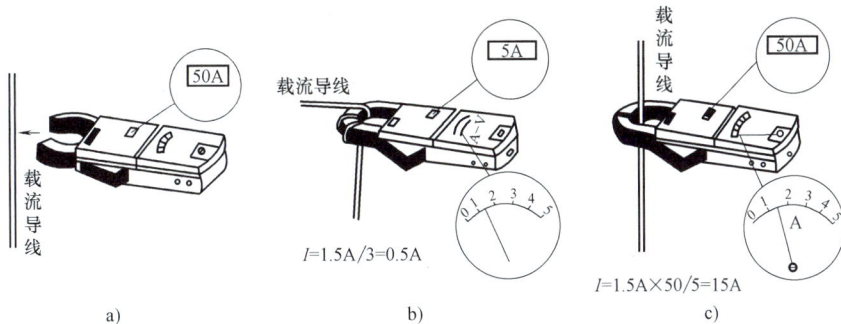

图 7-9  钳形电流表的使用

6）测量完毕后，应将量程转换开关置于交流电压最大位置，避免下次使用时误测大电流。

（2）钳形电流表使用注意事项

1）测高压电流时，要戴绝缘手套，穿绝缘靴，并站在绝缘台上。

2）转换量程档位时，应在不带电的情况下进行，以免损坏仪表或发生触电危险。

3）测量时要注意保持与带电部分的安全距离，以免发生触电事故。

**4. 绝缘电阻表的使用方法及注意事项**

绝缘电阻表是一种测量电气设备、供电线路绝缘电阻的可携式仪表，以"MΩ"为单位，用"MD"符号表示。

（1）使用前的准备

1）校表。绝缘电阻表内部由于无机械反作用力矩的装置，指针在表盘上任意位置皆可，无机械零位，因此在使用前不能以指针位置来判别表的好坏，而要通过校表来判别。首先将绝缘电阻表水平放置，两表夹分开，一只手按住绝缘电阻表，另一只手以 90～130r/min 转速摇动手柄，若指针偏到"∞"，则停止转动手柄；然后将 L（线路）、E（接地）两端短路，若指针偏到"0"，则说明该绝缘电阻表良好，可用。特别指出：绝缘电阻表指针一旦到零，应立即停止摇动手柄，否则将损坏绝缘电阻表。此过程又称校零和校无穷，简称校表。

2）不带电测量。用绝缘电阻表测量线路或设备的绝缘电阻，必须在不带电的情况下进行，决不允许带电测量。

3）充分放电。测量前应先断开被测线路或设备的电源，并对被测设备进行充分放电，清除残存静电荷，以免危及人身安全或损坏仪表。必要时被测设备可加接地线。

（2）绝缘电阻表的接线方法  绝缘电阻表有三个接线柱，其中两个较大的接线柱上分别标有"接地"（E）和"线路"（L），另一个较小的接线柱上标有"保护环"或"屏蔽"（G）。

1）测量照明或电力线路对地的绝缘电阻。将绝缘电阻表 E 接线柱可靠地接地，L 接到被测线路上，如图 7-10a 所示。

2）测量电动机、电气设备的绝缘电阻。将 E 接线柱接设备外壳，L 接电动机绕组或设备内部电路，如图 7-10b 所示。

3）测量电缆的绝缘电阻。测量电缆的导电线芯与电缆外壳的绝缘电阻时，除将被测两端分别接 E 和 L 两接线柱外，还需将 G 接线柱引线接到电缆壳芯之间的绝缘层上，如图 7-10c 所示。

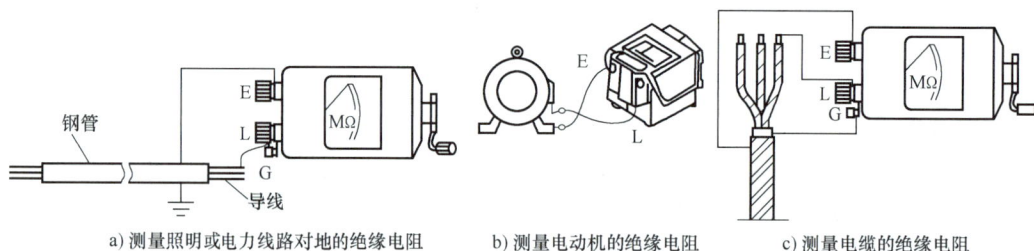

a)测量照明或电力线路对地的绝缘电阻　　　b)测量电动机的绝缘电阻　　　c)测量电缆的绝缘电阻

图 7-10　绝缘电阻表的接线方法

（3）测量方法

1）测量。接好线后，按顺时针方向摇动手柄，先慢摇，后加速，加到 120r/min 时，匀速摇动手柄 1min，待绝缘电阻表指针稳定时，读取指示值为测量结果。读数时，应边摇边读，不能停下来读数。

2）拆线。拆线原则是先拆线后停止摇动手柄，即读完数后，继续摇动手柄，将 L 线拆开后，才能停摇。如果电器设备容量较小，其内无电容器或分布电容很小，亦可停止摇动手柄后再拆线。

3）放电。拆线后对被测设备两端进行放电。

4）清理现场。

（4）绝缘电阻表使用注意事项

1）测量前必须切断设备的电源，并接地或短路放电，以保证人身和设备安全，获得正确的测量结果。

2）在绝缘电阻表使用过程中要特别注意安全，因为绝缘电阻表端子有较高的电压，绝缘电阻表测量完后应立即使被测物体放电，在绝缘电阻表的摇把未停止转动和被测物体未放电前，不可用手触及被测部位，也不可去拆除连接导线，以防触电。

3）对于有可能感应出高电压的设备，要采取措施，消除感应高电压后再进行测量。

4）被测设备表面要处理干净，以获得准确的测量结果。

5）绝缘电阻表与被测设备之间的测量线应采用单股线，单独连接；不可采用双股绝缘绞线，以免绝缘不良而引起测量误差。

**5. 接地电阻测试仪的使用方法及注意事项**

当发生异常情况时，如果没有接地线，就会因漏电流及电压过大造成产品损坏，危急人身安全。为防止此类问题的发生，保证安全，就需要接地线，即将电气产品金属外壳连接到地面的金属棒，可起到放电作用。为确保安全，应进行接地施工，并使用接地电阻测试仪进行接地电阻检测。

（1）PC39 型数字接地电阻测试仪前面板　PC39 型数字接地电阻测试仪前面板如

图 7-11 所示，PC39 型数字接地电阻测试仪前面板含义见表 7-2。

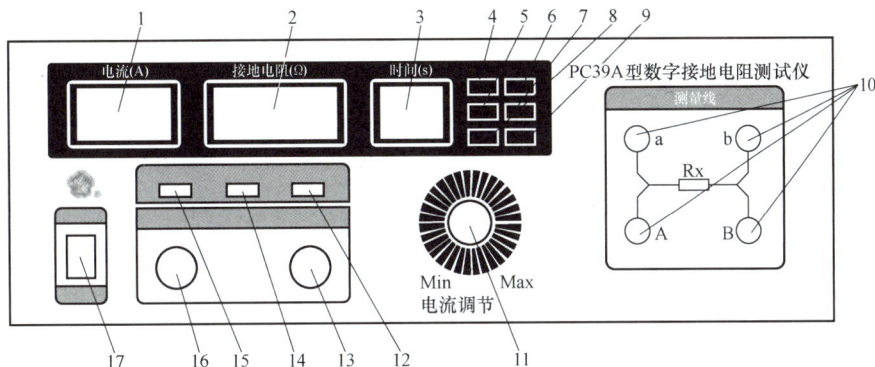

图 7-11　PC39 型数字接地电阻测试仪前面板

**表 7-2　PC39 型数字接地电阻测试仪前面板含义**

| 1 | 电流显示窗口 | 10 | 测量端 |
|---|---|---|---|
| 2 | 接地电阻显示窗口 | 11 | "电流调节" 旋钮 |
| 3 | 时间显示窗口 | 12 | "△" 键（增加） |
| 4 | "测量" 指示灯 | 13 | "复位" 按钮 |
| 5 | "合格" 指示灯 | 14 | "▽" 键（减少） |
| 6 | "补偿" 状态指示灯 | 15 | "设定" 键 |
| 7 | "过电流" 状态指示灯 | 16 | "起动" 按钮 |
| 8 | "报警" 指示灯 | 17 | "电源" 开关 |
| 9 | "欠电流" 状态指示灯 | | |

（2）接地电阻测试仪的使用方法

1）连接电源线。

2）接通电源，打开电源开关，预热 5min。此时所有数值为初始状态，窗口显示为 0。

3）报警接地电阻值设定。按一下"设定"键，电流显示窗口显示"A---"，接地电阻显示窗口显示上一次设定的报警电阻值，按"△"键和"▽"键，得到所需要电阻值，再按"设定"键保存，同时进入时间设定。

4）时间设定。当接地电阻报警值被保存后，电流显示窗口显示"T---"，时间显示窗口显示上一次设定的测试时间，此时可按"△"键或"▽"键得到所需测试时间，再按一下"设定"键，即保存时间设定值，同时进入测试电阻补偿值设定。

**小贴士**：当设定值为 0 时，测试时间为 ∞ 即可连续测试。

5）电阻补偿设定。当时间设定值被保存后，电流显示窗口显示"P---"，接地电阻显示窗口显示上一次测试电阻补偿值，这时可按"△"键或"▽"键得到所需补偿值，再按一下"设定"键，即保存测试电阻补偿值，同时进入电流设定。

6）电流设定。电流显示窗口显示"10.0"或"25.0"，然后可按"△"键或"▽"键，得到所需测试电流值，再按一下"设定"键，即保存测试电流值，同时进入开路报警功能设定。

7）开路报警功能设定。电流显示窗口显示"H---"，接地电阻显示窗口显示开路报警功能"ON"（采用报警）或"OFF"（取消报警）。按动"△"键或"▽"键可轮流切换，得到所需状态，再按一下"设定"键，则仪器回到测量初始状态。

> **小贴士：** 若只需对上述某一项进行设定，可按动"设定"键至电流显示窗口显示所需符号，以后步骤同以上所述操作方法。

完成设定后，按照图7-12进行接线测试。

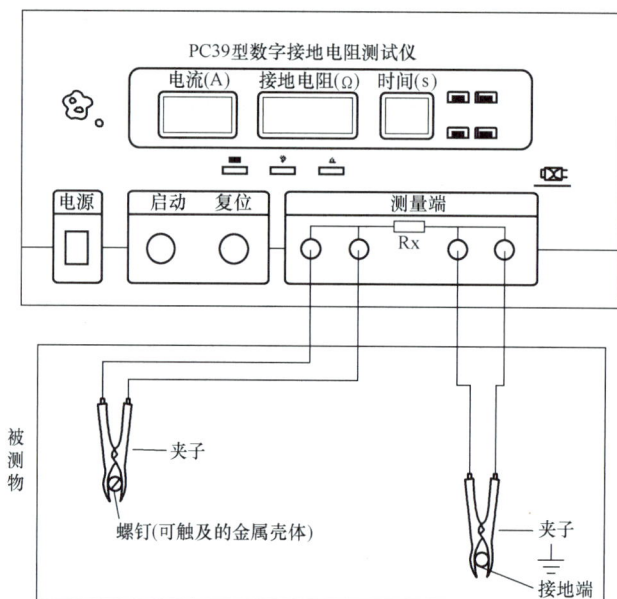

图7-12　PC39型数字接地电阻测试仪接线

8）测试。按一下"启动"按钮，"测量"指示灯亮。此时时间显示窗口显示剩余测试时间。如被测物合格，测试时间一到，仪器会发出"嘟"一声，且"合格"指示灯亮，接地电阻显示窗口示值即为被测物的接地电阻值；当测量电阻值大于报警设定值时，"报警"指示灯亮，待测试时间一到，仪器停止工作，并发声报警，则被测物为不合格品。然后按一下"复位"键，仪器退出测量状态，回到初始状态，"测量"指示灯灭。在测试过程中，当接地电阻测量值超出测量范围时，接地电阻显示窗口显示"----"；如果被测物上没有电流，则认为不构成回路，接地电阻值无穷大，接地电阻显示窗口显示"----"。

## 任务2　电动机的安装

#### ▶▶ 任务描述

了解电动机安装前开箱检查、底座基础建造、干燥与试运行的内容；掌握电动机、校正及传动装置的安装方法。

>> **知识点讲解**

## 7.2.1 电动机安装前的准备

### 1. 开箱检查

1）电动机应有铭牌，注明生产厂家，电动机的型号、容量、频率、电压、电流、接线方法、转速、温升、工作方法、绝缘等级等有关技术数据。

2）电动机的控制、保护和起动附属设备应与电动机配套，并有铭牌，规格、及出厂合格证等有关技术资料。

3）外观无损伤、变形，油漆完好，用手转动转子应灵活，不能有卡阻和异常声响。

4）检查电动机的引出线端子是否焊接或压接良好，编号是否齐全。

### 2. 底座基础建造

1）底座一般用混凝土或砖砌成，其承受重量一般不低于电动机重量的三倍。

2）地脚螺栓底端制成燕尾形，埋入长度为螺栓直径的 10 倍左右，埋设应顺直，电动机紧固后螺栓应露出螺母 3～5 牙螺纹。图 7-13 所示为底座基础建造示意图。

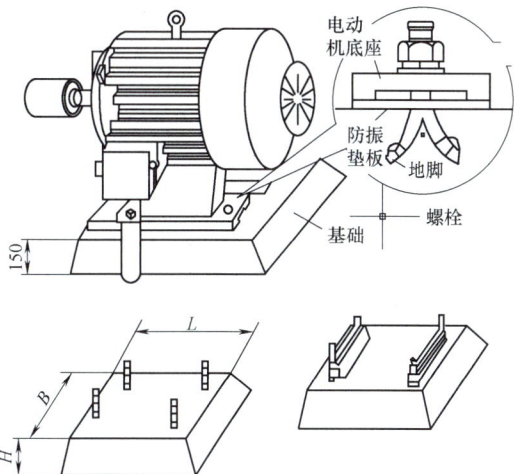

图 7-13 底座基础建造示意图

## 7.2.2 电动机安装就位

### 1. 搬运

搬运过程中，避免发生碰撞和剧烈振动，以免损坏。

### 2. 就位

以机座底盘中心为准，控制电动机的位置；就位后，应及时准确校正电动机和驱动机器的传动装置，使其位于同一中心线，为防止振动，安装时在机座与基础之间应加装防震装置。四个地脚螺栓上应加弹簧垫圈，按对角交错次序拧紧螺母。

### 3. 安装

1）电动机安装由电工、钳工操作，大型电动机的安装需要搬运和吊装时应有起重工配合进行。

2）应审核电动机安装的位置是否满足方便操作、检修和运输的条件。

3）固定在基础上的电动机，一般应有不小于 1.2m 的维护通道。

4）电动机基础各边应超出电动机底座边缘 100～150mm。

5）稳固电动机的地脚螺栓应与混凝土基础牢固地结合成一体，浇灌前预留孔应清洗干净，螺栓本身不应歪斜，机械强度应满足要求。

6）电动机垫片一般不超过三块，垫片与基础面接触应严密，电动机底座安装完毕后进行二次灌浆。

7）采用带传动的电动机轴及传动装置轴的中心线应平行，电动机及传动装置的带轮自身垂直度全高不超过0.5mm，两轮的相应槽应在同一直线上。

8）采用齿轮传动时，圆齿轮中心线应平行，接触部分不应小于齿宽的2/3。伞形齿轮中心线应按规定角度交叉，咬合程度应一致。

9）采用靠背轮传动时，轴向与径向允许误差，弹性连接的应小于0.05mm，钢性连接的不大于0.02mm。互相连接的靠背轮螺栓孔应一致，螺母应有防松装置。

## 7.2.3 校正及传动装置的安装

### 1. 电动机水平校正

1）用水准仪对电动机进行水平校正，一般将仪器放在转轴上，对电动机的纵向、横向进行检测。

2）可用0.5~5mm厚的钢片垫在机座下调整电动机水平。

### 2. 带传动装置的安装

1）带传动装置的安装。两个带轮的直径大小必须配套，应按要求安装。若大小轮安装错误，会造成事故。

2）用带轮传动时，必须使电动机带轮的轴和被传动机器带轮的轴保持平行，而且要使两带轮宽度的中心线在同一直线上，否则会增加传动装置的能量损耗，且会损坏传动带；若是平带，则易造成脱带事故。图7-14所示为电动机校正及传动装置的安装图。

### 3. 联轴器传动装置的安装

1）常用的弹性联轴器在安装时应先把两半联轴器分别装在电动机和机械的轴上，然后把电动机移近连接处。

2）当两轴相对处于一条直线上时，先初步拧紧电动机的机座地脚螺栓，但不要拧得太紧，接着将钢直尺放在两半联轴器上，转动电动机转轴并旋转180°，看两半联轴器是否有高低，若有高低应予以纠正至高低一致，才说明电动机和机械的轴已处于同轴状态。图7-15所示为联轴器传动装置的安装。

### 4. 齿轮传动装置的安装

1）转轴纵、横尺寸要配合安装齿轮的尺寸，所装齿轮与被动轮应配套，如模数、直径和齿形等。

2）齿轮传动时，电动机的轴与被传动的轴应保持平行，两齿轮啮合应合适，可用塞尺测量两齿轮间的齿间间隙，如果间隙均匀，说明两轴已平行。

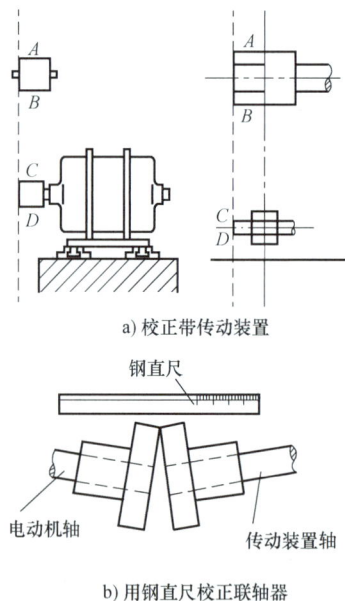

a) 校正带传动装置

b) 用钢直尺校正联轴器

图7-14 电动机校正及传动装置的安装图

### 5. 控制、保护设备的安装

电动机控制和保护设备安装应符合下列要求：电动机控制和保护设备一般安装在电动机附近，以保证能监视到电动机起动、运行状况；每台电动机均应安装控制和保护设备，对遥控及多点控制的电动机，应在各控制点装设"停""起"信号，并在电动机附近设置断开电源装置；备用电动机除装设可靠的电气联锁或机械联锁外，应在操作回路或主回路中装设断

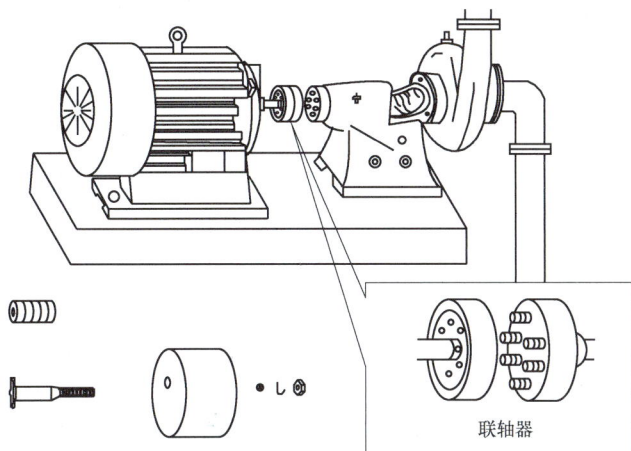

图 7-15　联轴器传动装置的安装

开电动机装置，控制设备和所拖动的设备应逐台编号。在起动器的操作手柄上，应标明"起动""运行""停止""正转""反转"等相应字样；装设过电流和短路保护装置（或需装设断相保护装置），保护整定值：采用热元件时，一般为电动机额定电流 1.1～1.25 倍；采用熔丝（片）时，一般为电动机额定电流 1.5～2.5 倍。控制、保护设备的安装应做到以下几点：

1）同一组刷握应均匀排列在同一直线上。

2）刷握的排列一般应使相邻不同极性的一对刷架彼此错开，以使换向器均匀磨损。

3）各组电刷应调整在换向器的电气中性线上。

4）带有倾斜角的电刷，其锐角尖应与转动方向相反。

5）电刷与铜编带的连接及铜编带与刷架的连接应良好。

6）定子和转子分箱装运的电动机，安装转子时，不可将吊绳绑在滑环、换向器或轴颈部分。

7）测量高压同步电动机轴承座绝缘时，应用 1000V 绝缘电阻表，绝缘电阻不应小于 1MΩ。

8）电动机接线应牢固可靠，接线方式应与供电电压相符。图 7-16 所示为电动机控制保护装置安装图。

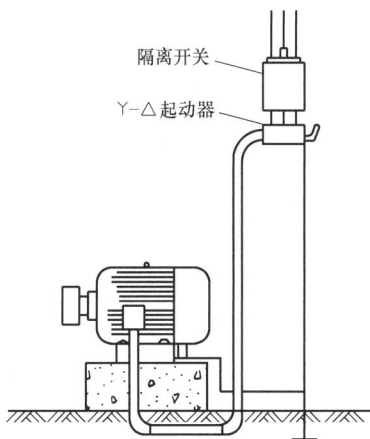

图 7-16　电动机控制保护装置安装图

**6. 导线的敷设**

1）从电动机至控制和保护装置之间的导线敷设，一般有明管和暗管两种，目前多用暗管敷设，电源管口离地不低于 10cm，尽量靠近电动机接线盒，最好用软管接入电动机接线盒，另一端接入控制保护装置。

2）布线接线时，必须按照接线图规定的走线方向进行，一般从电源端按线号顺序布线、接线。一般先接控制电路，再接主电路。图 7-17 所示为电动机导线敷设图。

**7. 电动机接线**

接线前应检查电动机装配质量，用绝缘电阻表检测电动机绕组之间、绕组和地之间的绝

297

缘电阻，然后根据电动机铭牌接线。图 7-18 所示为电动机接线图，图 7-18a 所示为星形联结，图 7-18b 所示为三角形联结。

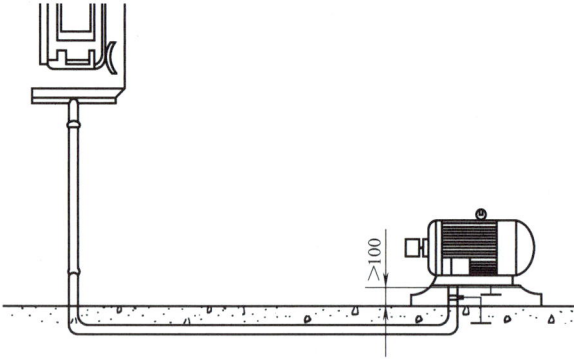

图 7-17　电动机导线敷设图

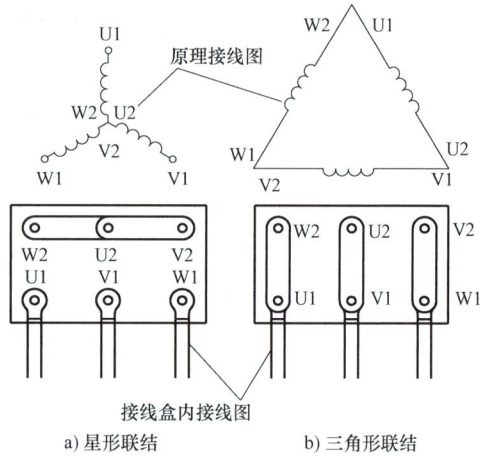

图 7-18　电动机接线图

### 8. 安装注意事项

1）小容量电动机接电源线时，不测量绝缘电阻；但要提高对测量绝缘电阻的必要性的认识，加强安装人员的责任心，并严格按照电源电压和电动机标注接线方式接线。

2）电动机接线盒内裸露导线，线间对地距离应足够，应将导线排列整齐并加强绝缘保护。

3）为防止电动机外壳接地线不牢、接线位置不准确，接地线应接在接地专用的接线端子上，接地线截面必须符合规范要求，并压接牢固。

4）埋地脚螺栓浇筑混凝土时，注意不要将地脚螺栓碰歪，以防止在紧固电动机时，螺帽倾斜和负荷不均。

## 7.2.4　电动机的干燥

电动机由于运输、保存或安装后受潮，绝缘电阻吸收比达不到规范要求时，应进行干燥处理。

### 1. 干燥方法

1）灯泡干燥法：可采用红外线灯泡或一般灯泡，使灯光直接照射在绕组上，温度高低的调节可用改变灯泡功率来实现。

2）烘箱干燥法：把需要干燥的电动机定子或转子放在保温的烘箱或干燥室内，并可加引风机、鼓风机进行有效热循环。

3）电流干燥法：采用低电压，用变阻器调节电流，其电流大小宜控制在电动机额定电流的 60% 以内，并应设置测温计，随时监控干燥温度。

4）外壳铁损干燥法：在机壳上缠绕励磁绕组，通交流电，使机壳内产生铁损达到加热目的。

5）磁铁感应干燥法：在电动机的定子上绕线圈，通单相交流电，使电动机的定子铁心内产生磁通，使铁心发热，适用于带有轴承并带有通风孔的较大型交直流电动机。

**2. 电动机干燥注意事项**

1）烘干温度缓慢上升，铁心和绕组的最高温度应控制在 70～80℃。

2）当电动机绝缘电阻值达到规范要求，在同一温度下经 5h 稳定不变时，可认为干燥完毕。

## 7.2.5　电动机的试运行

电动机第一次起动一般在空载情况下进行，空载运行时间为 2h，并记录电动机空载电流。电动机在试运行中应进行下列检查：

1）电动机的旋转方向应符合要求，无杂声。

2）换向器、集电环及电刷的工作情况正常。

3）检查电动机温度，不应有过热现象。

4）振动（双振幅值）不应大于标准规定值。

5）滑动轴承温升不应超过 80℃，滚动轴承温升不应超过 95℃。

6）交流电动机带负荷连续起动次数，在冷态时可连续起动 2 次，时间间隔不小于 5min，在热态时不可连续起动。

### ▶▶ 工程案例

**例 7-1**　某工厂生产线电动机安装项目。

项目概述：某工厂新增生产线拟安装一台额定功率为 100kW 的三相交流电动机，用于驱动核心生产设备。该电动机型号为 Y132S-6，额定电压为 380V，频率为 50Hz，具有高效节能特性。项目重点在于确保电动机安装的准确度和安全性，以保障生产线连续稳定运行。

**一、具体步骤**

1. 开箱检查与准备

（1）检查铭牌信息　核实电动机铭牌上的厂家名称、型号、容量、电压、频率等参数，确保与设计要求相符。

（2）外观与功能检查　电动机外观无破损，漆面完整，手动转动转子灵活无卡滞或异响，引出线端子焊接良好且编号清晰。

（3）附件配套性　确认控制、保护和起动设备齐全，与电动机匹配，具备合格证明。

2. 底座基础建造

（1）建造材料　采用 C30 混凝土建造底座，确保承重至少为电动机重量的 3 倍。

（2）地脚螺栓埋设　螺栓底端制作成燕尾形，埋深为其直径的 10 倍，确保直线埋设，预留螺纹露出 3～5 牙。

3. 电动机搬运与就位

（1）小心搬运　使用专业的搬运设备，避免碰撞和强烈振动。

（2）精确就位　依据机座底盘中心确定电动机位置，确保电动机与传动装置对齐。

4. 安装过程

（1）电工与钳工协作　由专业电工和钳工共同完成安装，大型电动机还需起重工配合。

（2）基础稳固与校正　地脚螺栓与混凝土紧密结合，通过水准仪调整电动机水平，使用钢片垫片调平。

（3）传动装置安装　带传动时，确保两带轮中心线平行，带轮垂直度偏差不超过

0.5mm；齿轮传动时，齿轮中心线平行，接触宽度满足要求；联轴器传动则需确保两轴线同轴，误差控制在允许范围内。

5. 控制与保护装置安装

（1）布局与标识　控制保护设备靠近电动机安装，便于监控，各控制点设有"停""起"信号，并配备紧急断电装置。

（2）接线与调试　接线牢固，符合电压标准，设置过电流和短路保护，整定值按电动机额定电流设定。

6. 导线敷设与接线

（1）布线方式　采用暗管敷设，电源管口高于地面10cm，接近电动机接线盒，遵循接线图指导。

（2）接线检查　检测绕组间及绕组对地绝缘电阻，依据铭牌正确接线，注意接线盒内导线排列整齐，加强绝缘防护。

7. 电动机干燥与试运行

（1）干燥处理　因运输受潮，采用电流干燥法，电流控制在额定电流60%以下，直至绝缘电阻达标。

（2）试运行检验　空载运行2h，检查旋转方向、噪声、温度和振动，确保无异常。

二、案例分析

本案例展示了电动机安装的全过程，从基础的准备到最终的试运行，每一步骤均体现了严格的质量控制和安全意识。特别是在传动装置的精确对准和控制保护系统的严谨布局上，保障了电动机的高效稳定运行。通过干燥处理确保了电气绝缘性，避免了潜在的安全隐患。

# 任务3　配电柜和配电箱的安装

## 任务描述

掌握配电柜、配电箱与配电盘的安装方法。

## 知识点讲解

### 7.3.1　配电柜的安装

**1. 配电柜安装的准备工作**

（1）图样和资料准备

1）电气线路图：安装和调试工作的主要依据，由生产厂家随产品一同提供。

2）接线图和安装图：通过熟悉接线图，可以了解各元器件的安装位置和内部接线情况；安装图上各组件的外形尺寸、开孔规格、平面布置、安装要求等，都是安装施工的主要依据。

3）产品说明书：一般介绍产品型号、规格、主要技术指标、主要环节的工作原理，以及安装、调整和维修注意事项等，有的还附有本设备所有元器件明细表。

（2）常用材料、工具和测量仪表的准备

1）设备及材料均符合国家或行业现行技术标准，符合设计要求，并有出厂合格证。设备应有铭牌，并注明厂家名称等；附件、备件应齐全。

2）安装使用的材料。

① 型钢。

② 镀锌螺栓、螺母、垫圈、弹簧垫、地脚螺栓。

③ 其他材料：镀锌铁丝、酚醛板、相色漆、防锈漆、调和漆、塑料软管、异型塑料管、尼龙卡带、小白线、绝缘胶垫、标志牌、焊条、锯条、氧气和乙炔气等均应符合质量要求。

3）主要机具。

① 吊装搬运机具：汽车、汽车吊、手推车、卷扬机、钢丝绳索具和麻绳索具等。

② 安装工具：台钻、手电钻、电锤、砂轮、电焊机、气焊工具、台虎钳、锉刀、扳手、钢锯、钢丝钳、螺钉旋具和电工刀等。

③ 测试检验工具：水准仪、绝缘电阻表、万用表、水平尺、验电器、高压测试仪器、钢直尺、钢卷尺、吸尘器、塞尺和线锤等。

**2. 配电柜安装操作方法及允许偏差**

成套配电柜的安装工序可分为基础型钢埋设和配电柜的搬运、检查、立柜和内部清扫几步。

（1）基础型钢埋设　配电柜通常安装在基础上，基础大多采用槽钢或角钢，并在土建施工时埋设好。其方法有下列几种：

1）直接埋设法。直接埋设法是在土建浇灌混凝土时，直接将基础钢埋设好。埋设前先将型钢校直，除去铁锈，按图样尺寸下好料并钻好孔。再按图样的标高尺寸，测量其位置，并做好记号，以免造成过大误差。配电柜的基础型钢一般为两根，埋设时应使其平行，并处于同一水平。埋设的型钢可高出地表面 5～10mm（或根据设计规定）。水平调好后，可将型钢固定，图7-19a所示为槽钢与地基的固定示意图。

2）预留槽埋设法。预留槽埋设型钢是在土建浇灌混凝土时，根据图样要求的位置，预埋好钢筋钩（焊接在型钢上，使型钢基础牢固地埋入混凝土内），并预留出型钢的空位，在地面上埋入比型钢略大的木盒（一般大 30mm 左右）。待混凝土凝固后，将埋入的木盒取出，再埋设基础型钢。并按上述方法和要求调好水平，再把预埋的钢筋钩焊接在型钢上，使其固定，如图 7-19b 所示。

3）地脚螺栓埋设法。在土建施工做基础时，先按底座尺寸预埋地脚螺栓，待基础凝固后再

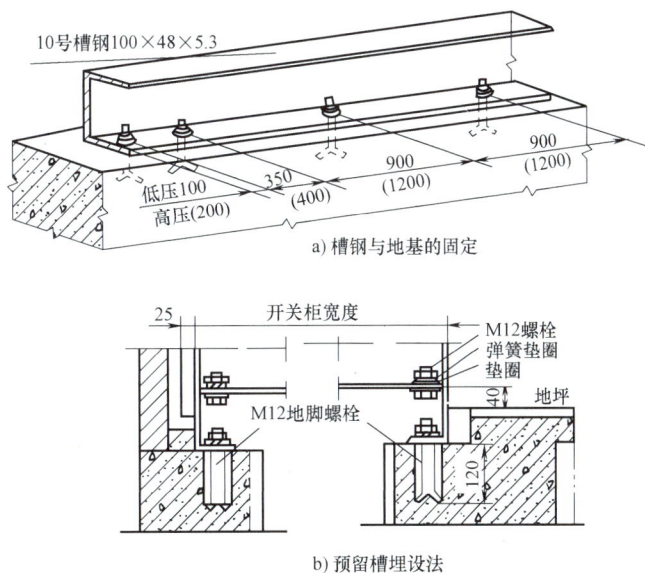

a）槽钢与地基的固定

b）预留槽埋设法

图 7-19　配电柜底盘安装示意图

将槽钢底座固定在地脚螺栓上。埋设的基础型钢应良好接地。接地应不少于两处。露出地面部分应涂一层防锈漆。基础型钢安装的允许偏差见表7-3。

表7-3 基础型钢安装的允许偏差

| 项　目 | 允　许　偏　差 | |
| --- | --- | --- |
| | mm/m | mm/全长 |
| 顶部平面度 | <1 | <5 |
| 侧面平面度 | <1 | <5 |
| 位置误差及平行度 | | <5 |

（2）搬运　配电柜在搬运过程中，要防止翻倒、冲击和振动。根据设备重量、距离长短可采用汽车运输、汽车与汽车吊配合运输、人力推车运输或卷扬机滚杠运输。设备运输、吊装时应注意下列事项：

1）道路要事先清理，保证平整畅通。

2）设备吊点：柜顶部有吊环者，吊索应穿在吊环内；无吊环者吊索应挂在四角主要承力结构处，不得将吊索吊在设备部件上。吊索的绳长应一致，以防柜体变形或损坏部件。

3）汽车运输时，必须用麻绳将设备与车身固定牢，运行要平稳。

（3）检查　配电柜搬到现场后，应进行开箱检查，其内容有以下几方面：

1）安装单位、供货单位或建设单位共同进行，并做好检查记录。

2）按照设备清单、施工图样及设备技术资料，核对设备本体及附件、备件的规格型号，应符合设计图样的要求；附件、备件齐全；产品合格证件、技术资料、说明书齐全。

3）柜本体外观检查应无损伤及变形，油漆完整无损。

4）柜内部检查：电器装置及元器件、绝缘瓷件齐全、无损伤、裂纹等缺陷。

（4）立柜　立柜应在浇注基础型钢的混凝土凝固后进行，应按图样规定的顺序对配电柜各部件做好标记。立柜时，可以先将每个柜体调整到大致的水平位置，然后再精确地调整第一柜，再以第一个柜为标准将其他柜逐柜调整。调整顺序，可以从左到右，或从右到左，也可以先调中间柜，然后左右分开调整。配电柜的水平调整，用水平尺测量。垂直情况调整，可在柜顶沿柜面悬挂一线垂，测量柜面上下端与吊线的距离，直到调整达到要求为止。调整完毕后再全部检查一遍，是否符合质量要求，然后用电焊（或连接螺栓）将配电柜底座固定在基础型钢上。如用电焊，每个柜的焊缝不应少于四处，每处焊缝长约10mm。焊缝应在柜体的内侧。安装好的开关柜如图7-20所示。成列的开关柜安装好后，应将两头的边屏装上，将端面封闭。如制造厂家没有供应边屏，

图7-20　安装好的开关柜

可用2mm厚的钢板自行制作，最后用折边机弯制，制好的边屏应喷相同颜色的漆。

配电柜单独或成列安装时，其垂直度、水平度以及柜面偏差和盘、柜间接缝的允许偏差应符合表7-4中的规定。

表 7-4　柜安装的允许偏差

| 项目 | | 允许偏差/mm |
|---|---|---|
| 垂直度（每米） | | <1.5 |
| 水平偏差 | 相邻两柜顶部 | <2 |
| | 成列柜顶部 | <5 |
| 盘面偏差 | 相邻两柜边 | <1 |
| | 成列柜面 | <5 |
| 柜间接缝 | | <2 |

（5）内部清扫　配电柜固定好后，应进行内部清扫。柜内不应有杂物，同时应检查机械活动部分是否灵活，导线连接是否紧固。

高压开关柜还应进行耐压试验，其数值见表7-5，即一次回路及其电器的绝缘应能承受1min 的工频试验电压而无击穿现象。

表 7-5　高压开关柜工频试验电压数值

| 额定电压/kV | 0.5 及以下（二次回路） | 3 | 6 | 10 |
|---|---|---|---|---|
| 持续 1min 的工频试验电压/kV | 1 | 24 | 32 | 42 |

### 3. 配电柜安装的注意事项

1）配电柜的摆设位置应按平面图规定安装。

2）配电柜应装设在远离热源、水源、腐蚀性气体和金属粉尘的场所；若条件不允许，要采取相应防范措施。

3）确保维修安全距离及良好的通风。

4）需用地脚固定的配电柜，在做混凝土基础时应预留出适当尺寸的地脚孔，待配电柜安装就位后再灌浆。

5）安装后的配电柜，与地面垂直的偏差不应大于5°。

6）盘、柜的固定及接地应可靠。

7）手车或抽屉式开关柜在推入或拉出时应灵活，机械闭锁可靠。

## 7.3.2　配电箱（盘）的安装

配电箱（盘）的安装工艺流程如图 7-21 所示。

### 1. 熟悉配电箱（盘）安装图

熟读电气安装图，结合系统图和主要设备及材料表，明确配电箱（盘）是明装还是暗装，配电箱（盘）是否是加工定制的，核对实物与图样要求是否相符。

### 2. 弹线定位

根据图样要求，找出配电箱（盘）安装位置（一般在电源进口处，并尽量接近负载中心），并按照箱（盘）的外形尺寸进行弹线定位。

当设计图样无明确要求时，一般应按以下原则确定安装位置：

1）配电箱（盘）应装在清洁、干燥、明亮、不易受振、不易受损、无腐蚀性气体及便于抄表、维护和操作的地方。

2）配电箱（盘）离地高度，明装时为 1.5m，暗装时为 1.2m，如果装有电度表应为

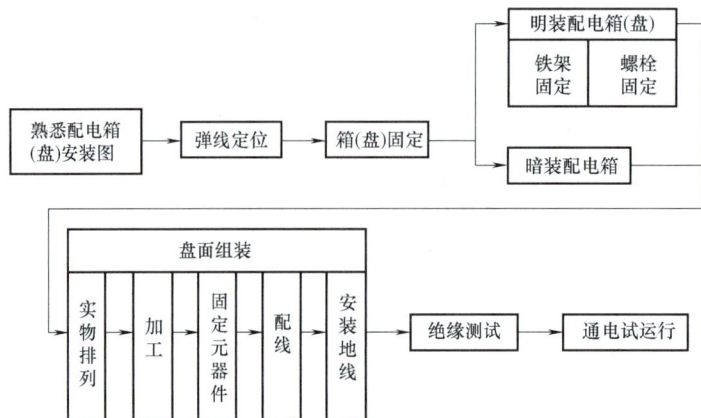

图 7-21 配电箱（盘）的安装工艺流程

1.8m。同一建筑物内，同类箱（盘）的高度应一致，允许偏差为 10mm。

### 3. 箱（盘）固定

配电箱（盘）的固定必须平整、牢固，箱体垂直于地面，垂直度允许偏差为 3mm。常用固定方法有以下三种：

（1）铁架固定明装配电箱（盘）

1）依据配电箱（盘）底座尺寸，将角钢调直，量好尺寸，划好锯口线，锯断煨弯，钻孔位，煨弯时用直尺找正。

2）用电（气）焊时，将对口缝焊牢，并将埋入端作成燕尾，然后除锈，刷防锈漆。

3）按需要标高用水泥砂浆将铁燕尾端埋入墙孔，埋入时要注意铁架的平直度和空间距离，应用线坠和水平尺测量准确后再稳住铁架。

4）待水泥砂浆凝固后方可进行配电箱（盘）与铁架的连接紧固，同时要对箱（盘）体进行找正。

（2）金属膨胀螺栓固定明装配电箱（盘）

1）根据弹线定位的要求找到准确的固定位置。

2）用电锤或冲击钻在固定点位置钻孔，孔洞应平直，不得歪斜。钻头的选用要与膨胀螺栓的规格相配，使所钻的孔径应刚好可将金属膨胀螺栓的膨胀管部分轻打入墙内，在轻打金属膨胀螺栓时，要用螺母套在螺栓上，以防止将螺栓上的螺纹损坏。

3）固定配电箱（盘），同时对箱（盘）体进行找正。

（3）暗装配电箱（盘）埋设固定

1）箱（盘）体的埋设固定。首先根据施工图要求的标高和预留洞位置，将卸下箱门（盘面）、箱（盘）芯后的箱（盘）体放入洞内，找好标高和水平位置，并将箱（盘）体与管路连接固定好。如图 7-22 所示，用水泥砂浆填实周边，并抹平。待土建粉刷装饰好墙面后，再进行箱（盘）芯安装接线、箱门（盘面）安装。

图 7-22 箱（盘）体的埋设固定

2）箱（盘）安装接线。首先将箱壳内杂物清理干净，并将导线理顺，分清支路和相序，箱（盘）对准固定螺栓位置推进，然后调平、调直、拧紧固定螺栓。再将理顺的导线绑扎成束后分别与各端子连接，如图7-23所示。

3）箱门（盘面）的安装。要求箱门（盘面）要平整、垂直，周边间隙均匀对称，固定螺钉垂直受力均匀。

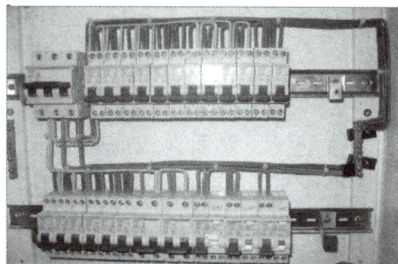

图7-23 箱（盘）安装接线

4）管路进配电箱（盘）。管路进明、暗装配电箱（盘）的做法如图7-24所示。

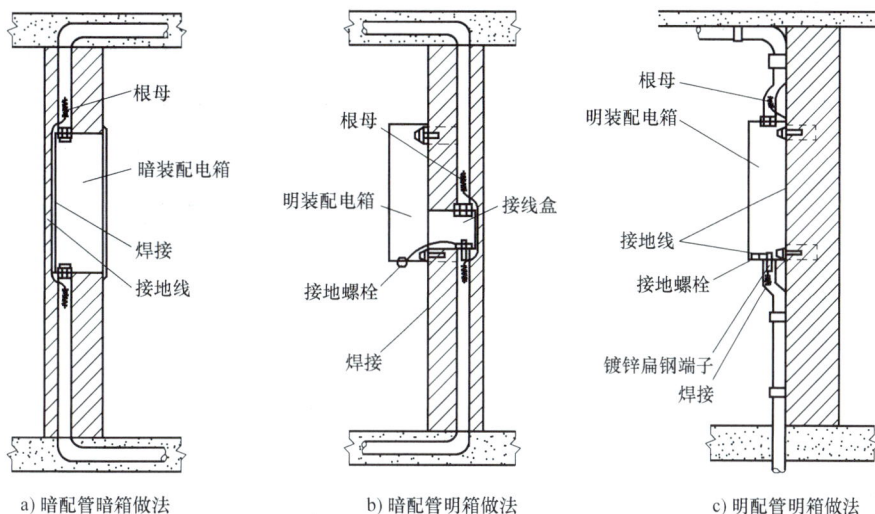

a）暗配管暗箱做法    b）暗配管明箱做法    c）明配管明箱做法

图7-24 管路进明、暗装配电箱（盘）的做法

### 4. 盘面组装

配电箱（盘）上元器件、仪表应牢固、平整、整洁。配线必须排列整齐，并绑扎成束，活动部位应利用螺钉加以固定。盘面引出线及进线应留有适当的余量，以便于检查和维修。

（1）实物排列 将盘面板放平，将全部元器件、仪表置于其上，进行实物排列。对照图样及元器件、仪表的规格和数量，选择最佳位置使之间距符合表7-6要求，并保证操作维修方便及外形美观。

表7-6 元器件、仪表排列间距要求

| 间 距 | 最小尺寸/mm |
| --- | --- |
| 仪表侧面之间或侧面与盘边 | >60 |
| 仪表顶面或出线孔与盘边 | >50 |
| 闸具侧面之间或侧面与盘边 | >30 |
| 上下出线孔之间 | >40（隔有卡片框）　　>20（未隔卡片框） |

（2）加工 用90°角尺找正，画出水平线，均分孔距，然后撤去电器、仪表，进行钻孔（孔径应与绝缘嘴吻合）。如是钢板，则钻孔后要除锈，应刷防锈漆及灰油漆。

（3）固定元器件 油漆干后装上绝缘嘴，并将全部元器件、仪表摆平、找正，用螺钉固定。配电箱（盘）上元器件，仪表应牢固、平整、整洁、间距均匀、铜端子无松动、启闭灵活，零部件齐全。

（4）配线　根据元器件、仪表的规格、容量和位置，选好导线的截面和长度，加以剪断，进行配线。盘面导线应排列整齐、绑扎成束。压头时，将导线留出适当余量，削出线芯，逐个压牢。如为立式盘，开孔后应首先固定盘面板，然后再进行配线。

盘面组装配线的部分要求如下：

1）配电箱（盘）上的母线涂有黄（U相）、绿（V相）、红（W相）三种颜色。垂直排列方式为U上、V中、W下；水平排列为U后、V中、W前；引下排列为U左、V中、W右。黑色（N）为中性线，黄绿双色线为保护接地线（又称为PE线），如图7-25所示。

2）零母线在配电箱（盘）上应用中性线端子板分支路，且排列位置应与熔断器相对应。

3）配电箱（盘）应装短路、过载和漏电保护装置。

4）配电箱（盘）上配线必须排列整齐，并绑扎成束，活动部位应利用长螺钉加以固定。盘面引出线及进线应留有适当余量，以便于检查和维修。

图7-25　配电箱（盘）上的母线

5）导线剥削处不应损伤线芯或线芯过长，导线压头应牢固可靠，多股导线不应盘圈压接，应加装压线端子。如必须穿孔，且用螺钉压接时，多股线上应搪锡后再压接，不得减少导线股数。

6）配电箱（盘）的盘面上安装的各种刀开关及断路器等，当处于断路状态时，刀开关可动部分不应带电。

7）垂直装的刀开关及熔断器，其上端接电源，下端接负载；横装时，左侧（面对盘面）接电源，右侧接负载。

8）配电箱（盘）上的电源指示灯，其电源应接至总开关的外侧，并应在电源侧单独装熔断器。盘面闸具位置应与支路相对应，其下面应装设卡片框，标明路别及容量。

9）使用电流互感器时，电流互感器的二次绕组和铁心应可靠接地，并且在电流互感器二次绕组的电路中不得加装熔断器，严禁开路运行。

（5）安装地线　配电箱（盘）带有器具的铁制盘面和装有器具的门及电器的金属外壳均应有明显可靠的PE线接地，PE线不允许利用盒、箱体串接。

TN－C系统中的中性线应在箱体（盘面上）引入线处或末端做好重复接地（又称PEN线）。重复接地的接地体与电气设施之间的距离不应小于3m；接地体与建筑物的距离一般不小于1.5m；接地电阻应符合要求。

PE线截面规格要求：

1）PE线材质与相线相同时，按热稳定要求选择截面，当相线线芯截面积小于16mm$^2$时，PE线最小截面与相线线芯截面相同；当相线线芯截面积在16～35mm$^2$之间时，PE线最小截面积为16mm$^2$；当相线线芯截面积大于35mm$^2$时，PE线最小截面积应为相线线芯截面积的1/2。

2）PE线如果不是供电电缆或电缆外护层的组成部分时，按不同机械强度要求，有机械保护时，截面积应不小于 $2.5\text{mm}^2$；无机械保护时，截面积应不小于 $4\text{mm}^2$。

#### 5. 绝缘测试

配电箱（盘）全部元器件安装完毕后，用500V绝缘电阻表对线路进行绝缘测试。测试相线与相线之间、相线与中性线之间、相线与地线之间、中性线与地线之间的绝缘电阻，并做好记录，作为技术资料存档。

#### 6. 通电试运行

配电箱（盘）安装及导线压接后，确认无差错方可试送电，检查元器件及仪表指示是否正常，并标注好各回路编号及用途。

# 任务4　电气设备试运行

## 任务描述

了解电气设备试运行前的准备工作；掌握电气设备试运行的流程以及如何编写调试记录报告。

## 知识点讲解

## 7.4.1　试运行前的准备工作

#### 1. 试运行的质量标准

（1）主控项目

1）试运行前，相关电气设备和线路应按 GB 50303—2015 的规定试验合格。

① 电气装置的绝缘电阻。电气设备绝缘电阻值采用500V绝缘电阻表测量，必须大于 $0.5\text{M}\Omega$；二次回路必须大于 $1\text{M}\Omega$。

② 动力配电装置的交流工频耐压试验。试验电压为1kV，当绝缘电阻值大于 $10\text{M}\Omega$ 时，可采用2500V绝缘电阻表摇测，持续时间1min，无击穿和闪络现象。

③ 配电装置内不同电源的馈线之间或馈线两侧的相位应一致。

④ 各类开关和控制保护动作正确。

a）熔断器熔体规格、低压断路器的整定值符合设计要求。

b）控制开关和保护装置的规格、型号符合设计要求。

c）操作时，动作应灵活。

d）电磁系统应无异常响声。

e）线圈及接线端子所允许温升不应超过产品规定。

2）现场单独安装的低压电器交接试验项目应符合规定。在试运行前，要对相关的现场单独安装的各类低压电器进行单体试验检测。低压电器交接试验检测项目见表7-7。

表7-7　低压电器交接试验检测项目

| 序号 | 试验内容 | 试验标准或条件 |
| --- | --- | --- |
| 1 | 绝缘电阻 | 用500V绝缘电阻表摇测，绝缘电阻值≥1MΩ<br>潮湿场所，绝缘电阻值≥0.5MΩ |

（续）

| 序号 | 试验内容 | 试验标准或条件 |
|---|---|---|
| 2 | 低压电器动作 | 除产品另有规定外，电压、液压或气压在额定值的 85% ~ 110% 范围内能可靠动作 |
| 3 | 脱扣器的整定值 | 整定值误差不得超过产品技术条件的规定 |
| 4 | 电阻器和变阻器的直流电阻差值 | 符合产品技术条件规定 |

（2）一般项目　低压电器动力设备运行试验要求见表7-8。

表7-8　低压电器动力设备运行试验要求

| 序号 | 运行试验项目 | 试验内容 | 试验标准或条件 |
|---|---|---|---|
| 1 | 成套配电（控制）柜、台、箱、盘 | 运行电压、电流，各种仪表指示 | 检测有关仪表的指示，并做记录，对照电器设备的铭牌标示值有否超标，以判定试运行是否正常 |
| 2 | 电动机空载试运行 | 检查转向和机械转动 | 无异常情况。电动机的旋转方向符合要求；换向器、集电环及电刷工作情况正常 |
|  |  | 空载电流 | 电动机宜在空载状态下作第一次起动，空载运行时间宜2h，并记录空载电流 |
|  |  | 机身和轴承的温升 | 检查电动机各部分温度，不应超过产品技术条件的规定。滑动轴承温度不应超过80℃，滚动轴承温度不应超过95℃ |
|  |  | 声响和气味 | 声音应均匀，无异声（尤其要注意噪声是否过大或有异常的撞击声）。无异味，不应有焦烟味或较强绝缘漆气味 |
|  |  | 可起动次数及间隔时间 | 连续起动2次的时间间隔不应小于5min，再次起动应在电动机冷却至常温下 |
|  |  | 有关数据记录 | 记录电流、电压、温度、运行时间等有关数据 |
| 3 | 电动执行机构的检查 | 动作方向和指示 | 在手动或点动时确认与工艺装置要求一致，但在联动试运时，仍需仔细检查 |

#### 2. 试运行前的质量检查

（1）看资料　查看有关质量方面的文字资料，主要包括工程图样、设备变更证明、隐蔽工程验收记录、分项质量评定记录以及设备、材料出厂合格证等。重点查看：

1）设计是否有变更记录。

2）分项检查记录。应仔细审核其中涉及的不合格项，尤其是记录中主控项目的不合格项。

3）电气设备调试报告。电气设备在试运行前，必须具有有效的调试报告。

（2）看现场

1）查看安装现场的电气设备安装位置是否符合设计要求。

2）查看电器设备有无破损，管道、线路的安装、连接工艺是否美观、可靠、牢固。

3）查看变压器、油断路器、冷却装置等有无漏油现象。

4）仔细对照验评记录，对有疑问的主控项目和相应的部位可进行抽样测量，如发现有不符记录，应会同有关部门，分析原因，及时整改。

#### 3. 设备试运行前的常规检查

设备试运行前的常规检查一般有以下一些项目：

1）接触器、开关上的灭弧罩应完好，不能取掉；熔断器的熔体应正确选择，不准用其他金属代替。

2）所有开关和控制器的操作手柄或转换开关应放在得电前的准备位置或正常位置。

3）准备各种仪器仪表且经过鉴定或试验合格；准备安全用具、防护用品及消防用具并检查无误。

4）对系统控制、保护与信号回路进行空操作实验，动作及显示应正确；所有设备及元器件的可动部分应动作灵活可靠，触点分合明确，接触紧密，压力适中；分断时隔离电阻应为无穷大，闭合时接触电阻近似为零。

5）确定不可逆传动装置电动机的运行方向；并根据设备要求确定电动机的转动方向，以便在试车时调整电动机的接线相序。

6）电动机在拖动风机、泵类负荷时，应关闭出口阀门。

7）电动机起动时应先采用点动方式，以观察转动方向是否正常。带机械起动时，须有机装人员配合指挥。

8）试车前须经设备安装人员检查试运行各个部分，并取得设备安装人员同意或签字后才允许开车。

**4. 控制电路模拟动作试验**

1）断开电气线路的主电路开关出线处，电动机等电气设备不受电；接通控制电源，检查各部分电压是否符合规定，信号灯、零压继电器等工作是否正常。

2）操作各按钮或开关，相应的各继电器、接触器的吸合和释放都应迅速，无黏滞现象和不正常噪声。各相关信号灯指示要符合规定。

3）用人工模拟的方法试动各保护元器件，应能实现迅速、准确、可靠的保护功能。如模拟合闸、分闸，也可对各个联锁触点（包括电信号和非电信号）进行人工模拟动作而控制主电路开关的动作。检查无功功率补偿手动投切是否正常。如果几台柜子之间有联系，还要进行联合试验（如有的无功补偿柜有主柜和副柜之分）。

4）手动操作各行程开关，检查其限位作用的方向性及可靠性。

5）对设有电气联锁环节的设备，应根据电气原理图检查联锁功能是否准确可靠。

**5. 电气与机械协调一致检查**

电气部分与机械部分的转动或动作协调一致，经检查确认，才能空载试运行，下面主要介绍电动机传动装置的调整。

传动装置的调整工作，一般由机械施工人员（钳工）负责进行，电气施工人员应密切配合。

## 7.4.2　设备试运行

**1. 空载试车**

1）闭合电动机控制柜的总开关，手动控制电动机起动一次，观察起动电流的瞬时值、转向、声音、振动等是否正常，然后再空载起动。

2）空载起动后应观察电流、声音、振动等有无异常，大中型电动机间接起动时还应测试起动时间和起动电流，同时观察电动机的温升及轴承的温度是否在允许范围内。

3）一台电动机试车成功后，可投入试运行，然后再试下一台电动机。一般是先试小型电动机，再试中、大型电动机。

4）有联锁控制的先将联锁解除再试车。

5）大、中型电动机一般试运行8h，小型电动机试运行2h。

6）值班人员应将运行情况填入记录，有问题应及时处理或停机检查，正常后方可单机空载试车。

**2. 负荷试车**

1）负荷试车必须有建设单位的工艺人员、运行人员参加。

2）按工艺要求和负荷情况重新测定起动时间和起动电流。

3）按负荷要求再次检查时间继电器、断路器、热继电器和电流继电器的动作整定值。

4）负荷试车时主要是检测三相电流是否平衡，声音、转速、轴承及机壳温升是否正常。随时测听轴承、定子与转子的声音有无异常；用手摸机壳，判断轴承温升，当发现温度过高但保护装置未工作时应停车检查，查明原因并排除后才能重新起动，必要时要重新试验继电器是否可靠或调整动作电流或时限。

5）负荷试车一般不超过24h，试车的台数一般不超过总台数的1/3。

6）夜班应安排经验丰富的技师值班，以便处理复杂故障。

## 7.4.3 编写调试记录报告

调试工作是安装工程中最重要的环节之一，安装过程中，往往存在着安装质量和设备性能缺陷等问题，均能在调试过程中发现，因此调试记录报告（简称调试报告）是保证安装质量和设备质量，并使设备达到安全可靠运行的技术鉴定。调试的结论可作为电气设备能否投入运行的保证，在调试记录中有继电器保护整定数值及变压器和其他设备的技术数据，可作为日后维修、变更、扩建的重要依据。

**1. 相关知识**

（1）调试报告的基本内容　调试报告应完整地记录电器设备的铭牌数据、生产厂家、出厂编号（设备可索性），同时应记录实际测试的数据、使用的测试仪器、参照的标准规范和判断的结论。

（2）调试报告的要求　调试报告记录的数据必须真实可信，结论准确；测试的时间、地点和环境条件应明确，测试的方法应统一，测试、审核和批准的人员必须签名对测试数据负责。

（3）报告编写的依据　新安装电器的设备试验应按交接试验规定项目进行，不得自行改变国家规定的试验项目、内容和标准。如遇特殊情况，可采用其他试验项目作补充试验以提高质量要求。调试时，应按图样设计要求进行调整和参数整定；如要更改原设计，必须经有关单位同意批准方可执行，并在试验报告中说明修改情况。试验人员根据实际试验结果在试运行前整理编写调试报告，由调试负责人提出结论性意见方可投入运行。电器设备试运行记录表见表7-9。

表7-9　电器设备试运行记录表

| 建设单位 | | 工程名称 | | |
|---|---|---|---|---|
| 施工单位 | | | 试运行日期 | |
| 设备（系统）名称 | | | 设备编号 | |
| 型号规格 | | 连续运行时间/h | | |

（续）

| 主要技术性能 测试仪器仪表 | 名称 | 型号规格 | 出厂编号 | 检定单位 | 检定有效期 | 检定证书编号 |
|---|---|---|---|---|---|---|
| | | | | | | |

| 试运行情况 | |
|---|---|
| 存在问题处理情况 | |
| 结　论 | |

| 专业监理工程师（建设单位项目专业技术负责人） | | 施工单位 | 专业技术负责人 | |
|---|---|---|---|---|
| | | | 质检员 | |
| | | | 施工员 | |
| | | | 记录员 | |

#### 2. 编写调试记录报告的步骤

1）由试验人员如实记录电器设备的铭牌数据、使用测试仪器的标准和规格，测试的时间、地点和环境条件，参照的标准规范，测试的方法和实际测试的数据，并签名对数据负责。

2）由调试班长检查核对试验记录，必要时对有疑问的项目和数据进行复测核对；如无疑问，签名认可。

3）调试负责人收到班长的试验记录后，首先对测试数据进行规范化处理，认真对照规范和标准签署被试设备是否合格的结论。对测试的方法、执行的标准有疑问时，应与技术负责人进行研讨或与委托方协商，采用其他实验项目作为补充实验来提高质量要求。

# 任务5　机床电气系统的安装与调试

## 任务描述

了解机床电气系统安装前的检查要求和内容；掌握机床电气系统的安装与调试方法。

## 知识点讲解

### 7.5.1　机床电气系统安装前的检查

机床机械部分安装完成后，才能进行电气系统安装。机床是成套设备，大部分电气元器件在出厂时都已安装在机床上、配电柜里等。在电气系统安装之前应进行必要的外观、配线及电气元器件的检查。

#### 1. 外观检查

1）设备应可靠接地，接地线应采用多股铜线，其截面积不得小于$4mm^2$。

2）设备外表整洁，安装稳固可靠，并能方便拆卸、维修和调整。

3）所有电气设备、元器件应按图样要求完整无缺，若要代用，需查阅有关产品目录，应保证主要参数一致或接近。

### 2. 配线检查

1）配线必须整洁，绝缘无破损现象，用500V绝缘电阻表测量绝缘电阻值应不低于0.5MΩ。

2）电线管应整齐，固定可靠，管子的连接采用管接头，管子终端应安装管扣保护圈。

3）为避免将电线管与油管或冷却液管混淆，不应把电线管与它们装设得很近。

4）电线可敷设在机床底座内的导线通道内，但必须防止液体、铁屑和灰尘侵入。

5）导线端头上应有线号，线头弯曲方向要与螺帽拧紧方向一致，多股线端头应压接或烫焊锡。

6）压接导线的螺钉应有平垫圈和弹簧垫圈。

7）主电路、控制电路，特别是接地线颜色应有区别。

8）敷设在易受机械损伤部位的导线，应采用铁管或金属软管保护；而在不可能遭受机械损伤部位的导线，可采用塑料管保护；在发热体上方或旁边的导线，必须加耐热瓷管进行保护。

9）连接活动部分的导线（如箱门、刀架、溜板箱等）应采用多股软线。对多根导线，可用线绳、螺旋管捆扎或用塑料管、金属软管保护，以免损伤。对活动束线，应留有一定的弯曲活动长度，保证线束在活动中不受拉力。

### 3. 电气元器件检查

1）继电器和接触器外观清洁，无烧伤痕迹；触点平整，接触可靠；衔铁动作灵活无粘卡现象；保证三相触点同步通断，在$0.85U_N$（额定电压）下能可靠动作，灭弧装置无缺损；可逆接触器应有可靠的机械联锁。

2）电磁铁的行程不超过规定距离，工作衔铁动作灵活可靠，并无异常响声，在$0.85U_N$下能可靠动作。

3）各种行程开关、按钮等动作灵活，准确可靠。

4）电气仪表的表盘玻璃完好，表针动作灵活，计量准确。

5）导线颜色符合规定。

6）各电气元器件导电部分对地绝缘电阻不小于1MΩ。

## 7.5.2 机床电气系统的安装

### 1. 机床电气系统的安装内容

机床电气系统安装包括配电柜、配电盘、按钮站的安装、配线和试车。

（1）独立配电柜的安装 独立配电柜应安装在机床附近，方便操作。配电柜的外壳应可靠接地。

（2）按钮站的安装 按钮站又称控制台。按钮站的起动按钮采用黑色、绿色或黄色，停止按钮采用红色。为了紧急情况下实现急停车，急停按钮应采用红色蘑菇头按钮。按钮安装一般根据控制顺序，从上到下或从左到右排列。停止按钮应安装在距人最近且操作方便的位置。

（3）电动机的安装 电动机的安装具体见任务2电动机的安装。

#### 2. 机床电气系统安装配线

凡在机床本身而不在配电柜内的导线都应穿管。配电柜与外部电器连接的导线，在配电柜内的导线应用塑料管、线绳、布带、塑料等绑扎，在配电柜外的导线一般应穿金属软管，对于承受压力的地方应穿铁管。

（1）铁管配线 引向机床、电动机组和配电柜的电线管应尽量取最短距离，管子的弯曲次数最少（一般不多于三个弯）；管子弯后不能有裂缝和凹陷现象；管口不能有毛刺，管内不能有杂物；管路引出地面时，距地面高度不得小于 200mm；铁管弯曲时，其弯曲半径不能小于管子外径的 4 倍；预埋的管路，管口应有木塞；明设管路应横平竖直；铁管应可靠接地；不同电压、不同回路、不同频率的导线不能穿在同一管内；穿管导线不得有接头，铜线截面积不得小于 $1.5mm^2$，铝线截面积不得小于 $2.5mm^2$，所穿导线截面应比管内径截面小 40%；管路穿线时，用钢丝作引线，一人送线另一人拉。若线管较长，弯曲次数多，穿钢丝引线有困难时，可将两根铜丝引线的一端弯成小钩，同时从管子两端穿入，当两根引线在管中相遇时，同时转动两根引线使其挂在一起，然后拉出引线；穿管时，10 根导线应增加一根备用线。

（2）金属软管配线 金属软管内径截面积应大于所穿导线截面积；金属软管的两头应有接头连接，中间部分应用卡子固定；金属软管不能有脱节、凹陷现象；移动的金属软管应有足够余量。

## 7.5.3 机床电气系统的调试

#### 1. 调试前准备

1）准备好电工工具、测量仪表和电气图样资料。

2）认真看懂图样，检查各部分接线是否正确和各电气元器件是否在正常位置，紧固接线螺钉。

3）用 500V 绝缘电阻表测量电动机和线路的对地绝缘电阻值与相间绝缘电阻值；测量机床与电箱（电柜）以及各独立部分（如油箱、水箱等）的绝缘电阻，必须严格按规定接好接地保护。

4）检查旋转物周围及运动导轨部分，应无障碍物。对于不能逆转的机械，应与电动机脱开。待电动机转向确定后，再与机械连接。

5）对于有可能造成事故的机械部位，应与电动机脱开。待调整好后，再与电动机连接。

6）各限位开关、动作选择开关、行程开关等触点应保持动作灵敏。

7）所有控制电器的手柄应置于零位，调速装置的手柄应置于最低位置。

8）正确判断反馈系统中信号的极性。

9）投入临时电源应在 $\pm 5\% U_N$ 范围分内，频率、电压符合设计要求。

10）低压断路器、转换开关应在断开位置。

#### 2. 调试

通电试车时，应有机修钳工和操作工人配合。

1）按机床说明书规定的要求进行试车，并调整各部动作，使之符合设计要求（参照电气原理图及装配工艺卡规定）。

2）各电动机开动空转 2min，其转向符合设计要求。

3）各电动机运转时，不允许有较大的振动和噪声，必要时可做动平衡实验。

4）交流调速电动机的调试要求如下：

① 高低转速范围应与转速表相符合，误差在10%以内。

② 电流最大不允许超过电动机额定值的2倍。

③ 转速须平稳，不得有振动、爬行等现象。

④ 电动机空载电流、碳刷火花须符合出厂标准。

5）各按钮指示灯、开关等动作位置，应与标牌相符。

6）机械、液压、电气等有关联锁应动作灵活可靠。

7）用点动（调整）操作，检查下列元件功能：

① 磁铁动作（交流电磁铁衔铁吸持时不允许有离缝）。

② 各时间继电器需调整至设计规定值（按动作需要）。

③ 调整各行程开关、限位开关与撞块作用位置。

④ 其他各电磁元件动作，须符合设计规定。

8）自动循环（电器）试车，其连续试车不小于10次（无故障）。

9）各种电子仪表指示器、保护装置在自动循环期间，不应有任何故障。

### 3. 调试完工检查

1）试车合格后，安装照明灯，拆去临时线及电源线（同时拆去中线与地线连接线）。

2）应清除电箱等处的脏物和尘埃。

3）各电气元器件应当无残缺不齐及损坏等现象。

4）各可调电气元器件应固定位置并锁紧，再点上珠光红色漆。

5）更换不符合规定的紧固件、零件（代用品）等。

6）各处电器盖板应完整盖好。

7）铆装各电器标牌或指示牌。

8）凡有紧固件松动的均须拧紧。

9）各电动机要有明显的转向标志。

## 综合训练

### 实训任务　电动机的安装

| 学校 | | 班级 | |
|---|---|---|---|
| 姓名 | | 学号 | |
| 小组成员 | | 组长 | |

接受任务

　　某公司车间现安装一台C6132车床的电动机，现将该设备的精度检测任务派发到本公司设备管理部门，请结合电动机安装的要求对该设备实行电动机安装，并校正与干燥

任务准备

1. 开箱检查
2. 底座基础建造
3. 机床水平检测
4. 电动机水平校正
5. 联轴器传动装置的安装
6. 齿轮传动装置的安装
7. 控制、保护设备的安装

（续）

8. 导线的敷设

9. 电动机接线

10. 电动机的干燥

11. 电动机的试运行

工具清单

（这里应该由教师视本校现有的教学资源填写，能够满足要求即可）

任务实施、记录

| 1）开箱检查 | 实施内容 | |
| --- | --- | --- |
| | 检查结果 | |
| | 处理措施 | |
| 2）底座基础建造 | 实施内容 | |
| | 检查结果 | |
| | 处理措施 | |
| 3）搬运、就位与安装 | 实施内容 | |
| | 检查结果 | |
| | 处理措施 | |
| 4）机床水平检测 | 实施内容 | |
| | 检查结果 | |
| | 处理措施 | |
| 5）电动机水平校正 | 实施内容 | |
| | 检查结果 | |
| | 处理措施 | |
| 6）联轴器传动装置的安装 | 实施内容 | |
| | 检查结果 | |
| | 处理措施 | |
| 7）齿轮传动装置的安装 | 实施内容 | |
| | 检查结果 | |
| | 处理措施 | |
| 8）控制、保护设备的安装 | 实施内容 | |
| | 检查结果 | |
| | 处理措施 | |
| 9）导线的敷设 | 实施内容 | |
| | 检查结果 | |
| | 处理措施 | |
| 10）电动机接线 | 实施内容 | |
| | 检查结果 | |
| | 处理措施 | |
| 11）电动机的干燥 | 实施内容 | |
| | 检查结果 | |
| | 处理措施 | |
| 12）电动机的试运行 | 实施内容 | |
| | 检查结果 | |
| | 处理措施 | |

# 评价反馈

任务评价

## 1. 自我评价（40分）

首先由学生根据学习任务完成情况进行自我评价。

**自我评价表**

| 项目内容 | 配分 | 评分标准 | 扣分 | 得分 |
|---|---|---|---|---|
| 1）工作纪律 | 10分 | ① 不遵守课堂纪律要求（扣2分/次）<br>② 有其他违反课堂纪律的行为（扣2分/次） | | |
| 2）信息收集 | 20分 | ① 未利用网络资源、工艺手册等查找有效信息（扣5分）<br>② 未按要求填写信息收集记录（扣2分/空，扣完为止） | | |
| 3）制订计划 | 20分 | ① 人员分工没有实效（扣5分）<br>② 未按作业项目进行人员分工（扣2分/项，扣完为止） | | |
| 4）计划实施 | 40分 | ① 未按步骤实施作业项目（扣5分/项）<br>② 未按要求填写安装工艺流程表（扣10分）<br>③ 未按要求填写施工进度表（扣10分）<br>④ 未按要求填写安装前检验记录表（扣10分）<br>⑤ 表格错填、漏填（扣2分/空，扣完为止） | | |
| 5）职业规范和环境保护 | 10分 | ① 在工作过程中工具和器材摆放凌乱（扣3分/次）<br>② 不爱护设备、工具，不节省材料（扣3分/次）<br>③ 在工作完成后不清理现场，在工作中产生的废弃物不按规定处置（扣2分/次，将废弃物遗弃在工作现场的扣3分/次） | | |
| 总评分＝（1～5项总分）×40% | | | | |

签名：

年 月 日

## 2. 小组评价（30分）

再由同一实训小组的同学结合自评的情况进行互评，将评分值记录于表中。

**小组评价表**

| 项目内容 | 配分 | 得分 |
|---|---|---|
| 1）工序记录与自我评价情况 | 10分 | |
| 2）小组讨论中积极发言情况 | 10分 | |
| 3）口述设备检测流程情况 | 10分 | |
| 4）小组成员填写完成作业记录表情况 | 10分 | |
| 5）与小组成员沟通情况 | 10分 | |
| 6）完成操作任务情况 | 10分 | |
| 7）遵守课堂纪律情况 | 10分 | |
| 8）安全意识与规范意识情况 | 10分 | |
| 9）相互帮助与协作能力情况 | 10分 | |
| 10）安全、质量意识与责任心情况 | 10分 | |
| 总评分＝（1～10项总分）×30% | | |

参加评价人员签名：

年 月 日

（续）

3. 教师评价（30 分）

最后，由指导教师检查本组作业结果，结合自评与互评的结果进行综合评价，对实训过程中出现的问题提出改进措施及建议，并将评价意见与评分值记录于表中。

**教师评价表**

| 序号 | 评价标准 | 评价结果 |
|---|---|---|
| 1 | 相关物品及资料交接齐全无误（5 分） | |
| 2 | 安全、规范完成维护保养工作（5 分） | |
| 3 | 根据所提供材料进行检查（5 分） | |
| 4 | 团队分工明确、协作力强（5 分） | |
| 5 | 施工方案准备细致，无遗漏（5 分） | |
| 6 | 完成并在记录单上签字（5 分） | |
| 综合评价 | 教师评分 | |
| 综合评语（作业问题及改进建议） | 教师签名：<br>年　　月　　日 | |
| 总评分： | （总评分 = 自我评分 + 小组评分 + 教师评分） | |

4. 自我反思和自我评价

请根据自己在课堂中的实际表现进行自我反思和自我评价。

自我反思：

自我评价：

## 项目 7　学习反馈表

项目 7　电气设备的安装

| | | |
|---|---|---|
| 知识与技能点 | 电气设备安装的基础知识 | □了解　□理解　□熟悉　□掌握 |
| | 电动机的安装 | □了解　□理解　□熟悉　□掌握 |
| | 配电柜和配电箱的安装 | □了解　□理解　□熟悉　□掌握 |
| | 电气设备试运行 | □了解　□理解　□熟悉　□掌握 |
| | 机床电气系统的安装与调试 | □了解　□理解　□熟悉　□掌握 |
| | 思考题与习题 | □了解　□理解　□熟悉　□掌握 |
| 学习情况 | 基本概念 | □难懂　□理解　□易忘　□抽象　□简单　□太多 |
| | 学习方法 | □听讲　□自学　□实验　□工厂　□讨论　□笔记 |
| | 学习兴趣 | □浓厚　□一般　□淡薄　□厌倦　□无 |
| | 学习态度 | □端正　□一般　□被迫　□主动 |
| | 学习氛围 | □愉快　□轻松　□互动　□压抑　□无 |
| | 课堂纪律 | □良好　□一般　□差　□早退　□迟到　□旷课 |
| | 课前课后 | □预习　□复习　□无　□没时间 |
| | 实践环节 | □太少　□太多　□无　□不会　□简单 |
| | 学习效果自我评价 | □很满意　□满意　□一般　□不满意 |
| 建议与意见 | | |

注：学生根据实际情况在相应的方框中画"√"或"×"，在空白处填上相应的建议或意见。

# 思考题与习题

## 一、单项选择题

1. 若被测电流不超过测量机构的允许值，可将表头直接与负载（　　　）。

A. 正接　　　　　B. 反接　　　　　C. 串联　　　　　D. 并联

2. 手持电动工具使用的安全电压为（　　　）。

A. 9V　　　　　B. 12V　　　　　C. 24V　　　　　D. 36V

3. 用万用表测量晶闸管门极和阴极之间正向阻值时，一般反向电阻比正向电阻大，正向几十欧以下，反向（　　　）。

A. 数十欧以上　　　　　　　　B. 数百欧以上

C. 数千欧以上　　　　　　　　D. 数十千欧以上

4. 电子仪器按（　　　）可分为模拟式电子仪器和数字式电子仪器等。

A. 功能　　　　　B. 工作频段　　　　　C. 工作原理　　　　　D. 操作方式

5. 按测量机构的结构和工作原理分类，电工指示仪表可分为（　　　）等。

A. 直流仪表和电压表　　　　　B. 电流表和交流仪表

C. 磁电系仪表和电动系仪表　　D. 安装式仪表和可携带式仪表

6. 较复杂机械设备电气控制线路调试的原则是（　　　）。

A. 先闭环，后开环　　　　　　B. 先系统，后部件

C. 先内环，后外环　　　　　　D. 先电机，后阻性负载

7. 桥式起重机接地体安装时，接地体埋设应选在（　　　）的地方。

A. 土壤导电性较好　　　　　　B. 土壤导电性较差

C. 土壤导电性一般　　　　　　D. 任意

8. 较复杂机械设备电气控制线路调试前，应准备的仪器主要有（　　　）。

A. 钳形电流表　　　　　　　　B. 电压表

C. 双踪示波器　　　　　　　　D. 调压器

9. 在供电为短路接地的电网系统中，人体触及外壳带电设备的一点同站立地面一点之间形成电位差，此触电方式称为（　　　）。

A. 单相触电　　　　　　　　　B. 两相触电

C. 接触电压触电　　　　　　　D. 跨步电压触电

10. 按测量对象分类，电工指示仪表可分为（　　　）等。

A. 实验室用仪表和工程测量用仪表　　B. 功率表和相位表

C. 磁电系仪表和电磁系仪表　　　　　D. 安装式仪表和可携带式仪表

## 二、判断题

1. 电气测绘一般要求严格按规定步骤进行。（　　　）

2. 分析控制电路时，如线路较复杂，则可先排除照明、显示等与控制关系不密切的电路，集中进行主要功能分析。（　　　）

3. 在500V及以下的直流电路中，不允许使用直接接入的电流表。（　　　）

4. 变压器是根据电磁感应原理而工作的，它能改变交流电压和直流电压。（　　　）

5. 晶闸管调速电路常见故障中，电动机的转速调不下来，可能是给定信号的电压不够。
（　　）

6. 从提高测量准确度的角度来看，测量时仪表的准确度等级越高越好，所以在选择仪表时，可不必考虑经济性，尽量追求仪表的高准确度等级。　（　　）

7. 电气测绘最后绘出的是线路控制原理图。　（　　）

8. 变压器的"嗡嗡"声属于机械噪声。　（　　）

### 三、简答题

1. 电气设备安装工艺流程有哪几个阶段？每个阶段分别是什么？
2. 简述电气施工图的阅读方法。
3. 简述绝缘电阻表使用注意事项。
4. 电动机常用的干燥方法有哪几种？
5. 配电柜搬到现场后，应如何进行开箱检查？
6. 简述配电箱（盘）安装工艺流程。
7. 简述 PE 线规格应如何选择。
8. 电气设备试运行前的质量检查主要有哪些内容？
9. 试运行方案编制通常包括哪些部分？
10. 机床电气设备安装主要包括哪几个部分？

# 参考文献

[1] 许光驰．机电设备安装与调试［M］.5 版．北京：北京航空航天大学出版社，2022.

[2] 人力资源和社会保障部教材办公室．机械设备安装工：高级［M］.北京：中国劳动社会保障出版社，2010.

[3] 朱照红．电气设备安装工：中级［M］.2 版．北京：机械工业出版社，2013.

[4] 孙慧平，陈子珍，翟志永．数控机床装配、调试与故障诊断［M］.北京：机械工业出版社，2011.

[5] 张忠旭．机械设备安装工艺［M］.2 版．北京：机械工业出版社，2018.

[6] 何晓凌．装配钳工［M］.2 版．北京：中国劳动社会保障出版社，2014.

[7] 郝东华，魏立仲．装配钳工（中级）操作技能考试手册［M］.北京：中国财政经济出版社，2004.

[8] 侯会喜．液压与气动技术［M］.北京：北京理工大学出版社，2010.

[9] 吴先文．机械设备维修技术［M］.4 版．北京：人民邮电出版社，2020.

[10] 晏初宏．机械设备修理工艺学［M］.3 版．北京：机械工业出版社，2019.

[11] 刘治伟．装配钳工工艺学［M］.北京：机械工业出版社，2009.

[12] 陈家盛．电梯结构原理及安装维修［M］.6 版．北京：机械工业出版社，2020.

[13] 袁晓东．机电设备安装与维护［M］.3 版．北京：北京理工大学出版社，2019.

[14] 刘光源．电气设备安装工实用手册［M］.北京：中国电力出版社，2004.

[15] 潘玉山．电气设备安装工：中级［M］.北京：机械工业出版社，2006.

[16] 高勇．电气设备安装工技能［M］.北京：中国劳动社会保障出版社，2006.

[17] 张能武．电气安装工操作技法与实例［M］.上海：上海科学技术出版社，2010.

[18] 张安全．机电设备安装修理与实训［M］.北京：中国轻工业出版社，2008.

[19] 马光全．机电设备装配安装与维修［M］.3 版．北京：北京大学出版社，2022.

[20] 赵兴仁．典型机械设备安装工程施工技术［M］.北京：中国环境科学出版社，2009.

[21] 闵德仁．机电设备安装工程项目经理工作手册［M］.北京：机械工业出版社，2000.